Journal
für
die Baukunst.

In zwanglosen Heften.

Herausgegeben

von

Dr. A. L. Crelle,

Königlich-Preufsischem Geheimen-Ober-Baurathe, Mitgliede der Königlichen Akademie der Wissenschaften zu Berlin, Correspondenten der Kaiserlichen Akademie der Wissenschaften zu St. Petersburg und der Königlichen Akademieen der Wissenschaften zu Neapel und Brüssel, auswärtigem Mitgliede der Königlichen Akademie der Wissenschaften zu Stockholm, Ehrenmitgliede der Hamburger Gesellschaft zur Verbreitung der mathematischen Wissenschaften.

Achtzehnter Band.

In vier Heften.

Mit acht Figurentafeln.

Berlin.

Bei G. Reimer.

1843.

Inhalt des achtzehnten Bandes.

Erstes Heft.

Zweites Heft.

Drittes Heft.

Viertes Heft.

Journal

für

die Baukunst.

In zwanglosen Heften.

Herausgegeben

von

Dr. A. L. Crelle,

Königlich-Preufsischem Geheimen-Ober-Baurathe, Mitgliede der Königlichen Akademie der Wissenschaften zu Berlin, Correspondenten der Kaiserlichen Akademie der Wissenschaften zu St. Petersburg und der Königlichen Akademieen der Wissenschaften zu Neapel und Brüssel, auswärtigem Mitgliede der Königlichen Akademie der Wissenschaften zu Stockholm, Ehrenmitgliede der Hamburger Gesellschaft zur Verbreitung der mathematischen Wissenschaften.

Achtzehnter Band.

Erstes Heft.

Mit zwei lithographirten Tafeln.

Berlin.

Bei G. Reimer.

1843.

1.

Beschreibung der in Pompeji ausgegrabenen Gebäude. *)

(Von dem Herrn Ober-Baumeister *Engelhard* zu Cassel in Hessen.)

Die Ueberreste der bekanntlich im Jahre 79 nach Christi Geburt und im zweiten Jahre der Regierung des Kaisers Titus am 24sten August durch einen Ausbruch des Vesuvs verschütteten Stadt Pompeji in Campanien liegen 6 Stunden von Neapel, am Golf von Neapel, nahe an der Landstrafse nach Salerno, eine Viertelstunde von Torre del' Anunziata, und etwas über eine Stunde von dem Crater des Vesuvs entfernt. [Man sehe die Carte.]

Die Stadt wurde nicht, wie Herculanum, von glühender Lava überflossen, sondern von einem heftigen Aschen-Auswurf des Vesuvs, der mit Regengüssen begleitet war, bedeckt. Es ist auf diese Weise dort nichts *verbrannt,* sondern nur Dasjenige von den Gebäuden zerstört, was in dem feuchten Schlamm verfaulen oder von demselben erdrückt werden mufste. So fehlen die Dächer und die Decken der Zimmer fast überall, und die obern Theile hoher Häuser sind, weil sie aus dem Schutte hervorsahen, von der Witterung vernichtet worden.

Was bis jetzt von Pompeji ausgegraben worden, macht schwerlich den vierten Theil der ganzen Stadt aus; die fortgesetzten Ausgrabungen werden also noch lange eine Fundgrube für die Alterthumsforscher bleiben.

Man kann sagen, dafs erst seit der Wieder-Auffindung von Pompeji und seit der Ausgrabung dieser Stadt eine genauere Kenntnifs der griechisch-rö-

*) In Folge einer von dem Herrn Verfasser dieser Beschreibung gegebenen Andeutung ist diesem Aufsatze eine Copie des Plans von Pompeji beigefügt worden, welchen die „Society for the diffusion of useful knowledge" in London im Jahre 1832 unter ihren Städteplanen herausgegeben hat. Nach der Bemerkung des Herrn Verfassers zeigt dieser Plan, bis auf die wenigen späteren Ausgrabungen, Alles vollständig. Mit mehrerem Interesse noch wird man die hier folgende Beschreibung lesen, wenn man dabei das treffliche Bildwerk von *W. Zahn,* „Die schönsten Ornamente und merkwürdigsten Gemälde aus Herculanum, Pompeji und Stabiä" betitelt, von welchem in der Verlagshandlung des gegenwärtigen Journals bereits 14 Hefte, jedes zu 10 grofsen, zum Theil prächtig illuminirten Tafeln, erschienen sind, zur Hand nimmt. Man findet darin Vieles von dem, was hier der Herr Verfasser *beschreibt,* sehr schön *abgebildet.*

mischen Baukunst begonnen habe. Diese Ruinen sind eines der schönsten Geschenke, welche die alte Welt der Baukunst unserer Zeit gemacht hat; denn was wir aufserdem von griechisch-römischen Gebäuden haben, sind Tempel und öffentliche Gebäude, die sehr massiv und grofsartig erbaut waren, und nur so der Zeit haben widerstehen können: in Pompeji dagegen werden wir in das ***Privatleben*** der Alten eingeführt; und während wir auf der einen Seite die Reinlichkeit, Zierlichkeit und Eleganz ihrer Wohnungen bewundern, sehen wir anderseits, dafs alles das mit mäfsigen Mitteln erreicht wurde, da die Verhältnisse und Gröfse der Räume bescheiden, die Materialien nichts weniger als kostspielig, die Constructionen aber vortrefflich und die innern Einrichtungen so compendiös sind, dafs für den modernen Architekten mehr daran zu lernen und häufigerer Gebrauch von dem Gelernten zu machen ist, als von dem, was die ***colossalen*** Ueberreste aufweisen.

Das Marktgebäude (Forum nundinarium).

Das Gebäude, welches Demjenigen zuerst in die Augen fällt, der von Castellamare und der Stelle herkommt, wo sich der Sarno in das Meer ergiefst, ist das Forum nundinarium, d. h. der Marktplatz; und das Marktgebäude, in welchem man in gewissen regelmäfsigen Zwischenräumen feil hielt. Man hielt dieses Gebäude ehemals, vermuthlich wegen seiner vielen kleinen Zellen, für eine Soldatencaserne. Es mufste indessen Jedem auffallen, dafs die Säulenhallen, im Verhältnifs zu den Zellen, zu viel Raum einnehmen. Das Gebäude hat die Form eines länglichen Vierecks. Im Innern ist ein Hof, von gleicher Gestalt, der im Lichten ungefähr 155 englische Fufs lang und 115 F. breit ist; er ist von Säulenhallen altdorischer Ordnung umgeben und die Säulen sind 11 englische Fufs hoch und haben 18 Zoll im Durchmesser; sie sind aus Backsteinen aufgemauert und mit Stuck überzogen. Der untere Theil der Säulen ist glatt, soweit er am meisten der Beschädigung ausgesetzt war; der beträchtlichere obere Theil aber ist cannelirt. Dergleichen Säulen sind in Pompeji gewöhnlich aus keilförmigen concentrischen Backsteinen mit verwechselten Fugen zusammengesetzt und die Mitte ist mit kreisförmigen Steinen geschlossen, und zwar so, dafs die keilförmigen Steine ein unregelmäfsiges Fünfeck bilden, dessen nach Aufsen stehende Ecke rechtwinklig ist und die Mitte den Kern einer Rippe zwischen zwei Cannelirungen auf die Weise macht, dafs die Lagen ungleicher Zahl allen Rippen gleicher Zahlen und die Lagen gleicher Zahl den Rippen ungleicher Zahlen zum Anhalt dienen; was hier schon ein

Beispiel davon giebt, dafs man, wie oben bemerkt, auch mit wenigen Mitteln viel zu leisten verstand. Backsteine sind im Allgemeinen dasjenige Material, welches in Pompeji am häufigsten vorkommt.

Die Halle zwischen den Säulen und der Mauer ist 13 Fufs 7 Zoll englisch Maafs breit. Sie diente ohne Zweifel zur Ausstellung der Waaren und um dieselben, so wie Käufer und Verkäufer, gegen die Sonne und den Regen zu schützen.

An der Halle liegen eine Menge kleiner Zellen, die zu Waarenmagazinen gedient haben mögen; so wie zu Kaufläden. Sie haben nicht alle gleiche Gröfse; übrigens musivische Fufsböden und an den Wänden gemalte Arabesken; was die frühere Meinung, dafs das Gebäude eine Soldatencaserne gewesen, ebenfalls widerlegt. Man verschlofs die Zellen mittelst nach Innen aufgehender Thüren, durch welche allein sie Licht bekamen, es sei denn, dafs vielleicht auch die Decke Licht-Öffnungen gehabt habe. Es scheinen auch Waffen hier verkauft worden zu sein. Die Helme, welche man hier gefunden hat, sind den Ritterhelmen späterer Zeit ähnlich und haben Visire. Auch fand man hier eine bronzene Trompete von ungewöhnlicher Form, und 6 elfenbeinerne Flöten, die von einem und demselben Mundstück ausgingen, aber keine Löcher hatten, um die verschiedenen Töne hervorzubringen. Auch hat man das Skelett eines mit Kleidern und werthvollen Gegenständen beladenen Pferdes gefunden; so wie die Gerippe von Sclaven, die vermuthlich versucht hatten, das Pferd zu retten.

In der nördlichen Ecke dieses Kaufhauses ist ein Säulengang, dessen Säulen zierliche jonische Knäufe, aber keine Basen haben; wahrscheinlich führte der Weg durch den Gang nach dem Markte. Sehr nahe dabei führt eine andere Thüre mittelst vier Stufen zu einem Platze mit einem Säulengange, der ebenfalls von jonischer Ordnung ist.

In einem Zimmer des Kaufhauses wurde eine Handmühle gefunden, und ein anderes Gemach scheint zu einem Gefängnifs gedient zu haben. Man fand darin Gerippe von Menschen, die in Ketten waren und in dem Augenblicke des Unterganges der Stadt vergessen worden zu sein scheinen; sie waren auf eine Weise gefesselt, wie sie noch jetzt mitunter üblich ist; ihre Füfse lagen in einem hölzernen Klotz, an welchen unten eine Kette, die ihn festhielt, angenagelt war.

Das kleine Theater oder Odeon.

An der Seite des Kaufhauses ist rechterhand der Eingang zu einem kleinen Theater, welches bedeckt war; wie aus einer Inschrift daran hervorgeht. Die Sitzstufen des Theaters sind mit dünnen weifsen Marmorplatten zierlich belegt.

Man gelangte zu der grofsen Gallerie durch einen mit der Strafse unmittelbar zusammenhängenden Gang. Aus der Gallerie führten zwei Thüren zu den Gradinen, deren 17 sind, und zwei andere Thüren zu Treppen. Einige glauben, dafs dieses Theater ein Odeon gewesen sei.

Der Tempel des Hercules.

Links von dem Kaufhause, auf der Höhe, finden sich die Fundamente und die unteren Theile eines Tempels, den man Tempel des Hercules nennt. Seine Architektur mag derjenigen der Tempel zu Pästum ähnlich gewesen sein; er war also von altdorischer Ordnung, wie sie in Pästum vorherrscht. Der Fufsboden des Tempels und die übrigen Spuren der Säulen sind durch Stufen über die Umgebung erhöht; der Eingang lag nach dem Meere hin, und 9 Stufen, die vor der Freitreppe ringsum vorsprangen, führten zu dem Tempel und zu den ihn umgebenden Säulenhallen, welche 8 Säulen in der Fronte und 11 an der Seite gehabt zu haben scheinen. Das musivische Pflaster, welches an mehreren Orten unversehert ist, zeigt, dafs der Tempel zwei Abtheilungen hatte. In der weiter zurückstehenden ist ein runder, freistehender Altar. Der Platz, auf welchem der Tempel steht, ist 91 F. lang und beinahe 64 F. breit. Der Durchmesser der Säulen beträgt 3½ F. und sie mögen 6 Durchmesser zur Höhe gehabt haben.. Man ist der Meinung gewesen, es sei dieser Tempel, weil nur so wenig davon noch vorhanden ist, schon durch einen früheren Ausbruch des Vesuvs zerstört worden; es ist aber wohl viel begreiflicher und wahrscheinlicher, dafs er um deswillen zerstört wurde, weil er bei der Verschüttung der Stadt gröfstentheils über der Erde blieb und also der Vernichtung durch das Wetter und durch die Zeit-Ereignisse ausgesetzt war.

Das gröfsere Theater.

Unmittelbar hinter dem Kaufhause, auf höherem Grund und Boden, so, dafs man von hier auf Treppen zu dem Marktplatze hinabsteigt, liegt das gröfsere Theater. Zu demselben führten mehrere Wege von einer höher liegenden Strafse und einem höher liegenden dreieckigen Marktplatze her, auf welchen Wegen man in den oberen halbkreisförmigen Gang des Theaters gelangte, der überwölbt war und aus welchem sechs Thüren zu eben so vielen Treppen nach den Gradinen hinabführten. Zu dem Raume über dieser gewölbten Gallérie gelangte man mittels einer kleinen Treppe, unmittelbar an dem dreieckigen Marktplatze. Eine andere, gröfsere Treppe führte von dem Marktplatze nach dem Forum nundinarium hinab, welches bedeutend tiefer liegt. Die Schaubühne oder das Pulpitum, auf welchem die Schauspieler erschienen, war von Holz, und ist also nicht erhalten. An der Fronte desselben bezeichnen sieben vertiefte Räume die Plätze für Die, welche man Thymelici nannte, weil sie in der Orchestra auf einer Bühne standen, Thymele genannt. Unten in der Mauer, in welcher sich diese Räume finden, sind neun Löcher, welche gedient zu haben scheinen, irgend eine Holzconstruction zu befestigen und im Gleichgewicht zu erhalten. Die Gestalt des Hintergrundes der Schaubühne läfst sich nach den geringen Ueberresten nicht mehr errathen. Die Bühne hatte drei Thüren.

Der Isistempel.

Hinter diesem Theater steht eins der interessantesten Gebäude Pompejis, nämlich der Tempel der Isis, von welchem noch Vieles erhalten ist. Es giebt nicht leicht eine antike Tempelruine, welche die vollständige Architektur eines Tempels der Griechen und Römer so deutlich vor die Augen brächte. Die Säulen, welche den Tempelhof umgeben, sind noch erhalten: diejenigen des Tempels selbst jedoch sind zertrümmert. Derselbe war ganz aus Backsteinen erbaut und auswendig mit einem sehr festen Stuck getüncht, an welchem sich noch Vieles von der polychromischen Färbung, die das Ganze hatte, erhalten hat. Die Verhältnisse sind gefällig und zierlich. Man hat in diesem Tempel alles zu den religiösen Ceremonien gehörige Geräthe gefunden, und selbst die Skelette der Priester, welche beim Untergange der Stadt von der Heftigkeit des Ausbruchs überrascht worden zu sein scheinen. Die Wände des Tempels waren mit Gemälden verziert, die auf die Verehrung der Götter Bezug hatten; es sind darunter Abbildungen von Priestern in ihrem Costüm. Ihre Kleider waren von weifser Leinwand; die Köpfe der dienstthuenden Priester waren geschoren und ihre Füfse mit einem feinen und dünnen Gewebe bedeckt. Auch hat man hier die Statuen des Bachus, der Venus und des Priapus, aus Holz, mit Füfsen und Händen von Marmor, gefunden. Sie standen zusammen in einer Nische, die sich in einer kleinen Capelle befindet, zu welcher einige Stufen vor dem Tempel, beinahe in der Mitte des Hofes, hinabführen.

Der Haupt-Eingang des Tempels war an der Seite nach der nächsten Strafse, und an jeder Seite befindet sich ein Altar. Der Haupt-Altar, auf welchem die Opfer dargebracht wurden, ist $3\frac{1}{2}$ Fufs hoch. Die Hauptthüre zu dem inneren Heiligthume war zweiflügelig; die bronzenen Thür-Angeln derselben sind erhalten. Ueber der Thür ist eine Inschrift, welche berichtet, dafs dieser Tempel von Popidius Celsinus erbaut ist, auf seine eigene Kosten von Grund aus, nachdem der ältere Tempel durch ein Erdbeben zerstört worden sei; desgleichen, dafs der Erbauer zur Vergeltung seiner Freigebigkeit, in dem Alter von 60 Jahren, unentgeltlich in das Collegium der Decurionen aufgenommen worden.

In einem schönen musivischen Fufsboden fand sich eine andere Inschrift, welche besagt, dafs dieser Fufsboden auf Kosten der Cornelia Celsa, einer Verwandtin des Popidius Celsinus, verfertigt worden sei. Die Statue der Gottheit, aus weifsem Marmor, stand im Heiligthume auf einem viereckigen Gestelle. Nahe dabei fand sich ein mit Hieroglyphen bedeckter Stein. Die Statue sowohl, als der grofse Altar, sind von guter Arbeit.

Das Dach der rings um den Hof laufenden Säulenhalle war wahrscheinlich mit Masken verziert, aus deren Munde das Wasser rann. Man fand hier auch Pfannen aus dünnem Eisen, um Räucherwerk zu verbrennen.

Der obenerwähnte Haupt-Eingang zum Hofe des Tempels der Isis steht in keiner symmetrischen Beziehung zu dem Ganzen, sondern liegt in einer Ecke, unmittelbar unter den Säulenhallen. In der Nähe befinden sich noch einige kleine Wohnräume, die wahrscheinlich für das Tempelpersonal bestimmt waren; auch ist hier ein kleiner Tempel in der Nähe, den man Tempel des Aesculaps genannt hat.

Das Haus des Bildhauers.

Bedeutender ist die Einrichtung eines Wohnhauses, welches man das Haus des Bildhauers genannt hat, weil sich darin einige Marmorblöcke, so wie einige angefangene und einige vollendete Statuen, desgleichen Bildhauerwerkzeuge fanden.

Kaufläden.

Die Strafse, an welcher jenes Haus liegt, führt nach dem Meere zu und hatte an der gegenüberstehenden Seite viele Kaufläden. Man sieht noch deutlich den Laden eines Ölverkäufers, mit einer Bank aus weifsem Marmor, in welcher die Behälter für das Öl ausgehauen waren. Dergleichen Buden scheinen sehr viele an der Strafsenseite der Wohnhäuser gestanden zu haben, da die Häuser der Alten nach der Strafsenseite sonst keine Fenster und nur wenige Thüren hatten.

Die Palästra.

Wenn man nach der Strafse, an welcher der Tempel der Isis liegt, zurückgeht, findet man zunächst ein viereckiges Gebäude, welches im Innern, wenigstens an zwei Seiten, Säulenhallen hatte. Man glaubt, dafs es zu gymnastischen Übungen bestimmt gewesen sei; Andere halten es für ein Gerichtslocal. Nahe dabei mag der Eingang zu dem unregelmäfsigen Platze gewesen sein, welcher den oben beschriebenen Tempel, den man dem Hercules zuschreibt, umgab. Wenn man sich links wendet, gelangt man zu einer Strafse, in welcher mehrere ausgegrabene Privathäuser stehen, von welchen dasjenige, welches man nach dem Kaiser Joseph benannt hat, eins der bedeutendsten ist.

Das Haus des Kaisers Franz I.

Wendet man sich von jenem unregelmäfsigen Platze, der gewöhnlich das dreieckige Forum genannt wird, um den Tempel des Hercules herum zur Rechten, so kommt man an einem Hause vorbei, welches den Namen des Kaisers Franz I. führt, ein Eckhaus ist und nach den Strafsen hin, also an zwei Seiten, Kaufläden hatte. Seine schmale Seite, an welcher der Haupt-Eingang liegt, befindet sich in der Strafse der Silberschmiede, wie sie genannt wird und welche zu dem grofsen Forum führt, dem gröfsten bis jetzt ausgegrabenen Platze der Stadt.

Das grofse Forum.

Hier häufen sich nun die Merkwürdigkeiten und der Platz mit den ihn umgebenden Gebäuden hat ein mannigfaltiges architektonisches Interesse. Wären die Gebäude vollständig erhalten, so wäre diese Stelle eine wahre Schule für mannigfache Gegenstände der Baukunst; leider! sind aber die oberen Theile der Gebäude zerstört.

Der Platz ist ein längliches Viereck, welches, wenn man die ihn umgebenden Säulenhallen mitrechnet, etwa drei mal so lang als breit ist. An der schmalen Seite, welche gegen Nordwesten liegt, steht auf einem hohen Unterbau, über welchen eine ansehnliche Freitreppe hinwegführt, ein Tempel mit corinthischen Säulen, welchen man für einen Tempel des Jupiter hält;

diese Stellung des Tempels in dem Hintergrunde eines langen Platzes ist symmetrisch und sehr effectvoll. Die Säulenhallen, welche den Tempel umgeben, sind altdorischer Art und denen an dem Kaufhause ähnlich. An den drei Seiten, welche sie einnehmen, stehen bedeutende öffentliche Gebäude: nemlich eine Basilica; ein Tempel, welcher mit einem, mit Säulen geschmückten Hofe umgeben war und welchen man der Venus zuschreibt; ein Raum, der zum Magazingewölbe dienen mochte, und ein kleines Gefängnifs. Diese Gebäude nehmen die Südwestseite des Platzes ein. An der Nordwestseite befindet sich der vorhingedachte corinthische Tempel. An der Nordostseite steht zuerst das sogenannte Pantheon; dann der Tempel der Opferpriester (Augustalen); der Tempel des Quirinus, und das Chalcidicum oder Gerichtshaus, welches die Ecke der Silberschmiedestrafse bildet. An derselben Seite des Platzes und an der gegenüberstehenden Ecke der Strafse stehen endlich noch die Reste eines Gebäudes, dessen Bestimmung unbekannt ist. Die vierte oder südöstliche Seite wird von drei kleinen Gebäuden eingenommen, deren eins man für ein Schatzhaus (aerarium), die beiden andern für Curien hält. Es ist dieses Forum unter den bis jetzt ausgegrabenen Theilen der Stadt, wohl der bedeutendste, und es ist über dessen allgemeine Anordnung Folgendes zu bemerken, was auch für die Architektur, nicht nur dieser ganzen Stadt, sondern auch für die architektonische Anordnung aller älteren und neueren italienischen Städte mehr oder weniger bezeichnend sein dürfte.

Es ist nämlich immer die Anordnung in einem gewissen Grade sehr regelmäfsig und fällt gut in die Augen, ohne jedoch aber im strengsten Sinne symmetrisch und gleichförmig zu sein. Auch ist wieder jedes Gebäude einzeln in gleicher Weise regelmäfsig, ohne immer vollkommen symmetrisch zu sein. Die sich kreuzenden Strafsen z. B. bilden nicht immer rechte Winkel, aber sie sind meistentheils von gleicher Breite und selten krummlinig. In ihrem Gesichtspuncte liegt häufig ein interessanter Gegenstand. Gar sehr hat man auch auf die Localverhältnisse Rücksicht genommen und die Symmetrie ihnen mitunter aufgeopfert. Man sieht, dafs der ganzen Stadt kein ursprünglicher Plan zum Grunde liegt; sie ist vielmehr stückweis aneinander gebaut; wie es die Umstände, alte Wege, Grenzen vorhandener Besitzthümer u. s. w. bedingten: allein überall ist das Streben sichtbar, in den Raum, den man den Localschwierigkeiten abgewonnen hatte, Regelmäfsigkeit und Symmetrie zu bringen und so gleichsam die Unregelmäfsigkeit des Ganzen durch die Regelmäfsigkeit der einzelnen Gebäude, deren jedes ein Ganzes für sich bildet, zu verbessern.

Hierin liegt wahrlich eine grofse Lehre. Allerdings mag eine ideale Stadt vortrefflich sein, wenn sie im Ganzen ebenfalls regelmäfsig und symmetrisch ist: aber abgesehen davon, dafs dies selten die Localität erlaubt, kann ein solches regelmäfsiges Ganze, wenn anders die Anordnung nicht höchst geistvoll ist, doch leicht langweilig werden; besonders wenn doppelte, sich kreuzende Symmetrielinien vorkommen. Und selbst bei der geschicktesten Anordnung auf nur *einer* Symmetrielinie ist doch immer jeder Gegenstand zweimal da: jedes Gebäude, welches nicht auf der Symmetrielinie selbst liegt, mufs sich wiederholen, wohingegen durch die localgemäfse, wenn auch nicht ganz symmetrische Zusammenstellung regelmäfsiger Gebäude, eine grofse Mannigfaltigkeit hervorgebracht wird, die etwas sehr Wohlthuendes hat, während die allzu ängstliche Symmetrie für den Geist drückend ist. Beispiele mögen dies näher erläutern.

Es treffen z. B. hier die zu dem Forum führenden Strafsen nicht regelmäfsig auf die Mitte des Platzes, oder auf regelmäfsige Abtheilungen desselben: aber jede Strafse hat einen regelmäfsigen Schlufs in irgend einem Gegenstande. Die Silberschmiedestrafse zielt auf ein Postament, welches eine gröfsere Statuengruppe, vielleicht auch eine Reiterstatue trug. Stand man in der Mitte der Südostseite des Platzes, so hatte man einen Janusbogen grade vor sich, während man sich mitten zwischen zwei Säulen der ringsumlaufenden Halle befand; und eben dieselbe Statuengruppe stand im Mittelpunct der Durchsicht des Janusbogens und leitete den Blick mitten auf den Tempel des Jupiters, der, auf einem hohen Postament stehend, mit seinen colossalen Verhältnissen den ganzen Platz beherrschte. Die Strafse, welche an der Südostseite auf den Platz trifft, bekam ferner durch zwei Säulenzwischenräume der den Platz umgebenden Halle einen regelmäfsigen Schlufs. Da aber auf diese Weise eine Säule auf die Mitte der Strafse traf, so hatte man, passenderweise, vor derselben einen Springbrunnen angebracht. In der Strafse neben der Basilica, welche von Südwest her in den Platz tritt, bildet eine Verdoppelung der Platzhalle eine Fortsetzung, und der Blick wird auf die Mitte derselben geleitet, dadurch, dafs in dieser Strafse eine sonst eben nicht regelmäfsige Freitreppe zu den Emporlauben der Basilica führt. Bei der nächsten Strafse, an der Südwestseite, würden, wenn die Säulen der Halle um den Platz regelmäfsig einander gegenüber ständen, weder ein Säulenzwischenraum, noch auch eine Säule auf die Mitte der Strafse getroffen haben: es ist deshalb das regelmäfsige Gegenüberstehen der Säulen dem regelmäfsigen Gesichtspuncte der Strafse aufgeopfert worden, indem drei

Säulenzwischenräume von gleicher Weite die Strafse schliefsen. Die beiden Strafsen, welche von der Nordwestseite zu dem Forum führen, gehen in schiefer Richtung auf dasselbe zu und hätten daher im Gesichtspunct einen ganz unregelmäfsigen Anblick übereck von den Gegenständen gehabt: sie sind deshalb mit grofsen Thoren am Platze geschlossen, von welchen das eine zugleich den Gesichtspunct der Säulenhalle an der Südwestseite des Platzes bildet. Das Hauptgebäude des Platzes, der Tempel des Jupiter, liegt mit seiner Mitte auf der Symmetrielinie des Platzes. Man war offenbar in dessen Stellung nicht gehindert, und so ordnete man ihn regelmäfsig; allein die Säulenhallen rechts und links von der Symmetrielinie sind wieder verschieden, weil man sie nach der Gröfse und Form der Gebäude, vor welchen sie herlaufen, modificiren mufste. Vor dem Tempel der Opferpriester scheint sogar eine jonische Säulenhalle an die Stelle der dorischen getreten zu sein.

Aus diesem Allen geht ein merkwürdiges System hervor, nemlich, dafs man den Gegenstand, den der Gesichtspunct einer Strafse, eines Platzes u. s. w. bildete, stets symmetrisch und regelmäfsig dem Auge entgegenstellte, dafs man es aber keinesweges für nöthig hielt, auch die zu beiden Seiten aufgestellten Gegenstände symmetrisch übereinstimmen zu lassen. Eines von Theater-Decorationen entlehnten Gleichnisses sich bedienend, könnte man sagen: der Hintergrund war stets regelmäfsig und symmetrisch, die Coulissen aber waren nicht symmetrisch, so jedoch, dafs jede einzelne Coulisse, für sich betrachtet, wieder regelmäfsig und symmetrisch war. Ich glaube, dafs ein solches System als gut und classisch betrachtet werden kann. Es gehörte zu demselben auch, dafs eine Strafse, die sich krümmen mufste, gabelförmig fortgeführt wurde. Hievon finden sich in der von dem Thore nach Herculanum zu der Bäderstrafse und dem Forum führenden Hauptstrafse zwei auffallende Beispiele.

Der Tempel des Jupiter.

Zu der Beschreibung der einzelnen Gebäude des Forums zurückkehrend, ist zu bemerken, dafs der Tempel des Jupiter zwar an Ort und Stelle diesen Namen gewöhnlich führt, dafs aber keine eigentlichen Beweise dafür, dafs das Gebäude nicht etwa eine andere Bestimmung gehabt habe, bekannt sind. In dem innern Raume desselben sind an den beiden langen Seiten Säulengänge von jonischer Ordnung; die Säulen der Vorhalle dagegen waren wahrscheinlich corinthisch. Der Fufsboden des innern Raumes ist musivisch verziert; unter der Freitreppe der Vorhalle waren drei Bogenhallen. Eigenthümlich ist die Unterbrechung der Freitreppe in ihrer Mitte durch eine Estrade, die vielleicht zu feierlichen Aufstellungen diente.

Der Triumphbogen des Forums.

Dem aus dem Tempel nach dem Forum Hinsehenden zur Rechten steht, gleich neben dem Tempel, ein Triumphbogen, welcher aus Backsteinen und Steinschutt erbaut ist und mit Gesimsen und Platten von weifsem Marmor, so wie mit Stuck incrustirt war. Der Triumphbogen hat an jeder Seite seiner halbkreisförmigen Öffnung zwei Säulen, mit einer Nische dazwischen. In einer der Nischen befindet sich ein Springbrunnen.

Der Tempel der Opferpriester.

Das Gebäude, welches man gewöhnlich den Tempel der Opferpriester nennt, dürfte wohl zu öffentlichen Zusammenkünften irgend einer Art bestimmt gewesen sein. Es ist geräumig, denn es mifst von seiner Fronte bis zum Hintergrunde 80 F. Es ist mit breiten Platten von buntem Marmor belegt. An der Vorderseite stand eine Reihe von 8 Säulen aus feinen weifsen Casertasteinen; im Innern waren rund herum Nischen und im Mittelpuncte ein Fufsgestelle oder Altar.

Der Tempel des Quirinus.

Der nächste Tempel, den man dem Quirinus zugeschrieben hat, steht innerhalb eines Hofes. Der Altar, welcher mitten in diesem Hofe vor der Fronte des Tempels stand, ist allein vollständig erhalten; der Tempel selbst stand auf einem hohen Postamente und die Freitreppe lag nicht im Angesicht des Tempels, sondern hinter dem Postamente, zu beiden Seiten des Tempels, so dafs das Postament auf jeder Seite um so viel übergriff, als zu der Treppe nöthig war. In den Wänden des Vorhofes sind viereckige Blendungen, abwechselnd mit flachrunden und dreieckigen Verdachungen bedeckt, die zwar nur von Backsteinen und ohne allen Schmuck sind, wahrscheinlich aber mit Stuck verziert werden sollten. Der Vorhof ist ungefähr 58 englische Fufs im Quadrat grofs. Das Fufsgestell unter dem Tempel ist 9 F. hoch; der Altar ist aus weifsem Marmor und im Ganzen 4 F. 6 Z. hoch. An der Vorderseite desselben ist die Opferung eines Stieres abgebildet. Innerhalb des Tempels ist ein Fufsgestell für die Statue.

Das Gerichtshaus (Chalcidicum).

Das hieran stofsende Chalcidicum oder Gerichtshaus hatte ringsum bedeckte Gänge und vor denselben Säulenhallen; zu beiden Seiten des Eingangs waren Treppen; unter deren Aushöhlung *Amphoren* ausgestellt waren. Die Säulenhalle vor dem Chalcidicum ist nicht mehr erhalten.

Die Curien und das Schatzhaus.

Die drei vorerwähnten Gebäude an der Südwestseite des Forums, nemlich die beiden Curien und ein Schatzhaus, sind von einfacher rechteckiger Form; im Hintergrunde mit Nischen. Neben den Curien sind Treppen in schmalen Gängen, die mit den Strafsen in Verbindung stehen. Die eine Curie ist ohne die Nische oder *Exedra* im Hintergrunde 40 F. 4 Z., die andere 48 F. 1 Z. lang. Das Schatzhaus hat ebenso eine Länge von 47 F. 4 Z. Die Säulenhalle, welche vor diesen Gebäuden hinläuft, stöfst nicht unmittelbar an dieselben: es ist vielmehr zwischen ihr und den Gebäuden ein unbedeckter Raum. Ebenso ist es mit dem letzten Gebäude an der Nordostseite, dessen Zweck nicht bekannt ist und welches einen einfachen, fast quadratischen Raum bedeckt.

Der Janusbogen.

Der Janusbogen, welcher den Curien und dem Schatzhause gegenübersteht, wird wohl hauptsächlich bestimmt gewesen sein, irgend eine Gruppe oder Statue so aufzustellen, dafs sie vor allen andern Gegenständen in die Augen fiel; zu welchem Ende auch die vielen andern gröfsern und kleinern Postamente, die noch vor der im Forum an drei Seiten herumlaufenden, oft erwähnten Säulenhalle aufgestellt sind, gedient haben mögen.

Die Basilica.

An der Südwestseite des Forums befindet sich zunächst die Basilica. Zwischen derselben und der Säulenhalle des Forums war ein unbedeckter Hof, zu welchem man durch die Säulenhalle und durch fünf Thüren gelangte. Aus diesem Hofe führten vier Stufen in das Innere, durch drei Säulenzwischenweiten und zwei Thüren, welche letztere den Säulengängen entsprachen, die an den Wänden der Basilica umherlaufen und obere Gallerieen oder Emporlauben tragen. Im Hintergrunde der Basilica war das Tribunal, welches durch sechs Säulen gebildet wurde, die auf einem Fufsgestelle errichtet sind. Unter denselben safs der Duumvir, mit seinem Rath, den Beisitzern, Gerichtsdienern, Lictoren und Schreibern. Von hier aus, auf seinem curulischen Stuhl, während Schwerdt und Spies als Insignien vor ihm aufgestellt waren, sprach er Recht, nachdem er auf dem Altar vor dem Tribunal geschworen hatte, nach den Gesetzen und nach seinem Gewissen zu richten. Das Hauptdach der Basilica von Pompeji wurde von 28 Säulen jonischer Ordnung getragen, die 3 F. 7 Z. im Durchmesser hatten; es erhob sich über den übrigen Theil des Gebäudes, und an jedem Ende desselben war ein mit Gesimsen verzierter Giebel. Dieser mittlere Theil des Gebäudes war in einiger Entfernung davon mit einer Mauer umgeben. Zwischen ihr und den Säulen befanden sich niedrige Gänge, über welchen Gallericen für die Zuschauer angebracht waren. Man glaubt, dafs die Dächer über diesen Gallerieen ihren Fall ringsum von den Mauern nach dem Gebäude zu hatten. Ihre Dachtraufen wären dann beträchtlich tiefer als der Architrav über den 28 Säulen gewesen, so dafs zwischen den Säulenknäufen hindurch Licht in das Innere des Gebäudes fallen konnte. Es ist zwar nicht zu verkennen, dafs die Gewandtheit der Alten bei den schwierigsten Zusammenstellungen oft, wie auch hier, in den einfachsten Mitteln Hülfe finden mochte: indessen ist es doch auffallend, dafs sich sonst nirgends im Alterthume gegeneinander laufende Dächer und eine Verbauung von Säulen, so dafs dieselben von Innen und von Aufsen in Collision kamen, findet. Also scheint sich die Annahme von der Einrichtung der Pompejanischen Basilica nur mehr auf eine, eben nicht klare Beschreibung *Vitruv's* von einer Basilica, die er selbst erbauet hatte, zu gründen.

Die Mauern der Basilica waren mit einer Nachahmung von rothem, grünem und gelbem Marmor, in breiten Blöcken, überzogen. Niedrige Halbsäulen von corinthischer Ordnung trugen das Gebälk der oberen Gallerieen. Der Fufsboden der Hallen scheint von Cement gewesen zu sein. Mitten in dem Gebäude, zwischen den Säulen, waren zwei Cisternen angebracht, um das Regenwasser aus den Rinnen, in welchen es vom Dache rann, aufzunehmen. Vor dem Tribunal, zwischen den Säulen der Haupthalle, steht ein Fufsgestell, welches eine Statue von Bronze trug, von der blofs die Beine gefunden worden sind. Vor den Säulen waren Wasser-Abzüge, um das Wasser, welches vom Dache fiel, aufzunehmen und in die Cisternen zu leiten. Mitten in den langen Wänden befand sich an jeder Seite eine Thür, die in die Seitenstrafsen führte.

Der Tempel der Venus.

Wenn man die Basilica passirt ist und sich in die Strafse neben ihr zur Linken gewendet hat, sieht man zur Rechten eine Thür, die zu dem zweiten Gebäude an der Südwestseite des Forums führt. Durch diese Thür kommt man in eine Säulenhalle, welche einen geräumigen Hof umgiebt, in dessen Hintergrunde ein Tempel steht, von welchem man glaubt, er sei der Venus geweiht gewesen. Die Säulenhallen haben an den schmalen Seiten 9 Säulen. folglich eine Säule in der Mitte; es konnte also der Eingang nicht in der Mitte sein, ohne die Richtung auf eine Säule zu haben. Verlegte man ihn aber aus der Mitte, so wurde die Ansicht des Tempels beim Eintritt in die Thüre dadurch etwas schräg. Man hat den letzteren Übelstand dem ersten vorgezogen. In der That ist er der geringere; auffallend aber ist es, dafs man nicht den einen wie den andern dadurch vermied, dafs man eine andere Säulen-Eintheilung machte. Ebenso ist eine Unregelmäfsigkeit besonderer Art in diesem Gebäude die, dafs die Mauer an der Seite nach dem Forum zunehmend verstärkt und dadurch die regelmäfsige Breite der Säulenhalle an dieser Seite gestört ist. Es scheint überhaupt, dafs bei diesem Gebäude der Architekt durch vorhandene Reste eines andern Gebäudes, die er benutzen mufste, auf irgend eine Weise behindert oder beschränkt worden sei: wenn man anders nicht das Störende auf eine gewisse Nachlässigkeit oder Geschmacklosigkeit, die sich freilich auch sonst in mehreren Theilen dieses Gebäudes offenbart, schieben will. Dafs man hier einen Theil einer weiblichen Statue fand. hat die Veranlassung gegeben, anzunehmen, der Tempel sei der Venus gewidmet gewesen. Die Gemälde, welche man innerhalb desselben sieht, geben keinen bessern Aufschlufs über seine Bestimmung. Ringsum an den Mauern. unter den Säulenhallen, 2 F. 6 Z. über dem Fufsboden hoch, sind Abbildungen von Zwergen und von architektonischen Gegenständen, nemlich von kleinen Gebäuden, mit Baumgruppen. Es sind diese Gemälde ungemein interessant, da sie die Anschauung vollständiger Gebäude geben. Die Figuren zeigen sich meistens als Zwerge, wegen ihrer dicken Köpfe und kleinen Glieder. Nach ihrem Verhältnifs zu den gemalten Gebäuden müfste man sie aber eher Riesen nennen. Diese Malereien, besonders die Figuren, sind ziemlich roh und kunstlos. Die Häuser haben viele Plateformen, häufig kleine Thürme, sind meistens einstöckig, und es ist eine grofse Menge von Säulen an denselben. Die Mifsverhältnisse daran können wohl nur auf Rechnung des Malers gesetzt werden, da sie fast durchgängig so klein gegen die Figuren sind, dafs diese darin kein Unterkommen finden könnten. Merkwürdig sind die mehrmals anzutreffenden, im Grundrifs rechteckigen Gebäude von einem Stockwerke, die nur durch die Thür erleuchtet werden und ein Dach haben, welches aus Schilf oder Stroh zu bestehen scheint und welches nach einer Spitzbogenlinie aufgelegt ist. Die Krokodille und Palmen, welche in einigen dieser landschaftlichen Abbildungen vorkommen, erregen die Vermuthung, dafs es Zeichnungen ägyptischer Gegenstände sein sollen.

In einer Ecke der Säulenhalle ist ein Gemälde, welches den Achilles und Agamemnon vorstellt; ein anderes den Hector, der von dem Wagen des Achilles geschleift wird; und in einem Zimmer, nahe an dem Säulengange, jedoch aufserhalb der Ringmauer, mit einem Zugange durch dieselbe, ist ein Bild von Bacchus und Silenus, welches früher an einem andern Orte gewesen sein mufs, da es hier durch Klammern von Eisen und mit Cement befestigt ist. Die Säulenhalle ist 12 F. 2 Z. weit und war mit einem Gebälke von Zimmerholz bedeckt. Sie hat 48 steinerne Säulen, die ursprünglich dorischer Ordnung waren und 5½ Durchmesser zur Höhe hatten, später aber durch Gips-Ueberzüge in corinthische verwandelt wurden, so dafs die Capitäler einen Theil der Schafte verbergen, die schon sehr kurz waren. Die Capitäler sind fast alle verschieden, sowohl in der Form, als in den Farben. Die Architrave sind horizontal gewölbt, zwei zu jeder Säule. Die Metopen und Sparrenköpfe sind aus Ziegeln und Stuck, und das Ganze ist mit einer endlosen Mannigfaltigkeit von Verzierungen bemalt. Das untere Drittheil der Säulen ist gleich einem Rohrbündel gereift und gelb angestrichen; der obere Theil dagegen ist vertieft gereift und weifs bemalt. An den Säulenfüfsen geht eine Rinne vorbei, um das Wasser der Dachtraufe abzuleiten. Vor jeder Säule stand eine Termenstatue, von welchen eine vollkommen erhalten, aber nicht von vorzüglicher Arbeit ist.

Der Haupt-Altar vor der Freitreppe ist mit einem schwarzen Steine bedeckt, in welchem drei Vertiefungen sind, um Feuer anzuzünden, und in welchen sich noch Asche befand. Die Freitreppe hat sechszehn Stufen, welche auf das Fufsgestell des Tempels hinaufführen. Von der Säulenhalle, die den Tempel umgeben haben mag, existirt nichts mehr. An den Ecken sind Pilaster von 2 F. im Durchmesser. Das Wasser von dem Dache rann aus weit vorstehenden Löwenköpfen. In dem Hintergrunde des Tempels findet sich ein Fufsgestell für die Statue der Gottheit.

Unmittelbar neben diesem Tempelgebäude und mit einem Eingange von demselben sowohl, als von der Säulenhalle her, sind einige Zimmer, nebst einer Treppe; welches Theile eines Gebäudes zum Gebrauch, oder auch zur Wohnung der Priester gewesen sein mögen.

Das Magazin.

Das nächste Gebäude an der Südwestseite wird Magazin genannt. Es ist 110 Fufs lang und man hält es für ein öffentliches Getreidemagazin, weil sich in der Nähe, in einer Nische, die durch die ungleiche Dicke der Mauer am Venustempel gebildet ist, öffentliche Getreidemaafse befanden. Diese Maafse sind cylindrische Löcher, deren Boden weggezogen werden konnte, so dafs das gemessene Korn herausrann.

Zwischen dem Magazin und den Kaufläden, die nach der nächsten Strafse geöffnet sind, finden sich, nebst dem Eingange unter der Säulenhalle, noch Räume, welche mit eisernen Gittern verschlossen waren und die man für Gefängnisse hält. Die Säulenhalle verschlofs hier eine Thür, die auf die Strafse der trocknen Früchte, wie man sie nennt, führte. Neben derselben war ein Bogenthor nach dem innern Raume des Forums, welches dem alten Triumphbogen auf der andern Seite des Tempels des Jupiter entsprach.

Die Häuser des Generals Championnet.

Wenn man von dem Forum durch die Strafse zwischen der Ecke der Basilica und der Curie geht, gelangt man zu zwei Privathäusern, die der General *Championnet* hat ausgraben lassen und die gewöhnlich nach seinem Namen benannt werden. In denselben fanden sich vier Gerippe von Frauen, die durch das Geschmeide von Gold, Silber und Bronze, welches sie trugen, bekannt geworden sind. Die Häuser haben beide die einfache, regelmäfsige Bauart der Alten. Durch einen ziemlich schmalen Gang, an dessen beiden Seiten einige Zellen liegen, mit Thüren nach dem innern Hofe, gelangt man in das Atrium oder den Vorhof. Der eine dieser Vorhöfe hatte vier Säulen (Atrium tetrastylum), der andere scheint ohne Säulen gewesen zu sein (Atrium displuviatum). Links neben dem Atrium sind in jedem der beiden Häuser einige Zimmer (cubicula); auf der rechten Seite sind keine Zimmer, wahrscheinlich weil sie nach Norden gewendet gewesen wären. Dem Eingange gegenüber liegt wie gewöhnlich das Geschäftszimmer (tablinum); neben demselben sind Gänge (fauces), die nach dem innern Hofe führen, auf der einen Seite, und einige oder mehrere Zimmer auf der andern; dann folgt der innere Hof, von Säulen umgeben (cavaedium peristylium); im Hintergrunde dieses Hofes ist der Speisesaal (triclinium) und in dessen Nähe sind noch einige Zimmer (cubicula). Hinter dem Speisesaal und den Zimmern mag ein kleiner Garten gewesen sein. Das eine Haus hatte wahrscheinlich ein zweites Stockwerk, weil sich mehrere Treppen in demselben fanden.

Das Haus der Königin Caroline.

Wenn man von dem Forum die Strafse nach Süd-Osten verfolgt und sich dann links nach dem Theater hin wendet, kommt man zu dem Hause, welches das Haus der Königin Caroline genannt worden ist. Es hat keine besonderen architektonischen Merkwürdigkeiten, aber ein paar schöne Wandgemälde. Sonst sind diese Strafsen mit Kaufläden und Resten alter Häuser besetzt; wie es fast in allen den Strafsen von Pompeji der Fall ist, welche keine öffentlichen Gebäude enthalten.

Das Haus des Pansa.

[Man sehe die Zeichnung auf der Carte.]

Von der entgegengesetzten Ecke des Forums führt die Strafse, zu welcher man durch die Thür an der Säulenhalle unweit des Jupitertempels gelangt, in gerader Richtung auf die Thür eines grofsen Hauses, welches einem der wohlhabendsten Bürger von Pompeji gehört haben mag. Es ist unter dem Namen Haus des Pansa bekannt und giebt eins der besten Muster der Bauart altrömischer Wohnhäuser. Es nimmt ein ganzes Häuserquartier ein und war ziemlich rechtwinklig. Einzelne Theile dieses Hauses in dem Rechtecke liegen zwar getrennt vom Übrigen; sie haben aber doch wohl dem Hause zugehört und der Eigenthümer des ganzen Quartieres mag sie vermiethet gehabt haben.

Zuerst tritt man in das Prothyrum: einen kleinen Vorplatz, der eigentlich noch zur Strafse gerechnet werden kann, da sich die eigentliche Hausthür erst im Hintergrunde desselben befindet und das Prothyrum selbst nur eine weite, unverschlossene Öffnung hat, die hier nach der Strafse hin mit corinthischen Pilastern verziert ist.

Rechts und links von dem Prothyrum waren je drei Buden, welche der Besitzer wahrscheinlich vermiethete, oder in welchen er vielleicht durch seine Sclaven Handel treiben liefs. Eben solche Schuppen finden sich auch an den beiden langen Seiten des Gebäudes. Einer derselben wurde von einem Bäcker benutzt und es fanden sich an demselben das Backhaus mit dem Back-Ofen, drei Handmühlen und ein Backtrog. Die Form des Back-Ofens ist kreisrund;

daran sind Behälter für das Brennmaterial und an dem Laden befanden sich die Vorrathskammern. In einigen der Buden oder Schuppen sind Treppen, so dafs sie obere Stockwerke gehabt haben müssen. Aus dem Prothyrum tritt man in das Atrium oder den Vorhof, indem man durch einen Raum schreitet, der eben so breit als das Prothyrum, aber beträchtlich tiefer ist und mit dem Atrium unmittelbar zusammenhängt, ohne durch eine Thür davon getrennt zu sein. Das Atrium war bedeckt, hatte jedoch in der Mitte der Decke eine Öffnung (compluvium), durch welche das Licht einfiel und der Regen von den Dächern herabflofs. Es fand sich ein dazu bestimmtes viereckiges Bassin (impluvium) aus Quadersteinen oder Marmor unter der Öffnung in der Mitte des Vorhofes, von wo das Wasser weiter durch einen kleinen unterirdischen Canal abgeleitet werden konnte. Das Verhältnifs der Länge zur Breite des Vorhofes stimmt mit den Regeln ***Vitruvs*** überein; er ist $1\frac{1}{2}$ mal so lang (tief) als breit, nemlich 31 F. 6 Z. breit und 47 F. 4 Z. lang. Hinter dem Impluvium, der Thür aus dem Prothyrum in den Vorhof gegenüber, stand ein Altar des Hausgottes. In dem Hintergrunde des Atriums, auf der Symmetrielinie des Gebäudes, liegt das Tablinum oder Geschäftszimmer, und rechts und links desselben sind die Flügel des Vorhofes (alae), welche gleichsam Alcoven des Atriums bilden. Ihre Schwellen sind hier mit Mosaik belegt. Nach ***Vitruvs*** Vorschrift sollen diese Flügel des Atriums, wenn dasselbe 40 bis 50 F. lang ist, zwei Siebentheile dieser Länge haben: eine Regel, welcher auch das Atrium des Hauses des Pansa entspricht. Die Decken dieser Flügel reichten nicht bis zur Decke des Atriums, weil ihre Höhe eben so viel betragen mufste, als ihre Breite. Auf jeder Seite des Atriums, neben den Alae, lagen drei Schlaf- und Wohnzimmer (cubicula), welche Licht durch die Thüren erhielten, vermittels welcher sie mit dem Atrium in Verbindung standen. Links neben dem Tablinum war ein gröfseres Zimmer, welches vielleicht zur Aufbewahrung von Bildern und Büchern bestimmt war (Pinacotheca). Dasselbe hatte nach dem Atrium hin eine Thür, und nach dem inneren Hofe, der hinter dem Tablinum und diesem Zimmer lag, eine grofse Öffnung. Dieser Thür symmetrisch gegenüber, auf der andern Seite des Tablinum, war die Thür des Ganges (faux), der den Vorhof und den inneren Hof mit einander verband. Neben diesem Gange lag noch ein Schlafzimmer, etwas geräumiger als gewöhnlich und durch eine Thür mit dem Gange, sowie durch eine weite Öffnung mit dem Hofe in Verbindung. Der innere Hof oder das Peristylium soll nach ***Vitruv*** in der Länge $1\frac{1}{2}$ mal seine Breite haben. Der Hof in diesem Hause hat gerade dieses Verhältnifs. Es scheint diejenige Art von Peristylium gewesen zu sein, welche **Vitruv** die ägyptische nennt, weil die Halle, die es umgiebt, zwei Reihen Säulen übereinander hatte. Die untern Säulen mufsten so hoch sein, als ihre Entfernung bis zu den Umfangsmauern maafs. Sie sind hier jonischer Ordnung und es stehen vier in der Breite, ohne die Ecksäulen, und vier in der Länge, an jeder Seite. Ihre Schafte waren cannelirt. Das Wasser von den Dachtraufen fiel in eine Rinne, welche, verschlossen oder bedeckt, vor den Füfsen der Säulen herlief und in einen tiefen Behälter in der Mitte des Peristyliums ihren Ausflufs hatte. Das Peristylium hatte eine rechteckige, den Säulengängen parallele Form. An den Seiten sind Schilf- und Wasserpflanzen gemalt; es ist also möglich, dafs darin Fische aufbewahrt wurden. An einer Stelle zwischen den Säulen war ein Schöpfbrunnen über einer Cisterne. Im Hintergrunde des Peristyliums lag das Triclinium, das Haupt-Speise- und Gesellschaftszimmer. Ähnliche Flügel, wie an dem Atrium, finden sich in diesem Hause auch an dem Peristylium. An der linken Seite des Peristyliums, also mit ihren Thür-Öffnungen und Fenstern nach Nord-Osten gewendet, waren drei Familienzimmer. Zwei derselben waren sehr schön ausgeziert und hatten Mosaikfufsboden. Das eine hatte ein Fenster nach dem anliegenden kleinen Hofe. Rechts neben dem Triclinium lag die Hauskapelle (lararium); der anderen Seite gegenüber war ein Gang (faux), der zu dem hinter dem Hause befindlichen Garten führte; an demselben war eine Küche mit den Kochvorrichtungen. Die Küche hatte eine innere Abtheilung, mit niedrigen Mauern, um auf denselben Ölkrüge aufzustellen. Neben dem Gange war noch ein kleiner Hof, mit einer Thür nach der Strafse hin; wenigstens hält man diesen Ort für einen Hof, wenn schon der Architekt geneigt sein dürfte, diese Stelle für einen bedeckten Raum zu halten, indem sich sonst besondere Schwierigkeiten bei der regelmäfsigen Anordnung der Bedachung und für die symmetrische Gestalt des Hauses nach der Gartenseite hin ergeben möchten; welche Symmetrie jedoch gewifs stattfand. An der Gartenseite lief vor dem Hause eine Säulenhalle oder Pergula her, an welcher man Weinstöcke und Schlinggewächse in die Höhe ziehen konnte, die das Fenster des Tricliniums beschatteten. Neben diesem Triclinium lagen zwei kleinere Zimmer, mit den Thür-Öffnungen nach der Pergula, die man für Schlafzimmer hält. Ehe man zu dem Lararium kommt, rechts unter dem Säulengange, lag ein gröfseres Zimmer, von welchem ein Gang nach mehreren anderen führte und zugleich nach einem gröfseren Raume, der unmittelbaren Zusammenhang mit der Strafse hatte. Man mufs um so mehr geneigt sein, diese Gebäude-Abtheilung für die Wohnung der Frauen zu halten, da sie mit Sorgfalt behandelt war und sich aufserdem hier vier weibliche Skelette mit goldnen Ohrringen und verschiedenen Kostbarkeiten fanden, die zum Gebrauch der Frauen gedient haben mögen: denn, wenn auch die Häuser der Römer nicht, wie die der Griechen, eine Frauenwohnung in einem getrennten Gebäudetheil enthielten, so waren doch ohne Zweifel gewisse Zimmer zum ausschliefslichen Gebrauch der Frauen bestimmt. Den gröfsten Theil der rechten Seite des Peristyliums, d. h. hier der rechten Seite, wenn man aus dem Tablinum in das Peristylium tritt, nimmt eine Gebäude-Abtheilung ein, die nicht mit dem Hause, wohl aber mit der Strafse Verbindung hat: vielleicht waren es Zimmer, die der Eigenthümer als Fremdenwohnungen benutzte.

Das Haus des Actäon.

Ganz nahe an dem Hause des Pansa, nämlich von der einen Ecke des Gartens nur durch eine Kreuzstrafse getrennt, liegt das Haus des Sallust, oder auch, wie man es nennt, das Haus des Actäon, da sich hier eine Abbildung der Diana und des Actäon befindet, welche den innern Hof verziert. Dieses Haus ist unregelmäfsig gebaut und von kleineren Dimensionen, als das Haus des Pansa. Es ist aber interessant, es mit diesem zu vergleichen.

Der Haupt-Eingang hat kein besonderes Prothyrum; die Hausthür ist unmittelbar an der Strafse und man tritt aus derselben in den Gang, der mit dem Atrium zusammenhängt. Rechts und links der Hausthüre sind ebenfalls je drei Kaufläden, von welchen zwei, dem Eingange zunächstliegend, mit dem Innern des Hauses in Verbindung stehen und also wahrscheinlich von dem Eigenthümer des Hauses selbst benutzt wurden. In dem einen Laden ist eine Art Dombank, in welcher sich eine Reihe von Krügen befindet, wahrscheinlich zu Wein oder Öl. In dem anderen ist ein Ausgang nach einem Zimmer, welches schon an dem Atrium des Hauses liegt. Das Atrium war ohne Säulen; eben wie im Hause des Pansa. Verhältnisse und Zimmer-Anordnung, Flügel (alae), Tablinum, das Geschäftszimmer, das Zimmer neben dem Tablinum und die Gänge (fauces) sind fast ganz dieselben; allein ein innerer Hof, ein Peristylium, ist nicht vorhanden. Hinter dem Tablinum ist nur eine Säulenhalle und ein kleiner Garten (viridarium); dagegen befindet sich zur Seite des Atriums, beim Eintritt in dasselbe rechts, und durch Thüren mit demselben in Verbindung stehend, eine besondere Gebäude-Abtheilung mit einer Art Peristylium, welche man für eine getrennte Frauenwohnung (gynaeconitis) hält. Sie ist in gewissem Maafse jenem Theile des Hauses des Pansa, den man ebenfalls für die Frauenwohnung halten kann, ähnlich. Durch einen kleinen Vorraum, von welchem noch eine besondere Zelle abgetheilt ist, gelangt man in eine Art Peristylium, welches jedoch nur an drei Seiten Säulengänge hat; an der vierten Seite scheinen deren keine gewesen zu sein; der mittlere Raum geht vielmehr bis zu der Grenzmauer des Hauses und an beiden Seiten waren kleine Zellen, deren Eingänge die Säulenhalle gleichsam schliefsen. Eine derselben war sehr sorgfältig verziert, mit geschmackvollen Malereien, Fufsboden, Wandsockel u. s. w. aus verschiedenfarbigem Marmor. An der einen Wand sind Mars und Venus abgebildet, gegenüber Cupido, der mit seinen Waffen spielt; an einer anderen Wand ist ein Ort zur Aufstellung der Hausgötter. Nach dem mittleren Raume des Hofes hin hatte jedes Zimmer ein Fenster und der Theil, den sie einschliefsen, war mit einem Dache bedeckt. Unter demselben war ein Altar, welcher die badende Diana und den Actäon mit Geweihen, von seinen eigenen Hunden gejagt, darstellt. An dem Hofe lag auch eine kleine Küche, bequem für die Frauen. Wenn man die Treppe, die hier ist, hinaufsteigt, so liegt der Heerd zur rechten Hand; an der anderen Seite ist ein gewölbter Raum, ungefähr 3 Fufs tief, der zu einer Bequemlichkeit dient, die hier eben nicht passend angebracht ist. Was von Holz sich hier befand, ist vergangen; die Merkmale des Thürbeschlages aber sind noch zu sehen.

Die Wände des Atriums waren plattenartig abgetheilt und marmorartig bemalt; der Fufsboden war von Cement, mit Einlagen von farbigen Steinen.

Die Wände des Porticus am Viridarium waren mit Gemälden verziert. Die Regel *Vitruv's,* dafs die Höhe der Öffnung des Tablinums ein Achtel mehr als seine Weite betragen soll, entspricht ungefähr dem Verhältnisse, welches sich hier findet. Neben dem Tablinum zur Linken ist, um die Symmetrie mit den Gangthüren auf der anderen Seite des Tablinums herzustellen, eine falsche Thür eingeblendet und gemalt. Alle Thüren in diesem Atrium haben Einfassungen, ungefähr in den Verhältnissen, wie sie noch heut zu Tage üblich sind.

Nicht weit von diesem Hause, bei dem Garten des Pansa vorbei, kommt man an ein Häuserquartier, welches eben so grofs ist, wie das Haus des Pansa, und welches mehrere kleine Wohnhäuser enthält.

Die Häuser der Springbrunnen.

Die Eingänge dieser Häuser liegen gröfstentheils an der Strafse des Mercurius, die mit derjenigen, welche dieses Gebäudeviertel von dem Hause des Pansa trennt, parallel lauft. Das erste Gebäude nach der Stadtmauer hin hat an der Mercuriusstrafse zwei Eingänge, deren jeder zu einem kleinen Atrium führt, die aber durch eine Thür verbunden sind. Es sind zusammen eigentlich zwei Häuser, ein kleineres und ein gröfseres; das letztere ist aber mit dem ersteren durch mehrere Thüren verbunden. Beide Häuser haben keine Kaufläden nach der Strafse hin. Das Atrium des ersten, kleineren, ist zierlich bemalt und hatte ein Compluvium; in dem Tablinum sind Vögel und Früchte auf himmelblauem Grunde gemalt; rechts und links vom Eingange sind zwei Schlafzimmer. Das anstofsende gröfsere Haus, für welches das erste vielleicht die Fremdenwohnung bildete, hat ebenfalls seinen Eingang ohne Prothyrium; rechts neben demselben liegt eine Treppe, die zu einem oberen Stockwerke führen mufste; hinter dieser Treppe und auf der anderen Seite des Einganges liegen zwei Zimmer, die mit einem musivischen Fufsboden verziert und grotesk bemalt sind. Das ganze Atrium ist auf rothem Grunde in gelben Einfassungen mit Grotesken bemalt, in deren Mitte Bacchantinnen mit Faunen und unten Thiere abgebildet sind. Merkwürdig ist es, dafs die Flügel des Atriums nicht rechts und links neben dem Tablinum befindlich sind, sondern dafs nur ein Flügel auf der rechten Seite desselben und der andere an derselben Seite des Atriums nach der Strafse hin liegt, von welcher er jedoch durch ein gröfseres Zimmer, welches mit dem ersterwähnten kleineren Hause zusammenhängt, getrennt ist. Aufser einem Zimmer, welches gleichfalls mit dem kleineren Atrium zusammenhängt, liegt an dieser Seite des Atriums nur noch ein ähnliches, worin man viele Löcher an der Wand bemerkt, in denen sich Haken befanden, oder andere Befestigungen von Brettern, zur Aufbewahrung von Sachen. Der Flügel des Atriums, dem Tablinum zunächst, ist sehr schön mit Figuren bemalt, unter welchen sich eine schöne Siegesgöttin besonders auszeichnet. Das Tablinum ist mit Gegenständen der Speisetafel bemalt. Eben wie hinter dem Hause des Sallust findet sich hier hinter dem Tablinum auch nur ein Stück von einem Peristyl, zu welchem erstlich der Gang neben dem Tablinum und das Tablinum selbst und auch ein Gang aus dem kleineren Hause führen. Zu bemerken ist auch hier eine blinde Thüre, der Gangthüre gegenüber, neben dem Tablinum. Dieses hat eine breite Öffnung nach der Säulenhalle hin, die das Peristylium ersetzt, und ist schön bemalt. Es mag als Triclinium gedient haben. Auch das zweite Zimmer war reichlich mit Malereien und Mosaiken verziert, die jetzt sehr beschädigt sind. Im Hintergrunde des Säulenganges, der das Peristyl ersetzt, und im Hintergrunde des ganzen Gebäudes steht ein Springbrunnen. Die Säulen waren altdorischer Ordnung. An dem Säulengange zur Seite rechts lagen noch zwei Zimmer, welche weniger verziert waren, als die übrigen; und neben denselben war die Öffnung eines Ganges, der zu einer Treppe und zu einer Küche führte, die auch von dem kleinen Fremdenhause her zugänglich war.

Das dritte Haus unterscheidet sich nicht sehr von dem zweiten. Auch hier ist im Hintergrunde des ganzen Hauses ein Springbrunnen; so dafs man deshalb diese Häuser die Häuser der Springbrunnen nennt. Ihr Vergleich mit dem Hause des Sallusts und demjenigen des Pansa ist wieder interessant; besonders weil man daraus sieht, welches eigentlich die *wesentlichsten* Theile der römischen Häuser, und welche diejenigen waren, auf die der minder bemittelte Bürger Verzicht leistete. Das Atrium, mit seinen Flügeln, das Tablinum, einige gröfsere und einige kleinere Zimmer, eine Küche und ein kleiner Säulengang hinter dem Hause, in welchem wohl immer einige Pflanzen aufbewahrt wurden, waren, wie es scheint, *unentbehrlich:* ein eigentliches Peristylium, mit den an demselben anliegenden Gemächern und dem Triclinium dagegen, gehörten nicht zum strengen Bedürfnifs, sondern nur mehr zur Pracht. Auch in diesem dritten Hause findet sich eine Treppe nach einem oberen Stockwerke. Ein, gleich neben dem Eingange liegendes gröfseres Zimmer ist anmuthig mit erhobenen Stuccatur-Arbeiten verziert. Das Tablinum ist reich bemalt, mit sehr schönen Grotesken, auf himmelblauem Grunde, der durch theilweis rothe, gelbe und weifse Felder unterbrochen wird. Einige Malereien, welche Kinder und verschiedene Beschäftigungen aus dem menschlichen Leben, z. B. Hirten, Jäger und Ackerbauer darstellen, sind merkwürdig. Ein anderes grofses Zimmer, welches mit dem rechten Flügel des Atriums in Verbindung steht, zugleich aber auch Öffnungen nach der hintern Säulenhalle hat, ist ebenfalls mit schönen Malereien verziert. Der Springbrunnen in diesem Hause ist mit Conchylien und Glasmosaiken incrustirt und hat die Gestalt einer grofsen Nische, mit ihren Pilastern und Giebeln. An jeder Seite der Nische ist eine Theatermaske von Marmor, die inwendig hohl und so eingerichtet ist, dafs man ein Licht hineinsetzen konnte, welches dann durch die Augen und den geöffneten Mund schien. Die Mauern der Säulenhalle bei dieser Fontaine sind schön bemalt, mit Bäumen, Springbrunnen, mit Vögeln und anderen Thieren. Eine Eigenthümlichkeit dieses Hauses ist, dafs die Gänge zu der hintern Säulenhalle oder dem Peristylium nicht an der gewöhnlichen Stelle liegen; es befinden sich vielmehr Zimmer zu beiden Seiten des Tablinums und neben dem einen Zimmer ist zunächst eine schmale Treppe, die zu dem obern Stockwerk führt. Nahe vor derselben ist eine Seitenthür, welche erst in den Gang *(faux)* führt, der nun nicht blofs mit dem Peristylium, sondern auch mit der Küche und einem andern Zimmer, das in das Nebengebäude übergreift, zusammenhängt. Von der Küche geht eine Hinterthür in die Strafse zwischen diesem Gebäudeviertel und demjenigen, welches das Haus des Pansa bildet; zugleich führen aus dieser Küche zwei Thüren in kleinere Zimmer und in das vorerwähnte, welche wohl für Sclaven, oder für das Hausgesinde bestimmt waren.

Zunächst an dieses Haus stöfst ein anderes, kleineres Gebäude, welches mit dem Atrium des oben beschriebenen durch Thüren mag verbunden gewesen sein, da sich vermauerte Thür-Öffungen finden, von welchen Blendungen noch in dem beschriebenen Hause sichtbar sind.

So wie in unsern Zeiten mannigfaltige Veränderungen an Gebäuden gemacht werden, so ist es ohne Zweifel auch an den älteren geschehen. Es erklärt sich daraus die ungewöhnliche Grenzlinie des beschriebenen Hauses, welche geradlinig wird, wenn man dieses kleinere Haus und einen Theil des nächstfolgenden gröfseren Hauses zu dem beschriebenen rechnet. Der Eingang hat eine besondere Unterbrechung durch Verengung der Thüre, welche ebenfalls später hinzugekommen sein mag, da durch diese Verengung der Eingang aus der Mitte gerückt ist. Man kommt in ein Atrium, welches von sechs Säulen getragen wurde und in der Mitte ein Impluvium hatte. Gleich neben dem Eingange links liegt ein Zimmer, welches den Ausgang nach dem Atrium hat, während rechts ein kleinerer Raum abgetheilt ist, durch welchen man zu einer Treppe gelangt.

Die Färberei.

Das nächst gröfsere Haus hält man für eine antike Färberei. Der Eingang ist geräumig; wie zu einem öffentlichen Gebäude. An dem Eingange liegt links ein Zimmer von mäfsiger Gröfse und ein sehr kleines, vielleicht zum Empfange der Kleidungsstücke und Zeuge, die gefärbt werden sollten, bestimmt. Nachdem man hierauf in ein Atrium von ansehnlicher Gröfse getreten ist, finden sich links nebeneinander drei Zimmer, die jedes für sich einen Eingang zum Atrium haben und zugleich untereinander in Verbindung stehen. Dem Säulengange links grade gegenüber ist ein grofses Zimmer. Das Atrium wurde von 12 Pfeilern getragen; die Mitte desselben war offen und hatte einen Raum zur Ansammlung des Regenwassers. Wenn man hineingetreten ist, sieht man rechts eine Art grofsen Schrank oder Repositur, in welchem vielleicht die Zeüge, die in der Walkerei (fullonica) zu bearbeiten waren, niedergelegt wurden. An der vordern schmalen Seite des Atriums, zwischen zwei Pfeilern, ist ein Springbrunnen von ungewöhnlicher Einrichtung. An einer Seite desselben ist ein Apollo, an der andern ein Bacchus gemalt und auf dem Pilaster zur Rechten findet sich die in den Ausgrabungen von Pompeji so oft vorkommende Vorstellung von zwei Schlangen, die ihr Haupt über einen Altar erheben und die also hier als Hausgötter des Orts vorgestellt sind. Auf demselben Pilaster ist an der Seite nach dem Springbrunnen hin ein Flufsgott abgebildet, der sich auf ein Gefäfs stützt, aus welchem Wasser fliefst; auf dem andern Pilaster endlich sind auf rothem Grunde verschiedene Verrichtungen und Werkzeuge der Färberkunst abgebildet, unter welchen eine Zeugpresse bemerkenswerth ist. Im Hintergrunde findet sich eine Anzahl Wassergefäfse, die zur Färberei gedient haben mögen: theils zum Einweichen, theils zum Waschen, theils zum Färben. In einem derselben fand sich noch ein klebriger Schlamm, der vielleicht Seife gewesen ist. An dem Säulengange rechts, eigentlich in dem Gebäude des in diesem Quartier als drittes beschriebenen Hauses, ist ein Zimmer und ein Alcoven daran, welche beide mit Mosaik belegt sind. Durch eine Art Flügel (ala) kommt man zu einer Hinterthür, die dem Hause des Pansa gegenüber liegt. In der Nähe dieser Ala befinden sich mehrere Zimmer und der Färbekessel, der, wie alle andere dergleichen Heizungen in Pompeji, die Eigenthümlichkeit hat, dafs der Rauch durch drei Rauchröhren zugleich abgeführt wird. Daneben führt eine Treppe in das obere Stockwerk. Noch vier andere Zimmer liegen an dieser Seite und haben ihre Zugänge aus dem Atrium. Vor der Fronte dieses Hauses und noch weiter hinten an der Strafse des Mercurs, wie sie genannt wird, liegen in einer Reihe fünf Kaufläden, von welchen vier Treppen nach einem oberen Stockwerk führen, mit drei hinteren, vielleicht zu Magazinen dienenden Abtheilungen. Dann kommt ein kleinerer Kaufladen, ebenfalls mit einer hintern Abtheilung, und noch ein gröfserer, mit zwei Öffnungen, die mit einigen innern Zimmern und durch eins derselben auch mit einem anstofsenden Gebäude in Verbindung stehen. Das Gebäude selbst ist nur eine Zusammenstellung von einem gröfsern Magazin und zwei Kaufläden. In dem erstern waren Krüge aus gebrannter Erde, zur Aufbewahrung von Öl oder andern Flüssigkeiten. Das Magazin liegt schon um die Ecke dieses Quartiers, in der Strafse, welche man die Bäderstrafse genannt hat.

In dieser Strafse liegt zunächst ein Gebäude, welches zu ähnlichen mercantilischen Zwecken gedient haben mag, wie das vorige, und das Quartier schliefst sich an der Ecke der Bäderstrafse und derjenigen, welche zwischen dem Hause des Pansa und der so eben beschriebenen Häusergruppe liegt, durch das Haus, welches man das Haus des dramatischen Dichters oder

Das Homerische Haus

genannt hat, weil sich in dessen Atrium mehrere Gegenstände der Iliade abgebildet finden.

Dieses Haus besteht aus dem Gange nach dem Atrium, nebst zwei Kaufläden rechts und links desselben, welche nach dem Atrium hin Thüren haben; ferner aus dem kleinen Atrium, mit einem Flügel (ala), aus zusammen vier Zimmern rechts und links und einem Tablinum neben dem Atrium, mit einem Alcoven an der einen Seite und einem Gange zu einem Peristyl an der andern, an welchem noch drei Zimmer und ein Gang nach einer Hinterthür in die Strafse längs des Hauses des Pansa hin liegen. Die Strafsen-Ecke dieses Hauses ist nicht recht- sondern spitzwinklig, und eine Eigenthümlichkeit ist es, dafs die Mauern des Ganges zum Atrium nicht parallel mit den Seitenmauern des Hauses laufen, sondern rechtwinklig auf die Bäderstrafse stehen. Da deshalb die Richtung des Ganges nach dem Atrium das letztere schräg durchschneidet, so liegt das Tablinum nicht in der Mitte der entgegengesetzten Wand, sondern an der einen Seite derselben und so, dafs es dem Gange gerade gegenüber steht; wodurch sich auch hier, in einem schwierigen Falle, die Regel bestätigt, dafs das Tablinum dem Gange nach dem Atrium immer gerade gegenüber stehen mufste. In dem Zugange dieses Hauses ist in einem weifsen und schwarzen Mosaikfufsboden ein grofser angeketteter Hund mit der Inschrift: „cave canem" (Hüte dich vor dem Hunde) abgebildet, und in dem Atrium sind, wie schon erwähnt, verschiedene Begebenheiten aus der Iliade sehr zierlich dargestellt. Der Gebrauch, an den Thüren der Häuser Abbildungen von Hunden anzubringen, ist so alt, dafs er bis zu den Homerischen Zeiten hinaufreicht, da auch Ulisses, der Odyssee zufolge, an den Thüren des Königshauses des Alkinous Hunde in Gold und Silber abgebildet fand.

An den Mauern des Zuganges, die eine sehr glatte Tünche haben, sind auf einem in rothe und gelbe Vierecke getheilten Grunde Früchte gemalt.

Das Atrium ist ein toscanisches, wie die meisten in Pompeji. Der kleine Flügel zur Rechten mag zur Aufbewahrung von allerhand Sachen gedient haben. Das Pflaster dieses Atriums ist ganz aus weifsem Marmor und hat eine sogenannte griechische Verzierung (graeca) um den Wasserbehälter (compluvium) herum und einen schwarzen Fries, welcher um die Mauer herumläuft. Das

Compluvium ist auch ganz aus weifsem Marmor. Dieses kleine Atrium, eines so kleinen Hauses, ist bewunderungswürdig schön gemalt. Es hat einen rothen Sockel und gelbe Wände; der Fries ist schwarz, mit Verzierungen, die, indem sie in die elegantesten Windungen ausgehen, die schönsten hindurchlaufenden phantastischen und Thier-Gebilde umschlingen; die sehr glatte Tünche ist an ihrer Oberfläche mit Marmorstaub gemischt, welcher ihr eine glatte und glänzende Haut und den Namen Marmortünche (marmoratum) gegeben hat. Unter den Malereien stellt die eine vor, wie die Chryseïs auf das Schiff des Agamemnon geführt wird. Hierauf folgt die Abholung der Briseis zum Achilles; dann kommt Juno, welche, verschönt durch den Gürtel der Venus, den Jupiter auf dem Berge Ida einzuschläfern sucht. Von einem anderen bewunderungswürdigen Bilde hat sich nur noch die Hälfte eines nackten Körpers einer Venus, mit goldnen Ringen an den Beinen und zwei sich schnäbelnde Tauben zu den Füfsen, erhalten. Ein grofser Verlust für den Kunstfreund ist das Verlöschte, indem das Übriggebliebene mit der gröfsten Meisterschaft gemalt ist. Eben das ist auch mit den Fragmenten eines Tritons der Fall, der ein Seepferd durch das Meer lenkt, gefolgt von einem geflügelten Genius, der einen Dreizack auf der Schulter trägt und auf einem Delphin reitet.

Der Flügel des Atriums ist an den Mauern mit Arabesken auf gelbem Grunde und mit einem weifsen Sockel und schwarzem Friese gemalt; das Pflaster ist schwarze und weifse Mosaik, mit viereckigen Feldern. Das Tablinum hat in der Mitte des Pflasters, aus schwarzer und weifser Mosaik, ein musivisches Bild, welches die Vorbereitung einer Schauspielergesellschaft hinter der Scene darzustellen scheint. Merkwürdig ist dabei ein Schauspieler, der eine violette Tunica mit Ermeln überstreift, die sich kaum von einem modernen Männer-Überrock unterscheidet.

Die beiden Wände dieses Tablinums sind auf Marmortünche schön mit Grotesken bemalt; der Sockel ist schwarz, der Grund der Mauern gelb, der Fries weifs. In der Mitte der Mauer, zur Linken, sieht man die Iphigenia und den Orestes in Tauris; die Verzierungen der Figuren, die Diademe, Gewändersäume und dergleichen sind mit Plattgold aufgelegt. Die sieben Säulen des Peristyliums sind von einer eigenthümlichen Ordnung, welche der toscanischen sich nähert; sie sind gelb angestrichen; die Mauern des Porticus sind roth bemalt, mit schwarzem Sockel, schwarzen Pilastern und gelbem Friese. An dem Sockel sind Blumen mit Blättern so dargestellt, als wüchsen sie aus der Erde: dazwischen kleine Vögel, welche Schmetterlinge und andere Insecten verfolgen. Im Hintergrunde des Porticus ist ein kleines Häuschen, welches zur Verehrung der Hausgötter bestimmt war und ganz mit Stuck-Arbeit verziert ist. An der entgegengesetzten Seite ist an der Mauer der Säulenhalle das Opfer der Iphigenia gemalt. Neben dem Lararium, dem vor demselben Stehenden zur Linken, ist die Hinterthür des Hauses. Das Pflaster des Porticus ist von derjenigen Art, welche die Alten „barbaricum" nannten, das heifst, aus klein geklopften Backsteinen und anderen kleinen Steinen, die mit Kalkmörtel zusammen gestofsen und geschlagen und hernach geschliffen und geglättet wurden. Heut zu Tage heifsen diese Pflaster Venetianische Fufsboden. Sehr schön ist das Zimmer zur Rechten der Säulenhalle. Es war ohne Zweifel ein Speisesaal (triclinium) und erhielt sein Licht durch eine grofse Öffnung unter der Säulenhalle. Es ist überall grotesk ausgemalt und in der Mitte der Mauern befinden sich zwei Bilder, deren eines die Leda vorzustellen scheint, welche ihre aus dem Ei gekommenen Kinder liebkoset; das andere stellt Theseus vor, die Ariadne verlassend. Das Pflaster, eine weifse Mosaik, hat in der Mitte ein schön verziertes Viereck von schwarzer Farbe. Neben diesem Zimmer ist die kleine Küche. Das kleinere Zimmer, welches auch nach der Säulenhalle sich öffnet, ist sehr einfach gemalt, mit einem schwarzen Sockel, über welchem die Mauern in gelbe und rothe Felder getheilt sind. Das kleine, nächst der Hinterthür liegende Zimmer, auch mit einer Öffnung nach dem Peristyl, hat ebenfalls einen schwarzen Sockel und gelbe und rothe Wandfelder. In dem Mittelpuncte der drei Mauern sieht man in runden Einfassungen zwei kleine Landschaften. In der dritten, der Thür gegenüber, ist ein Papier abgebildet, welches mit einem Dolch auseinander gelegt ist, einige Täfelchen und ein Dintenfafs; was Beziehung auf die Bestimmung dieses Zimmers zu haben scheint. Es erhielt sein Licht durch ein Fenster, welches sich $9\frac{1}{2}$ Palmen über der Erde hoch in dem Verhältnifs von 3 zu 2 Palmen öffnete. [Eine Neapolitanische Palma ist etwa 10 Preufsische Duodecimalzoll lang und wird in 12 Zoll, der Zoll in 5 Minuten, die Minute in 2 Puncte getheilt. D. H.] Das daran liegende Zimmer, welches sich auch noch nach dem Porticus öffnet, hat ein ähnliches Fenster. In drei anmuthigen Bildern sind Venus mit dem Amor, fischend, Narcissus, der sich selbst in dem Wasserspiegel bewundert, und die vom Theseus verlassene Ariadne dargestellt. Das hieran liegende Zimmer, zu welchem man aus dem Tablinum gelangt, ist weifs, mit verschiedenen Grotesken und Theatermasken verziert; es wird, wie die beiden vorigen, durch ein Fenster von gleicher Gröfse beleuchtet. Die Zimmer nach dem Atrium hin empfingen ihre

Beleuchtung aus diesem durch ein Fenster, welches über der Thür sich öffnete. Das erste Zimmer ist nur an drei Seiten, mit einem schwarzen Sockel, gelbem Grunde und weifsem Friese bemalt. Die der Thür gegenüberliegende Wand ist nicht bemalt, sondern nur getüncht; was vermuthen läfst, dafs diese Mauer mit einer Draperie geschmückt war, vor welcher vielleicht ein Bett stand. Das folgende Zimmer hat rothe und gelbe Felder und in drei Bildern sind die Entführung der Europa, die Helle, welche von dem Widder ins Meer fällt, und ein Mercur vorgestellt. In dem weifsen Friese ist der Krieg mit den Amazonen meisterhaft abgebildet. Das letzte Zimmer an dieser Seite, in welchem sich die Treppe befindet, hat einen rothen Sockel, schwarze Pilaster, gelben Grund und einen weifsen Fries. Die gegenüberliegende Zelle, in der Mitte rechts neben der Ala, ist gelb bemalt, mit rothem Sockel und weifsem Friese. Die Fufsboden aller dieser Zimmer sind, gleich denjenigen der Säulenhalle, aus Kalk, Backsteinen und kleinen Steinen zusammengeschlagen und haben kleine Vierecke von Mosaik, die zu verschiedenen Mäandern vertheilt sind. Solch' ein Reichthum von Malerei und Mosaik, der gegenwärtig kaum in grofsen Pallästen so häufig ist, wie in den Häusern von Pompeji, findet sich dort auch in den kleinsten Gebäuden. In der That mufs Italiens Pracht in seinen Städten grofs gewesen sein, da schon eine mittlere Stadt Campaniens so glänzend ausgestattet war!

Wem das hier zuletzt beschriebene Haus gehört haben mag, läfst sich nicht mit Bestimmtheit sagen. Eine blofse Beschreibung kann übrigens hier bei weitem kein lebendiges und vollständiges Bild geben; denn wenn auch z. B. bei einem Zimmer die Haupt-Eintheilung der Verzierung, die wesentlichsten Farben derselben und die historischen Abbildungen, welche sie füllen, angegeben werden, so läfst sich doch die Menge von anmuthigen Ornamenten, Arabesken und Grotesken, die Menge von zierlichen Pflanzen und Thieren, kleinen Genien und aus Thier und Mensch zusammengesetzten phantastischen Gestalten nicht beschreiben.

An der Bäderstrafse, dem beschriebenen Hause gegenüber, oder vielmehr zwischen demselben und dem Forum, liegt ein unregelmäfsiges Häuserquartier, in welchem sich mehrere Kaufläden und aufserdem *Bäder* befinden.

Die Thermen.

Der Haupt-Eingang zu den Thermen war in der Strafse, die aus der Bäderstrafse nach derjenigen Ecke des Forums führt, in welcher das Gefängnifs liegt. Man stieg einige Stufen hinauf und fand zunächst zur Linken eine Latrine. Geradeaus führte der Weg in einen an zwei Seiten mit Säulen, an einer dritten Seite mit Pfeilern umgebenen Hof. An den innern vier Seiten dieses Hofes sind Canäle zur Aufnahme des Wassers von den Dächern. Unter dem Porticus nach der Nordseite hin, rechts und links neben einem vertieften Alcoven, welchen man eine Exedra nennen könnte, waren Sitzplätze und man kam zu dieser Halle auch durch einen Eingang von der anderen Strafse, die aus der Bäderstrafse nach dem Forum auf den alten Triumphbogen führt und welche man die Strafse der Fortuna nennt, weil sich der kleine Tempel der Fortuna in derselben befindet. An der nordwestlichen Ecke des Säulenganges befindet sich ein Gang nach dem Auskleidezimmer oder Apodyterium, an dessen beiden Seiten Sitzplätze sind. Dieses Zimmer hatte auch noch einen anderen Zugang oder Ausgang unmittelbar von der Bäderstrafse her. An dem Auskleidezimmer befand sich im Hintergrunde ein kleineres Zimmer zur Aufbewahrung der Kleider. An der entgegengesetzten Seite ist der Eingang zu dem Frigidarium oder kalten Bade, welches in den Ecken vier Nischen hat, die seine kreisförmige Form unterbrechen. Der Thür gegenüber sprang das Wasser aus einer bronzenen Röhre und hatte nach dem Apodyterium hin Abflufs. Von diesem Apodyterium führte ein langer schmaler Gang nach dem Raume, in welchem die Wasserkessel geheizt wurden und welcher zugleich auch einen Ausgang nach der Bäderstrafse hatte. Der Wasserkessel sind zwei: der eine zu warmem, der andere zu lauem Wasser. Dabei befindet sich ein viereckiger Behälter zu kaltem Wasser. Die Behälter liegen etwas erhöht, so dafs man zu denselben einige Stufen hinaufsteigen mufs. Ein Gang führt von hier in einen kleinen Hof, der zur Aufbewahrung von Holz, Kohlen und Badegeräthschaften dienen mochte. Das Dach dieses Hofes wurde von zwei Säulen von ungleicher Dicke getragen; der Hof hatte einen Ausgang unmittelbar nach der nach dem Gefängnisse am Forum führenden Strafse. Durch mehrere in dem Hofe befindliche Treppen konnte man auf die Dächer über den Bädern kommen. Zunächst neben dem Auskleidezimmer lag das laue Bad, wo man noch das Gefäfs aus Bronze gefunden hat, welches das Bad erwärmte. An diesen Raum stöfst das warme Bad, mit einem hohl liegenden Fufsdoden. Darin war, in einer halbrunden Nische, ein rundes Wasserbecken und gegenüber ein rechteckiger Wasserbehälter. An der Ecke des Häuserquartiers war ein besonderer Eingang zu den Bädern der Frauen, durch welchen man zunächst in einen Vorplatz mit steinernen Sitzen gelangte. Von hier aus führte ein Gang zu dem Auskleidezimmer, in welchem gleichfalls feste Sitze waren. Aus demselben gelangte man auf fünf Stufen in ein kleines kaltes Bad; an der entgegengesetzten Seite war der Eingang zu dem lauen Bade, dessen Fufsboden, eben wie der des angrenzenden heifsen Bades, hohl lag. In dem heifsen Boden war ein Raum zum Schwitzbade und ein anderer zum heifsen Wasserbade. Zwischen dem lauen Frauenbade und dem Hofe zu den Brennmaterialen liegt ein kleines Zimmer, mit einem Ausgange nach der Strafse, dessen Bestimmung aber nicht bekannt ist. In dieser Strafse sind noch zwei Kaufläden, während sich in der Strafse, die die eine schmale Seite des Forums begrenzt, vier Kaufläden befinden, und in der Strafse der Fortuna eilf dergleichen. Das Auskleidezimmer der Männer erhielt das Licht durch eine Öffnung in der einen Halbkreis bildenden Stirne des Gewölbes, welche Öffnung eine einzige Scheibe von $\frac{2}{3}$ Zoll dickem gegossenem Glase verschlofs, die 4 Palmen 1 Zoll hoch, und 5 Palmen 6 Zoll breit und fest eingemauert war. Die Gewölbstirne ist mit einem Flufsgott und mehreren Tritonen bemalt. Der Fries der Wände war mit Greifen, Leiern und Vasen verziert. Die Verzierung des Wandgesimmses des Apodyterium, sowie die der Bogen-Einfassung, sind noch erhalten. Das Gewölbe des lauen Bades der Männer war auch reich verziert. Ein Genius ruht auf zwei Seepferden, und ein kleiner Amorin, der zwei Delphinen am Zügel durch das Meer leitet, folgt ihm. Eine Anzahl von Cassaturen, in deren Mittelpunct sich kleine Figuren und Rosetten befinden; ein Amor mit langen Flügeln und Pfeil und Bogen; ein Greif, auf dem eine männliche Figur reitet; sodann ein Fries mit Androphyten und Lothusgewinden, sind hier die vorzüglichsten unter den Verzierungen. Sie sind geistreich erfunden, wenn auch nicht besonders sorgfältig ausgeführt. In dem lauen Bade wurde das Gesimms von sogenannten Telamonen oder männlichen Bildsäulen in tragender Stellung unterstützt. Dieselben sind aus gebrannter Erde gemacht und mit einem sehr feinen weifsen Stuck überzogen. Die Wärmpfanne in diesem Raume war ganz von Bronze. Sie ist 8 neapolitanische Fufs weniger einen Zoll lang, [wahrscheinlich doch Palmen. D. H.] 2 Fufs 2 Zoll breit, und 2 Fufs 7 Zoll hoch. Die Stelle, wo das Feuer brannte, ist mit Eisen gefüttert. Unter den Füfsen, welche sie tragen, sind die zwei an der Mauerseite ganz glatt, die beiden anderen haben von einem Sphinx Kopf, Brust und Flügel, die sich in einen Löwenfufs endigen. Die Pfanne ist in dem oberen Becken gereifelt; an der vordern Seite, im Friese, welches das innere Becken trägt, ist eine kleine Kuh abgebildet. Es stehen in diesem lauen Badezimmer drei Bänke, eine wie die andere aus Bronze; jede ist 1 Fufs 7½ Zoll hoch, 1 Fufs 6 Zoll breit und 6 Fufs 1 Zoll lang; sie haben jede 4 Füfse, die mit einem Kuhkopf anfangen und mit einem Kuhfufs endigen, und man erfährt, dafs sie Marcus Nigidius *Vaccula* auf eigne Kosten habe machen lassen. Es ist dies eine der Proben, dafs bei den Römern Anspielungen auf Namen in den Gebäuden und Geräthen, die sie machen liefsen, vorkamen; denn Vaccula heifst eine kleine Kuh.

Der Wasserbehälter, welcher an der anderen Seite der Strafse, dem Hofe für die Badebedürfnisse gegenüber liegt, lieferte den Bädern den Zuflufs mittels eines über die Strafse gewölbten Bogens, von welchem noch Spuren der Widerlagen vorhanden sind. Die Heiz-Anstalt besteht zunächst aus einem runden Ofen, welcher in seinem unteren Theile zwei Leitungen hat, durch die der Rauch des Feuers in die hohlen Fufsböden und Wände des heifsen Männerbades, so wie in diejenigen des lauen und heifsen Frauenbades geführt wurde. Dem Ofen ist um die Hälfte eines Palmen ein runder leerer Raum nahe, in welchem der Kessel mit heifsem Wasser stand, und diesem eben so nah ist ein zweiter Kessel für das laue Wasser, während der Behälter für das kalte Wasser 3½ Palmen von dem letzteren entfernt ist. Derselbe ist rechteckig und eben wie ein anderer Wasserbehälter getüncht. Diese Vorrichtungen lagen zweckmäfsigerweise zwischen den Bädern für die Männer und die Frauen, so dafs sie beide zugleich versorgen konnten, und hatten die gehörige Höhe für den guten Zuflufs des Wassers zu den Bädern und aus diesen wieder für den gehörigen Abflufs. Der Fufsboden des Auskleidezimmers ist aus weifsem Marmor und musivisch eingelegt. Das kalte Bad ist ganz mit gelbem Stuck incrustirt und hat eine trichterförmige Decke, an welcher sich zur Seite eine Öffnung befindet, welche Licht gewährte. Die Decke ist weifs; in dem Friese unter derselben, welcher roth bemalt ist, ist in weifsem Stuck ein Wettrennen zweirädriger Wagen abgebildet, in welchen man Amorinen sieht und denen auch Amorinen zu Pferde vorreiten. Die untere Wandbekleidung ist ganz von Marmor; die vier Nischen in diesem Bade sind oben roth und unten himmelblau angestrichen; in den Nischen waren Sitze zur Bequemlichkeit der Badenden. Das eigentliche Badebecken, von 14 Palmen und 3 Zoll im Durchmesser und 4 Palmen und 2 Zoll tief, ist ganz mit weifsem Marmor bedeckt und der Fufsboden dieses Zimmers ist mit weifsem Marmor belegt. Die Stufen, auf welche man in das Becken hinabstieg, waren ebenfalls von Marmor, und die Wasser-Abzüge waren doppelt. Eine Röhre von Bronze, die das Wasser zuführt, ist 6½ Zoll weit. Die Wände des lauen Bades sind ganz mit roth angestrichenen

Stuccatur-Arbeiten bedeckt; das Gesims, welches reich gearbeitet ist, wird, wie schon gedacht, von Telamonen getragen; die Wölbung ist ganz mit halb erhabenen Stuck-Arbeiten bedeckt, welche Figuren und Verzierungen darstellen, z. B. geflügelte Genien, die sich auf abwechselnd rothem und blauem Grunde erheben. Dieses laue Bad wurde durch ein Fenster erleuchtet, welches 3 Palmen 9 Zoll hoch und 4 Palmen 6 Zoll breit war und in dessen bronzenen Rahmen vier schöne Glasscheiben eingefafst waren, die von kleinen metallnen Nacht-Eulen gestützt wurden, welche sinnreich so angebracht waren, dafs man, wenn man sie drehte, die Scheiben leicht ein- und aussetzen konnte. Das heifse Bad ist nach den Regeln *Vitruvs,* Buch V. Kapitel 11., doppelt so lang als breit und hat wiederum an der einen Seite das Schwitzbad, an der anderen das heifse Wasserbad. Es ist nämlich der Raum 20 Palmen breit und 40 Palmen lang, ohne den Platz für das Schwitzbad und das heifse Wasserbad mitzurechnen. Unter Schwitzbad (laconicum) versteht man eine grofse halbkreisförmige Nische, die hier 10 Palmen breit und 5 Palmen tief ist. In der Mitte des Bades erhob sich die Badewanne (labrum). Die Wölbung dieser Nische bestand aus einer Viertelkugel, die an einer Seite eine kreisförmige Öffnung hatte, 2 Palmen 4 Zoll weit, an welcher, nach *Vitruv*, an Ketten ein Schild von Bronze befestigt war, gleich einer Klappe, durch deren Schliefsen und Öffnen die Temperatur des Raumes regulirt werden konnte. Man sieht in Pompeji noch die Haken von Bronze, an welchen diese Ketten befestigt waren. Wo sich das Laconicum an die Wölbung des Gemaches anschliefst, ist in derselben Wölbung, senkrecht über der Badewanne, ein Fenster, 5 Palmen 3 Zoll breit und 4 Palmen hoch; daneben sind zwei Seitenfenster, 2 Palmen breit und $1\frac{1}{2}$ Palmen hoch, durch welche das Licht senkrecht auf die Badewanne herabfiel, wie es *Vitruv* anräth, damit Diejenigen, welche aufrecht um die Badewanne stehen, mit ihrem Schatten das Licht nicht verdunkeln. Das Wasserbecken ist eine grofse runde Schale aus weifsem Marmor, in deren Mitte aus einem bronzenen Knopf das kochende Wasser hervorsprudelte, um zu den theilweisen Waschungen Derjenigen zu dienen, welche das warme Bad nahmen. Es erhebt sich auf einem roth gemalten runden Fufs von Mauerwerk 6 Fufs hoch über das Pflaster des Zimmers und hat 9 Palmen im Durchmesser. An seinem Rande ist eine Inschrift mit Buchstaben aus Bronze in den Marmor eingesetzt, welche besagt, von wem und auf wessen Kosten das Becken erbaut worden sei und dafs es 750 Sesterzien gekostet habe, was ungefähr 32 neapolitanische Ducaten oder etwas über 35 preufsische Thaler beträgt. Gegenwärtig würde ein solches Becken von Marmor in Neapel ungefähr 300 Ducaten kosten; woraus sich jedoch nicht auf das Verhältnifs der gröfseren Theurung richtig schliefsen läfst, wenn man nicht den damaligen Werth des Geldes mit dem jetzigen vergleicht.

Das ganze Zimmer ist mit einem sehr glatt gearbeiteten Tünche-Überzug bedeckt und gelb angestrichen. Das Deckengesims ist von rother Farbe und ganz mit Stuck verziert; es ruht auf cannelirten rothen Pilastern. Die Wölbung des Schwitzbades ist wieder ganz mit Stuck auf rothem Grunde, Figürchen, Kinder und Thiere vorstellend, verziert, und die fortlaufende Wölbung des Badezimmers ist ganz cannelirt, mit fortlaufenden Streifen, wie diejenigen der Säulen. Das dem Schwitzbade gegenüberliegende heifse Bad in diesem Raume nimmt die ganze Breite desselben ein; es ist ganz von Marmor, und hat eine einzige Leitung, die das heifse Wasser hereinführt. Dieselbe ist von rechteckiger Form. Man gelangt dazu auf zwei Stufen, die von Marmor sind, und steigt dann auf einer anderen Stufe hinab, welche zugleich zur Sitztstelle für die Badenden diente. Die Badewanne ist $6\frac{1}{4}$ Palmen breit, $18\frac{1}{2}$ lang und $2\frac{1}{2}$ tief. Es scheint, dafs die Alten sich des heifsen Bades auf folgende Weise bedienten. Sie gingen in den heifsen Raum und verweilten darin so lange, als sie schwitzen wollten. Wenn sie den ganzen Körper waschen wollten, so tauchten sie sich ins warme Bad; wollten sie nur einen Theil des Körpers waschen, z. B. die Hände, oder das Gesicht, so gingen sie zu dem Waschbecken (labrum). Nach dem Schwitzbade und dem heifsen Wasserbade warfen sie sich dann häufig in das kalte Bad; wie Petronius und Sidonius es bezeugen. Der ganze Raum hat ein schwebendes Pflaster, welches ganz mit weifser Mosaik incrustirt ist; die hohlen Wände sind auf gleiche Weise construirt. Diese schwebenden Fufsboden sind in Pompeji auf folgende Weise gebaut. Auf einer Grundlage von Cement, Kalk und gestampften Backsteinen, die zusammengeschlagen sind, sind in gleichen Zwischenräumen gleiche Pfeiler von quadratischen Backsteinen aufgeführt, 9 Zoll breit und 2 Palmen 5 Zoll hoch, über welche quadratische Tafeln von gebranntem Thon aufgelegt sind, die 1 Palme und 10 Zoll im Quadrat grofs sind und über welchen sich nun das mit Mosaik incrustirte Pflaster befindet. Die Höhlungen der Wände stehen mit denen der Fufsböden in Verbindung. Auf die dauerhaft getünchten Wände sind mit eisernen Stechklammern grofse quadratische Ziegel befestigt, die 1 Palme und 10 Zoll messen und welche nach Innen zu 4 durchlöcherte Kegel von demselben Thon haben, die sich 3 Zoll über den quadratischen Ziegeln erheben; durch diese Kegel gehen die Stechklammern, welche die Ziegel an die Mauer befestigen und sie also 3 Zoll von der Mauer entfernt halten, wodurch der Raum für die Circulation der Dämpfe gebildet wird. Die äufsere Oberfläche dieser Ziegel ist sauber getüncht und bemalt, so, als wären die Wände nicht hohl. Diese Höhlungen *(alvei)* in den Mauern der Pompejanischen Schwitzbäder gehen bis zur Unterlage des Deckengesimses der Zimmer, deren Wölbungen nicht hohl sind, wie diejenigen, welche *Vitruv* beschreibt und die er *Concameratas* nennt.

Das Bad der Frauen ist fast eben so eingerichtet und aus denselben Theilen zusammengesetzt, wie das der Männer; nur dafs es weniger geräumig und weniger verziert ist. Das Auskleidezimmer, an dessen einer Seite ein kaltes Bad liegt, hat einen Fufsboden von weifser Mosaik, gelbe Wände mit Pilastern, die bald roth, bald schwarz angestrichen sind, und ein leicht mit Stuck verziertes Deckengesims. Auf den an dem Gebäude festen Sitzen, die denen in dem Männer-Auskleidezimmer gleichen, konnten sich 10 Personen auskleiden. Das kalte Bad ist sehr beschädigt, und von der Badewanne, die quadratisch ist, ist nur noch das Mauerwerk übrig geblieben. Die marmorne Incrustirung fehlt. Das laue Frauenbad wurde nicht so wie das laue Bad der Männer durch eine Wärmpfanne geheizt, sondern hatte ebenfalls hohle Wände, die durch die Wärme der Öfen geheizt wurden. Seine grotesken Malereien, auf gelbem Grunde, sind wenig mehr erkennbar und sehr beschädigt. Das Fufsbodenpflaster ist blofs weifse Marmormosaik. Von dem Schwitzbade, welches wie das der Männer eingerichtet war, hat sich wenig erhalten. Der Fufsboden und die Höhlungen unter demselben und an den Wänden sind fast ganz zerstört und von dem Becken ist nichts mehr als der Fufs noch übrig, in welchem man ein Stück bleierne Röhre fand, die das Wasser hineinleitete. Das Frauenbad hatte, wie oben beschrieben, einen von dem Männerbade ganz getrennten Eingang. Es hatte mit demselben gar nichts weiter gemein, als die Heiz-Anstalten und die Wasserleitungen.

Nach dem Rathe *Vitruvs* soll man zu Bädern einen Ort wählen, welcher heftigen Nord- und Nordostwinden nicht ausgesetzt ist, so dafs die Fenster nach Westen liegen, oder, wenn dies die Örtlichkeit nicht erlaube, wenigstens gegen Mittag, weil die Stunden des Badens bei den Alten Nachmittags waren und man also dann durch die Fenster den Vortheil hatte, in den Strahlen und der Wärme der untergehenden Sonne zu sein. So haben denn auch die beschriebenen Pompejanischen Bäder den gröfsten Theil ihrer Fenster gegen

Mittag und sind in einem niedrigen Theile der Stadt erbaut, wo die umstehenden Gebäude sie gegen die Nordwinde schützten.

Das Haus der Nereïden.

Wenn man sich von der Bäderstrafse links wendet und bei den Häusern vorbeigeht, in welchen sich die Färberei befand, also die sogenannte Strafse des Mercurius in der Richtung nach der Stadtmauer hin verfolgt, so ist das vorletzte Haus dasjenige, welches man gewöhnlich das Haus der Nereïden nennt. Gleich bei seinem Eingange zeigen sich diejenigen Verzierungen, welche dieses Haus so reichlich schmücken. Die Wände haben drei Abtheilungen. Die unterste, welche den Sockel bildet, ist schwarz, die mittlere roth und die obere, welche man Fries nennen kann, weifs gemalt. Es ist merkwürdig, dafs die Alten bei der Anwendung der Farben fast immer die kräftigsten Farben in den untersten Theil der Zimmer brachten und den höheren Theilen hellere Farben gaben. Diese Farbenschattirung bringt die optische Täuschung hervor, dafs die Räume *gröfser* scheinen, und giebt aufserdem dem Maler Gelegenheit, sich in der Decoration mannigfaltiger zu zeigen. An dem schwarzen Sockel des Eingangs hier zeigen sich zwischen verschiedenen Felder-Abtheilungen Caryatiden, welche Spiefse halten, von denen Zweige und Blumen in Gewinden herabhängen. Auf den rothen Gründen der höhern Abtheilungen sieht man architektonische Grotesken, in deren Mitte Figuren in verschiedenen Stellungen sind. Zwischen den architektonischen Darstellungen zeigen sich zwei Bilder und vier Bacchantinnen; eins von den Bildern stellt den Meleager vor, das andere den Mercur, der einer Frau, die Krone und Scepter trägt, eine Börse überreicht. Von den vier Bacchantinnen tragen zwei Gläser; die eine eine Maske und den Thyrsusstab; die andere ist im Begriff den Triangel (die Cymbel) zu schlagen. In dem weifsen Friese sieht man zwischen den architektonischen Grotesken Caryatiden, die aber von der Zeit so sehr verdorben sind, dafs sie sich kaum noch unterscheiden lassen. Diese Malereien sind übrigens mehr durch Anmuth und Erfindung als durch schöne Ausführung bemerkenswerth. Der Fufsboden ist von der oben beschriebenen Art Barbarica. Durch den Zugang gelangt man in das Atrium, welches in toscanischem Styl erbaut ist. Das Wasserbecken in der Mitte desselben ist von Marmor; der Springbrunnen an demselben hat am oberen Theil eine kleine Maske von Bronze, aus welcher das Wasser hervorsprudelte und sich in dem darunter befindlichen Wasserbecken sammelte, von wo es in den Hauptwasserbehälter hinabflofs. Der Springbrunnen ist aus verschiedenen Marmor-Arten, von welchen der Serpentinstein und der Rosso und Giallo-Antico besonders in die Augen fallen. Der Fufsboden des Atriums ist von eben der Art, wie der des Zugangs zu demselben; nur reichlicher mit Marmorbruchstücken verziert. Die Malerei ist auf folgende Weise angeordnet. Ringsum läuft ein rother Sockel, über welchem architektonische Grotesken auf schwarzen Feldern mit Bildern von fliegenden Figuren aufgestellt sind. Diese Malereien werden von einem Gesims eingekränzt, welches ganz aus Stuck gearbeitet und in den Zwischenräumen der Verzierungen mit verschiedenen Farben bemalt ist. An den Sockel sieht man Nereïden, die auf Seekälbern und andern See-Ungeheuern reiten. Unter den Bildern sieht man erstlich zur Linken Venus, die dem Vulcan bei der Verfertigung der Waffen für den Aeneas beisteht; dann sieht man drei Figuren, welche man für die drei damaligen Welttheile hält; ferner erkennt man aus einem Fragmente eines anderen Bildes den Dädalus, welcher der Pasiphae die von ihm aus Holz verfertigte Kuh zeigt; in einem anderen Fragment scheint Paris bei der Helena vorgestellt zu sein. Zwischen diesen Bildern zeigen sich auch fliegende Figuren, die aber sehr beschädigt sind. Das Tablinum, welches, eben wie das Atrium, einen venetianischen Fufsboden hat, nur mit dem Unterschiede, dafs darin Leisten von Mosaik in verschiedenen Zeichnungen eingelegt sind, ist ganz mit Malereien verziert, die mit einem reichen Friese gekrönt sind und in denen man auf eine geschmackvolle Weise halb erhobene Verzierungen und Malereien vereinigt sieht. Da dies eine Verzierungsweise ist, die zur Zeit des Kaiser Titus üblich war, indem sie auch in den von demselben erbauten Thermen vorkommt, so will man daraus schliefsen, dafs dieses Haus kurz vor der Zerstörung Pompejis, die während der Regierung jenes Kaisers stattfand, erbaut worden sei. In dem Tablinum findet sich auch eine kleine Nische, welche einen Wandschrank gebildet zu haben scheint, indem man noch Spuren von Gefach-Abtheilungen darin bemerkt. Die Malereien, welche das Tablinum verzieren, bestehen in einem rothen Sockel, auf welchem Nereïden abgebildet sind. Über dem Sockel befinden sich in einem gelben Bande fliegende Figuren, und in der Mitte der drei Wände des Tablinums waren drei Gemälde, deren eines ganz zerstört ist, das Andere Mars darstellt, der die Venus liebkoset, das dritte eine Isis. Über dem gelben Bande findet sich ein Fries mit Stuccatur-Arbeiten und Malereien, dessen schon erwähnt wurde. Rechts neben dem Zugange zum Atrium liegt ein geräumiges Zimmer unmittelbar an der Strafse, welches eine Treppe nach dem oberen Theile des Hauses enthält. Es bekommt dieses Zimmer durch zwei Fenster, die hoch in der Wand nach der Strafse hin angebracht sind, Licht. Es scheint zum Magazin gedient zu haben. Klein, aber sehr zierlich ist das neben diesem Magazin liegende nächste Zimmer, welches Licht und Eingang vom Atrium erhält. Es hat einen schwarzen Sockel, rothe Wände und einen weifsen Fries und ist ganz bedeckt mit den anmuthigsten Grotesken und mit einer grofsen Menge Bilder und Figuren von Kindern, sowie auch mit drei kleinen Gemälden, in deren einem man den Amor erkennt, welcher den Jupiter, verwandelt in einen Adler, zu dem schlafenden Ganimed führt; im andern sieht man einen Mann und eine Frau, die an einer wohlbesetzten Tafel zu Tisch sitzen; das dritte ist kaum noch erkennbar. Der Fufsboden dieses Zimmers ist dem im Atrium ähnlich. Das daran stofsende Zimmer ist auch durch verschiedene Verzierungen bemerkenswerth. Auf seinem rothen Sockel sind Gefäfse verschiedener Art abgebildet; der Grund der Wände ist mit einem schönen Smaragdgrün überstrichen und ganz mit architektonischen Grotesken verziert, zwischen welchen sich fliegende Knaben und zwei Bilder zeigen; in dem einen Bilde ist eine auf einem Thron sitzende Frau dargestellt, welcher ein zierlicher Amorin mit der einen Hand ein Kästchen überreicht, das er mit der andern öffnet; auf dem anderen ist ein Bacchus abgebildet, der einen kleinen Satyr verscheucht. In dem weifsen Friese, der dieses Zimmer oben einfafst, sind verschiedene Figürchen mit bizarren Grotesken, anmuthig anzusehen.

In den Malereien von Pompeji überhaupt, und man kann sagen, auch in den Malereien anderer altrömischer Gebäude, wie sie z. B. in den Bädern des Titus, der Livia u. s. w. noch zu sehen sind, ist die Art der Ausführung sehr bemerkenswerth. Sie sind nemlich durchaus effectvoll, dabei aber keineswegs ängstlich ausgedüftelt, oder hart und pedantisch behandelt, vielmehr mit grofser Leichtigkeit und Fertigkeit gleichsam auf die Wand *geschrieben;* welches jedoch keineswegs dem Geschmack und der Grazie der Arbeit Eintrag thut, im Gegentheil recht eigentlich für die Arabesken, die doch nur ein fröhliches Spiel sein sollen, passend ist. Es ist diese Manier der Ausführung übrigens nicht leicht nachzuahmen, indem dazu eine Fertigkeit gehört, die eine grofse Meisterschaft voraussetzt. Dafs solchen Arbeiten gegenüber die grofse Sorgfalt und Zartheit der Ausführung in den Bildern grofser italienischer Meister, z. B. in den Bildern von *Leonardo da Vinci,* ihren Werth nicht verlieren, ist offenbar. Es ist dieses letztere eine höhere Art der Behandlung, die freilich, wenn sie in einem ganzen Pallast durchgeführt wird, demselben den Glanz eines Juwels giebt: allein ein Menschenleben reicht dann auch nicht hin, um in *solcher* Art ein Gebäude zu verzieren, und es ist also diese Verzierungsweise nicht eigentlich practisch. Die vaticanischen Logen, von ***Raphael*** und seinen Schülern gemalt, sollen den antiken Styl der Ausführung nachahmen, sind aber eigentlich schon allzu reich und allzu prächtig, selbst für den Pallast des reichsten Fürsten; auch schon mehr ausgeführt, wie es der Ort verlangt. Wahrscheinlich hatten die Alten manche practischen Vortheile in der Eintheilung und Ausführung gemalter Ornamente; indessen hat der Verfasser in den von ihm untersuchten Malereien solcher Art keine Spur von Durchchabloniren der Verzierungen gefunden: es scheint ihm vielmehr Alles aus freier Hand gezeichnet und gemalt zu sein, und es erhält dadurch einen gewissen Geist in seinen Linien, den mechanisch gedruckte oder chablonirte Verzierungen nie bekommen können. Der oben beschriebene Fries gab zu dieser Bemerkung Gelegenheit, da er characteristisch in dieser Art behandelt ist und es auch noch dabei besonders in das Licht tritt, wie die alten Decorationsmaler sich nach der Entfernung des Gegenstandes von dem Auge des Beschauenden wesentlich richteten, indem die minder nahen Gegenstände leichter behandelt sind, als die, welche dem Auge des Betrachtenden näher liegen.

Der Fufsboden des zuletzt erwähnten Zimmers ist von derselben Beschaffenheit, wie der des Atriums; nur dafs eine griechische Verzieruug (graeca, à la grecque) eines Fadens musivisch darin eingelegt ist. In der Schwelle der Thüre sind noch die Löcher von dem Beschlage der Thürflügel, die gegen das Atrium hin aufgingen, sichtbar. Diese Thür-Öffnung ist sehr grofs und hatte über sich ein Oberlicht, welches das Zimmer erhellte; eben so wurden auch die beiden daran stofsenden Zimmer erleuchtet. Das noch nicht beschriebene dritte Zimmer hat einen gleichen Fufsboden. Der Sockel desselben ist schwarz, die Wände sind roth und der Fries unter der Decke ist weifs; es ist ganz mit anmuthigen Grotesken verziert, unter welchen drei Bildchen besondere Aufmerksamkeit verdienen. Das eine stellt den Hercules vor, den kleinen Telephos auf dem Schoofse, der der Hirschkuh, die ihn ernährt hatte, einen grünen Zweig reicht; im zweiten ist Jupiter abgebildet, der, in einen Schwan verwandelt, die Leda liebkoset; das dritte ist eine Nymphe, welche fischt. Es zeigen sich auch verschiedene Figuren in dem Friese: darunter ein Bacchus, der sich auf einen Thyrsus stützt. Dieses Zimmer hat ein kleines Fenster, welches aus dem anstofsenden Triclinum hereinsieht; denn als Triclinum möchte das anstofsende grofse Zimmer zu betrachten sein. An einer Seite dieses Zimmers bemerkt man, dafs in drei senkrechten Streifen, unter welchen im Fufsboden zwei Löcher sind, die Tünche von der Mauer abgenommen ist, was man für ein Zeichen hält, dafs hier drei hölzerne Säulen standen, die die Mauer hielten, welche wahrscheinlich durch das heftige Erdbeben, 16 Jahre vor dem Untergange der Stadt, gelitten hatte; in welcher Vermuthung man noch dadurch bestärkt wird, dafs dieses Triclinium nur sehr gewöhnlich und ohne alle Sorgfalt, also den kleineren Zimmern nicht entsprechend, verziert ist. Es ist in gelben und weifsen Abtheilungen angestrichen und hat nur wenige und plumpe, friesartige Verzierungen.

Sehr eigenthümlich ist, wenn man durch den Zugang von der Strafse her in das Atrium tritt, in der alsdann zur linken Seite des Eintretenden befindlichen Wand eine grofse Öffnung, die in ein ansehnliches Peristylium führt. In den in der Sohlbank der Thüre liegenden Marmorplättchen sieht man die Löcher des Beschlages der Thürflügel, welche zeigen, dafs diese Thüre vier Theile hatte, von der Art, dafs sie, wenn sie geöffnet und zusammengeschlagen wurden, nicht viel dicker als die Mauern waren, an welche sie sich lehnten; auch nach Bequemlichkeit nur einzelne Flügel geöffnet werden konnten. Dieses Peristylium ist eines der prächtigsten, gröfsten und geschmücktesten, die bis jetzt in Pompeji ausgegraben worden sind. Es ist von 24 Säulen umgeben, von einer phantastischen Ordnung, welche gleichsam ein Mittel zwischen der dorischen und corinthischen Art hält. Die Säulen sind aus Steinen und Backsteinen aufgemauert und mit Stuck überzogen; die Schafte sind im unteren Theile mit runden Stäben verziert, im oberen Theile cannelirt und mit weifsem Stuck geglättet; die Blätter, welche den Hals der Säulen umgeben, standen auf einem himmelblauen Grunde. Merkwürdig in diesem Peristyl sind die Zartheit und Eleganz der architektonischen Gliederungen, die reiche und bizarre Gestalt des Wasserbehälters und Springbrunnens in der Mitte des Hofes, und die mannigfaltigen und schönen Malereien, welche seine Wände verzieren. Die Haupt-Anordnung der letzteren besteht besonders in drei verschiedenen Farbenmassen, welche durch den Contrast, den sie machen, zu gleicher Zeit in Erstaunen setzen und Vergnügen gewähren. Durch die Gegensätze, man könnte sagen, durch die Disharmonie, dafs sie die hellste Farbe neben der dunkelsten setzten, brachten die Alten die wunderbarsten Wirkungen in der Verzierung hervor, welche man in der modernen Kunst kaum hervorzubringen wagt, wo man vielmehr durch sanfte Farben mildere Schönheit zu erlangen strebt, dadurch aber auch gar leicht flach und fade wird. Allerdings ist die Gefahr, durch verfehlte Zusammenstellung kräftiger Farben etwas höchst Widerwärtiges zu machen, nicht gering: geräth aber die Zusammenstellung, so finden sich unsere Zeitgenossen, die keine so kräftigen Sinne und Empfindungsvermögen mehr haben, wie die der Gracchen und Scipionen, in solchen Räumen, wenn schon überrascht, doch einigermaafsen in Verlegenheit; demungeachtet wäre die kräftige Verzierungsweise dem Norden gar sehr angemessen; es müfste denn sein, dafs man ihr die Schwierigkeit ihrer Beleuchtung bei Abend zum Vorwurf machen wollte.

Es ist auch bemerkenswerth, wie der Bewohner dieses Pompejanischen Hauses das Peristyl durch Vorhänge gegen die Unbehaglichkeit der Jahreszeiten zu sichern und in den heifsesten Tagen zum angenehmen Aufenthalts-Ort zu machen gewufst hat. Man sieht die Spuren davon an den eisernen Ringen, die an den Füfsen der Säulen befestigt sind, und die dazu dienten, die Seile zu halten, mittels welcher man die Vorhänge an eisernen Stangen an den Architraven zwischen den Säulen auf- und niederzog: eine Vermuthung über den Gebrauch dieser Ringe, welche durch neuere Ausgrabungen in einem Hause von Herculanum bestätigt wird, wo die eisernen Stangen selbst sich fanden, ganz den jetzt üblichen ähnlich, mit eben solchen Ringen, wie an den Füfsen der Säulen in dem Pompejanischen Peristyl. Das Compluvium oder der unbedeckte Theil des Peristyliums ist von einem steinernen Canale eingefafst, der so eingerichtet ist, dafs er den Ablauf des Regenwassers von den hierher geneigten Dächern aufnahm. Das Compluvium war in der Mitte mit Blumen und Gesträuchen bepflanzt; wie es die Spuren von Wurzeln, die man hier gefunden hat, beweisen; auch sieht man ringsum zwischen den Säulen Spuren eines hölzernen Gitters, durch welches das Compluvium abgesondert war. Der Wasserbehälter, welcher eine aus Kreis-Abschnitten und rechteckigen Einsätzen zusammengesetzte Form hat, war mit weifsem Marmor eingefafst und an seiner innern Seite, die das Wasser berührte, mit himmelblau angestrichenem Stuck verziert, der sich noch nach so vielen Jahren und Unfällen auf das Beste erhalten hat und dessen Farbe viel Ähnlichkeit mit der unseres Cobalts hat. Es mufste diese himmelblaue Farbe dem Wasser in dem Becken eine schönere Farbe geben.

Das Wasser, welches den Behälter füllte, gelangte nach ihm auf einem doppelten Wege hin: einmal sprang es aus einer, in der Mitte des Behälters noch stehenden Säule, aus einer Mündung von Bronze, welche man nach Bedürfnifs öffnen oder verschliefsen konnte; und dann flofs es aus einem an der Seite stehenden Postamente auf Stufen plätschernd hinab. Diese Art Stufen nehmen, so wie sie sich dem Wasserbehälter nähern, an Höhe ab. Unmittelbar an diesem Behälter steht ein kleinerer viereckiger, so wie ein dritter Behälter an dem Canal, in welchem sich das Regenwasser von den Dächern sammelte. Der eine mochte dienen, die Fische, die man in dem grofsen Behälter hielt, während der Reinigung desselben zu bewahren; auch vielleicht, um daraus Regenwasser zum Begiefsen des Gartens zu schöpfen, ohne das Wasser im Hauptbehälter zu trüben; der andere war die Einmündung der Canäle, die das Regenwasser aufnahmen. In einem grofsen Gefäfse von gebranntem Thon, welches unter diesem Compluvium stand, hat man noch Kalk gefunden, der hier in Vorrath gelöscht war.

Die Mauern dieses schönen Peristyls sind auf folgende Weise bemalt. In einem rothen Sockel sieht man Nereïden auf See-Ungeheuern und Pflanzen mit Blättern und Früchten, die aus der Erde zu spriefsen scheinen, und mit Vögeln und Insecten, die um dieselben herumfliegen. In Pilastern von grotesker Architektur, welche die verschiedenen Felder der Wände theilen, sind mit vieler Anmuth Figuren in verschiedenen Stellungen abgebildet. Von den vielen Gemälden, welche die Mauern dieses Peristyls zierten, sind siebenzehn noch sichtbar. In dem ersten zeigt sich eine siegende Venus, mit dem Sieges-Apfel in der Hand; im zweiten ein Apollo; im dritten eine Frau, welche eine Helena zu sein scheint; im vierten ein Silen mit einem Bacchus; im fünften ein verwundeter Adonis; im sechsten ein Perseus, der der Andromeda den Schild der Medusa im Spiegel einer Quelle zeigt; im siebenten ein Silen, mit einem Satyr und einem Knaben; im achten eine verlassene Ariadne; im neunten eine Nereïde, vielleicht Thetis, die dem Achilles Waffen bringt. Hernach folgen viele Gottheiten: ein Hymen mit Fackel und Kranz; ein Faun, ein Apoll, ein Silen, ein Narcissus, und eine eingeschlafene Nymphe, von welcher ein Satyr einen sie bedeckenden Mantel wegzieht.

Zur Zeit der Eruption des Vesuvs, welche Pompeji begrub, hatte der Luxus der Decoration bei den Römern die *Vergoldungen* auf den Wänden der Zimmer sehr häufig gemacht. Hierauf scheinen die Verzierungen des Zimmers oder des Raumes, der im Hintergrunde dieses Peristyls und zwar nicht dem Eingange sondern der Strafse gegenüber liegt, zu deuten, indem daselbst die Wände, wie als Nachahmung von Vergoldungen, einfarbig *gelb* bemalt sind. Es ist dies hier das erste Beispiel *einfarbiger* Verzierung, welches bei den Ausgrabungen von Pompeji vorkam.

Das Zimmer ist übrigens nach der Beschreibung *Vitruvs* im V. und VI. Capitel des 6ten Buches eine Mischung von ägyptischem und cigycenischem Saale. An der Vorderseite, nach dem Peristyl hin, ist dasselbe ganz offen und nur durch vier Säulen verziert, welche einen breiteren Durchmesser haben, als die inwendig im Saale stehenden zwölf Säulen. Die Knäufe dieser Säulen sind von phantastischer Art, die sich etwas der corinthischen nähert. Sie tragen nicht geradlinige Architrave, wie gewöhnlich, sondern kleine Bogen, auf denen vermuthlich das Gebälk der darüber befindlichen Emporlaube ruhte. Es ist diese Art der Bogenbenutzung eine in der älteren römischen Architektur eben so seltene, als in der späteren, sogenannten byzantinischen, häufige Construction, die also hiernach schon zur Zeit des Titus vorkam. Die gelben einfarbigen Verzierungen der Wände dieses Saals sind architektonische Grotesken, zwischen welchen sich Bilder, ebenfalls einfarbig gemalt, befinden. Zwei davon sind noch übrig. In dem einen sieht man Theseus, der, nachdem er den Minotaurus getödtet hat, sitzend mit der Ariadne spricht; in dem andern scheint dargestellt zu sein, wie Tiresias in ein Weib verwandelt wird. Die Mosaik, welche den Fufsboden bildet, ist weifs, mit schwarzen Friesen. Dieser Saal liegt in der Mitte zwischen zwei nach dem Peristylium hin offenen Sälen. Der kleinste derselben ist einfach mit weifsem Stuck getüncht, hat aber ein reich ausgearbeitetes Gesims; was vermuthen läfst, dafs der Hausbesitzer die Absicht hatte, dieses Zimmer noch zu verzieren, was aber durch die Zerstörung der Stadt verhindert wurde. Der andere, gröfsere Saal ist desto mehr, und zwar mit Malereien verziert. Der Sockel ist schwarz mit Männergestalten (telamones), die ihn tragen, in gleichen Zwischenräumen bemalt; zwischen denselben zeigen sich Nereïden auf See-Ungeheuern, abwechselnd mit schönen und verschieden geformten Vasen. Über dem Sockel, auf rothem Grunde, stehen sehr bizarre architektonische Grotesken, zwischen welchen himmelblaue Tücher befestigt sich zeigen, in deren jedem fliegende Figuren, wie Tänzerinnen oder Bacchanten, vorgestellt sind. Die Mitte der Wand endlich, welche nach dem Peristylium hinsieht, ist mit einem Bilde verziert, welches eine Geschichte des Pan darstellt.

Der gröfste Saal dieses Hauses liegt zunächst an dem eben beschriebenen und hat zwei Ausgänge, den einen nach dem Peristyl hin, den anderen hintenhinaus nach einem weitläuftigen Gange, der unter andern auch zur Küche führt. Da die Thüren und die über denselben befindlichen Oberlichter schwerlich diesen Saal genugsam erleuchten konnten, so ist zu vermuthen, dafs dieses Triclinium entweder durch die Decke oder durch Fenster in den höhern Theilen der Mauer, welche jetzt zerstört sind, ihr Licht erhielten. Dieser Saal ist reich an den schönsten Malereien, auf theils schwarzem, theils rothem und zum Theil auch weifsem Grunde. Überall zeigen sich die gewöhnlichen architektonischen Grotesken, mit fliegenden Figuren und Gestalten von Helden, die in stolzer kriegerischer Stellung auf dem Sockel des Saales stehen. Auf dem Sockel selbst sind viele Figuren dargestellt, welche wie Telamonen das Bandgesims des Sockels tragen, oder welche sitzen. In der Mitte der beiden Wände sind zwei Bilder; das eine ist sehr verletzt und wenig erkennbar, das andere recht gut erhalten und man sieht darauf auf das deutlichste das berühmte Urtheil des Paris. Auch in diesem Saale ist der Fufsboden von weifser Mosaik, mit schwarzen Linien.

Unmittelbar neben diesem Saale, in der Ecke des Peristyls, ist ein kleiner Vorplatz und dahinter ein Schlafzimmer, welches, obgleich klein, doch zierlich ausgemalt ist. Es hat einen schwarzen Sockel, rothe Wände und einen weifsen Fries. Es ist ganz mit artigen Grotesken verziert, zwischen welchen in einer Einfassung ein anmuthiges Mädchen sitzend dargestellt ist; neben ihr steht ein Amorin mit einem Fächer in der Hand. An der ganz entgegengesetzten Ecke des Peristyls, nach der Strafse hin, zwischen dem Peristyl und dem Zugange zu dem Atrium, ist ein Zimmer, welches eine Thür nach dem Peristyl, eine andere nach dem Atrium hin und dabei ein Fenster nach der Strafsenseite und eins dergleichen nach dem Peristyl hat. Das erste ist hoch und schmal, das andere niedrig und breit; vielleicht war dies das Zimmer des Thürschliefsers oder Pförtners (cella ostiarii), da es sowohl das Atrium als das Peristyl zu gleicher Zeit überblickte; wiewohl es für eine untergeordnete Bestimmung zu sehr verziert zu sein scheint. Es hat einen rothen Sockel, himmelblaue Wände und einen weifsen Fries und ist ganz mit phantastischen und mannigfaltigen Grotesken, mit Knaben und Bacchanten dazwischen, bemalt. In zwei Bildern, welche sich noch in der Mitte seiner breitesten Wände erhalten haben, sieht man wie Mercur dem Apollo eine Leier schenkt, und einen Satyr, der eine Nymphe muthwillig überfällt.

Dies sind die vornehmsten Theile des Hauses. Es sind nun noch die untergeordneten und für die häuslichen Bedürfnisse bestimmten zu beschreiben. Der Gang, zu welchem man aus dem grofsen Triclinium gelangte und der auch, indem er sich in einen rechten Winkel biegt, mit dem Atrium zusammenhängt, führte zu der Sclavenwohnung (ergastulum), zu der Küche, zu den Abtritten, und am Ende, nachdem er noch einige kleinere Zimmer berührt hatte, zu der Hinterthür. Wenn man von dem Atrium her in denselben tritt, so kommt man zuerst an ein rechter Hand liegendes Schlafzimmer, welches, wie es in modernen Wohnungen häufig der Fall ist, einen Alcoven zum Bettplatz hat. Dem Eingange desselben gegenüber ist eine grofse Thür nach dem Peristyl. Zunächst neben diesem Schlafzimmer liegt eine besondere Art Treppe, die aus einer geneigten Fläche besteht, welche in drei Stufen endigt, und von welcher Art mehrere in Pompeji vorkommen. Es ist dies ohne Zweifel die einfachste Weise, einen höheren Raum zu ersteigen, wenn dazu der Platz nicht fehlt. Die nun folgenden vier an einander hängenden Zimmer waren wahrscheinlich die Sclavenwohnungen. Sie sind nicht verziert und mögen spärlich erleuchtet gewesen sein; übrigens lagen sie so, dafs davon die Bedienung in der Küche und im ganzen Hause bequem ausgehen konnte. Der Gang wendet sich diesen Zimmern vorbei und geht nun längs der Rückmauer der Hinterwand des Hauses hin; wo zunächst zur Linken ein Zimmer liegt, welches wohl ebenfalls ein Schlafzimmer gewesen sein mag und welches einen Fufsboden von Mosaik und weifse Mauern mit einfachen und sparsamen Verzierungen hatte. An dem Gange liegt auch, denselben theilweise in sich aufnehmend, die Küche. An der Feuerstätte ist eine Schlange gemalt, welche sich um den Untersatz des Dreifufses des Apollo windet, mit zwei Knaben, die im Begriff sind, einander bei einem Opfer Dienste zu leisten. Durch den Gang kommt man auch zu der dritten Treppe dieses Hauses und zu den Latrinen oder den Abtritten, so wie zu drei Zimmern, welche dürftige Kammern der Sclaven gewesen zu sein scheinen. Dies verrathen ihre ungeschmückten Wände, die geringe Gröfse und die Entlegenheit des Orts, wo sie sich befinden. Bemerkenswerth sind die vielen Bequemlichkeiten, welche dieser Gang dem Hause gewährte. Durch ihn konnten Speisen und Getränke, Wasser, Holz u. s. w. vom Markt ohne Störung der Bewohner des Hauses in die Küche gebracht werden; eben so konnten in demselben, ohne einen ansehnlicheren Theil des Hauses zu passiren, die bereiteten Speisen in den Speisesaal gebracht werden; durch ihn kamen und gingen die Sclaven bei den kleinsten häuslichen Verrichtungen, ohne dafs die Personen, welche im Atrium oder Peristylium sich aufhielten, sie erblickten. Dagegen vermifst man freilich an der Stelle dieses Ganges die schöne Säulenhalle, nebst Garten, wie sie sich z. B. im Hause des Pansa und an anderen Orten findet, und insofern besteht freilich die Abweichung der Anordnung dieses Hauses hier von der gewöhnlichen nur darin, dafs das Atrium, nebst den zu demselben gehörenden nächsten Zimmern, neben dem Peristyl liegt, während es nach der gewöhnlichen Weise vor demselben hätte liegen müssen.

Das Haus des Quästors.

Ganz nahe bei dem vorhin beschriebenen Hause und nur durch das Haus des Meleager davon getrennt, ist das Haus, welches gewöhnlich das Haus des Quästors genannt wird. Es ist in dem Zeitraume zwischen dem April 1828 und Mai 1829 ausgegraben worden und gehört zu den reichsten und prächtigsten, welche bis jetzt gefunden wurden. Seinen Namen führt es, weil man in demselben zwei Geldkasten an einem der zugänglichsten Orte des Hauses, nahe beim Eingange, gefunden hat; woraus man vermuthet, dafs es ein Schatzhaus, in welchem zugleich der Quästor und ein Stellvertreter desselben wohnten, gewesen sei.

Die Eingänge dieses Hauses liegen, wie die des vorhin beschriebenen, an der Strafse des Mercurius. Das Haus besteht nemlich aus zwei mit einander in Verbindung stehenden Theilen, deren jeder einen besonderen Eingang hat. Der Eingang rechts, wenn man das Haus ansieht, ist der gröfste und am meisten verziert; er scheint zu den Geschäften und Verrichtungen des Eigenthümers gedient zu haben; der andere war vielleicht für seine Familie, für seine Sclaven und für die häuslichen Bedürfnisse des reichen Pompejaners bestimmt. Gegen die sonstige Sitte in Pompeji ist auch die *äufsere* Ansicht dieses Hauses reich verziert, indem sie ganz mit sehr fleifsigen Stuccatur-Arbeiten bedeckt ist. Über einen roth angestrichenen Sockel erheben sich die Mauern, in welche Quadrirungen aus weifsem Stuck geschnitten sind. Die Fugen der Quadrirungen sind azurblau angestrichen und jede Quadrirung ist mit einer Carniesleiste eingefafst, die eingeprefst ist Auf das Gesims, welches die vorzüglichste Thüre des Hauses krönte, und welches aus Tufstein von Nocera bossirt ist, hat man Stuck aufgetragen, in welchen die Verzierungen eingeprefst sind. Dieselben sind roth und schwarz und in den Vertiefungen der Gliederungen himmelblau angestrichen, so dafs sie, ungeachtet ihrer geringen Erhabenheit, doch schon von weitem lebhaft in die Augen fielen. Über einem der Gewände der Thür ist ein Mercur abgebildet, der, mit einer grofsen Geldbörse in der Hand, die Stellung eines Laufenden hat. In diesem Eingange eröffnete sich ein prächtiger Überblick dieses Haustheiles, indem man ein Atrium mit zwölf corinthischen Säulen, nebst seinem Compluvium und Springbrunnen, ein an Gemälden sehr reiches Tablinum und zuletzt das Peristylium mit einem Garten und einem kleinen Gebäude für den Schutzgott des Hauses überblickte.

Der Zugang (aditus) des Atriums hat einen venetianischen Fufsboden von der oben beschriebenen Art. Die Wände des Einganges sind auf wohlgeglättetem Stuck in verschiedenartigen Feldern mit Grotesken bemalt. Die vorzüglichsten unter denselben sind roth und gelb gefärbt, und zu beiden Seiten, nahe an der Thüre, sieht man, kühn gezeichnet und gemalt, die Brüder der Helena mit ihren Sternen über der Stirne: die Führer der alten Schiffer; beide zügeln ihre Rosse. Die kleine Thür, die in diesen Zugang führt, leitet in ein kleines Zimmer, worin man die Spuren einer Treppe und eines Abtrittes findet, und wo auch vielleicht ein Raum für den Pförtner eingerichtet war. Das Atrium ist von derjenigen Art, welche *Vitruv* die corinthische nennt; die Balken des Daches liefen von den das Atrium umgebenden Mauern auf die Säulen um das Compluvium. Diese Säulen sind aus Tufstein von Nocera gehauen, obenauf mit Stuck bekleidet und an ihren unteren Theilen roth angestrichen. Das Gesims dieser Säulen ist dem jonischen, auch wohl dem corinthischen Gesims, z. B. am Tempel des Antonius und der Faustina zu Rom, ähnlich. Die Säulen mögen wohl nirgends von einer phantastischeren Ordnung gewesen sein. Der Fufsboden des Atriums gleicht dem des Einganges. Das Wasserbecken (compluvium) in der Mitte des Atriums hatte, aufser dem gewöhnlichen Zweck, das von den Dächern fliefsende Wasser aufzunehmen, auch die Bestimmung, das Bett eines Springbrunnens zu sein, welcher in der Mitte desselben aus einer Gruppe von Wasserblättern, in Marmor gearbeitet, an welchen Frösche, Eidexen und ähnliche Thiere abgebildet waren, hervorsprudelte. Es hatte eine bronzene Vorrichtung zum Öffnen und Verschliefsen nach Bedürfnifs. Sieht man aus der Mitte des Atriums zur Rechten hin, so erblickt man einen anderen corinthischen Hof, mit einem Garten darin, und hinter demselben ein toscanisches Atrium. Zur Linken, in der Mitte zwischen den Säulen des vorbeschriebenen Atriums, war ein Brunnenring, aus welchem man das Wasser des Compluviums, das sich in einer darunter befindlichen Cisterne sammelte, schöpfen konnte. Nicht weit von diesem Brunnenringe, an der dem Eingange zur Linken liegenden Ala des Atriums, fand man die erwähnten beiden Geldkasten auf einem mit Marmor incrustirten Sockel von Mauerwerk. Sie waren von Holz, inwendig mit Kupferplatten gefüttert und auswendig mit eisernen Bändern umlegt; mit Griffen, Schlössern, Buckeln und vielen anderen Verzierungen von Bronze, welche, von der Feuchtigkeit durch die Oxydation des Eisens und die Fäulnifs des Holzes zerstört, dalagen. In dem einen der Geldkasten fand man einen Rest von dem Gelde, welches er enthalten haben mochte. Es waren 45 Goldstücke und 5 Silbermünzen; das Übrige war wahrscheinlich schon in älteren Zeiten bei einer Ausgrabung weggenommen worden, mit welcher man in das benachbarte Zimmer und von da aus, mittels Durchbruchs der Mauer, an den Kasten gekommen war. Der Rest war vielleicht wegen der Unbequemlichkeit des Herausnehmens übersehen worden.

Das Atrium ist mit grofser Anmuth und den schönsten Darstellungen auf weifsen und rothen Feldern grotesk gemalt. Am Sockel sieht man theils Blumen, theils nach Früchten haschende Vögel und verschiedene kriechende Thiere. In der Höhe sind bewundernswerthe Figuren gemalt; unter ihnen sieht man einen Jupiter, der, auf seinem Throne sitzend, von einer Siegesgöttin gekrönt wird, und eine Fortuna, die, als Beherrscherin der weltlichen Angelegenheiten, den Griff eines Steuerruders, ihr gewöhnliches Attribut, hält. Ferner einen Bacchus, mit einem mit Epheu umkränzten Thyrsusstab; neben ihm einen kleinen Faun, der sich auf die Zehen stellt, um einige Weintropfen aufzufangen, die aus einem Becher herabfliefsen, den der Gott umgekehrt in der Hand hält, während ein Pantherthier, wie ein Hund, ihn am Kleide zieht. Auch noch andere schöne Gestalten sind hier abgebildet; wie z. B. ein Mars oder Krieger, der einen Palmzweig mit der Hand fafst; eine fliegende Victoria, welche einen Kranz hält und einen Schild im Arme hat, in welchem die Buchstaben *S. C.* stehen, während sie zugleich einen Spies mit gesenkter Spitze trägt. Ein anderes Fragment einer Malerei ist nicht mehr genau erkenntlich; aber deutlich unterscheidet man noch einen sehr schönen Mercur, mit einem Hahne neben sich.

Dieses corinthische Atrium hat die oben erwähnte einzige Ala. Ringsum an den Wänden ist eine niedrige Mauer-Erhöhung, die wahrscheinlich bestimmt war, eine Bank zu tragen. Diejenigen, welche geneigt sind, dieses Haus für das Haus eines Schatzmeisters zu halten, meinen, die Bänke könnten bestimmt gewesen sein, den Leuten, welche Geld empfingen oder zahlten, zum Ruheplatz zu dienen.

An der dieser Ala entgegengesetzten Seite, in der Mitte, ist eine alcovenartige Vertiefung und man gelangt durch eine grofse Thür in deren Hintergrund in ein Peristyl, welches auf gleiche Weise wie das Atrium mit Grotesken und Figuren bemalt ist, unter welchen eine Ceres, mit einem Korbe in der einen und einer Fackel in der andern Hand, ein Apollo, der die Leier spielt, und ein Saturn mit seinem gewöhnlichen Zeichen, der Sense, sich befinden. Über der Thür, die zu dem anderen Hofe führt, zeigt sich, als Thürstück, ein schönes Gemälde, einen Satyr mit einem Hermaphrodit vorstellend. Zu beiden Seiten sind grofse Landschaften, mit kleinen Figuren; wie in moderner Zeit ***Nicolaus Poussin*** sie gemalt hat. Die Landschaften sind Seegegenden, mit Bergen und grünen Gründen. In einer derselben sieht man die Mythe der Andromeda, wie Perseus, nachdem er sie von dem Meer-Ungeheuer befreit hat, mit ihren Verwandten kämpft, die ihm die Vermählung mit ihr streitig machen wollen. In der andern ist sehr poetisch dargestellt, wie Jupiter, in einen Stier verwandelt und von Amorinen umgeben, die Europa entführt.

Die Schlafzimmer und die Kammern zu häuslichen Bedürfnissen, Vorräthen u. s. w. haben ihren Eingang und bekommen ihr Licht aus diesem Atrium, indem, wie schon bei anderer Gelegenheit bemerkt wurde, die Thüren dieser Zimmer so eingerichtet waren, dafs der untere Theil aufging, der obere Theil aber aus einem Glasfenster bestand, welches dem Zimmer, auch wenn die Thüre verschlossen war, Licht gab.

Das Zimmer links, am Eingange des ersten Atriums, hat ein kleines Fenster nach der Strafse hin, welches oben in der Mauer angebracht ist. Auch ist darin eine kleine Nische und eine Mauer-Erhöhung im Fufsboden. Dieses Zimmer ist im grotesken Styl, aber mit Geschmack bemalt; der Sockel ist roth, die vorherrschende Farbe der Wände ist weifs, und es sind darauf mancherlei Figuren schön und geistreich abgebildet: einige auf dem Gesimse sitzend, andere, in den mit Grotesken eingefafsten Feldern, fliegend.

Das kleine anstofsende Zimmerchen, welches gleichfalls ein Fenster nach der Strafse hat, dürfte eine Geräthekammer gewesen sein. Diese beiden Zimmer haben einen venetianischen Fufsboden. Einen gleichen Fufsboden hat auch das anstofsende gröfsere und reicher verzierte Zimmer; sowie auch ein Fenster nach der Strafse. Man bewundert hier zwei sehr schöne kleine Bilder. In dem einen sieht man Diana, die, von der Schönheit Endymions angezogen, vom Himmel herabsteigt, mit Nymphen umgeben, welche erstaunt die Göttin betrachten. In dem anderen Bilde zeigt sich mit vieler Grazie Narcifs, im Spiegel der Quelle sich selbst bewundernd. Zwischen diesem Zimmer und der Ala liegen noch zwei andere, kleinere, einfach verzierte Zimmer; nur dafs das eine derselben einen prächtigeren Fufsboden als alle anderen hat. Derselbe besteht aus verschiedenartiger Mosaik und hat eine griechische Verzierung, von einem kleinen Rechteck aus weifser Mosaik umgeben. An der entgegengesetzten Seite, neben dem Alcoven, der die Thüre zum anderen Hofe enthält, liegen zwei kleinere Zimmer, von welchem das eine blofs mit weifsem Stuck überzogen ist und, wie das andere, wahrscheinlich zur Vorrathskammer diente. Man fand in jenem Zimmerchen mehrere Gefäfse von Bronze und von Glas, und einige Kämme von Bronze, im andern dagegen allerhand Überreste von efsbaren Dingen, als Nüsse, Erbsen, Korn, Feigen u. s. w. In beiden waren an den Wänden Bretter befestigt. Eben so wie an der einen Seite des Atriums sich Mauerwerk mit dem Geldkasten befand, zeigt sich auch an den anderen Seiten eine Untermauerung, um irgend Etwas zu tragen.

Gerade dem Eingang gegenüber liegt, wie gewöhnlich, das Tablinum, welches sich sowohl durch die Pracht des Fufsbodens, als durch die Malereien an den Wänden auszeichnet. Es ist, wie gewöhnlich, an beiden schmalen Seiten geöffnet; die Rückseite etwas weniger, als die vordere Seite. Der Luxus der alten Römer ging so weit, dafs sie solche Öffnungen wohl mit purpurnen Vorhängen, mit Gold gestickt, die man nach Bedürfnifs öffnen und schliefsen konnte, verhängten. Die Gemälde, welche das Tablinum verzieren, sind wegen der brillanten, in starken Gegensätzen stehenden Farben, wegen der bewundernswürdigen phantastischen Verzierungen und wegen der aufserordentlichen Geschicklichkeit der Ausführung bemerkenswerth. An den Sockeln herrscht meistens die schwarze Farbe vor, an den oberen Feldern abwechselnd die rothe und gelbe, zuweilen auch die himmelblaue Farbe, und man findet die mannigfaltigsten und schönsten Verzierungen, welche die Wände an allen Stellen dieses Tablinums schmücken. In der Mitte jeder Wand ist ein Bild. In dem einen, welches beschädigt ist, scheint Achill dargestellt zu sein, der, erbittert über den gedrohten Raub der Briseïs, sein Schwert ziehen will, von der Minerva aber davon zurückgehalten wird. In dem Bilde gegenüber sieht man deutlich den Ulisses, welcher den Achilles am Hofe des Likomedes in Frauenkleidern durch Vorzeigen der Waffen entdeckt. An denselben Mauern sieht man himmelblaue Tücher, die malerisch ausgespannt sind, mit goldnen Verzierungen, als wenn sie gestickt wären, auf welchen in der Mitte, wie auf einer gewirkten Tapete, artige Gruppen von Faunen und Bacchanten dargestellt sind; auch zeigen sich drei zwischen den Grotesken angebrachte sehr schöne Figuren, deren eine die Muse des Lustspiels, die andere die des Heldengedichts (Epopee) zu sein scheint; die dritte ist dargestellt, wie sie voller Aufmerksamkeit auf ein Papier blickt, aus welchem sie zu lesen scheint. An dem Sockel sieht man ferner auf gelben Bändern an einer Stelle heftig kämpfende Löwen und Centauren, an einer anderen, wie Amorinen in zweirädrigen Wagen, die theils von Hirschen, theils von Ziegen gezogen werden, vorbeirennen. Nicht weniger schön und zierlich ist der Fries, welcher unter den Deckenfeldern dieses Tablinums herlief. Man sieht hier in kleinen Landschaften schöne Figürchen; z. B. eine sehr waldige Gegend, in welcher ein Hirt, die Pfeifen spielend, sitzt, dem sich eine Nymphe nähert, welche den Tönen zuhört.

Links neben dem Tablinum befand sich der gewöhnliche Gang (faux) nach dem Peristyl. In demselben ist eine Treppe von geringer Gröfse, die wohl nur zu den Dächern des Hauses geführt haben mag, da das Haus schwerlich mehrere Stockwerke hatte; denn die Mauern desselben scheinen nicht stark genug zu sein, um ein höheres bedeutendes Stockwerk zu tragen. Übrigens sind die Treppen der Alten überhaupt nur klein und unbedeutend; man scheint keine architektonische Schönheit in denselben gesucht zu haben; es müfste denn bei den Freitreppen vor den Gebäuden sein. Neben dem Gange liegt zugleich ein Zimmer, welches Licht durch ein grofses Fenster unter der Säulenhalle des Peristyls erhält und den Eingang von dem Gange her hat. Dasselbe scheint zum Schlafzimmer gedient zu haben. Sein Fufsboden ist von Cement; die Mauern sind mit Grotesken und mit drei Bilderchen verziert. Das eine dieser Bilderchen stellt eine Nymphe vor, die den Bacchus zu dem Silen führt, der ihn den süfsen Saft der Traube kennen lehrt; das andere das traurige Ende der Liebe des Cephalus und der Procris; das dritte den Narcissus, der sich in sein Spiegelbild in der Quelle verliebt.

Wenn man aus dem Atrium, statt durch die Thür des Ganges, durch die andere Thür geht, welche in dem Tablinum dem nach der Hausthür Blickenden links und zu der Thür des Ganges symmetrisch liegt, so kommt man in ein ansehnliches Zimmer, welches wahrscheinlich ein Triclinium war. Dasselbe erhält sein Licht durch ein grofses Fenster unter der Säulenhalle des Peristyls. Das Pflaster ist hier weifse Mosaik, mit einigen Verzierungen in schwarzer Farbe. Die Haupt-Anordnung der Malerei, welche dieses Zimmer verziert, ist ein schwarzer Sockel, auf welchem sehr schöne kleine Genien mit besonderer Meisterschaft abgebildet sind. Über den Sockeln und zwischen architektonischen Grotesken sieht man Figuren von Priestern und anderen Personen für die gottesdienstlichen Verrichtungen, mit Opfergeschirren. Zwischen den architektonischen Grotesken sind abwechselnd rothe und himmelblaue Felder; die rothen Felder haben himmelblaue und die himmelblauen rothe Einfassungen. Auf den rothen Einfassungen sind auf bewundernswerthe Weise wilde Thiere abgebildet; auf den himmelblauen zeigen sich phantastische Wassergegenstände, z. B. eine Art von Triton, dessen männlicher Körper in einen Krebsschwanz ausläuft und der in der Mitte zwischen Delphinen ein Seepferd lenkt. Von den drei Bildern, welche die Mitte ausfüllten, sind zwei ganz verdorben; von dem dritten, sehr beschädigten Bilde ist so viel übrig, um zu sehen, dafs es die Thetis vorstellte, welche ihren Sohn Achill in den Styx taucht, um ihn unverwundbar zu machen. In der Mitte der himmelblauen Felder ist noch ein schöner Leierspieler und eine Najade, die auf dem Rücken eines Triton über die Wellen fährt. In den oberen Theilen des Zimmers, von welchen wenig mehr übrig ist, sind gleichwohl die Malereien deutlicher. Fast alle stehen auf weifsen Feldern und es sind davon noch verschiedene Figuren, theils auf dem Gesims der Grotesken sitzend, theils fliegend, ungeachtet der Beschädigung durch die Eruption und die Zeit, in die Augen fallend.

Der zunächst hinter dem Tablinum liegende Säulengang des Peristyls ist mit einem Dache bedeckt, welches von fünf dorischen Säulen getragen wird. Der frei liegende Theil vor diesem Säulengange war ein Garten, welcher durch ein Gitter abgeschlossen war, von welchem man die Spuren noch an den eben erwähnten Säulen sieht; nach welchen Spuren das Gitter etwa 5 Palmen hoch gewesen sein mag. Der Garten hatte an der Seite rechts, wenn man aus dem Tablinum in ihn hineingeht, einen unbedeckten Gang, in Form einer Laube. Der Fufsboden des Ganges ist von Cement, und man sieht noch die Spuren der Laubenpfeiler darin. In dem Garten steht, auf der Symmetrielinie, die von der Hausthür durch das Atrium und das Tablinum in den Garten läuft, ein Altar und hinter demselben ein kleines Häuschen, welches vielleicht zum Privatgottesdienst des Haus-Eigenthümers bestimmt war. Nach dem Bilde an dem Fufse dieses Häuschens zu schliefsen, scheint es der Verehrung des Bacchus gewidmet gewesen zu sein, indem hier ein Panther abgebildet ist, der begierig nach den Trauben einer Weinrebe hascht, die den Untersatz des Häuschens umgiebt. Dasselbe ist mit Malereien und Stuccatur-Arbeiten artig verziert, sowie mit zwei kleinen Säulen, welche den Giebel tragen. Auf den Mauern, welche diesen Garten umgeben, sind zwischen den anstehenden Halbsäulen Gartenpartieen mit Gitterwerk, Pflanzen, Springbrunnen, Blumen, Vögeln und anderen anmuthigen Gegenständen abgebildet. Der bedeckte Theil des Peristyls ist in folgender Art bemalt. Der Sockel ist schwarz und es sind auf demselben aus der Erde wachsende Blumen und Pflanzen, und zwischen denselben Vögel in allerhand Stellungen, fliegend, Insecten oder kriechende Thiere verfolgend u. s. w. meisterhaft abgebildet. Die Wände über dem Sockel sind in rothe und gelbe Felder getheilt, gröfstentheils mit schwarzen, aber auch mit gelben und weifsen Einfassungen. Mitten in diesen Feldern sind die schönsten Bilder. Zwei derselben stellen Lustspielscenen vor; in einem auderen, sehr beschädigten Bilde zeigt sich eine Isis; sodann Hyppolit, mit seiner Stiefmutter. Auf die Mauer hinter der Laube sind Häuser und ländliche Gegenden gemalt; an der Thüre eines kleinen Tempels ist eine Frau mit einer brennenden Fackel iu der Hand abgebildet, und auf einem Altar vor dem Tempel liegen verschiedene Arten von Früchten; weiter hinten schlängelt sich ein Flufs, an dessen Ufer ein Fischer sitzt, der von der Angel einen Fisch nimmt, um ihn in ein Körbchen zu legen.

An dem nördlichen Ende des Säulenganges des Peristyls sind zwei Thüren, von denen die eine in ein Schlafzimmer führt, welches zierlich gemalt ist. Auf einem dunkelrothen Sockel folgen rothe, himmelblaue und gelbe Felder, über welchen ein weifser Fries das Zimmer ringsum einfafst; mitten auf den Feldern sieht man Kinder, Masken, und historische Bilder. Unter den Kindern ist eins mit einem Glase, ein anderes mit einer Zither bemerkenswerth. Von den Masken sind noch zwei übrig. Auf Terrassen, die reich mit Bäumen und Gesträuchen bedeckt sind, sieht man an einer Seite eine weibliche Maske, auf einen Untersatz gestellt, an welchen ein Bogen und ein Köcher sich lehnt; ein Hirsch betrachtet diese Maske. Auf derselben Terrasse ist eine andere bacchische Maske. Sie ist gleichfalls auf einen Untersatz aufgestellt; nahe bei ihr hält ein Luchs zwischen den Pfoten ein Glas, welches er begierig ableckt. In den zwei Bildern, die übrig geblieben sind, sieht man, in dem einen, einen Hirten, neben einer Kuh sitzend, und eine jugendliche Figur, deren mit einem Heiligenschein umgebener Kopf eine Gottheit anzeigt; das andere Bild ist wunderbar schön. Es scheint die Ruhe des Adonis nach der Jagd, nebst Amorinen und Nymphen, die ihn bedienen, vorzustellen.

Die andere der beiden oben erwähnten Thüren führt in einen kleinen Vorgang und aus demselben links in eine Küche, in welcher links ein Wasserbehälter, rechts eine Treppe und dem Eingange grade gegenüber ein Heerd ist, über welchem noch die Reste einiger Malereien erkennbar sind. Man sieht darin eine Abbildung der Fortuna, so wie noch Reste derjenigen von Schlangen, die, als Schutzgötter und Wächter des Orts, hier, eben wie in der andern Küche des Hauses und unzähligemal über den Heerden der Pompejanischen Häuser, abgebildet sind. In einer kleinen Kammer an dieser Küche war, wie deutlich erkennbar ist, ein Abtritt. Derselbe erhielt Licht durch ein in der

Höhe befindliches Fenster. Um den Ausdünstungen freien Abzug zu geben, waren, 2 Palmen hoch über dem Sitz, zwei vergitterte Öffnungen. Auch hier fehlten Malereien nicht, indem über dem Stuck-Überzug, mit welchem dieses Zimmerchen bedeckt ist, viereckige Feldertheilungen sind, die einen rothen Sockel verzieren, während in der Höhe dieselben Feldertheilungen den weifsen Grund ausschmücken.

Der kleine Zugang von dem Peristyl nach der Küche leitet auch, nachdem man durch ein kleines Vorzimmerchen gekommen ist, in ein gröfseres Zimmer, welches blofs handwerksmäfsig, auf weifsem Stuck, mit Vögeln, Kindern und einem Zitherspieler bemalt ist. Es läfst sich dieses Zimmer für ein Schlafzimmer halten, um so mehr, da es ein Fenster ziemlich niedrig in der Mauer, desgleichen eine vergitterte Öffnung in der Höhe, nach der Gartenseite hin hat. Vielleicht war es das Schlafzimmer eines begünstigten Dieners des Hauses.

Es ist bereits erwähnt, dafs man aus dem eben beschriebenen Hofe in einen andern Hof von corinthischer Bau-Art sehe, der von 8 freistehenden ganzen und 8 anstehenden Halbsäulen eingefafst wird. Die Säulen sind von phantastischer Ordnung, und es möchte dies der ansehnlichste Theil des ganzen Hauses sein. Die Ecken der Säulen-Einfassungen werden durch Mauerwinkel gebildet, welche mit den Halbsäulen sogenannte Anten geben. Ihr Zweck war ohne Zweifel, gröfsere Festigkeit der Construction des ganzen Hofes zu erlangen, die noch besonders deshalb nöthig war, weil man eine weite Öffnung an den schmalen Seiten der Säulen-Einfassung behalten wollte, so dafs die Ecken mehr Stärke bedurften, als einzeln stehende Säulen gewähren konnten. Die Säulen sind cannelirt, mit Ausnahme ihrer untern, roth angestrichenen Theile; die Knäufe und die Cannelirungen sind von Stuck; der Grund, auf welchem die Verzierungen der Knäufe haften, ist gelb angestrichen. Der Fufsboden des Hofes ist weifse Mosaik, mit schwarzen Verzierungen und Bändern. Die Malereien sind hier besonders bewundernswerth. Auf gelben, rothen und grünen Vierecken sind die anmuthigsten Grotesken dargestellt. Am Sockel sind Gefäfse, nach Form und Stoff von verschiedener Art, abgebildet; sie scheinen von Gold, von Silber und von Glas zu sein. An den Wänden sind kleine Schränke mit offenen Thüren gemalt, und darin sieht man verschiedene Arten von Früchten und Thieren, als: wildes Geflügel, kleine und gröfsere Hühner, lebendig oder todt. Ähnliche Malereien finden sich vielfältig in Pompeji. Besonders in einem grofsen und schönen Peristyl nahe am Gräberthore, wo die Wände gelben Grund haben, sieht man sehr schöne Figuren, von welchen die

Andromeda, der Perseus und die Medea zu erwähnen sind. Auch an dem offenen Theil des Hofes hin, nemlich an jenen Anten, welche die Ecken der Säulengänge bilden, sind Malereien; nemlich Dreifüfse, die wie von Gold aussehen, und neben welchen verschiedene Figuren mit Kunst und Geschmack aufgestellt sind.

Von dem Compluvium oder unbedeckten Theile dieses Hofes diente ein Theil zum Garten; von welchem noch die Spuren sich fanden. In der Mitte war ein kleiner Behälter, um Wasser aufzufangen und aufzubewahren; den andern Theil des Compluviums nahm ein gröfserer Fischbehälter ein, mit einer Säule in der Mitte, welche diente, einen Springbrunnen einzuschliefsen, der aus ihr durch eine bleierne Röhrenleitung, die man noch sieht, hervorsprudelte, um den Hof durch die belebende Bewegung des Wassers zu erheitern.

Das Hauptzimmer, welches sich an diesem Hofe befindet, hat die Stelle und auch gröfstentheils die Form eines Tablinums. Man hält dasselbe für ein Triclinium oder einen Speisesaal und es war ohne Zweifel das prächtigste Zimmer dieses schönen Hauses, sowohl in Absicht auf Gröfse, als Verzierung. Sein Fufsboden und seine Wände waren ganz mit den verschiedensten Marmor-Arten, welche Africa und der Orient dem römischen Luxus in Menge lieferten, incrustirt. Aber schon von den Alten selbst wurde nach der Eruption dieses schöne Gemach seines Marmors beraubt und es ist nur so viel davon übrig geblieben, dafs sich auf die frühere Pracht schliefsen läfst, indem man den africanischen Marmor mit blutrothen Flecken, den Giallo und Rosso antico und zuweilen auch die orientalischen Alabaster-Arten noch in kleinen Bruchstücken auf den Wänden und im Fufsboden sieht. Dieses Triclinium hat eine grofse Thür-Öffnung nach dem vorhin beschriebenen Hofe, welche vielleicht purpurne Vorhänge verschlossen und vor welcher das Pflaster des Hofs mit gröfserer Zierlichkeit zusammengesetzt ist, indem es griechische Mäander bildet. Vier kleinere Thüren in diesem Saale dienen zu mannigfaltigen Verbindungen, indem zwei derselben in einen Gang an der hintern Mauer des Hauses, eine in die Säulenhalle in dem oben beschriebenen Tablinum, und die vierte in ein anstofsendes Cabinet führt, an welchem noch ein Schlafzimmer liegt. Eine grofse Fenster-Öffnung befindet sich unter der vorhin beschriebenen Weinlaube.

Die innern Communicationen dieses Hauses sind bewundernswerth, indem z. B. die beschriebenen drei Höfe theils durch unmittelbare Thüren, theils durch Gänge so mit einander verbunden sind, dafs man aus jedem in jeden kommen kann, ohne ein Zimmer zu berühren und Störung zu machen. Die Thüren nach dem hinteren Gange führen zugleich zur Hinterthür des Hauses, welche in diesem Gange befindlich ist. In dem beschriebenen Hofe vor dem Triclinium befindet sich, der Thür gegenüber, durch welche man aus dem ersterwähnten Atrinm in den Hof gelangte, eine andere Thür, welche zu einem vierten Hofe, der die Form eines toscanischen Atriums hat, führt. Dasselbe ist, ohne Malerei auf den Wänden, einfach getüncht, und der Fufsboden besteht aus Cement und Bruchstücken von Backsteinen. In der Mitte ist ein Compluvium, dessen Einfassungen aus Tufstein von Nocera schlicht ausgehauen sind. An diesem Atrium liegt, an der Stelle, wo sonst ein Tablinum zu sein pflegt, eine Art Alcoven oder eine Ala, die blofs handwerksmäfsig mit Landschäftchen in schwarzer Farbe bemalt ist. Der Fufsboden ist von Cement; mit einigen musivisch eingesetzten Mäandern.

Wenn man aus diesem Hofe durch einen Gang (von gewöhnlicher Form) auf die Strafse des Mercurs geht, so gelangt man vorher durch eine Thür zur Linken in die Küche, in welcher man noch deutlich den Heerd sieht und an seinen Mauern das gewöhnliche Bild der Schlangen, als Schutzgötter des Orts. Diese Küche erhielt ihr Licht durch ein Fenster über dem Heerde von der Strafse her. In einem mit der Küche unmittelbar zusammenhängenden Zimmer ist ein Canal bemerkenswerth, der die Wasser-Abflüsse aus der Küche in einen Cloak führte; auch sind noch die Spuren eines Abtritts in diesem Zimmer erkennbar, der sich unter einer kleinen Treppe befand, welche unmittelbar in diesem Zimmer hinaufging. Wie aus der Küche, geht auch hier ein Fenster nach der Strafse. Man sieht oben in der Mauer Löcher, in welchen das Gebälk ruhte, auf welches die Treppe führte. Auch in den anstofsenden Zimmern sieht man dergleichen Löcher, sowie die Communicationsthüren des obern Stockwerks. Dasselbe erhielt Licht durch verschiedene in der äufsern Mauer angebrachte Gitter-Öffnungen. Da die Höfe, die Säulenhallen, Speisesäle und Empfangszimmer (tablina) wegen ihrer gröfsern Geräumigkeit auch mehr Höhe als die andern minder bedeutenden Zimmer erforderten, so waren über ihnen noch Bodenräume zu untergeordneten Zwecken. Diese Räume müssen in diesem Hause nur unansehnlich gewesen sein, da die Treppen, von wenig Ansehn, aus den geringsten Räumen des Hauses zu ihnen führen. Die drei aneinander liegenden Zimmer, rechts bei dem Eingange in das letzterwähnte Atrium von der Strafse her, halten wir für Wohnungen des Hausgesindes und für Vorrathskammern. Sie sind einfach und blofs handwerksmäfsig, wenn gleich sauber, verziert. Ein von dem Atrium ausgehender Gang, nach der hinteren Seite dieser Haus-Abtheilung hat zunächst mit einem Schlafzimmer, welches ihm zur Rechten liegt, Verbindung. Man sieht darin ein sehr beschädigtes Bild von Mars und Venus, und zwei kleine Landschaften, welche Gebäude vorstellen, die am Spiegel fliefsender Wasser erbaut sind. Dieses Schlafzimmer erhielt Licht aus einem bedeckten Gange, der unmittelbar an einen kleinen offenen Hof hinläuft. Man kam durch den von dem Atrium herführenden Gange eben in diesen Gang und, in letzterem sich links wendend, in ein sehr kleines Zimmer, worin kaum etwas weiter als ein Ruhebett Platz fand. Es ist jedoch mit mehr Grazie ausgemalt, als die zuletzt beschriebenen Zimmer; und zwar mit kleinen Feldern, mit sorgfältig, in verschiedenen Farben liniirten Bändern und mit einfachen, aber eleganten Mäandern. Die hier in der Nähe liegenden Zimmer, welche Licht aus dem erwähnten kleinen Hofe erhalten und von demselben her auch ihren Eingang haben, scheinen zu dürftigen Wohnungen der Sclaven des Hausbedienten gehört zu haben. In einem gröfseren Raume an dem Hofe steht in der Mitte ein Pfeiler, der das Dach getragen zu haben scheint. Dieser Raum bildet die Ecke von zwei kleinen, engen Gäfschen, welche die rechte und die hintere Seite des Hauses einfassen. Er scheint, da er nach dem hintern Gäfschen eine grofse Thür hat, zu dem untergeordneten inneren Verkehr bestimmt gewesen zu sein, welcher von hier aus Statt finden konnte, ohne die ansehnlicheren Zimmer des Hauses zu stören. Auch ist es möglich, dafs hier Zugvieh und Wagen Raum fanden. Das letztere scheint aus der Weite der Thür-Öffnung hervorzugehen. In das Gäfschen führte auch die oben gedachte Hinterthür des Hauses, und aus dem an derselben liegenden, schon erwähnten Gange kam man vermittels einer schiefen Fläche noch in zwei kleine ungeschmückte Zimmer, welche wohl zu Vorrathskammern dienten.

Was nun die gewöhnliche Meinung, dafs dieses Haus einem Quästor oder Einnehmer von öffentlichen Geldern gehört habe, betrifft, so kann der Verfasser Dieses nicht zugeben, dafs die Bestimmung des Hauses durch die gefundenen Geldkasten bewiesen sei. Die öffentlichen Ämter waren bei den Römern bekanntlich nicht erblich, und es gab auch, wie man weifs, keine Dienstwohnungen bei denselben. Es war aber dieses Haus hier bei weitem zum gröfsten Theil zur Wohnung und nicht zu Geschäftsverrichtungen bestimmt, und so dürfte es wohl wahrscheinlicher sein, dafs dasselbe einem wohlhabenden Kaufmann, vielleicht einem solchen, der durch Seehandlungsgeschäfte reich geworden war und der zum täglichen Betrieb seines Geschäftes beständig viel

Geld brauchte, angehört habe; denn sonst bewahrten, wie bekannt, die Römer Geld und Kostbarkeiten gewöhnlich in öffentlichen Schatzhäusern; weshalb denn auch öffentliche Gelder nicht in Privathäusern liegen ***durften.*** Dafs übrigens dieses Haus, eben wie das sogenannte Haus der Nereïden, welches zunächst vorher beschrieben worden ist, so wie das zwischen beiden liegende Haus des Meleager, von der gewöhnlichen Bau-Art dadurch abweichen, dafs das Peristyl nicht hinter dem Atrium und Tablinum, sondern neben dem erstern liegt, kann nicht befremdend sein, wenn man bedenkt, dafs die Tiefe des Bauplatzes bei diesen drei Häusern die gewöhnliche Anordnung nicht gestattete. Auch ist noch zu bemerken, dafs der in der zuerst beschriebenen Abtheilung des Hauses hinter dem Tablinum liegende Säulengang und Garten nicht als ein eigentliches Peristyl, sondern vielmehr als ein Porticus oder Cryptoporticus betrachtet werden mufs; wie sich denn in dem Hause des Pansa ein ähnlicher Porticus hinter dem Peristylium befindet. Der zuletzt beschriebene, nemlich der an dem toscanischen Atrium liegende Theil des Hauses dürfte als Fremdenwohnung zu betrachten sein. Alsdann ist nichts Abnormes oder Unerklärliches in der ganzen Einrichtung vorhanden, was zu der Vermuthung eines aufserordentlichen Zweckes des Gebäudes Veranlassung gäbe.

Das Haus des Faunus.

Das Gebäude, welches man das Haus des Faunus nennt, ist ebenfalls eins von denen, die sich durch eine von der gewöhnlichen etwas abweichende Bau-Art auszeichnen und die den Beweis liefern, dafs die Alten, wenn sie gleich alle die Räumlichkeiten zu gewinnen suchten, die die Sitte erheischte, doch auch deren Anordnung und Zusammenstellung nach der Örtlichkeit zu modificiren verstanden. Die Haupt-Eingänge zu dem Hause des Faunus liegen in der Strafse vom Fortunatempel nach dem Thore, welches man das Thor von Nola nennt. An den beiden langen Seiten wird das Haus von zwei engen Gäfschen eingeschlossen und an der Rückseite läuft eine vierte Gasse her.

Der Haupt-Eingang hat ein Prothyrum. Rechts und links desselben liegen Kaufläden und in dem Prothyrum befand sich eine Freitreppe von zusammen 6 Stufen; in mehreren Stufen sieht man noch Spuren von der Befestigung eines Thürbeschlages. Die Kaufläden hängen mit den Zimmern des Hauses zusammen, so dafs man, um von der Strafse durch sie in das Atrium zu gelangen, ebenfalls 6 Stufen ersteigen mufste. Aus dem Prothyrium kommt man in den Gang, welcher nach dem Atrium führt, aus welchem man die drei Höfe dieses schönen Hauses, nebst den zwischen denselben liegenden Räumlichkeiten, mit einem Blick überschaut. Solche Wirkungen, die in der That zu den schönsten in der Baukunst gehören, wufsten die Alten mit aufserordentlichem Talente hervorzubringen, ohne eine steife, allzu pedantische Symmetrie zu befolgen. Hier übersieht man das Gebäude in seiner gröfsten Länge von 350 Palmen.

In dem Zugange ist das Pflaster mit grofsem Fleifs aus kleinen Marmorstücken von weifser, schwarzer, grüner, rother und gelber Farbe schachbrettartig zusammengesetzt. Da wo der Fufsboden mit dem des Atriums zusammenstöfst, in der Tiefe der Scheidemauer zwischen beiden, ist eine musivische Verzierung von bewunderungswürdiger Künstlichkeit. Es sind darin Masken mit Frucht- und Blumenschnüren vorgestellt. Man sieht auch hier eine Probe der critischen Kunstfertigkeit, die in allen Theilen dieses Hauses hervortritt. Es ist fast unglaublich, welche Menge der kleinsten Marmorstückchen man zu den vielen Mosaiken, welche dieses Haus verzieren, genommen hat, ohne dafs, um die richtige Farbe zu treffen, farbige Glasstückchen zu Hülfe genommen wären; wie es die Römer nach ***Plinius*** Zeugnifs schon in der Kaiserzeit thaten und wie es im Mittel-Alter überall geschah und noch jetzt bei den modernen Mosaiken geschicht.

Eine auffallende Construction an diesem Hause ist, dafs man zwischen den Mauern und den Stuccatur-Arbeiten, welche die Mauern bedecken, Platten von Blei gebracht hat, in welche der zur Befestigung dienenden Nägel so viele sind, dafs man deren auf eine Quadratpalme mehr als 30 zählt. Die Nägel dienen aber, aufser zur Bestigung des Bleies, auch zugleich zum Anhalt für den Stuck. Wer die Schwierigkeit der Befestigung von Stuccatur-Arbeiten an frisches oder noch feuchtes Mauerwerk kennt, wird sich über die Kostspieligkeit dieser Construction, die namentlich bei vorstehenden Gesimsen und Gliederungen von Stuck in der That recht practisch sein möchte, nicht wundern. Die Wände des Zuganges sind hier sehr artig mit Stuccatur-Arbeiten, ganz im griechischen Styl gegliedert, verziert. Sehr ungewöhnlich sind zwei Verzierungen, welche auf der einen und der anderen Seite der Wände dieses Zuganges in die Augen fallen. In der Höhe der Mauern springen nemlich an jeder Seite, mit 1 Palme und 11 Zoll Ausladung, Sparrenköpfe hervor, unter welchen abwechselnd geflügelte Sphinxe und Löwen mit ihren Köpfen Stützen bilden, indem sie mit den Füfsen die Mauern berühren und so ganz erhoben heraustreten. Auf den 5 Sparrenköpfen ruht ein Gesims, auf welchem sich eine Art von Tempelfronte, mit einer Thür in der Mitte, von 4 Säulen und 4 Pilastern corinthischer Art getragen, erhebt. Die Säulen treten ganz rund hervor, so dafs sie von den Pilastern, die an die Mauer anstehen, isolirt sind. Die kleinen Capitäler dieser Säulen sind aus Stuck so fein gearbeitet, dafs sie in Metall nicht feiner sein könnten, und zwar in einem Architekturstyle, der dem an der Basilica zu Pompeji ganz ähnlich ist, welcher wiederum mit demjenigen des corinthischen Tempels der Vesta zu Tivoli übereinstimmt. In dem unteren Theile des Zuganges sind die Mauern in sehr wenig vorstehende Quadrirungen von Stuck getheilt, die mit verschiedenen Farben angestrichen sind.

Von dem Zugange gelangt man in ein schönes und geräumiges toscanisches Atrium. Da das Deckenfenster (compluvium) dieses Atriums nicht grofs ist, so entsteht in dem Raume ein Zwielicht, welches in einem angenehmen Contrast mit der Helligkeit der beiden Peristyle steht, die man von hieraus sieht. Auch die Mauern dieses Atriums sind mit Stuccatur-Arbeiten verziert und in Quadern von verschiedenen Farben getheilt. Vorn an dem Compluvium findet sich ein Schütz, um nach Belieben Regenwasser in dem Compluvium zurückhalten und auch dasselbe nach Gefallen reinigen zu können. Das Compluvium selbst ist ganz mit verschiedenen Marmorn bekleidet, unter welchen der grüne, rothe und schwarze artig in Rauten vertheilt ist. In der Mitte des Compluviums ist eine kleine Erhöhung von Marmor, die durchbohrt ist, um eine Röhrenleitung hindurchzuführen, aus welcher das Wasser hervorsprudelte. Die Überreste der bleiernen Leitung haben sich noch gefunden, und der Weg, den die Leitung unter dem Fufsboden des Atriums nahm, ist noch erkennbar. Bei der Ausgrabung dieses Compluviums fand man am Rande desselben einen ausnehmend schönen Faun von Bronze, der noch sehr wohl erhalten war. Man bewundert besonders die Schönheit der Hautdarstellung, in welcher eine Weiche und Zartheit ist, die ihr nicht durch Ciseliren gegeben sein kann, sondern beweiset, dafs die Alten es in einem hohen Grade verstanden, die Zartheit der Metalle auf Bronze-Abgüsse überzutragen, ohne dem Ciselirer eine Nachhülfe übrig zu lassen.

Dieses toscanische Atrium hat zwei Flügel (alae), welche, eben wie das Atrium selbst, mit verschiedenen in Farben gemalten Quadrirungen verziert sind. In dem Flügel links vom Eingange ist im Fufsboden eine Mosaik, welche zwei Tauben vorstellt, die aus einem Kästchen eine Perlenschnur ziehen. In dem Fufsboden des anderen Flügels ist in einer sehr schönen Mosaik eine Katze abgebildet, welche Vögel hascht. Dieser Flügel unterscheidet sich von dem anderen Flügel dadurch, dafs er ein grofses, 4 Palmen hohes Fenster nach dem anstofsenden viersäuligen Hofe hat.

Das erste Zimmer, ein Atrium rechts am Eingange, erhielt Licht und Zugang durch eine von dem Atrium her aufgehende Thür und durch das darüber befindliche Oberlicht; wie fast alle Zimmer an den Atrien und Peristylen zu Pompeji. Die Thür ist dieserhalb kaum 5 Palmen breit, aber 15½ Palmen hoch. Das Oberlicht wurde, wie man aus Pompejanischen Malereien sieht, mit einer Art von Gitter verwahrt, welches Licht und Luft durchliefs, auch wenn die Thüre verschlossen war. Dieses Zimmer hat einen Fufsboden von verschiedenfarbigen, sehr kleinen Marmorstückchen, und an zwei Seiten eine Erhöhung; woraus man vermuthet hat, dafs es der Ort gewesen sei, wo der Thürsteher schlief. Das anstofsende Zimmer hat Thüren nach dem Atrium und dem viersäuligen zweiten Atrium. Seine Mauern sind weifs und mit verschiedenen viereckigen Feldern artig bemalt; sie werden oben von einem doppelten Gesims aus Stuck, mit Zahnschnitten, umgeben. Neben der Thür, die nach dem viersäuligen Atrium führt, ist eine Öffnung mit einem Fallgitter, in welcher ein Glastück vermauert ist, welches sie verschlofs und welches 4 Zoll breit und 1½ Palmen hoch ist. Man bemerkt an dieser, wie an anderen Glasscheiben zu Pompeji, dafs die Alten dieselben nicht, wie jetzt üblich ist, bliesen, sondern, so wie wir unsere Spiegel, in Tafeln gossen. Die Scheiben sind deshalb oft sehr dick; z. B. die in den Bädern ist ⅓ Zoll dick. Der dritte Raum zwischem diesem Zimmer und der vorhin beschriebenen Ala rechterhand ist ein Alcoven, oder gleichsam eine Ala des viersäuligen Atriums und wird bei demselben beschrieben werden.

Diesen drei Räumen links liegen drei andere von fast gleicher Gröfse gegenüber, deren erster mit den Kaufhallen an der Strafse zusammenhängt, der zweite und dritte aber jeder zwei kleine Fenster nach der Strafse hin hat. In dem zweiten ist die Malerei des ¾ Palmen hohen Sockels bemerkenswerth. Sie stellt violette Tücher vor, die an kleinen, in gleichen Zwischenräumen stehenden Säulen ausgespannt sind. Das dritte Zimmer ist überall zierlich mit Stuck ausgesezt und ebenfalls quadrirt, mit einem Gesims von Stuck, welches bewunderungswürdig genau gezogen ist und in welches sehr zarte, dünne Zahnschnitte von griechischer Art eingeschnitten sind, mit jener schlanken Feinheit der Gliederungen, die sogleich die griechische Manier von der römischen, mehr schwerfälligen und untersetzten, unterscheidet.

Das Tablinum, welches wie gewöhnlich in der Mitte der schmalen Seite des Atriums dem Eingange gegenüber liegt, hat nach demselben hin eine grofse Thür, nach dem Peristyl hinter demselben ein grofses Fenster, und an beiden Seiten nach den anliegenden Zimmern hin je zwei Fenster. Seine Mauern sind mit Stuck überzogen, wie die des Atriums. In seinem Fufsboden ist ein schöner griechischer Mäander; der eine mit Marmor von verschiedenen Farben schachbrettartig eingelegte Fläche umschliefst. Von den anstofsenden beiden Zimmern hat dasjenige zur Linken eine Thür nach dem Atrium und eine nach dem Peristyl, neben welcher sich auch ein grofses Fenster befindet. Die Wände sind, wie die der andern Zimmer dieses Hauses, mit Stuck, in verschiedenen Feldern quadrirt, überzogen. In der Mitte des Fufsbodens fand man die schöne musivische Abbildung von Fischen, welche mehr eine Miniatur ist, als ein Mosaikbild: so fein ist an derselben die Arbeit. Das gegenüberliegende Zimmer ist ein Triclinium, welches an den Wänden ebenfalls mit Stuck verziert ist und im Fufsboden eine bewunderungswerthe Mosaik hat, 6 Palmen und 3½ Zoll im Quadrat grofs. Sie zeigt in der Mitte die Abbildung eines geflügelten Knaben, der, auf einem Tiger reitend, ein grofses Trinkgefäfs trägt. Der Knabe ist mit Epheu und der Tiger mit Reben umkränzt; zu den Füfsen des letztern liegt ein Thyrsustab. Dieses Bild ist mit einem aus Masken und Fruchtschnüren zusammengesetzten Friese eingefafst.

Das hinter diesen Zimmern liegende Peristyl ist der am meisten ausgezierte und schönste Theil des Hauses. Es wurde von 28 jonischen Säulen griechischer Art getragen, auf welchen ein Gesims mit Sparrenköpfen lag, an denen die um sie laufenden Zahnschnitte bemerkenswerth sind. Dieselben sind so künstlich ausgearbeitet, dafs sie aus dem härtesten Marmor gehauen zu sein scheinen und nach so vielen zerstörenden Einwirkungen noch jetzt so aussehen, als kämen sie eben erst aus den Händen des Stuccateurs: so fest und wohl ausgeführt ist darin die kleinste Gliederung und Ausladung. Die Mauern dieses Peristyls sind durch so viele Pilaster, als zur Übereinstimmung mit den Säulen nöthig war, getheilt und haben zwischen je zwei Pilastern zwei Reihen Quadrirungen von Stuck, die mit verschiedenen Farben angestrichen sind. In der Mitte des Impluviums oder unbedeckten Hofes des Peristyls fand sich eine Schale von Marmor, welche einen Springquell auffing, der aus ihrer Mitte hervorsprudelte. In den Ecken dieses Hofes sind vier Postamente (Plinten) aus Tufstein von Nocera aufgemauert, auf welchen vier Marmorstücke liegen, in deren Mitte rechtwinklige, zur Aufrechterhaltung hölzerner Stangen geeignete Vertiefungen sich befinden. Vielleicht war an diesen Stangen Segeltuch ausgespannt, um die Hitze der Sonnenstrahlen von dem Peristyl abzuhalten.

Dem Tablinum gegenüber, an der andern Seite des Peristyls, liegt ein Saal, in dessen Fufsboden am 24sten October 1831 die bekannte schöne Mosaik, welche den Sieg Alexanders über den Darius vorstellt, gefunden worden ist. Das Bild ist 19 Palmen 4½ Zoll lang und 10 Palmen 11 Zoll breit. Dieser Saal, der zwischen dem eben erwähnten Peristyl und dem noch nicht beschriebenen gröfsten Hofe liegt, war nach beiden Höfen hin geöffnet; der Eingang liegt an dem ersten Peristyl und wurde von zwei corinthischen Säulen begrenzt; nach der Seite des grofsen Hofes hin aber befindet sich ein grofses Fenster. Seine Mauern, welche alle durch Quadrirungen von Stuck getheilt sind, waren auf dem Stuck in verschiedener Art marmorartig bemalt; mit einigen einfarbigen Schilderungen, unter denen man verschiedene Centauren, einen Triton mit einer Nereïde, und einen Knaben bewundert: sehr anmuthige Compositionen, die mit so viel Geist und Geschmack gemacht sind, dafs der Verlust der übrigen in der That ein grofser Verlust für die Kunst ist. An dem Sockel dieses Zimmers ist, an der Brüstung des grofen Fensters durchgehend, ein Tuch mit dem schönsten Faltenwurf gemalt. Rechts und links von dem Saale liegen zwei Triclinien, in ähnlicher Anordnung, wie die zwischen dem Atrium und dem ersten Peristyl. Das eine hat seine Thür-Öffnung nach dem grofsen Hofe und ein grofses Fenster nach dem kleineren; die Wände sind eben so wie die andern dieses Hauses mit Stuck verziert. In der Mitte des Fufsbodens, der ganz aus weifser Mosaik besteht, ist ein Bild von sehr kostbarer Arbeit. Es zeigt sich in demselben ein Löwe in verkürzter Stellung und aus so kleinen Steinchen zusammengesetzt, dafs das Bild eher gemalt, als musivisch gearbeitet scheint. Das andere Triclinium ist an den Wänden ebenfalls mit Stuck verziert; der Fufsboden aber ist von Venetianischer Art. Der Saal hat eine Thür und ein grofses Fenster nach dem grofsen Hofe hin; welches Fenster gerade mitten auf einen Säulengang pafst. In diesem Triclinium fand man, aufser einigen hundert Henkelkrügen, drei Gefäfse von Silber, mit sehr schön gearbeiteten Griffen, im griechischen Styl; Feuerbecken von Bronze und verschiedene andere Gefäfse aus demselben Metall, kostbar durch Gestalt und meisterhafte Arbeit.

Neben dem Triclinium, zur Rechten des mittleren Hauptsaales, ist zunächst ein Gang von dem kleineren Peristyl nach dem gröfseren. Dann folgt ein anderes Zimmer, dessen Mauern ganz mit Ziegeln, 2½ Palmen lang und 1 Palme 9 Zoll breit, bedeckt sind. Dieselben sind auf die Wände so genagelt, dafs zwischen ihnen und den Wänden ein Zwischenraum von 2 Zoll bleibt: wie es scheint, zur Abhaltung der Feuchtigkeit von der Mauer, oder auch zu irgend einem andern Zweck. Dafs aber der Zwischenraum etwa mit irgend einem Ofen zur Erwärmung des Zimmers zusammenhinge, davon findet sich keine Spur. Die Wände dieses Zimmers sind mit Geschmack bemalt; und zwar architektonisch, nemlich ringsum mit einer Reihe corinthischer Säulen, mit Schnüren von Blumen und Früchten, worin Masken sind. Zwischen den Säulen sind Quadrirungen von verschiedenen Marmor-Arten, und auf einigen dieser Quadrirungen sind Götterbilder und Landschaften gemalt. Man fand in diesem Zimmer sehr viele Henkelkrüge.

Das grofse Peristyl, dessen unbedeckte Mitte wahrscheinlich ein Garten einnahm, wird von 44 dorischen Säulen getragen. Die Wände unter den Säulengängen sind ganz mit erhöhten Feldern bedeckt, die aus sehr fein geglättetem Stuck bestehen und mit verschiedenen Farben angestrichen sind. Es ist der gröfste Säulenhof, der bis jetzt in den Häusern von Pompeji gefunden wurde. Die eisernen Ringe, welche sich in dem unteren Theile der Säulen finden, zeigen an, dafs der Hof mit einem Zelte bedeckt war: ein in der That bedeutender Aufwand, da der Raum zwischen den Säulen 105 Palmen lang und 91 Palmen breit ist. Unter den Säulenhallen fand man eine grofse Menge von Henkelkrügen. Fast in der Mitte des Säulenganges, nach dem Hause hin, zwischen zwei Säulen, ist ein Brunnenring, in welchen man das Wasser aus der darunter befindlichen Cisterne schöpfte. In dem nächsten Säulenzwischenraum ist ein Tischfufs, dessen Mitte von einer Sirene und die vier Ecken von vier Füfsen, alles aus Marmor, gebildet werden. Vielleicht setzte man auf den Tisch, den dieser Untersatz trug, die Speisen, mit welchen die Tafel des gegenüberliegenden Tricliniums zu versorgen war. An dem vorerwähnten, mit corinthischen Säulen verzierten Zimmer liegt noch ein kleineres Cabinet, welches ebenfalls eine Menge von Henkelkrügen enthielt. Von da aus führte ein Gang in einen Seitentheil des Hauses, wo wahrscheinlich Zimmer für die Sclaven, Küchen und andere zum gemeinschaftlichen Gebrauche des Hauses dienende Räume lagen, welche niedriger waren, als die übrigen Räumlichkeiten, und die also noch ein Stockwerk über sich trugen, zu welchem man durch eine in diesem Gange befindliche Treppe gelangte. Dieser Gang stand auch mit dem zuerstbeschriebenen kleineren Peristyl in Verbindung, so dafs man durch eine Thür dahin kam, die, ganz nahe an dem Gange, aus dem Peristyl in das schon erwähnte viersäulige Atrium führte. Die vier Säulen desselben sind corinthischer Art und ganz mit Stuck überzogen; sonst aber ist das Atrium ziemlich schmucklos und einfach, ohne viele Verzierung; wie es auch die Zimmer sind, die es umgeben, so dafs es scheint, es sei mehr zu irgend einer öffentlichen Benutzung, als zu einer eleganten Wohnung bestimmt gewesen. Hiezu stimmen auch die Fufsböden, die Venetianischer Art sind. Der mittlere unbedeckte Raum des Atriums, das Compluvium, ist aus Travertin gebaut. Zwischen den beiden zuletzt erwähnten Gängen liegt der Eingang eines sehr schmucklosen Zimmers, welches vielleicht zur Wohnung und zum Schlafen für Denjenigen diente, der diese Eingänge bewachte.

Zwischen dem zuerst beschriebenen und diesem viersäuligen Atrium lag eine Art von Ala oder ein Alcoven, mit einer Communicationsthüre aus einem Atrium in das andere. Gegenüber war ein ganz ähnlicher Alcoven, jedoch ohne Thür nach Aufsen. Neben demselben, zur Linken, war ein gröfseres Zimmer, sehr einfach und ohne irgend eine Verzierung, an welcher sich seine ehemalige Bestimmung erkennen liefse. An demselben, in der Ecke des Atriums, ist ein Untersatz von Mauerwerk, für irgend Etwas, so mittels einer durch die Mauer führenden Röhre mit dem Zimmer in Verbindung gebracht werden sollte, z. B. für eine Flüssigkeit, die man hineinschüttete und so in das Zimmer brachte. In einer Ecke des Atriums, jener Vorrichtung gegenüber, fand man goldene Armbänder, Ringe und Gemmen, die bei der Eruption in der Bestürzung hier mögen verloren worden sein. In den anliegenden beiden kleinen Zimmern fanden sich einige Gefäfse von Bronze und ein zierlich gearbeiteter Bettfufs, aus Elfenbein gedreht, mit einem Kerne von Eisen. Zwei Zimmer, die an der nach der Strafse hin gewendeten Seite dieses Atriums liegen, sind ohne allen Schmuck. Das eine derselben hat aufser der Thür nach dem Atrium auch eine Thür nach dem Zugange desselben, aus welchem eine Treppe hinaufging, und man sieht an den Wänden noch Spuren von Brettern, die daselbst befestigt waren, um Dieses oder Jenes darauf zu stellen. Auch in dem Zimmer, durch welches man aus dem viersäuligen Atrium in den Gang längs des kleinen Peristyls gelangte, waren zwei Treppen nach einem oberen Stockwerk. Ein anstofsendes kleines Zimmer mag zum Magazin oder zur Vorrathskammer gedient haben.

Am auffallendsten an diesem Hause ist das vorhin beschriebene, für ein Privathaus ungemein grofse zweite Peristyl; so wie, dafs, im Verhältnifs zu der Zahl und Gröfse der Höfe, der Wohnzimmer eigentlich sehr wenige sind. Man hat verschiedene Muthmafsungen über die Bestimmung dieses Hauses gehabt: die Meinung jedoch, dafs es eine Fabrik von Henkelkrügen gewesen sei, dürfte dadurch widerlegt werden, dafs sich keine Brenn-Öfen, noch andere

Vorrichtungen, die auf diese Fabrication Bezug haben könnten, gefunden haben; auch wäre nicht zu erklären, wozu hier die vielen Triclinien mit ihren prächtigen Mosaiken bestimmt waren. Eine andere Meinung, es habe das Haus einem reichen Weinhändler gehört, dürfte das Ungewöhnliche in seiner Einrichtung ebenfalls nicht vollständig erklären; denn grofse Peristyle möchten eben keine geeigneten Weinmagazine gewesen sein. Der Verfasser Dieses vermuthet, dafs das Haus eine öffentliche Wein*schenke* war, und dafs das grofse Peristyl, mit seinem ungeheuern Segeltuch bedeckt, so wie auch das kleinere, ebenfalls mit einem Tuch überspannte Peristyl, die Haupt-Aufenthalts-Orte der Gäste waren. Dieses würde Vieles, z. B. die zahlreichen Triclinien und die Gröfse und Nothwendigkeit des zweiten Peristyls, erklären; und wenn man annehmen will, dafs in dem Zimmer neben dem viersäuligen Atrium, in welches eine Röhre durch die Mauer von der Seite des Atriums her führte, der Wein ausgemessen und von da den Gästen überbracht wurde, so zeigt sich die Art der Communication, die dieses Zimmer auf eine leichte Weise mit allen vier Höfen hatte, sehr passend und zweckmäfsig. Auch die Art der Decoration der Zimmer dürfte dann dem Zwecke entsprechend sich zeigen, da die Wände meistentheils nicht mit Malereien, sondern mit dauerhafterer Stuccatur geschmückt waren. Desgleichen können die vielen, mit dem Innern des Hauses in Verbindung stehenden Kaufläden an der Seite des Hauses nach der Hauptstrafse auf jene Bestimmung bezogen werden, indem sie dazu dienen konnten, Dinge zu verkaufen, deren man beim Genusse des Weines wünschte, so wie, um theilweise den Wein an auswärtige Abnehmer abzusetzen.

Die Strafse des Mercur im Allgemeinen.

Die Strafse des Mercur ist 258 Palmen lang und etwas über 35 Palmen breit. Sie fängt beim Fortunatempel an, wo sie eine Verlängerung der Fortunastrafse bildet, die sich vom Triumphbogen am Forum bis zum Fortunatempel erstreckt und dann bis zur Stadtmauer fortläuft, wo sie, wie gewöhnlich die Strafsen in der Nähe der Stadtmauer in Pompeji, einen Befestigungsthurm zum Gesichtspuncte hat. Sie wird von einer schmalern Strafse fast rechtwinklig durchschnitten und es steht dem Eingange derselben und dem Fortunatempel gegenüber ein kleiner Triumphbogen. Der diesem Tempel näher liegende Theil der Strafse ist schmaler, als der entferntere. An der Stelle des Kreuzweges ist, wie gewöhnlich an den Kreuzwegen in Pompeji, ein öffentlicher Springbrunnen.

Aus einem halb erhoben gearbeiteten Kopfe des Mercur sprudelte das Wasser hervor. An den äufseren Seiten der Gebäude finden sich häufig gemalte Abbildungen der Fortuna und des Mercur, so wie viele Inschriften, in welchen Diejenigen, welche in dieser Strafse Handel trieben, den Beistand der Aedilen und Duumviren anrufen.

Wenn man in der Mercurstrafse von dem Fortunatempel her durch den Triumphbogen tritt, so liegt das Häuserquartier, welches die Fullonica und die beiden Häuser mit den Springbrunnen, so wie das Homerische Haus bilden, zur Linken; zur Rechten, zunächst an dem kleinen Triumphbogen, liegt das Haus des Zephyr und der Flora, welches auch das Haus der Bacchantin oder das Haus des Schiffes genannt wird und dessen Haupt-Eingang, dem Fortunatempel gegenüber, in der Strafse liegt, welche eine Fortsetzung der Bäderstrafse bildet und die Richtung nach dem Thore von Nola hat. Zwei andere Thüren dieses Hauses führen jedoch in die Strafse des Mercur. Hierauf folgen in derselben Strafse drei andre Häuser-Eingänge, mit zwei Kaufläden, und endlich ein Wirthshaus, mit welchem ein Ort für Freudenmädchen (lupanar) verbunden war; welches Wirthshaus dann das Eckhaus an der erwähnten Querstrafse ist.

Das Wirthshaus mit dem Lupanar.

Die Wirthsstube, unmittelbar an der Hauptstrafse, ist nur $12\frac{1}{2}$ Palmen breit und 17 Palmen lang. Sie ist, wie ein Kaufladen, nach der Strafse hin offen und hat eine Art Dombank von Mauerwerk, welche mit verschiedenen Marmor-Arten zierlich incrustirt ist. In dieser Dombank sind, wie in vielen andern Pompejanischen Kaufläden, drei Gefäfse von Blei eingemauert, geeignet, Flüssigkeiten zu enthalten. Wo die Dombank an die Mauer stöfst, ist eine Art kleiner Treppe von Marmor, auf welcher man wohl die in der Wirthschaft verkäuflichen Efswaaren zur Schau stellte, zu deren Bereitung auch ein kleiner Heerd, dem Eintretenden zur Rechten, sichtbar ist. Es zeigt sich auch der Schutzgott über dieser kleinen Treppe, in der gewöhnlichen Form einer Schlange, die im Begriff ist, die auf dem Altar niedergelegten Opfer, bestehend in Eiern und Früchten, zu verzehren. Zwei Thüren führen in Zimmer, die mit der Wirthsstube zusammenhängen. Durch die Thür, dem Eingange gegenüber, geht man in zwei kleine Kammern für die Gäste. In dem Gange vor denselben ist eine bewundernswerthe Darstellung des Perseus, der die Andromeda von dem See-Ungeheuer befreit, und es ist auffallend, dafs ein so ausgezeichnetes Kunstwerk in einem Gebäude von so niedriger Bestimmung sich befindet; was man aber dadurch zu erklären sucht, dafs diese Gebäude Eigenthümern gehörten, die das Geschäft nicht selbst trieben, sondern wohlhabend genug waren, es Anderen zu überlassen, welche daselbst die Producte der Landgüter der Haus-Eigenthümer möglichst gut absetzen mufsten.

In dem ersten der beiden kleinen Zimmer sind zwei vierrädrige Wagen abgebildet, deren einer mit zwei Ochsen bespannt ist, während von dem andern, welcher abgeladen wird, so eben zwei Maulthiere ausgespannt werden. Auf dem ersteren liegt ein Weinschlauch, der aus einer Ochsenhaut zu sein scheint; auf dem zweiten sieht man, wie der Wein von dem Wagen aus dem Schlauche in Henkelkrüge abgelassen wird. In der nächst anliegenden kleinen Kammer, wo die Leute aus Pompeji schmauseten, sind, blofs handwerksmäfsig, zwei Bilder gemalt. In dem einen sieht man den Cyclopen Poliphem, der auf einer Klippe am Meere sitzt, während die schöne und grausame Galathea, auf einem Delphin ruhend, bei ihm vorüberschwimmt. Im andern Bildchen ist eine Nymphe vorgestellt, welche fischt. Ein geflügelter Genius, der ihr gegenübersitzt, und drei Amorinen um sie herum, sind mit den verschiedenen Verrichtungen des Fischfanges beschäftigt: ein Gegenstand, der sich oft in Pompeji abgebildet findet. Die dritte Thür in diesem Gange, dem Ausgange aus der Wirthsstube gegenüber, führt in ein kleines Zimmer, dessen Malereien seine unzüchtige Bestimmung andeuten. Aus demselben führt auch eine Thür in die kleine Nebenstrafse. An den Wänden sieht man theils ganz unzüchtige oder bizarre, theils auch die antike Gutschmeckerei betreffende Gegenstände handwerksmäfsig abgebildet. Unter den letzteren sieht man, wie ein, in einer dunkeln Tunica gekleideter Mensch einem Soldaten zum Trinken einschenkt; über dem Kopf des Letzteren sind die Worte geschrieben: „Marcus Furius Pila Marcum Tutillum." Wahrscheinlich ist der Marcus Furius Pila der Wirth und Marcus Tutillus der Soldat.

Der Tempel der Fortuna.

Oben ist mehrmals von dem Tempel der Fortuna die Rede gewesen, welcher nahe bei den hier beschriebenen Gebäuden in der Fortsetzung der Mercuriusstrafse nahe am Forum liegt und die Ecke der Strafse bildet, die von der Bäderstrafse in der Richtung auf das Thor von Nola läuft.

Dieser Tempel ist corinthischer Art. Er war in- und auswendig ganz mit Marmor incrustirt; seine Façade ist nach Südwesten gerichtet; er hat einen

Sockel von Travertin, 36 Palmen breit, 92 Palmen lang und 3 Palmen 1 Zoll hoch. Darüber erhebt sich ein Untersatz von 35 Palmen 9 Zoll breit, 83 Palmen lang und 6 Palmen 6 Zoll hoch. Der Tempel ist also nur von der Seite der Fronte zugänglich. Man gelangt auf den Sockel durch drei Stufen; die vierte bildet einen Ruheplatz, welcher in der Mitte, wo er die Stufen unterbricht, 11 Palmen 9 Zoll breit ist und über welchen sich ein mit Marmor incrustirtes Fufsgestell, für eine Statue bestimmt, erhebt. Der ganze Raum dieses Ruheplatzes, der 9 Palmen vor den Untersatz vorspringt, ist von einem eisernen Gitter eingeschlossen, in welchem sich zur Seite zwei Gitterthüren von 5 Palmen 4 Zoll breit befinden. Da der Tempel an der Tempelzelle (cella) keine Thür hatte, so wurde er allein durch diese Vergitterung verschlossen. Durch 8 Stufen gelangte man auf einen Untersatz, der die neunte Stufe bildete, und trat dann in den Vortempel (pronaos), welcher 31 Palmen 7 Zoll breit und 29 Palmen lang ist. Derselbe hat zwei Säulen an den Seiten und, die vorderen mitgezählt, vier in der Fronte. An den Seiten entsprechen den runden Säulen 5 Pilaster, die, wie gewöhnlich, an den Ecken verdoppelt sind. Die mittlere Säulenweite ist um 2 Palmen gröfser, als die daneben; der mittleren Säulenweite gegenüber ist die Thür offen. Die Tempelzelle ist 26 Palmen 9 Zoll breit und 34 Palmen 10 Zoll lang. In den Mauern jeder der langen Seiten sind zwei rechteckige Nischen und im Hintergrunde des Tempels ist eine nach einem Kreissegment gebildete Nische von 17 Palmen breit, die dem Eingange grade gegenüberliegt und in deren Mitte sich das kleine Gebäude erhebt, in welchem die Bildsäule der Fortuna aufgestellt war. Dieses kleine Gebäude bestand aus einem Untersatz von $4\frac{1}{2}$ Palmen hoch, 10 Palmen breit und $5\frac{1}{2}$ Palmen lang, mit zwei vorspringenden Fufsgestellen, auf welchen zwei corinthische Säulen standen, von 1 Palme 3 Zoll im Durchmesser, welche den Giebel des kleinen Gebäudes trugen. Auf dem marmornen Architrav dieses Giebels, welches 9 Palmen 5 Zoll lang und 1 Palme 2 Zoll hoch ist, findet sich eine Inschrift, des Inhalts, dafs Marcus Tullius, der Sohn des Marcus, als er Duumvir, zum drittenmal fünfjähriger Richter, Augur und vom Volk gewählter Kriegstribun war, diesen Tempel der hohen Fortuna auf seinem eigenen Grund und Boden und auf seine Kosten erbaut habe. Im Innern der Tempelzelle hat man zwei Statuen in natürlicher Gröfse gefunden: die eine von einer Frau, die andere von einem Manne. Die erstere, 6 Palmen 5 Zoll hoch, ist mit einer langen Tunica bekleidet, deren Saum, da wo er zu ihren Füfsen hinabläuft, vergoldet war, und dann mit einem andern langen Gewande, welches ganz mit einem pupurrothen Streifen von $1\frac{1}{2}$ Zoll Breite eingefafst war. Die rechte Hand ist verstümmelt; auch fehlen die Spitzen der Füfse; aufserdem ist das Gesicht abgesägt; vielleicht weil man auf diese Weise eine Statue in das Bildnifs einer anderen Person verwandeln wollte: eine Absicht, die die Eruption des Vesuvs vereitelt haben mochte. Die männliche Statue ist 7 Palmen 2 Zoll hoch; das Gesicht ist erhalten und man will darin die Züge des Cicero erkennen. Die Statue ist mit der ganz purpurviolett angestrichenen Toga praetexta bekleidet. Auch im Gesicht war diese Statue bemalt; die Farbe der Augenwimpern und der Haare ist noch ganz sichtbar.

Dieses reiche Gebäude ist fast ganz von seiner marmornen Incrustirung entblöfst, und es finden sich Spuren, dafs dieselbe schon von den Alten weggenommen worden war. Von den 6 Säulen des Vortempels hat man 4 Knäufe, zusammen mit 3 andern der 12 Pilaster der äufsern Mauer der Zelle gefunden; sie sind 2 Palmen und zwei Zoll hoch. Aus einem Stück Eckpilaster, welches noch übrig ist, kann man mit Sicherheit schliefsen, dafs die Pilaster dieses Tempels aus weifsem Marmor und cannelirt waren. Auch finden sich noch mehrere andere architektonische Fragmente, die der Verzierung des kleinen Gebäudes, welches die Bildsäule der Gottheit enthielt, und derjenigen der Nischen angehört haben mögen. Diese Knäufe sind von der schönsten und geschmackvollsten griechischen Arbeit.

Anticalien in den Kaufläden der Fortuna.

In den Kaufläden, welche in der Strafse der Fortuna ausgegraben worden sind, haben sich eine Menge von Anticalien, hauptsächlich Statuen und allerhand Geräthe gefunden: aus Silber, Bronze, Glas, Marmor, Blei und aus gebranntem Thon; auch ein paar Ohrringe von Gold. Aus Silber waren ein paar kleine Statuen, ein löffelartiges Geschirr und eine ovale Schelle. Aus Bronze waren mehrere Statuen, viele Lampen, Trinkgeschirre, Schalen, Glöckchen, Theile von Thürbeschlägen und Schlössern, so wie Thürringe und einiges Kochgeschirr. Aus Glas, unter andern 256 kleine Gefäfse aus ordinärem Glase, 2 bis 3 Zoll hoch, von länglicher Eiform und unten rund, so dafs sie nicht aufrecht gestellt werden können: sehr ähnlich in ihrer Gestalt den antiken kleinen Salbengefäfsen, die man gewöhnlich Thränenkrüge nennt. Noch fanden sich viele andere Glasgefäfse, desgleichen Gläser, die unsern Champagnergläsern ähnlich sind; Tassen von 2 Zoll hoch, 3 bis 5 Zoll im Durchmesser und von andern Maafsen; Teller von 1 Zoll Höhe und 6 Zoll im Durchmesser.

Aus Marmor ist der Hermenkopf eines lachenden Fauns. Eine Wurfschale ist aus grünem Porphyr; eine Spindel aus sehr schönem orientalischen Alabaster, mit einem Knopfe von Elfenbein. Aus Blei war ein 4 Unzen schweres Gewicht, mit eisernem Ringe; aus gebranntem Thon waren eine Anzahl Lampen, verschiedene Büchsen, Teller, Wassergefäfse und Küchengeschirre; auch ein Mörser und einige Sparbüchsen.

Das Landhaus.

Wenn man sich der Stadt von der Westseite in der Richtung der alten Appischen Strafse nähert, so kommt man zunächst in eine Vorstadt, Pagus Augusti Felix genannt, wo sich das Haus des Arrius Diomedes, gewöhnlich das Landhaus genannt, befindet. Dasselbe hat zwei Theile, deren einer höher als der andere ist. Der obere Theil liegt zunächt an der Appischen Landstrafse, die von Herculanum herkam. Das Gebäude liegt in schiefer Richtung gegen diese Strafse, woraus eine Mannigfaltigkeit der inneren Einrichtung und ungewöhnliche Formen der Räume entstehen. Weiter von der Strafse ab liegt der untere Theil, der hauptsächlich aus einem grofsen Hofe oder Garten besteht. Dieser Theil hatte einen besonderen Eingang, zu welchem man auf einem Fahrwege kommen konnte, von dem man noch die Geleise sieht. Gleich an diesem Eingange war eine Säulenhalle von ungewöhnlicher Form. Sie wurde durch 6 dorische cannelirte Säulen, mit Füfsen, also von der neueren römischer Form, gebildet. In der Mitte befand sich ein Postament, wahrscheinlich mit einer Statue; dieselbe war mit Bäumen umpflanzt. So viel dem Verfasser bekannt, ist kein antikes Gebäude weiter mit etwas Ähnlichem vorhanden. Es erinnert einigermafsen an das Stibadium oder den bedeckten Gartensitz, den der jüngere Plinius bei der Beschreibung seines Tuscischen Landhauses erwähnt und der zum Speisen im Freien diente.

Wenn man von dem erwähnten Eingange nach der Mitte des Gebäudes ging, mufste man durch die Säulenhalle und gelangte dann zu einem geräumigen Wasserbehälter, dessen bleierne Zuleitungsröhren sich noch fanden. Beide Gebäulichkeiten lagen in einem viereckigen Garten, der ringsum von einer bedeckten Halle umgeben war. Diese Halle ist grofs. Der innere Raum, den sie umschliefst, ist beinah 30 Meter tief und lang; sie scheint nicht durch Säulen, sondern durch viereckige Pfeiler gebildet worden zu sein, und es ist in der That nicht recht klar, welchen Zweck sie bei einem eigentlichen Landhause haben konnte; es müfste denn sein, dafs sie bestimmt war, die Anmuth des Gartens auch bei heifser Sonne, eben wie bei Regenwetter, geniefsbar zu machen. In diesem Fall scheinen aber die starken Pfeiler nicht sehr passend und es wären leichte Säulen besser gewesen. Passender dürfte die vorhandene Anordnung für einen öffentlichen Ort, z. B. für eine Weinschenke sein; wo man denn annehmen könnte, dafs unter dem Stibadium die Speisen und Getränke aufgestellt waren, während die Gäste entweder in dem freien Garten, oder, bei ungünstiger Witterung, in der viereckigen Halle geeignete Plätze fanden. Die Einrichtung dieses Gebäudes erinnert einigermafsen an das oben beschriebene Haus des Faun. Auf eine ähnliche Weise finden sich hier Weingefäfse, in welchen noch eingetrockneter, gleichsam versteinerter Wein war. Man gelangte aus der Halle in mehrere Keller, in welchen ebenfalls dergleichen irdene Weingefäfse waren. Die anstofsenden Zimmer des Hauses in dem unteren Stockwerk, zunächst an der viereckigen Halle, waren mit musivischen Fufsböden und schönen Malereien verziert; wie auch der gröfste Theil des übrigen Hauses. Eins der Zimmer hatte ein breites, mit Glas ausgesetztes Bogenfenster; das Glas war sehr dick und stark grün gefärbt; es war in Blei gelegt, wie ein moderner Fensterflügel. In dem mehr von der Säulenhalle entfernten Theile des unteren Stockwerks waren die Zimmer weniger verziert. Es fanden sich in denselben Schaufeln und andere Geräthschaften. Von dem oberen Theile des Hauses ist nicht viel erhalten; weshalb denn die Grundrisse, die man davon gegeben hat, so verschieden sind. Unmittelbar an dem Prothyrum, welches hier aus der Via Appia in das Haus führte, lag das Peristyl, welches von 14 Säulen getragen wurde. Nächst diesem Peristyl befinden sich hier, aufser einem Tablinum und mehreren andern kleinern Zimmern, auch eine Reihe von Gemächern, in dem einen Flügel ein Bad und gegenüber der Mitte der schmalen Seite des Peristyls ein Schlafzimmer von besonderer Einrichtung. Es tritt nemlich dieses Schlafzimmer um mehr als die Hälfte eines Kreises in das Freie aus dem Gebäude hervor und hat drei Fenster. Wahrscheinlich war es von einem Garten umgeben; auch hat man daselbst Reste von Gesträuchen gefunden, die man für Rosenbüsche hält. Den Fenstern gegenüber, an der Strafsenseite, war für den Bettplatz ein Alcoven eingerichtet, so dafs der hier Ruhende den äufseren Garten nach drei Richtungen, gleichsam aus dem Centrum eines Kreises überschaute. Die beiden Gefäfse, in welchen das Wasser zu dem Bade erwärmt wurde, hatten eine birnförmige Gestalt und standen das eine über dem anderen, so, dafs mittels einer Röhre die heifsen Dämpfe aus dem unteren, dicht über dem Feuer befindlichen Gefäfse, in das obere Gefäfs geleitet wurden. Aus den beiden Gefäfsen gingen Röhren unmittelbar in die Badewanne, so dafs man nach Gefallen heifses Wasser zulassen konnte. Die Heizung lag aufserhalb des Bades, in einem Raume, der zugleich zur Küche gedient zu haben scheint, und aus welchem man in einen kleinen dreieckigen Hof gelangte, an dessen längster Seite ein Wasserbehälter ist, der, wie es scheint, bedeckt war und wahrscheinlich zum kalten Bade diente. Aus diesem dreieckigen Hofe konnte man durch eine Thür unmittelbar in das vorerwähnte 14säulige Peristyl kommen.

Eine historische Merkwürdigkeit ist, dafs sich in einem der erwähnten Keller des Hauses, welcher mit vulcanischer Asche oder Erde bis nahe an das Gewölbe ausgefüllt war, 23 Skelette fanden, von Personen weiblichen Geschlechts, welche sich wahrscheinlich in diesen Keller geflüchtet hatten und durch den eindringenden Schlamm erstickt wurden. Man fand an den Skeletten verschiedenen Schmuck, als Ohrringe, Armbänder, und bei denselben einige wenige Gold-, Silber- und Bronzemünzen, hauptsächlich vom Kaiser Galba. Ebenso lagen inwendig an der Thür, die von Aufsen zu dem von der grofsen Halle umgebenen Garten führte, zwei menschliche Skelette und das Skelett eines Maulthiers. Das eine der ersteren hielt eine Börse mit einer Anzahl Münzen und Medaillen, so wie einen Thürschlüssel in der Hand; neben dem anderen war ein Kasten mit werthvollen Geschirren von Silber und Bronze. Wenn man sich erinnert, dafs die Eruption von einem Aschenregen und heftigem Platzregen begleitet war, so dafs es eigentlich Schlamm regnete: so ist erklärlich, wie Personen darin ersticken konnten, welche, um ihr Eigenthum zu retten, sich diesem Sturme trotz der vorhandenen Gefahr aussetzten.

Die Gräberstrafse.

Wenn man von dem Landhause auf der Appischen Strafse, den Weg nach der Stadt verfolgt, überschaut man eine Menge kleiner Gebäude, welche die Strafse zu beiden Seiten einfassen und welche meistens Gräber sind; weshalb auch diese Strafse Gräberstrafse genannt wird. Sie enthalten eine Menge zierlicher architektonischer Eizelnheiten und sind von verschiedener Form und Gröfse. Aufser den Gräbern befinden sich aber auch einige andere kleine Gebäude daselbst. Zunächst bei dem Landhause steht ein viereckiges Gebäude, ohne Dach, und nur mit einer Thür nach der Strafse hin. Man glaubt, dafs es gedient habe, Leichenmale darin zu halten.

Näher nach der Stadt hin findet man die Reste von Hallen, hinter welchen sich Kaufläden befunden haben mögen, oder, nach Anderer Meinung, ein Gasthaus. Auch ist hier, an der entgegengesetzten Seite, ein Eingang zu noch einer Villa, von welcher nicht viel mehr als die, allerdings bedeutenden, Substructionen erhalten ist. Dann kommen wieder an der Seite des Eingangs in die Villa andere Hallen, mit Kaufläden dahinter und, aufser einigen Gräbern noch drei runde Sitze, nemlich zwei unbedeckte, rechts neben dem Thor, und ein anderer mit einer Halbkugel bedeckter Sitz, mit zwei Pilastern und einem Giebel verziert.

Das Stadtthor selbst bestand ohne Zweifel aus einem grofsen Bogen-Eingang in der Mitte und zwei kleinern an den Seiten. Es war mit jonischen Säulen verziert und gewissermafsen triumphbogenartig geformt. Den Säulen-Eingängen entsprachen die Fufsgrade (Trottoirs), welche vor den Thoren, so wie in der Stadt, an den Häusern hinliefen und um eine Stufenhöhe sich über das mittlere Pflaster erhoben.

Wenn man sich eine Vorstellung von dem Eindruck machen will, den der Eingang in eine solche alte Stadt auf den Beschauer unserer Zeit machen würde, mufs man nicht vergessen, dafs alle Gebäude, die man überblickte, auch auswendig nicht blofs mit Bildhauer- und Stuccatur-Arbeiten, sondern auch mit Malereien von den lebhaftesten Farben reichlich verziert waren. Dazu kam das hellste Licht des südlichen Himmels und die üppigste Vegetation!

Indem man durch das Thor in die Stadt tritt, überblickt man eine Menge von Privathäusern, von welchen viele, und zwar die bedeutendsten, oben beschrieben worden sind. Von andern, mehr oder weniger ähnlichen Häusern, wenn schon für den Betrachtenden nicht ohne mannigfaltiges Interesse, hat Das. was erhalten ist, nicht so bedeutende Eigenthümlichkeiten.

Die gegenwärtige Beschreibung hat nun den südwestlichen Theil der alten Stadt umfafst. Aufserdem sind aber erst die Stadtmauern, Thore und Thürme ausgegraben, damit sich der Umfang der Stadt beurtheilen lassen möge. Die neusten Haus-Ausgrabungen haben in der Mercuriusstrafse und in der Strafse, die von dem Fortunatempel und den Bädern nach dem Thore von Nola zu führen scheint, Statt gefunden. Man hat daselbst einzelne Häuser, je nachdem deren Eingang eine vorzüglichere Ausbeute zu versprechen schien, ausgegraben. Sie waren von gleicher Zierlichkeit und Eleganz, wie die beschriebenen.

Das Amphitheater.

Es wäre noch das in einem von den Ausgrabungen entfernten Theile der Stadt, nemlich an der östlichen Ecke derselben liegende grofse Amphitheater zu beschreiben, welches ganz zu Tage liegt. Dasselbe hatte 24 Reihen Sitze und ungefähr 20 000 Fufs Sitzraum, so dafs 10 000 Zuschauer darin Platz fanden. Das Theater hat aber keine besondern Eigenthümlichkeiten; wenigstens nicht mit Dem, was noch davon vorhanden und sichtbar ist. Es war von einer Terrasse umgeben, die zum Theil, nemlich an zwei Seiten, durch die Stadtmauer gebildet wurde. Von der Stadtseite her stieg man auf zwei doppelten und zwei einfachen Freitreppen zu der Terrasse hinan. Nahe bei dem Theater sind die Reste von Wohngebäuden, welche man Villa der Julia Felix nennt, und zwischen denselben und der Stadtmauer sind Spuren eines viereckigen Platzes, welchen man für einen Viehmarkt (Forum Boarium) hält.

Nahe bei dem Thore von Nola sind noch einige Reste von Häusern und Kaufläden in der Strafse, deren Richtung nach dem Fortunatempel zielt, ausgegraben worden. Es darf nicht unerwähnt bleiben, dafs die erste Ausgrabung von Pompeji, welche um das Jahr 1748 Statt gefunden haben soll, in dieser selben Strafse, und zwar an der Stelle einer Kreuzstrafse, gemacht wurde.

Die Stadtmauer.

Die Stadtmauern haben keine regelmäfsige Figur im Grundrisse. Sie sind in kleineren oder gröfseren Zwischenräumen, von 150 bis zu 700 englischen Fufsen, durch Thürme verstärkt, und waren *doppelt*, so dafs zwischen der inneren und der äufseren Mauer ein ausgefüllter Zwischenraum von ungefähr zwanzig Fufs breit sich befand. Auf diesem Zwischenraum standen die Thürme, so jedoch, dafs sie noch nach Innen und nach Aufsen vortraten und nach der einen oder der andern Seite Eingänge oder Ausgänge haben konnten, während sie auch auf der Ausfüllung Thüren hatten, mittelst deren man auf diese und von einem Thurm zum andern gelangen konnte. Die Festigkeit der Mauern beruht auf Strebepfeilern, die sowohl an der innern als an der äufsern Mauer nicht nach Aufsen, sondern, viel angemessener, nach Innen angebracht sind. Die Stadtmauern sind ursprünglich aus starken Quadern erbaut, einige 4 bis 5 Fufs lang; die Lager sind horizontal, die Stofsfugen aber mehr oder weniger gegen den Horizont geneigt. Sie scheinen in früher Zeit wesentliche Beschädigungen erlitten zu haben; denn man fand, dafs sie reparirt waren; was aber nur mit schlechten Backsteinen, Bruchsteinen und Steinschutt, welcher, wie gewöhnlich, mit Mörtel verbunden ist, geschehen war. Darüber war mit Stuck getüncht, um das besser construirte Mauerwerk nachzuahmen. Die Thürme hatten drei Stockwerke, deren oberstes *über* der Ausfüllung, die beiden unteren *unter* dem Niveau derselben lagen. Auf den Mauern erhoben sich Brüstungen zur Vertheidigung, aus starken Werkstücken erbaut, welche also eine doppelte Linie bildeten, von denen die innere höher lag, als die äufsere.

Die Pompejanische Architektur giebt zu mannigfachen lehrreichen Betrachtungen Veranlassung, indem man Vorzüge an derselben entdeckt, die weder die moderne Baukunst, noch die des Mittel-Alters, noch auch die colossalen Überreste der Tempel und öffentlichen Gebäude der Römer und Griechen aufzuweisen haben. Dahin gehört vor Allen die Vereinigung der gröfsten Sparsamkeit mit einer an Pracht gränzenden Schönheit: eine grofse Zweckmäfsigkeit, bei grofser Regelmäfsigkeit: eine genaue Kenntnifs, wie weit sich in der Ersparung von Material ohne Nachtheil für die Festigkeit gehen lasse, und die Verwendung der einfachsten und wohlfeilsten Materialien, wie sie aller Orten zu haben sind, zu einer vollkommenen Ausführung, die oft in schwierigen Fällen so geistreich ausgedacht und so geschickt vollbracht ist, dafs sie unser Zeit-Alter, welches sich in den Wissenschaften und deren Anwendungen so weit vorgerückt hält, beschämt. Nirgend hat hier der Architekt sich erlaubt, etwas zu vernachlässigen, weil es einen geringeren Zweck hatte. Auch ist jede übertriebene und grofse, Kosten- und Zeitverlust veranlassende Ängstlichkeit vermieden. Die Construction ist immer nur grade so kostspielig, wie es für ihren Zweck genügte, und die Verzierungen sind ein leichtes, geistreiches Spiel; wie solches am besten ihrem Wesen entspricht.

Es ist nicht zu läugnen, dafs die Festigkeit des Mauerwerks gröfstentheils auf der Vorzüglichkeit des Mörtels und selbst auf der Festigkeit des Stuck-Überzugs beruht. Aber eben der Mörtel ist auch hier vorzüglich gut, und der Stuck-Überzug vortrefflich; und während deutlich zu sehen, dafs man da, wo es darauf ankam, die feinste Bearbeitung aller Stein-Arten sehr wohl verstand, ist diese doch wegen ihrer Kostspieligkeit nur sparsam angewendet. Während in Form und Farbe der Verzierungen der beste Geschmack vorherrscht, sind die Verzierungen doch nirgends mit sclavischer Ängstlichkeit behandelt. Ganz besonders liegt aber die Möglichkeit, ohne sehr grofsen Kosten-Aufwand so Vieles zu leisten, darin, dafs man alles Colossale durchaus vermied: Breite, Länge und Tiefe der Zimmer und Räume sind bedeutend, wo sie grofs sein *müssen,* aber sie sind klein, wo sie klein sein *können.* Während die zum Gebrauch des Einzelnen bestimmten Zimmer *sehr* klein sind, hat man wieder von andern Theilen der Gebäude einen so grofsartigen Eindruck, wie irgendwo in unsern modernen Wohnungen. Man erinnere sich nur an die Schönheit und Grofsartigkeit der Atrien und Peristyle.

Wunderbar ist es aber, dafs die Wohnungen, hier in einem so milden Himmelsstrich, weit mehr gegen den Wechsel der Temperatur, gegen Sturm und Regen gesichert waren, als es unsere nordischen Wohnungen sind. Zwar gewährt die Einrichtung unserer Häuser, die allen bessern Zimmern des Hauses Licht und Luft von den Strafsen, oder doch von grofsen, wenigstens hohen Höfen verschafft, die Annehmlichkeit einer interessanten Aussicht nach den Strafsen (die der Höfe möchte weniger interessant sein): aber wie sehr sind die nach den Strafsen gewendeten Fenster dem Regen, dem Sturmwinde, der Sonnenhitze und der kalten Zugluft ausgesetzt, während die Fenster und Thüren der Pompejanischen Häuser nur aus Räumen Licht und Luft erhielten, die gegen Jenes Alles durch das Haus selbst geschützt wurden, indem nur wenige Thüren und selten einige Fenster nach Aufsen gingen, die meisten vielmehr in schöne innere Höfe, welche theilweise bedeckt waren, in Gärten und Säulengänge, wo der Bewohner nur Gegenstände überschaute, deren Form und Gestalt von ihm abhing und die zusammen für ihn eine ihm eigengehörige kleine Welt bildete! Die mehreren Stockwerke, die wir aufeinander thürmen, gewähren freilich den mercantilischen Vortheil der Ersparung von Fundamenten und Dachwerk; allein dieser Vortheil ist doch auch bei näherer Untersuchung nicht ganz so grofs, wie es scheint, da die mehreren Stockwerke auch stärkere Mauern und stärkere Fundamente erfordern und hinwiederum ein drittes oder viertes Stockwerk immer nicht so theuer sich vermiethen läfst, wie ein erstes oder zweites.

Haben die Häuser in Pompeji auch etwas Einsiedlerisches, so zeigt sich dagegen auch wieder in den öffentlichen Gebäuden ein gröfseres Interesse seiner Einwohner am öffentlichen Leben, als es in unserer Zeit die öffentlichen Gebäude und Plätze der gröfsten Städte zu erkennen geben.

Wirft man z. B. einen Blick auf das Pompejanische Forum, so gewahrt man nicht nur im Ganzen, sondern auch in jedem einzelnen Gebäude eine solche Bequemlichkeit und Annehmlichkeit der Benutzung, und so viel Glanz und Schönheit der Erscheinung, als man vergebens auf einem modernen Marktplatze suchen würde.

Es liegt ferner in der eigenthümlichen Einrichtung der Pompejanischen Gebäude Etwas, das dem Bewohner seine Stadt lieb machen mufste; denn sein Haus war, wie schon gesagt, eine kleine Welt für ihn. Tausend Erinnerungen gingen von der Jugend auf das Alter und vom Vater auf den Sohn über, und man fühlt es hier recht, welch ein Unglück für einen alten Römer die Verbannung von seinem häuslichen Heerde sein mufste, während unser moderner Wohnungswechsel die Menschen zu etwas Schlimmerem als Zugvögel macht, und Tugenden vernichtet, die die Alten hochstellten.

Schon jetzt hat wenigstens die *Verzierung* der Pompejanischen Architektur Nachahmung in allen civilisirten Theilen der Welt gefunden. Es werden sich aber die Vorbilder mit den fortschreitenden Ausgrabungen, welche grade noch am meisten versprechen, da diejenigen Stadttheile noch zurück sind, welche am höchsten bedeckt und also wahrscheinlich am besten erhalten sind, noch immer vermehren, und es wird so diese, fast zwei Tausend Jahre wunderbar erhaltene Architektur gewifs noch einen gröfseren Einflufs als bisher auf die moderne Baukunst bekommen. Es wird dies um so mehr der Fall sein, wenn erst Eisenbahnen und die Dampfschiffahrt so weit gediehen sein werden, dafs sie Reisen auch aus den entfernteren Theilen von Europa nach Pompeji, zu welchen seither Monate nöthig waren, in wenigen Tagen möglich machen: ein Gewinn, zu dessen baldiger Erlangung ja Aussicht vorhanden ist.

Erklärung der Zahlenbezeichnung in der beigefügten Carte von Pompeji, so wie sie in der Originalcarte am Rande gegeben wird.

---

1. Ein Grab, mit einer marmornen Thür.
2. Grab des M. Alleius.
3. Grab - Triclinium.
4. Bedecktes Hemicykel, oder kreisförmiger Sitz.
5. Gleiches, unbedeckt.
6. Piedestal einer Statue der schützenden Gottheit.
7. Thor nach Herculanum.
8. Stufen nach dem Wall.
9. Haus des Tricliniums.
10. Thermopolium.
11. Haus der Vestalinnen.
12. Zollhaus.
13. Öffentlicher Springbrunnen.
14. Haus eines Musikers.
15. Wohnhäuser des Julius Polybius.
16. Haus eines Wund - Arztes.
17. Haus der Isis und des Osiris.
18. Haus des Narcissus.
19. Haus der Tänzerinnen.
20. Backhaus.
21. Haus des Sallust.
22. Haus eines Bäckers.
23. Haus mit drei vollständigen Stockwerken (floors).
24. Impluvium des Hauses des Pansa.
25. Haus des Bühnendichters.
26. Haus der Färber und Zeugreiniger.
27. Haus der Quellen.
28. Haus des Zephyrs und der Flora oder der Bacchantin.
29. Grofses Triclinium in demselben.
30. Lupanar.
31. Haus des Quaestors.

32. Laden der trocknen Früchte.
33. Laden und Porticus.
34 Desgleichen.
35. Triumphbogen.
36. Frauenbad.
37. Erhöhete Plateform für den Praetor.
38. Die unter dem General Championnet ausgegrabenen Häuser.
39. Bogen, des A. Janus genannt.
40. Haus des Königs von Preufsen.
41. Milchbude.
42. Haus und Schule der Fechter.
43. Haus der Venus und des Mars.
44. Gebäude von unbekanntem Zweck.
45. Haus nach dem Kaiser Joseph genannt.
46. Haus mit unterirdischen Küchen.
47. Grofse Cisterne.
48. Theatersitze.
49. Haus der Königin Caroline.
50. Tempel des Aesculap.
51. Haus eines Bildhauers.
52. Thürme auf der Mauer.
53. Haus des Meleager.
54. Haus der Nereïden.
55. Haus des Kaisers Franz von Östreich.

Apo. bedeutet Apodyterium.
Tep. - - Tepidarium.
Cal. - - Calidarium.
Frig. - - Frigidarium.

2.

Practische Erfahrungen über die Wirkung von Baggermaschinen verschiedener Art und über Ausbaggerungskosten von Strom- und Canalbetten.

(Von *D. Reinhold,* Königl. Hanöverschem Wasser-Bau-Inspector, Ritter etc. zu Leer in Ostfriesland.)

Bei Canal- und Hafenbauen ist es nicht selten, dafs die herauszuschaffende Erde, welche dann weiter, vielleicht zur Bedeichung der Canäle oder zur Zuschüttung von Tiefen, Pütten etc. dienen soll, nicht mehr bis auf den Boden mit Spaten ausgegraben werden kann; wenn nemlich zu viel Wasser aus dem Boden oder durch die Fangedämme quillt, oder Dammbrüche entstehen, so dafs sich durch Menschen und Maschinen das Wasser entweder gar nicht, oder nur mit unverhältnifsmäfsig grofsen Kosten wältigen läfst. Ein zweiter solcher Fall ist, wenn ein Canal durch weiches schwimmendes Moor, Sumpf, Darg und andern losen, treibenden Erdboden gezogen werden soll, in welchem die zu grabende Strecke sich nicht mit Sicherheit umdämmen, trockenlegen, oder, wenn dies auch möglich wäre, der Boden und das Ufer nicht vor dem Auf- und Auseinandertreiben sich bewahren oder zum Stehen bringen läfst. Ein dritter Fall ist der fliefsender Ströme, Canäle, Flüsse, Bäche, Hafen und Fahrwasser, die sich nicht umdämmen und trocknen lassen, weil der Lauf des Wassers nicht gehemmt werden darf.

In solchen Fällen bleibt nichts übrig, als das herauszuschaffende Erdreich auf andere Weise, als durch Spaten und Karren, auszuheben und fortzubringen. Hierüber wollen wir einige Erfahrungen mittheilen.

Die Art und Weise, wie man mit Spaten die Erde ausgräbt und in Karren oder Wagen wegschafft, ist jedem practischen Architekten bekannt. Es kommen auch Fälle vor, wo man die Wahl hat, ob man, nach Umdämmung und Trockenlegung eines Canals, der Spaten und Karren sich bedienen, oder auf dem weiterhin zu beschreibenden Wege den wegzuschaffenden Grund und Boden bewegen will. In solchen Fällen kommt es in der Regel hauptsächlich darauf an, welches von beiden Mitteln das *wohlfeilste* ist: also auf eine möglichst genaue, auf Erfahrung gegründete Vorausberechnung der Kosten, für die beiden Mittel. Sind die Kosten beider gleich, oder doch nur wenig verschieden, so ist die Umdämmung und Trockenlegung und die Anwendung von Spaten und Karren, also der Hand-Arbeiten, vorzuziehen, weil sich diese Arbeiten genauer ausführen lassen, weil man sie stets vor Augen hat, und weil man im Trocknen eher nachbessern und nachmessen kann, als wenn unter Wasser gearbeitet und mit Loth und Sondirstangen, oder durch sogenannte Pegelung nachgesehen werden mufs, ob das ausgegrabene Besteck ausgeführt worden sei, oder was noch geschehen müsse. Wo ein genaues Besteck Statt finden soll, ist die Erd-Arbeit im Trocknen immer vorzuziehen; selbst wenn sie mehr kosten sollte. Zu Vergleichungen werden dann auch folgende Erfahrungen dienen.

Die Kosten der Hand-Arbeiten mit Spaten und Karren zu Canälen und zu Uferdeichen lassen sich hier, in *Ostfriesland,* je nachdem der Tagelohn zu verschiedenen Jahreszeiten und in verschiedenen Gegenden hoch oder niedrig ist, folgendermafsen ermitteln.

Wenn man die Erd-Arbeit, wie es hier üblich ist, nach Pütten von 1600 Rheinl. Duod. Cubikfufsen berechnet, so dafs also ein Pütt 20 Fufs lang und breit und 4 Fufs tief ist, und annimmt, dafs in schwer zu bearbeitendem Boden, wie z. B. Klai, Lehm, Thon etc., 4 Schütter oder Arbeiter nöthig sind, um in einem Tage von 10 Arbeitsstunden 1 Pütt auszugraben und auf die Handkarren zu laden, in leichter zu verarbeitendem Boden von gemischten Erd-Arten 3 Mann, wie es hier die Erfahrung ergiebt, so hängt die Anzahl der Schütter von der Boden-Art und die Anzahl der Karrenläufer oder Kröder von der Entfernung ab, auf welche die Erde fortzuschaffen ist. Zum Planiren oder Schlichten der Erde ist in beiden Fällen in der Regel ein Mann hinreichend, um in einem Tage 1600 Cubikfufs oder 1 Pütt Erde dem Besteck gemäfs zu verarbeiten.

Dann kommt es darauf an, wie hoch das landesübliche Tagelohn der Arbeiter ist; was von Umständen abhängt. Man wird nicht sehr fehlen, wenn man annimmt, dafs ein fleifsiger, gesunder und sachverständiger Arbeiter in mittler Tageslänge von 12 Stunden, oder in 10 Arbeitsstunden, da wenigstens 2 Ruhestunden von der Tageslänge abgehen, 8, 10 bis 12 gute Groschen, bei eigner Kost, verdienen mufs. Hier zu Lande wird, besonders in Verding an Mindestfordernde, häufiger der höhere, als der mittlere und geringste Tagelohn erworben und verlangt. In Holland, wo die Preise der Lebensmittel und also auch das Tagelohn höher sind, als hier, kann man annehmen, dafs der tägliche Verdienst der Erd-Arbeiter in der Regel um den dritten Theil oder um die Hälfte höher, ja selbst zuweilen doppelt so hoch ist, als hier; je nach den günstigen oder ungünstigen Umständen bei der Arbeit und den Preisen der Lebensmittel. Im Allgemeinen sind Wasserbau-Arbeiten in der Regel viel schwieriger, mithin auch theurer, als Bau-Arbeiten auf dem trocknen Lande.

Die Entfernung, auf welche ein Arbeiter täglich ohne Überspannung seiner Körperkräfte Erde in einem Handkarren von 2 Cubikfufs Rheinl. Inhalt fortschaffen kann, nimmt man zu 100 Fufs oder $8\frac{1}{3}$ Duod. Ruthen Rheinl. an. Diese Entfernung heifst eine *Hand* oder ein *Handlauf*, auch *auf die erste Hand*. Beträgt die Entfernung, zwei, drei oder viermal soviel, also 2, 3 bis 400 Fufs, so müssen 2, 3 oder 4 mal soviel Karrenläufer oder Kröder angestellt werden. Die Anzahl der in den Pütten grabenden Schütter, so wie des Schlichters, bleiben aber dieselben. Stellen und erhalten die Arbeiter ihr Geräthe, nemlich Spaten, Karren und Sporen, auf eigene Kosten, wie es gewöhnlich ist, und werden die Karrendielen, auf welchen die Karren laufen, von der Baubehörde angeschafft und erhalten, so sind die Kosten für 1 Pütt Erde von 1600 Cubikfufs, wenn 4 Schütter nöthig sind, bei einem täglichen Verdienste von 12 Ggr., folgende:

Auf die erste Hand oder 100 Fufs, 4 Schütter, zu 12 gGr.,	2 Thlr.	— Ggr.
4 Karrenläufer oder Kröder, zu 12 gGr., ...	2 -	— -
1 Schlichter oder Planirer	– -	12 -
Thut für 1 Pütt auf die erste Hand	4 Thlr.	12 Ggr.
Für Karrendielen rechnet man im Durchschnitt täglich für Anschaffung, Abnutzung und Verlust	– -	12 -
Thut zusammen	5 Thlr.	— Ggr.
Auf die zweite Hand kommen 4 Karrenläufer hinzu, zu 12 gGr., ...	2 -	— -
Thut auf die zweite Hand	7 Thlr.	— Ggr.
Auf die dritte Hand kommen hinzu	2 -	— -
Thut	9 Thlr.	— Ggr.
Auf die vierte Hand desgleichen	2 -	— -
Thut	11 Thlr.	— Ggr.
Auf die fünfte Hand desgleichen	2 -	— -
Thut	13 Thlr.	— Ggr.

Auf gröfsere Entfernungen als die dritte Hand [also 25 Ruthen] pflegt man sich der Pferdekarren, sogenannter Wipp- oder Rollkarren, für Dämme oder Deiche zu bedienen, wenn der Boden fest und trocken genug dazu ist, weil der Transport mit Pferdekarren alsdann in der Regel weniger kostet und der aufzuführende Deich von den Pferden fester zusammen getreten und dichter wird, als wenn Menschen mit Handkarren ihn aufschütten. Beim Ausgraben von Canälen sind nur selten oder gar nicht Pferdekarren brauchbar, weil die ausgegrabene Erde wohl 6 bis 12 Fufs hoch von dem Boden des Canals an den Böschungen der Ufer hinaufzufahren ist; was besser in Handkarren durch Menschen geschieht.

Wenn in leicht zu verarbeitendem Boden 3 Schütter hinreichen, um täglich ein Pütt auszugraben und aufzuladen, so sind, aufser dem Schlichter, auf jede Hand auch nur 3 Karrenläufer nöthig, also auf die erste Hand sieben

Mann, zu 12 Ggr., ...		3 Thlr.	12 Ggr.
Für Laufdielen, im Durchschnitt, ...		– –	12 –
	Thut	4 Thlr.	— Ggr.
Auf die zweite Hand drei Mann mehr		1 –	12 –
	Thut	5 Thlr.	12 Ggr.
Auf die dritte Hand desgleichen		1 –	12 –
	Thut	7 Thlr.	— Ggr.
Auf die vierte Hand desgleichen		1 –	12 –
	Thut	8 Thlr.	12 Ggr.
Auf die fünfte Hand		1 –	12 –
	Thut	10 Thlr.	— Ggr.

Nach diesen Erfahrungen läfst sich weiter berechnen, wieviel ein Pütt Erde der ersten oder zweiten Art mit 4 und 3 Schüttern, je nach der Entfernung des Transports der Erde, kosten werde, wenn der tägliche Verdienst eines Arbeiters statt 12 Ggr. nur 8 und 10 Ggr., oder auch noch mehr als 12 Ggr. beträgt.

Läfst sich wegen örtlicher oder anderer Umstände die Erde nicht mit Spaten und Karren behandeln, weil der Canal oder das fliefsende Wasser nicht umdämmt und trocken gelegt und auf diese Weise ganz bis auf den Boden ausgegraben werden kann, sondern vielmehr ganz oder theilweise unter Wasser ausgetieft werden mufs, so mufs man sich anderer Mittel bedienen.

Aus solchen Strömen, Flüssen und Canälen, die nicht trocken gelegt werden können, wird in Holland der Boden in der Regel durch die bekannten

Handbagger vertieft. Es legen Arbeiter in einem Boote dasselbe an der zu vertiefenden Stelle vor Anker, holen den Schlamm, Sand, oder die Erde mit Handbaggern 4 bis 8 Fufs tief aus dem Wasser hervor und werfen sie entweder in das Boot, in welchem sich die zwei Arbeiter selbst befinden, oder in ein daneben liegendes, welches dann von zwei andern Arbeitern, sobald es seine volle Ladung hat, weggefahren und an der bestimmten Stelle ausgeladen wird, während welcher Zeit das zurückgekehrte, ausgeladene Boot wieder vollgebaggert wird. Im letztern Falle sind 6 Mann und 3 Boote nöthig. Drei Mann in einem Boote oder Prahm, den sie selbst vollbaggerten, und etwa 360 Ruthen weit, also etwa auf die 30ste Hand wegfuhren und ausladeten, verarbeiteten vor mehreren Jahren im Hafen von Arnheim in Holland täglich 432 Cubikfufs Rheinl. und bekamen dafür täglich der Mann 22 Stüber Holl., thut für 3 Mann . . . . , ... 3 Guld. 6 Stbr.

Für das Boot waren täglich zu rechnen . . . , . . 1 - - -

Also für die 432 Cubikfufs in Summa 4 Guld. 6 Stbr.

oder 2 Thlr. 9 Ggr. 4 Pf. Preufs. Court., so dafs also das Pütt von 1600 Cubikfufs nahe an 10 Thlr. kostete; was in Vergleich mit den Kosten der mit Spaten und Handkarren zu bearbeitenden Erde sehr wohlfeil war.

In Amsterdam bedient man sich zur täglichen Reinigung und Vertiefung der Stadtcanäle oder Gragten der Modermühlen mit Schrauben, die von zwei Pferden in Bewegung gesetzt werden. Eine solche Modermühle schafft im Durchschnitt alle 4 bis 6 Minuten 1 Schachtruthe von 144 Cubikfufs Rheinl. Schlamm vom Boden des Canals in ein daneben liegendes Boot oder Prahm herauf. Sie arbeitet von des Morgens 6 Uhr bis 12 Uhr und kann täglich 80 Schachtruthen oder 11520 Cubikfufs oder etwa $7\frac{1}{4}$ Pütt Schlick heraufmahlen. Die Maschine bringt also täglich etwa 7 Pütt Schlick heraus, oder 40 Prahmen voll, zu 288 Cubikfufs. Zu einer Maschine sind täglich 5 Pferde nöthig, die je zwei alle Stunde abwechseln. Auf dem Meerbusen, Y genannt, arbeiteten vor mehreren Jahren täglich 5 solcher Modermühlen. Man findet dergleichen Mühlen im Grooten-Moolenbocke von *v. Zyl* und dem ähnlichen Werke von *L. Natrus* beschrieben und abgebildet. Nach jetzigen Preisen kostet in Amsterdam die Cubik-Elle, oder 31 Cubikfufs Rheinl., mit Modermaschinen auszubaggern und an die Mündung des Y zu fahren, 30 Cent oder 6 Stüver Holl., was für das Pütt von 1600 Cubikfufs etwa 16 Gulden Holl. oder 8 Thlr. 21 Ggr. 4 Pf., also beinahe 9 Thlr. ausmacht; wie es auch Herr *Goudriaan* in seiner Preisschrift „Verhandeling over de Afdamming van het Y" annimmt. Je tiefer aber ein Canal oder Strom auszubaggern und je weiter der ausgebaggerte Schlamm wegzuschaffen ist, desto theurer wird natürlich die Arbeit.

Herr *Woltmann* erwähnt im 4ten Theile seiner hydraulischen Architektur S. 106 — 108 der Amsterdammer Modermühlen, welche 10 bis 15 F. tief unter Wasser zwar Moder, aber keinen festen Sand und Schlick heraufbringen können. Der Preis einer solchen Modermühle ist 20 bis 24000 Gulden. Sie hat 5 Pferde und 4 Menschen täglich an Bord, und bringt in jeder Minute 1 Schacht oder 144 Cubikfufs Moder herauf. In Amsterdam sind deren sechs vorhanden.

Woltmann giebt in seiner Schrift: „Beiträge zur Schiffbarmachung der Flüsse etc." Hamburg 1826, S. 137, Nachricht von der Art und Weise und den Kosten des Ausbaggerns von Sand in der Elbe daselbst, sowohl mit Handbaggern, als mittelst eines gröfseren Baggers, der durch Rad und Welle an einem Prahm aufgewunden wird, von welchem die Abbildung und Beschreibung beigefügt ist; worauf ich mich der Kürze wegen beziehe. Nach der dortigen Erfahrung können 6 Mann in einem Tage mit dem Maschinenbagger einen Ever voll Grand, Sand oder harten Mergel baggern, von welchem die Last, von 50 Cubikfufs, 14⅔ Schilling Hamburgisch oder etwa 9 Ggr. kostete. Mit dem Handbagger kostete die Last, oder 50 Cubikfufs, nur 9½ Schilling oder etwa 6⅓ Ggr., also 2⅔ Ggr. weniger.

Also kostete 1 Pütt von 1600 Cubikfufs mit dem Maschinenbagger auszuheben etwa 12 Thlr. und mit dem Handbagger etwa 8½ Thlr.

Der verstorbene Professor *J. G. Büsch* zu Hamburg giebt in seiner „Mathematik zum Nutzen und Vergnügen des bürgerlichen Lebens etc. Hamburg 1799" im zweiten Theile S. 541 — 554 die Beschreibung und Abbildung einer Baggermaschine, welche in 6 Stunden Arbeitszeit im Durchschnitt 24 Boote voll, jedes von 288 Cub. F., folglich in 6 Stunden 6912 bis 7000 Cub. F. oder etwa 4⅜ Pütt zu 1600 Cub. F. füllte, wofür wir täglich nur 4 Pütt annehmen wollen. Zur Bewegung und Bedienung dieser Maschine gehörten . 8 Mann.

Zum Fortbringen der ausgebaggerten Erde, 8 Boote mit 2 Mann,	16 –
3 Aufseher	3 –
Zusammen	27 Mann

und, jeden täglich zu 1 Gulden Holl. oder 13 Ggr. 8 Pf. gerechnet, thut für 4 Pütt 15 Thlr. Preufs. oder für das Pütt 4¾ Thlr. Preufs. Herr *Woltmann* empfiehlt in seinen Beiträgen zur hydraulischen Architektur im 4ten Bande S. 40.

§. 28. die Hamburger Baggermaschine des Herrn etc. ***Büsch***, sagt aber, daſs sie in manchen Stücken verbessert werden müsse, und bemerkt S. 111, daſs diese Maschine zwar eine gute Modermühle, aber nicht geschickt zum Baggern gewesen und deshalb wieder abgeschafft worden sei. Dagegen lobt ***Woltmann*** die ***englische*** Baggermaschine zu Hamburg, die mit 5 Mann und 1 Schiffer besetzt wurde und aus einer veränderlichen Tiefe von 6 bis 12 F. in 4 Stunden 600 Cubikfuſs oder $\frac{3}{8}$ Pütt in einem Tage, also in 8 Stunden 1200 Cub. F. oder $\frac{3}{4}$ Pütt herausschaffte, wozu 2 Prahmen gehörten, deren jeder 1 Ladung wegbrachte. Rechnet man nun, daſs die 6 Mann, welche die Baggermaschine bedienten, und die 4 Mann in den beiden Prahmen, jeden zu 2 Mann, also alle 10 Mann täglich zusammen 5 Thlr. Taglohn erhielten, wofür $\frac{3}{4}$ Pütt ausgebaggert und weggefahren wurden, so kostete das Pütt $6\frac{2}{3}$ Thlr., ohne Erhaltungskosten der Maschine und der Prahme etc.

Im 4ten Hefte des 4ten Bandes des gegenwärtigen Journals findet sich die Beschreibung und Abbildung der Handbaggermaschine des Herrn etc. ***Nietz,*** deren man sich in Berlin zur Vertiefung der Spree bedient. Diese Maschine erfordert 7 Mann und fördert täglich aus 4 bis 5 F. Wassertiefe 6 bis 8 Schachtruthen oder etwa $\frac{1}{2}$ bis $\frac{3}{4}$ Pütt Sand oder Erde. Rechnet man zu dem Betriebe

der Maschine . . . . 7 Mann,
2 Boote zum Wegfahren, zu 2 Mann, ... 4 –

Zusammen 11 Mann,

zu 12 Ggr. täglich, so kosten $\frac{3}{4}$ Pütt . . . . 5 Thlr. 12 Ggr.
mithin 1 Pütt oder 1600 C. F. Erde . . . . 7 Thlr. 8 Ggr.

Im 3ten Hefte des 5ten Bandes dieses Journals S. 235 ist eine einfache Baggermaschine beschrieben und abgebildet, welche nach Angabe des Verfassers S. 238 mit 4 Arbeitern eben so viel leisten soll, als 12 Mann mit Handbaggern, also dreimal soviel, als diese.

In No. 37. der Ostfriesischen Zeitung vom 24sten März 1834 wird eine kurze Beschreibung eines Dampfbaggers in Königsberg mitgetheilt, der zur Austiefung des Seegatts bei Pillau und der Fahrt zwischen Pillau und Königsberg angewendet werden sollte. Die Königsberger Kaufmannschaft erkaufte 1832 das englische Dampfschiff Xavery für 6000 Thlr., von welchem die beiden Dampfmaschinen gebraucht wurden. Die Baggermaschinerie wurde dazu von Herrn *James* in Glasgow verfertigt und kostete 20000 Thlr. Die Maschinen hatten 60 Pferdekraft, die aber nicht für nöthig gehalten wurden. Das Dampfschiff war 110 F. lang, 20 F. breit; die Tiefe betrug 6 F. 8 Z. Engl. Der Dampfbagger sollte zufolge der Berechnung in jeder Stunde 86 Last, zu 4000 Pfund Moder oder Sand, herausheben, also etwa 4300 Cub. F. oder $2\frac{3}{4}$ Pütt in der Stunde. Die Kosten der dazu gehörigen Prahmen etc., so wie des Baggers, wurden auf 43000 Thlr. geschätzt, und zwar für den Bagger 26000 und für die Prahmen etc. 17000 Thlr. Die Erhaltung dieses Dampfbaggers, nebst Feurung etc., der Prahmen, so wie der zum Baggern nöthigen Mannschaft ward jährlich auf 5800 Thlr. angeschlagen. Der Dampfbagger konnte nur im Fahrwasser, aber nicht im Hafen selbst gebraucht werden. Das Dampfschiff ward zugleich zum Bugsiren andrer Schiffe gebraucht.

In den Docks von Glasgow und Liverpool werden Dampfbagger andrer Art gebraucht. Sie sind viereckig, haben eine einfache Maschine, und der Bagger-Apparat liegt in der Mitte des Fahrzeuges. Die Maschine hat 12 bis 41 Pferdekraft. Es gehören 20 Prahmen zur Fortschaffung des Moders, nebst 20 Menschen. Die Kosten dieses Bagger-Apparats sind folgende.

1.	Der Dampfbagger kostet	700	Pfund	Sterling.
2.	Dreifsig eiserne Bagger-Ever kosten	450	-	- -
3.	Das Fahrzeug	150	-	- -
4.	10 Prahme	300	-	- -
	Zusammen	1600	Pfund	Sterling

oder 11200 Thlr. Preufs. Court.

Ein eben solcher Dampfbagger wird auch zur Vertiefung des Fahrwassers von Stettin und wahrscheinlich nach und nach in mehreren Preufsischen Ostseehafen gebraucht werden.

In No. 94. der Ostfriesischen Zeitung vom 8ten August 1835, S. 749 der Beilage, findet sich eine Nachricht aus Coblenz von 2ten August desselben Jahres, dafs der Belgische Ingenieur Herr *Cocheaux* einen Dampfbagger erfunden habe, nach ihm ***Bateau-Cocheaux*** genannt. Mit diesem Dampfbagger soll man in einem Tage 1800 Tonnen, oder 36000 Centner fester Erd- und Kies-Arten, nebst Steinen, aus einem Flusse räumen können. Die Kosten der Ausbaggerung eines Cubikmeters, oder einer Holländische Cubik-Elle (etwa 31 Cubikfufs Rheinl.), wurden auf 17 Pfenninge oder $1\frac{5}{12}$ Silbergr. Preufs. angegeben, so dafs 1 Schachtruthe von 144 Cub. F. Rheinl. etwa $6\frac{1}{2}$ Silbergr. und 1 Pütt von 1600 Cub. F. etwa 2 Thlr. 13 Silbergr. 1 Pf. Preufs. kosten würde: was aufserordentlich wenig wäre. Die Maschine soll bis zu 25 F. Wassertiefe baggern können. Man hat damit in der Sambre und dem Canal von Brüssel nach Antwerpen gearbeitet; welche Gewässer bisher nur von flachen Schiffen befahren werden konnten; eine darauf aus der See gekommene Preufsische Brigg konnte die Werfte von Brüssel erreichen. Der damaligen Zeitungsnachricht aus Coblenz zufolge, beabsichtigte Herr *Cocheaux* sich nach Berlin zu begeben, um Vorschläge zur Ausbaggerung der Einfahrten mehrerer Preufsischen Ostseehäfen zu machen. Das „Archiv für die Baukunst und ihre Hülfswissenschaften, 1ster Band, Berlin 1818, S. 181" enthält aber schon die Nachricht, dafs damals schon der erste Dampfbagger im Preufsischen Staate angeschafft und zur Wegschaffung der Untiefen von Stralsund nach dem Sande bei Rügen und Hiddensö bestimmt wurde. Die Maschine desselben hatte 10 Pferdekraft, doppeltes Eimerwerk, und kostete 30 000 Thlr. Preufs. Court. Herr *Cocheaux* wird daher wohl zu spät gekommen sein.

Nach den obigen Erfahrungen sind nun, zusammengestellt, die Kosten für das Ausbaggern von Moder, Sand, Schlamm, Kies und Steinen, theils mit Hand-, theils mit Maschinenbaggern, für 1 Pütt von 1600 Cubikfufs Rheinl. folgende:

1.	Zu Arnheim in Holland, mit Handbaggern . . .	10 Thlr	
2.	Zu Amsterdam, mit Modermühlen	9 -	
3.	In der Elbe bei Hamburg, und zwar:		
	a. mit dem Maschinenbagger	12 -	
	b. mit dem Handbagger	8 -	12 Ggr.
	c. nach *Büsch*, mit dem Maschinenbagger . .	4 -	18 -
	d. nach *Woltmann*, mit der englischen Baggermaschine	6 -	16 -
4.	Zu Berlin, in der Spree, mit der Handbaggermaschine des Herrn *Nietz*	7 -	8 -
5.	In der Sambre und dem Canal von Brüssel, mit dem Dampfbagger des Herrn *Cocheaux*	2 -	10½ -

Der letzte Preis ist von allen der geringste. Der höchste ist der No. 3. *a.*, für die Arbeit mit dem dortigen Maschinenbagger. Der Durchschnittspreis von allen acht beträgt 7 Thlr. 14 Ggr. für ein Pütt, und kommt also demjenigen von 7 Thlr. nahe, wofür 9 Mann auf die zweite Hand 1 Pütt schwierigen Bodens wegkarren und verarbeiten können, wenn jeder 12 Ggr. Tagelohn erhält, oder wofür 7 Mann in leichter zu verarbeitendem Boden Dasselbe thun.

Über Erd-Arbeiten mit Pferdekarren und Wagen gebe ich hier keine Beispiele, da sie in vielen practischen Schriften über Baukunst zu finden sind. Man hat auch sonst schon Mehreres über Baggermaschinen und deren Effect und Kosten; wozu unter andern die vor einigen Jahren herausgekommene Schrift des Hrn. etc. *Schwan* gehört, auf welche ich mich beziehe.

Zum Schlusse will ich aber hier die Beschreibung der Zeichnung einer neuen Pflug- oder Vertiefungs-Maschine mittheilen, welche vor etwa 10 Jahren zur jährlichen Reinigung des Bettes des Aastromes bei Neuschanz von der Niederländischen Behörde in Gröningen angeschafft und welche unterhalb der 21 F. weiten Entwässerungs- und Schiffarthsschleuse, der Staaten-Zyl genannt, mehrere Jahre lang gebraucht worden ist; wie ich solches zuweilen auf meinen Geschäftsreisen gesehen habe, die mich oft an jenen Hänöverisch-Niederländischen Grenzstrom führten, welcher unterhalb des Staatensyhls sich in den Dollart ergiefst. Mein Grenznachbar und College, der verstorbene Niederländische Ober-Ingenieur beim Waterstaat, Herr *van der Poel,* hat die Güte gehabt, mir die hier beigehende Zeichnung (Taf. II.) des Pflugbootes und des Pfluges mitzutheilen, für dessen Wirkung er sehr eingenommen war und von welchem er versicherte, dafs er, als das Nieuwe-Diep in Holland unter Direction des berühmten etc. *Blanken* angelegt wurde (man findet davon die Abbildungen und Beschreibungen in den Werken der Herrn *v. Wiebeking* und *Woltmann*), als einer der bei der Aufsicht angestellten Ingenieure, den guten Erfolg bei Vertiefung des Fahrwassers oft beobachtet habe.

Diese Maschine hebt den Sand, Schlick, Moder und andere Sinkstoffe nicht aus dem Wasser herauf, um sie fortzuschaffen, sondern sie rührt ihn vermittelst der hinter dem Steuerruder hängenden eisernen Egge auf; worauf die Sinkstoffe, wenn sie hinreichend specifisch leicht und fein sind, und das Wasser hinreichend schnell, wenigstens $\frac{1}{2}$ bis 1 Fufs und darüber in der Secunde fliefst, von demselben schwimmend weiter fortgeführt werden, bis dahin, wo sie, sich etwa wieder senkend, keinen Schaden mehr durch Erhöhung des Strombettes thun. Es ist nicht nöthig, das Pflugboot, welches gröfstentheils durch das vor dem Vordersteven desselben unter Wasser ausgespannte Segel fortbewegt wird, wodurch es die mittlere Geschwindigkeit des Wassers bekommt, durch Segel auf dem Verdecke, oder durch seitwärts angewendete Ruder, oder gar durch Dampfkraft noch geschwinder fortzubewegen, so lange das Segel unter Wasser die fortbewegende Kraft ist, denn sonst würde dieses letztere Segel unnütz und, durch den Stofs des Wassers gegen dasselbe und gegen den Vordersteven sich zurücklegend, der Fortbewegung des Bootes nur hinderlich sein. Auch würden die Sinkstoffe, welche durch die eisernen Zähne der hinter dem Steuerruder angebrachten, durch das Boot auf dem Strombette fortgezogenen Egge aufgekratzt werden, doch nicht geschwinder stromabwärts sich bewegen können, als das Wasser, und eine gröfsere Geschwindigkeit des Bootes würde also unnütz sein. Es sind daher weder Segel am Mast, noch Seitenruder, oder sonst Ruder, die durch Menschenhände oder Dampfmaschinen bewegt würden, nothwendig, um das Boot fortzutreiben.

Über den Effect dieser Maschine und die Masse der fortgeschafften Sinkstoffe besitze ich keine genauen Angaben, die ich mittheilen könnte. Daher begnüge ich mich damit, die beigehende Zeichnung näher zu beschreiben.

Die Maschine besteht aus einem Fahrzeuge oder Boot *(Pont)*, welches nach Niederländischem Ellenmaafse, von welchem 1 Elle einem französischen Meter gleich ist, 8 Ellen lang, 3 Ellen breit, 1 Elle tief oder hohl ist; aus einer Egge mit eisernen Zinken, und aus dem nöthigen Segel und Want. Das Boot hat einen platten Boden, lothrechte, gerade Seitenwände, am Hintersteven oder Steuerruder einen platten Spiegel, ist am Vordersteven rund, hat inwendig 24 Krummhölzer, die Oberstücke sind 1 Elle lang und 15 bis 20 Duimen stark. [Ein Duim ist ein Centimeter.] Diese Krummhölzer werden auf dem Boden durch 11 Boden- oder Flachstücke, welche 18 Palmen lang, 15 und 20 Duim stark sind, verbunden. Oben auf dem Bord des Boots ist rund umher ein Rahmholz zur Verbindung der Krummhölzer befestigt, welches 10 bis 20 Duimen stark ist; das Rahmholz ist noch mit Eichenholz bekleidet, von 5 Duimen stark. Inwendig über die Kreuzhölzer und Boden- oder Flachstücke sind 3 durchlaufende Planken, jede von 8 Ellen lang, 3 Palmen breit, 8 Duimen stark befestigt. [Ein Palm ist ein Decimeter.] Im Vordertheil des Boots ist ein Verdeck, welches bis an die dritte Linie Krummhölzer reicht, von 4 Duimen stark, worin sich eine Lucke von 6 Palmen im Quadrat befindet, und welches auf der dritten Linie der Krummhölzer durch eine 4 Duimen starke Brettwand oder Schott abgesondert ist; zum Aufenthalt der Arbeiter im Nothfalle.

Zum Auf- und Niederlassen der Egge sind zwei stehende Wangenstücke in der zweiten Linie der Krummhölzer, vom Hintersteven angerechnet, angebracht, jede von 8 Palmen lang und 5 Palmen breit, und zwei andere dergleichen, jede von 6 Palmen lang, 5 Palmen breit, sämmtlich 15 Duimen stark. Um die inneren, letztgenannten Stücke gegen das Überdrücken zu stützen, ist an jedem ein Klotz von 20 Duimen dick, 4 Palmen lang und breit, angebracht. Zwischen diesen 4 Stücken sind 2 Winden oder Bradspillen angebracht, jede von 8 Palmen lang und 30 Duimen stark, mit eisernen gezahnten Sperrrädern und mit 4 Speichen von Eschenholz. Über die beiden hintersten Kniee oder Krummhölzer an beiden Borden, welche 2 bis 3 Palmen länger sein müssen, als die übrigen, so wie über die beiden längeren Kniestücke, sind zwei Stücken Holz über den Hinterspiegel des Boots hinweg befestigt, um daran die Egge aufzuhängen. Diese Stücke sind von Eichenholz, jedes $3\frac{1}{2}$ Ellen lang, hinten 15 und 20, vorn 15 und 25 Duimen stark und etwas gekrümmt. Jedes Stück hat eine Scheibe von Pochholz, von 20 Duimen im Durchmesser, so wie eiserne Bänder, 13 und 50 Streepen stark [ein Streep ist ein Millimeter], womit sie an die Knie- oder Krummhölzer befestigt sind.

Die Egge oder der Kratzer besteht aus einem Rahmen von besägtem Eichenholze, 20 Duimen im Viereck stark; der Rahmen hat 2 Stiele oder Längshölzer von $4\frac{1}{2}$ Ellen lang, und 4 Riegel, jeden von 8 Palmen lang. Diese Längs- und Querriegel sind jeder oben mit eisernen Platten von 1 Duimen stark und 16 Duimen breit belegt. Durch diese platten und langen Riegel sind 100 eiserne Zähne oder Zinken, mit geschweifsten Köpfen, von 4 Palmen Länge und 25 Streepen im Quadrat stark, befestigt und so eingesetzt, wie es der Grundrifs zeigt.

An den Rahmen oder die Egge (Krabbelaar oder Kratzer) sind noch vier eiserne Bolzen angebracht, welche Haken haben, von 25 Streepen im Quadrat. An diesen Haken sind 2 Ketten, von 15 Strepen stark, in der Mitte mit einem Ringe oder Auge, um die Scheiben der Takel darin zu befestigen, womit die Egge auf- und niedergelassen wird. Diese Takel bestehen aus Blöcken oder Flaschenzügen, von 1 bis 2 Scheiben, und haben das nöthige Tauwerk von 9 Duimen im Umfange. Die Taue laufen über die Scheiben, welche sich am äufsern Ende der beiden, beim Steuerruder über den Spiegel des Boots stehenden Arme befinden, und im Boot laufen sie über Bradspillen. Alle diese

Gegenstände sind so eingerichtet und bearbeitet, dafs das Auf- und Niederlassen bequem und regelmäfsig geschehen kann.

Unten an dem Kratzer sind zwei Arme, jeder von 6 Palmen lang und 2 Duimen stark, an welchen zu beiden Seiten Ketten von 4 Ellen lang aus 1 Duimen starkem Eisen sich befinden, die an Haken aufserhalb des Bords sich befestigen lassen, um die Richtung der Egge im strömenden Wasser reguliren zu können.

Vorn am Boot sind 2 Krahnbalken mit Scheiben von Pochholz zur Befestigung des Wassersegels angebracht, welches 7½ Ellen lang und 3 Ellen breit und an eine Raa von gleicher Länge festgemacht ist, die aus ostseeisch greinem Holze und in der Mitte 2 Palmen stark ist. An den Enden des Wassersegels sind Takel mit Scheiben als Schooten angebracht. Durch die beiden Krahnenbalken läuft ein Tau für die oberste Scheibe, von 5 Duimen im Umfange und eines für die unterste von 3 Duimen, mit Blöcken, Wirbel, Haken und Leinen, wie es zum regelmäfsigen Gebrauche eines Segels nöthig ist.

Zur fernern Bewegung des Fahrzeuges ist an jeder Seite ein Wasserschwert oder eine Thür (*Zwaard*) aus 3 Duimen starken eichenen Dielen an einen starken eisernen Haken aufgehängt. Jedes Schwert ist 17 Palmen lang und 7 Palmen breit, mit gleich langen Schiebern, von 3½ Palmen breit, und hat 2 eiserne Stangen, die mit Krampen befestigt sind, so wie eine eiserne, 3 Ellen lange Kette von 6 Streepen stark, so dafs die Schwerter, welche auf dem am Bord des Fahrzeuges befestigten Haken sich drehen können, damit der Stofs des Wassers ihre Fläche treffe, minder oder mehr offen gestellt werden können.

In dem Fahrzeuge, an dem 15 Duimen breiten und 30 Duimen hohen Deckbalken, ist ein Mast aus greinem Holz, 8 Ellen lang, 30 Duimen stark, mit einem Stag von 14 Duimen stark, mit einem Haupttau an jeder Seite und den nöthigen Blöcken. Zu dem Mast gehört ein Raa-Segel, von 4 Ellen hoch und 3 Ellen oben, 4 Ellen unten breit, an einer Raa 15 Duimen stark, nebst dem zum Segeln nöthigen Zubehör. Zum Steuern des Bootes ist am Hintersteven ein Steuerruder und aufserdem zum etwaigen Gebrauche ein kleiner eiserner Anker oder Drag von 60 Pfund schwer, mit Ankertau, Zugleinen und sonstigem Zubehör.

Zur Vergleichung der Maafse in Niederländischen Ellen, oder dem ihnen ganz gleichen Französichen Meter, mit dem bekannten Rheinländischen Fufsmaafse, bemerke ich, dafs 1 Rheinl. Ruthe von 12 Fufs 3 Ellen, 7 Palmen,

Inhaltsverzeichnifs des ersten Hefts achtzehnten Bandes.

Berlin, gedruckt bei G. Reimer.

Journal

für

die Baukunst.

In zwanglosen Heften.

Herausgegeben

von

Dr. A. L. Crelle,

Königlich-Preufsischem Geheimen-Ober-Baurathe, Mitgliede der Königlichen Akademie der Wissenschaften zu Berlin, Correspondenten der Kaiserlichen Akademie der Wissenschaften zu St. Petersburg und der Königlichen Akademieen der Wissenschaften zu Neapel und Brüssel, auswärtigem Mitgliede der Königlichen Akademie der Wissenschaften zu Stockholm, Ehrenmitgliede der Hamburger Gesellschaft zur Verbreitung der mathematischen Wissenschaften.

Achtzehnter Band.

Zweites Heft.

Berlin.

Bei G. Reimer.

1843.

3.

Über die Verzinkung oder die sogenannte Galvanisation des Eisens.

(Aus der „Revue générale de l'architecture et des traveaux publics" des Hrn. *C. Daly*. Jahrgang 1841.)

In den letzten Jahren haben die öffentlichen Blätter oft und viel von der sogenannten Galvanisation des Eisens, als einem Schutzmittel für dasselbe gegen den Rost, gesprochen. Bald fand man die Wirkung dieses Verfahrens sehr gelobt, und Actien-Gesellschaften trachteten ihm eine sehr grofse Ausdehnung zu geben: bald fand man auch wieder gänzliche Zweifel an dem Nutzen der Operation. Einige bemühten sich insbesondere darzuthun, dafs das Verfahren nicht neu sei, und führten Stellen aus Schriftstellern an, bis auf 100 Jahre zurück, wo sich das Verfahren im Wesentlichen schon beschrieben finde. Auch wurde die *Benennung* der Operation bald verfochten, bald unpassend gefunden.

Die Hauptfrage dürfte nun wohl nur die sein, ob wirklich das sogenannte Galvanisiren des Eisens wirksam zum Schutz gegen den Rost sei, oder nicht; und hierüber können unstreitig nur allein Versuche und Erfahrungen entscheiden. Ob das Verfahren alt oder neu sei, ist wohl ziemlich gleichgültig; blofs wäre, im Fall es wirklich nützlich und zugleich vollständig längst bekannt gewesen sein sollte, zu bedauern, dafs dann diese Erfindung wiederum eine von denjenigen sein würde, die übersehen und unbenutzt vergessen wurden. Es giebt schon gar viele nützliche Dinge, die leider! unbeachtet allmälig wieder in Vergessenheit geriethen. Ist aber das Verfahren, mag es Galvanisirung oder Verzinkung genannt werden müssen, wirklich wirksam, so ist es jedenfalls unstreitig von sehr grofser Wichtigkeit: denn die Benutzung des Eisens, deren Grenze noch gar nicht abzusehen ist, nimmt jetzt erfreulicherweise immerfort zu, und es wäre gewifs ein sehr bedeutender Gewinn, wenn sich die Dauer dieses Metalls durch jenes Schutzmittel verlängern und sichern liefse.

In Frankreich hat neuerdings auch die Regierung den Gegenstand ihrer Aufmerksamkeit gewürdigt und hat zu Brest sehr mannigfaltige und ziemlich ausgedehnte Versuche anstellen lassen, um die Wirkung des Verfahrens zu beobachten und zu ergründen. Aus diesen Versuchen scheint sich nun zu ergeben, dafs eine Nützlichkeit der Galvanisation oder Verzinkung des Eisens wirklich Statt finde. Das hier oben in der Überschrift genannte Journal theilt den über die Versuche zu Brest *amtlich* erstatteten Bericht wörtlich mit; nebst einigem Anderen, was diesen Gegenstand betrifft. Da nun insbesondere *amtliche* Notizen über dergleichen Dinge ihrer ***Zuverlässigkeit*** wegen zu beachten sein dürften, so ist jene Mittheilung besonders interessant. Der Herausgeber des gegenwärtigen Journals glaubt daher etwas Nützliches zu thun, wenn er die *amtliche* Mittheilung, nebst dem Übrigen, was darauf Bezug hat, seinen Lesern in deutscher Sprache hier überliefert. Vielleicht trägt diese Mittheilung ebenfalls etwas dazu bei, auch in Deutschland noch mehr die Aufmerksamkeit auf diesen bedeutenden Gegenstand zu lenken. Es finden sich zwar, wie man bemerken wird, in dem Bericht einige Dunkelheiten, und zum Theil selbst kleine Widersprüche, wie es nur zu leicht grade in amtlichen Berichten der Fall sein kann, weil dieselben in der Regel eine Zusammensetzung aus den Urtheilen und Meinungen mehrerer Personen sind, die vielleicht nicht überall mit einander übereinstimmten; indessen sind doch der wesentliche Inhalt des Berichts, und besonders die Resultate am Schlusse, bestimmt ausgesprochen und gewähren eine ziemlich deutliche Ansicht über den Nutzen des Verfahrens, in so weit sich, bei der Neuheit des Gegenstandes und der kurzen Zeit der Beobachtung, schon darüber urtheilen läfst. Der Herausgeber wird fortfahren, wenn ihm weiterhin *zuverlässige* Nachrichten über den Gegenstand zu Gesicht kommen sollten, dieselben den Lesern des gegenwärtigen Journals ebenfalls mitzutheilen.

Wenn man den vielfachen und wichtigen Nutzen erwägt, den das Eisen für Bauwerke aller Art hat, so mufs man es nothwendig lebhaft bedauern, dafs dieses Metall auf die Dauer so wenig den atmosphärischen Wirkungen widersteht. Es liefsen sich nur allzuviele Schäden aufzählen, die die Zerstörung des Eisens verursacht hat, und die oft die Zerstörung der gesammten Bauwerke nach sich zogen, welche zu befestigen das Eisen bestimmt war.

Man hat stets nach Mitteln gesucht, das Eisen gegen die Oxydation zu schützen. Anstrich und Verzinnung sind die gewöhnlichsten. Hie und da, z. B. bei den Hängebrücken, hat man auch die Ketten und Drahtseile, wo sie unter der Erde sich befanden, mit fettem Kalk umfüttert, um von der Eigenschaft der alcalischen Stoffe, das Eisen gegen Veränderungen zu bewahren, Nutzen zu ziehen. Schon in früherer Zeit hatte man vorgeschlagen, das Eisen mit einer dünnen Zinkhaut zu bekleiden, aber erst seit einigen Jahren wird dieses Mittel in Frankreich in gröfserer Ausdehnung benutzt. Dem Marine-Minister insbesondere kam es zu, durch zahlreiche Versuche jenes Schutzmittel für das Eisen prüfen zu lassen. Mit Vergnügen können wir berichten, dafs derselbe im vorigen Jahre angeordnet hat, in dem Hafen von Brest eine Menge verschiedener Eisenstücke bereiten und unter den verschiedensten Umständen prüfen zu lassen, um entweder die Vortheile der unter der Benennung *Galvanisation des Eisens* bekannt gewordenen Verzinkung dieses Metalls, oder aber die Nutzlosigkeit oder Nachtheile derselben aufser Zweifel zu setzen. Alle Baumeister werden es dem Marine-Minister Dank wissen, dafs auf diese Weise die Frage über jenes Schutzmittel des Eisens ins Klare gebracht werden wird. Die Einsichten und die Geschicklichkeit Derer, denen die Versuche aufgetragen wurden, dürften übrigens selbst die Begehrlichsten zufrieden stellen und ihnen Vertrauen zu der Richtigkeit der Ergebnisse einflöfsen. Da nun der Herr Baron *Menu de Mesnil* die Güte gehabt hat, uns den Bericht, den er über den Gegenstand zu verfassen hatte, mitzutheilen, so eilen wir, denselben unsern Lesern vorzulegen, überzeugt, dafs die Untersuchungen, die darin mit so vieler Klarheit auseinander gesetzt sind, sie interessiren und ihre Aufmerksamkeit weiter auf ein Verfahren lenken werden, von welchem so vielfache Anwendungen zu erwarten sind, und welches, wie wir glauben, bald in und aufserhalb Frankreich allgemeiner werden wird.

Königliche Flotte. Hafen von Brest.

Bericht der in Brest mit den Versuchen über die Anwendung des galvanisirten Eisens beauftragten Commission.

I.

Eine Ministerial-Verfügung vom 29sten Septbr. 1838 gebot die versuchsweise Anwendung verschiedener nach der Methode des Herrn *Sorel* in Paris zubereiteten galvanisirten Eisenstücke. Die von dem Präfecten des zweiten Marinebezirkes zu diesen Versuchen ernannten Commissarien erstatteten ihm am 16ten Febr. 1839 einen ersten Bericht und äufserten darin den Wunsch, es möchten noch mehr ins Grofse gehende Versuche gemacht werden, um über den Gegenstand zu sichern Ergebnissen zu gelangen. Der Minister genehmigte Solches und befahl durch die Verfügungen vom 18ten Januar und 25sten März 1840, dafs mit verschiedenen geschmiedeten und gegossenen Eisenstücken zu Brest neue Versuche angestellt und dafs zu dem Ende dem Herrn ***Artus,*** dem Beauftragten des Herrn ***Sorel,*** von der Flotte die zu seinem Verfahren nöthigen Gegenstände und Werkzeuge geliefert werden sollten.

Die frühere Commission, welcher noch ein Wasserbau-Ingenieur zugesellt wurde, beschäftigte sich nun sofort mit der Ausführung dieser Anordnung. Die Ingenieurs bei der Commission liefsen in einem der Säle des Krankenhauses St. Louis ein passendes Local zu den Versuchen einrichten. In den Hafen-Werkstätten wurde ein länglicher Kasten von über einen halben Zoll dickem Blech verfertigt; zu zwei andern kleineren Gefäfsen wurden verbrauchte Dampfkessel hergegeben; es wurden die nöthigen Öfen gebaut; eine Kufe aus starkem Blech wurde von den ausgedienten Wasserkasten herbeigeschafft; desgleichen hölzerne, mit Blei gefütterte Kufen zu der Reinigung (décapage) des Eisens, und Herr ***Artus*** erhielt alle Werkzeuge, die er verlangte, als: eiserne Löffel, Zangen verschiedener Art, Haken, Spatel etc. Die nöthigen Stoffe zu den Versuchen, als: Zink, Kork, Harz, Schwefel und Chlorsäure, Ammoniaksalz, Cokes und Holzkohlen, lieferte auf Anweisung des Marine-Präfecten das Flotten-Magazin.

Die Versuche wurden am 14ten Mai 1840 angefangen und bis zum 16ten August 1840 fortgesetzt; mit einigen Unterbrechungen, zur Herbeischaffung anderer Kufen oder Kästen, so wie sie nach und nach für die verschiedenen zu zinkenden Gegenstände nöthig waren.

Ehe wir zu der Aufzählung der Gegenstände übergehen, an welchen man die Versuche angestellt hat, so wie zu der Auseinandersetzung der Ergebnisse, wird es nöthig sein, kürzlich zu beschreiben, auf welche Weise man zu Brest bei der Verzinkung verfahren sei. Es ist diese Art des Verfahrens wenig von dem bei der *Verzinnung* des Eisens verschieden. (Man sehe ***Annales de physique et de chimie tome XII.***)

II.

Beschreibung des Verfahrens bei der Verzinkung des Eisens.

Es ist zu der Verzinkung des Eisens nichts weiter nöthig, als das dazu bestimmte Stück geschmiedeten oder gegossenen Eisens, nachdem es vorher vom Rost befreit worden ist (décapé), langsam in geschmolzenen Zink zu tauchen, es 3 bis 4 Minuten in demselben zu lassen, darauf allmälig es wieder herauszuziehen, den überflüssigen Zink in der Luft abzuschütteln, und es zuletzt schnell in kaltes Wasser zu bringen. Sodann scheuert man es mit feinem Sande ab und trocknet es. Die Galvanisation scheint also nichts weiter, als eine einfache Überziehung des Eisens, wie mit Zinn, zu sein. Aber während bei der *Verzinnung* das Eisen durch die Berührung mit dem Zinn nur noch um so oxydirbarer gemacht wird, so, dafs man, wenn wegen mangelhafter Vorbereitung, oder sonst durch ein Versehen Stellen unbedeckt geblieben sind, die Oxydation schnell um sich greifen sieht, bemerkt man hier, dafs, wenn bei dem Überziehen mit *Zink*, bei welchem die Oberfläche des Eisens mit dem Zink eine wirkliche Verbindung eingeht, zufällig Stellen unbedeckt geblieben sind, diese Stellen *allein* rosten, und dafs der Rost nicht weiter fortgeht. Dieser Umstand, der weiter unten näher gezeigt werden wird, beweiset, dafs bei der Galvanisation das Eisen nicht durch eine eigentliche galvanische Wirkung geschützt werde; wie man sonst allgemein glaubte. Bei den Vorbereitungen zum Zinken des Eisens, nemlich bei der Wegschaffung des Rostes, dem Abscheuern u. s. w., sucht man sorgfältig durch Abkratzen der Oberfläche das Eisen von Stoffen zu befreien, die der Wirkung der Säure widerstehen und den Zink verhindern, überall mit dem Eisen sich zu verbinden. Es geschieht dies ebensowohl, damit nicht Stellen blieben, die nicht in unmittelbarer Berührung mit dem Zink kommen, als um ein sauberes Resultat zu erhalten.

Die Reinigung des Eisens von Rost (décapage) erfordet viel Aufmerksamkeit. Während es unumgänglich nöthig ist, das der angewandten Säure ausgesetzte Eisen vollständig vom Rost auf der Oberfläche zu befreien, darf man auch die Oberfläche des Eisens von der Säure nicht zu stark angreifen lassen, sondern mufs sorgfältig auf den rechten Augenblick Acht haben, wo das Eisen aus dem sauern Bade zurückzuziehen ist. Man nimmt indessen zu der Reinigung nur schwache Säuren, wie z. B. das von der Reinigung der Körner-Öle kommende Wasser, oder Mischungen von 9 Theilen Schwefelsäure von 66 Graden, mit 100 Theilen Wasser. Das Wasser von den Ölen würde immer besser sein, sowohl weil es weniger kostet, als weil die übrigen Theile, die es enthält, sich an das Metall anhängen, sobald es entblöfst ist und es gegen die weitere Wirkung der Säuren schützen. Freilich müfste man alsdann das so gereinigte Eisen noch in ein alcalisches, mit einer Auflösung von Pottasche bereitetes Wasserbad tauchen, um wieder die übrigen Theile wegzuschaffen. Nach einiger Zeit sind die sauern Wasser nicht mehr brauchbar, weil sie dann fast ganz schwefeleisenhaltig geworden sind. Aber man könnte aus dieser Mischung leicht das Salz wieder ausscheiden, und was bleibt würde eine noch bessere Säure sein, als die vorherige. Der Zeitraum, welchen das Eisen in dem sauren Bade verbleiben mufs, beträgt 12 bis 24 Stunden, je nach dem Grade der Oxydation.

Die aus der Säure gezogenen Eisenstücke werden gereinigt, schnell durch Chlorwasserstoffsäure von 15 Grad gezogen und dann in eine Kufe gebracht, um vollständig zu trocknen Nur in dem Zustande vollkommener Trockenheit dürfen sie in den geschmolzenen Zink getaucht werden. Während der Eintauchung bestreut man das Zinkbad an dem Orte der Eintauchung mit Ammoniaksalz. Ein grofser Theil dieses Salzes verflüchtet sich; ein anderer Theil wird zersetzt, und endlich ein dritter, der allein wirksam ist, reinigt ein letztesmal das Eisenstück und macht seine Verzinkung noch sicherer und vollständiger. Der Gebrauch des Ammoniaksalzes, welches nicht wohlfeil und in ziemlicher Menge nöthig ist, erhöht die Kosten der Zinkung des Eisens nicht unbedeutend.

Das Zinkbad bedeckt sich bald mit einer schwarzen flüssigen Masse. die sich an die Oberfläche des Bades nicht anhängt, aber eine zusammenhängende Lage über derselben bildet. Die Arbeiter betrachten diese Masse als die Verzinkung begünstigend. Sie nehmen sie des Abends beim Schlusse der Arbeit von dem Zinkbade ab, und legen sie am nächsten Morgen wieder auf. Während der Nacht wird der Zink im Flufs erhalten; seine der Luft ausgesetzte Oberfläche trübt und oxydirt sich also, und man kann annehmen, dafs nun das Hinzuthun jener schwarzen Masse den Zink-Oxyd wieder zersetze und die zum Zinken des Eisens nothwendige Reinheit des Zinks wieder herstelle.

Herr *Langonné*, Flotten-Pharmaceut erster Classe und Mitglied der Commission, hat die schwarze Masse chemisch untersucht. Er hat sie aus Zink-Chlorure (chlorure de zinc) in Menge, aus etwas Eisen-Chlorure und aus einer unlöslichen Mischung von Ammoniak und Zink zusammengesetzt gefunden. Nun weifs man, dafs die Zink- und Ammoniac-Chlorure grofse reinigende Kraft haben: also läfst sich erachten, dafs die schwarze Masse sie ebenfalls besitze.

Die Zeit, welche die Eisenstücke in dem Zinkbade verweilen müssen, richtet sich nach der Gröfse der Stücke. Sind dieselben dünn, so müssen sie nur schnell hindurch gezogen werden. Gröfsere Stücke mufs man einige

Minuten in dem Zink lassen. In der Regel mufs man die Stücke herausziehen, sobald sie aufhören, zu rauchen, oder vielmehr, zu dampfen.

Das Eintauchen des gezinkten, noch sehr heifsen Eisens in kaltes Wasser ist nöthig, um zu verhindern, dafs sich Oxyd bilde, welches die Oberfläche des Zinks trüben würde; aber die Kälte giebt auch dem Eisen eine gewisse Härtung, die es, zusammen mit der mit seiner Oberfläche verbundenen Zinkschicht, spröder und brüchiger macht. Besonders Bleche sind wegen ihrer geringen Dicke diesem Übelstande unterworfen; und wirklich lassen sie sich weniger leicht biegen. Man hat indessen die Fabrication in diesem Punct auch schon vervollkommnet. Man härtet nicht mehr das Eisen, sondern schafft den schwachen Überzug von Zink-Oxyd, welcher sich auf der Oberfläche bildet und nicht fest anhängt, nach der Erkältung durch Reiben mit einer Mischung von Holzsägespähnen und Sand hinweg. Der Ingenieur, welcher der Bericht-Erstatter der Commission war, hat auf seiner neuerlichen Reise nach Paris auf diese Weise die Bleche, welche zur Bedeckung der neuen Werkstätten der Dampfmaschinen-Fabrik des Herrn *Halette* zu Arras bestimmt waren, zubereiten gesehen.

III.

Dieses ist das Verfahren, das Eisen zu galvanisiren, um es gegen das Rosten zu schützen, auf welches Herr *Sorel* im Jahre 1836 ein Patent genommen hat. Aber das Verfahren ist nicht neu. Herr *Maloin* trug der Akademie der Wissenschaften am 22. August 1742 eine Abhandlung über die Ähnlichkeit vor, die er zwischen dem Zink und dem Zinn gefunden hatte. Diese im Jahre 1745 in der Geschichte der Akademie der Wissenschaften gedruckte Abhandlung enthält S. 83 folgende Stelle, die wir wörtlich hersetzen, um unsere Bemerkung zu rechtfertigen.

„Die Ähnlichkeit, welche ich zwischen dem Zink und dem Zinn bemerkte, „veranlafste mich, Mittel zu suchen, um die Oberfläche von Kupfer mit einer „Lage Zink zu überziehen, auf eine ähnliche Art, wie man gewöhnlich das Kupfer „*verzinnt;* so wie auch, zu versuchen, Eisenblech zu verzinken, so wie man „es verzinnt. Ich wünschte sehr, dafs der Versuch gelingen möchte, denn „ich meinte, der Zink werde eine bessere weifse Farbe geben müssen, als das „Zinn, weil er viel härter ist und sich also weniger abnutzt. Desgleichen, „die Verzinkung würde auf den Schiffen besser dem Feuer widerstehen, weil „der Zink schwerer schmilzt, als das Zinn. Endlich habe das Zinn die üble

„Eigenschaft, die Hände und die Tücher beim Abtrocknen zu schwärzen, was „der Zink nicht thut; auch habe das Zinn einen unangenehmen Geruch, wäh- „rend der Zink geruchlos ist. Aus allen diesen Rücksichten versuchte ich die „Verzinkung von Kupfer und Eisen, statt der Verzinnung; und sie gelang „mir. Die Abhandlung des Herrn ***Réaumur*** vom Jahre 1725 über das Ver- „zinnen von Blechen leitete mich bei den verschiedenen Versuchen, die ich „erst machen mufste, um zu entdecken, auf welche Weise sich der Zink an „die Stelle des Zinns setzen lasse. Der Stoff, durch welchen mir die Ver- „suche am besten gelangen, war das ***Ammoniaksalz.*** Man mufs vor allen „Dingen erst das Eisen sehr sorgfältig säubern; darauf taucht man es in eine „Auflösung von Ammoniaksalz, und dann in geschmolzenen Zink; aus welchem „man es alsbald wieder herauszieht. Auf diese Weise erhält man weifse Bleche, „deren Überzug fester mit dem Eisen verbunden ist, als der gewöhnliche „Zinn-Überzug."

Das weiter oben beschriebene Verfahren weicht nun in keinem wesentlichen Punct von dem des Herrn ***Maloin*** im Jahre 1742 ab. Gleichwohl ist dieses, auf solche Weise längst bekannte Verfahren bis 1836 unbenutzt geblieben. Vielleicht konnte der Zink wegen seines damaligen hohen Preises noch nicht mit dem Zinn concurriren, denn es ist bekannt, dafs das Verfahren der Chinesen, den Zink zu gewinnen, erst 1770 in England und von da weiter in Europa bekannt wurde. Vorher erhielt man in Europa den zum Messing nöthigen Zink aus Indien. Vielleicht war auch die Nothwendigkeit, das Eisen gegen den Rost zu schützen, damals noch weniger fühlbar, als jetzt, wo das Eisen unendlich viel mehr benutzt wird, als in früherer Zeit. Indem Herr ***Sorel*** das Verfahren des Herrn ***Maloin*** unter einem neuen Namen wieder hervorgezogen hat, hat er zwar nur eine bekannte Idee aufgefrischt: aber durch Vervielfältigung der Anwendungen des Verfahrens, welches er ***Galvanisation des Eisens*** nennt, hat er nichtsdestoweniger etwas sehr Nützliches gethan. Die Vervollkommnung der Technik hat wie bekannt gar viele Schwierigkeiten und gelingt nur erst allmälig, nach gar vielen Versuchen.

IV.

Verzeichnifs der Gegenstände, mit welchen man Versuche angestellt hat.

Dem vom Minister am 22sten März 1840 genehmigten Vorschlage gemäfs hat die Commission mit einer Menge von Dingen von den verschiedensten Form und Bestimmung, aus geschmiedetem und gegossenem Eisen, Versuche angestellt. Folgendes ist das Verzeichnifs der vorzüglichsten derselben.

1. Eine Kochmaschine aus Eisen und Blech, mit Zubehör, 2555 Pfd. schwer, zum Versuch am Bord der Embuscade.
2. Eine Blechplatte zur Bedeckung eines Krahns, 30 Pfd. schwer, am Bord des Orestes.
3. 4 Wasserkasten, zwei von $32\frac{1}{2}$ und zwei von 65 C. F. Inhalt, 2967 Pfd. schwer, am Bord der Robuste, auf der Rhede von Brest.
4. 10 blecherne Eimer für die grofsen Schmieden.
5. 9 Bootshaken desgleichen.
6. Eine Blechbedeckung und Schornstein-Einfassung, 3917 Pfd. schwer, über eine Kufe zu den Schiffsbekleidungen.
7. Eiserne Nägel von verschiedener Gröfse, zusammen 3500 Pfd. an Gewicht.
8. Zwei Steuerruderbeschläge für Schiffsboote.
9. 20 platte Schlösser mit Ringen.
10. 20 Vorhängeschlösser.
11. 10 Schrankschlösser.
12. 25 Blechtafeln aus der Werkstatt, 322 Pfd. schwer.

No. 7 bis 12 hatten keine unmittelbare Bestimmung, sondern werden in die Magazine niedergelegt werden. Man wird die Art und Zeit ihres Gebrauchs genau notiren.

13. 1351 laufende Fufs Dachrinnen aus $\frac{1}{4}$ Linien dickem Blech, und 825 F. Fallröhren, alles zusammen 1784 Pfd. schwer.
14. An blechernen Kasten, Rinnenhaken, Ringen, Bändern, Draht, Nägeln etc., zusammen 657 Pfd.

No. 13 und 14 sind versuchsweise über den Sälen No. 11 und 12 des neuen Hospitals, so wie an der westlichen Seite der Caserne in dem Flottenquartier und über der Pulverkammer dieser Caserne angewendet worden.

15. Mit Eisendraht ausgeflochtene Rahmen, $134\frac{1}{2}$ Pfd. schwer, zum Versuch in dem Operationssaal des Flotten-Hospitals.
16. Ofenröhren und Röhrenkniee, 470 Pfd. schwer, zum Versuch in Wachthäusern.
17. 15 Kieldübel (organaux de cale), 98 Pfd. schwer, für den Kiel des Kervallon.
18. 19 Quai-Eisen mit Ringen, 1080 Pfd. schwer.

19. 2 dergleichen ohne Ringe, 480 Pfd. schwer.
20. 4 Ringe (manilles), mit ihren Bolzen, 832 Pfd. schwer.
21. 20 Pflöcke zu den Dübeln, 113 Pfd. schwer.

No. 18 bis 21 sind zum Versuch auf dem neuen Quai von Bocage bestimmt. Erst 6 sind verbraucht.

22. 2 eiserne Lüftungsgitter (caillebottis), 113 Pfd. schwer.
23. Beschläge von zwei durchbrochenen Thüren mit Vorhängeschlössern.

No. 22 und 23 sind am 18ten Septbr. 1840 in dem Leuchtthurme von St. Mathieu angebracht.

24. 7 Blechtafeln, Niethe, Nägel etc., 146 Pfd. schwer, im Depot der Werkstätte von Madeleine.
25. Ein Pumpenbalancier mit Auflager, grofse und kleine Bolzen, Schraubenmuttern, Kolbenstangen, Schlösser, Vorhängeschlösser, zusammen 163 Pfd. schwer, versuchsweise am Bord eines Pumpen-Bootes im Hafen benutzt.
26. 8 Schiffskettenglieder und 8 Ketten-Enden von 14 Linien im Durchmesser, zusammen 5092 Pfd. schwer; die ersten zum Versuch auf dem achten Posten, die andern im Depot im Magazin.
27. 7605 eiserne Tauringe (cosses), 5843 Pfd. schwer.
28. 8100 eiserne Ringe, 2010 Pfd. schwer.

No. 27 und 28 sind zum Theil an armirte Schiffe abgeliefert.

29. 100 achtzehnpfündige Vollkugeln, 1870 Pfd. schwer, und 225 achtpfündige dergleichen, 1845 Pfd. schwer; sämmtlich im Kugelpark in Haufen gesetzt.
30. 450 eiserne Kugeln von $25\frac{2}{3}$ Linien im Durchmesser, 587 Pfd. schwer.
31. 12 Platten mit Stiel, zu 30pfündigen Caronaden, 97 Pfund schwer.
32. 12 kegelförmige Unterstücke eben dazu, $137\frac{1}{2}$ Pfd. schwer.
33. 15 Pfund Eisendraht.
34. 10 Zangen und 10 Zielhebel, 393 Pfd. schwer.
35. 60 Pflöcke und Schliefsklammern von verschiedener Gröfse, 197 Pfd. schwer.
36. 10 dergleichen à moutonnet mit Rosetten und Schraubenmuttern, 128 Pfd. schwer.
37. 30 Bolzen verschiedener Art, 810 Pfd. schwer.
38. 10 Stützplatten der Zielspindeln und Zielhebel, 228 Pfd. schwer.
39. 20 obere Bänder von Schiffslavetten, 275 Pfd. schwer.

40. 20 Bänder und Klammern zu Drehzapfen, 54½ Pfd. schwer.
41. 20 S-Haken zu Schiffslavetten, 48 Pfd. schwer.
42. 10 Nägel mit Ringköpfen und Scheiben zu Lavetten 30pfündiger Caronaden, 261 Pfd. schwer.
43. 40 Pfannenbolzen mit Unterlagen, 138 Pfd. schwer.
44. Platten, Schraubenmuttern, Niethscheiben, 232 Pfd. schwer.
45 10 Drehzapfen zu 30pfündigen Caronaden, und Scheiben und Muttern. 288 Pfd. schwer.
46. 10 Perriersleuchter, 401 Pfd. schwer.
47. 10 Pfannen zu 30-pfündern, 719 Pfd. schwer.
48. Pflöcke, Nägel etc. 134 Pfd.
49. 10 Zielspindeln für Küstenlavetten nach dem neuen Modell, 263 Pfd. schwer.

No. 30 bis 49 haben noch keine weitere Bestimmung, sondern sind in dem Magazin der Artillerie-Direction niedergelegt, wo die Commission sie und ihre Beschaffenheit hat untersuchen können.

50. 29 8pfündige Kugeln.
51. 192 Kartätschenkugeln aus geschmiedetem Eisen, von verschiedenem Caliber.
52. Eine Zielschraube.
53. Eine Kette mit Gabel-Enden, eine Zange, eine 36pfündige Kugel und eine 6zöllige Bombe.

No. 50 bis 53 sind im Artillerie-Zeughause im Schlosse von Brest niedergelegt. Die Kugeln haben den Winter über im Hofe des Zeughauses gelegen.

Die Gegenstände von 29 bis 53 gehören dem Landheere. Der Kriegs-Minister hat dem Artillerie-Director befohlen, einen Officier zu senden, der den Versuchen bei der Flotte zu Brest beiwohne, und auf Begehren dieses Officiers hat man die oben verzeichneten Gegenstände mit zu den Versuchen gezogen.

Das obige Verzeichnifs der Dinge, mit welchen man experimentirt hat, ist beinahe vollständig.

Das Gewicht aller Eisenstücke zusammen, die verzinkt worden sind, beträgt etwa 388 Centner.

V.

Untersuchung der Eigenschaften des galvanisirten Eisens.

Nachdem Eisen verzinkt worden, hat es einen recht hellen Metallglanz, den es auch im *Trocknen* lange behält. In der feuchten Luft dagegen wird es allmälig trübe, und bedeckt sich mit einem weifslichen Ausschlag, welcher immerfort zunimmt, fest wird, an das Metall sich anhängt und auf der Oberfläche eine Rinde bildet, welche das Eisen gegen allen weitern Angriff schützt. Diese Veränderung geht mit dem verzinkten Eisen langsam vor sich und scheint erst nach 15 bis 18 Monaten zum Ende zu gelangen, wenn die Gegenstände der Luft ausgesetzt werden. Diese Bemerkung ist an einem zu Paris bereiteten Stück Blech gemacht worden, welches man auf ein Dach im Freien hinlegte. Die oben verzeichneten Gegenstände sind gröfstentheils jetzt seit 8 Monaten dem Einflufs der Atmosphäre ausgesetzt gewesen und haben noch nicht ganz ihren Metallglanz verloren. Es zeigen sich auf denselben einige weifse Flecke von kohlensaurem Zink, aber keine Spur von Eisen-Oxyd; was beweiset, dafs das Eisen bis jetzt vollkommen geschützt worden ist.

Säuren, selbst die schwächsten, so wie die Alcalien, greifen den Zink auf dem galvanisirten Eisen an, lösen ihn mit der gröfsten Leichtigkeit auf und entblöfsen das Eisen. In der Rothglühhitze verliert das verzinkte Eisen in einigen Minuten den überflüssigen Zink auf seiner Oberfläche, wird aber noch nicht entblöfst. Der wirklich mit dem Eisen verbundene Theil des Zinks hängt daran viel fester, ist härter, weniger schmelzbar und widersteht deshalb einige Zeit der Wirkung der Hitze. Man hat einen Nagel auf diese Weise im Feuer versucht. Er mufste lange der kirschrothen Glühung ausgesetzt werden, ehe merkliche Stellen des nackten Eisens zum Vorschein kamen. Die Frage wird noch bestimmter durch einen Versuch mit den Gliedern einer galvanisirten Kette entschieden werden, die man mit der hydraulischen Presse probirte. Die gebrochenen Kettenglieder sind durch andere, nicht verzinkte von gleicher Dicke ersetzt worden, wegen welcher Ausbesserung das Glühen der verzinkten Kette nothwendig war. [Diese Stelle von der Kette ist wohl ein wenig unverständlich. Die Angabe des Erfolgs fehlt. D. H.]

An verzinkten Blechtafeln hat man vorsätzlich nackte Stellen gelassen, um zu sehen, ob der anstofsende Zink das Eisen durch eine wirklich *galvanische* Wirkung gegen die Oxydation schützen werde. Aber die nackten Stellen rosteten in der Luft vollständig. Gleiches zeigte sich an dem verzinkten

Ringe eines am Leuchtthurm St. Mathieu angebrachten Vorhängeschlosses. Der Arbeiter hatte, um das Schlofs bequemer anbringen zu können, einen Theil des Ringes abgefeilt, und das entblöfste Eisen war auf der Stelle gerostet.

Es ist noch hinzuzufügen, dafs man ähnliche Tafeln in eine Halbtonne voll Wasser gelegt hat und dafs auf dem nackten Eisen nach mehreren Monaten noch keine Spur von Oxydation zu finden war. Dieser Erfolg ist dem ähnlich, welchen ***Dumas*** anführt, wo er von der Bereitung der verzinnten Bleche spricht. Man lieset in der ersten Ausgabe seines „Traité de chimie appl. aux Arts" Bd. IV. Buch 3. Cap. 20. S. 729 und 730 Folgendes. „Die aus der „verdünnten Schwefelsäure genommenen Blechtafeln werden in reines Wasser „gelegt und mit Sand und Hanf abgerieben. Dieses geschieht, um allen Rost „von der Oberfläche der Tafeln zu entfernen; denn die Stellen, wo sich der „geringste Rost und selbst Staub findet, nehmen den Zinn nicht an. Man legt „darauf die Tafeln in frisches Wasser, um sie bis zu dem Augenblick der Ver- „zinnung gegen die Oxydation zu schützen. Man hat gefunden, dafs die Ta- „feln, wenn sie wohl gereinigt sind, nicht rosteten, selbst nicht, wenn sie ein „Jahr lang unter Wasser blieben."

Den beiden obigen Thatsachen zufolge, scheint es, müsse man schliefsen, die Verzinkung schütze das Eisen gegen die Oxydation nur dadurch, dafs sie es vollständig gegen die Einwirkung der feuchten Luft bedeckt. Deshalb ist man denn auch bemüht, eine völlige Bedeckung des Eisens mit Zink ohne nackte Stellen zu erzielen.

VI.

Dicke der Zinkdecke auf dem verzinkten Eisen.

Diese Dicke zu ermitteln, hielt die Commission für nothwendig. Man hat zu dem Ende eine Menge von Versuchen mit Blechen und Kugeln angestellt.

Versuche mit neuen Kugeln.

Die Verzinkung der Kugeln schien nur anwendbar, wenn man sicher war, ihnen genau ihr Caliber zu erhalten. Man mufste also ermitteln, wieviel Masse durch die Reinigung vom Rost (décapage) verloren ging, um diesen Theil, wenn es anginge, durch einen gleichen Theil von Zink wieder zu ersetzen. Man hat mit 125 acht- und 100 achtzehnpfündigen neuen und gut conditionirten Kugeln Versuche angestellt.

Eine Kugel, welche 8,772 Pfund wog, verlor durch die Reinigung von Rost 0,043 Pfund und erhielt durch die Verzinkung 0,079 Pfd. zurück.

Eine andere, welche 8,725 Pfd. wog, verlor durch die Reinigung 0.02: Pfund und gewann durch die Verzinkung 0,073 Pfd.

Vier andere, welche zusammen 34,810 Pfd. wogen, gewannen durch die Verzinkung zusammen 0,288 Pfund, also jede 0,072 Pfd.

Diese ersten Versuche mit neuen und geuau calibrirten Kugeln ergaben also, dafs die Kugeln durch die Reinigung vom Rost im Durchschnitt 0,032 bis 0,038 Pfd. verloren und durch die Verzinkung 0,079 bis 0,081 Pfd. zurück erhielten, also durch dieselbe um etwa 0,043 Pfd. schwerer wurden. Durch Rechnung findet man, dafs durch diese Vermehrung des Gewichts der Durchmesser der Kugel um 0,073 Linien zunimmt, was gegen den Spielraum der Kugel (vent. du boulet) nicht bedeutend ist; denn derselbe beträgt 1,376 Linien. Aber diese Vergröfserung des Durchmessers ist, wie sich weiter unten zeigen wird, nicht die wirkliche Dicke des Zinks auf dem Eisen, oder die Dicke der Schicht. auf welche der Zink wirkt. Die Veränderungen sind unbedeutend für den Durchmesser der Kugeln. Man sieht indessen, dafs, wenn man den Caliber der Kugeln genau unverändert behalten wollte, bei der Reinigung 0.079 bis 0,081 Pfd. Eisen weggenommen werden müfsten.

Es entstand hier eine nicht unwichtige Frage, nemlich: ob sich die Masse von Wurfkugeln, die zu klein gerathen und deshalb umzugiefsen sind. vergröfsern lasse. Man stellte hierüber Versuche an und die Ergebnisse waren folgende.

6 Kugeln, jede 8,849 Pfd. schwer, 4 Minuten eingetaucht, gewannen jede 0,084 Pfd. an Gewicht;

6 andere Kugeln, jede 8,851 Pfd. schwer, 8 Minuten eingetaucht, gewannen jede 0,111 Pfd. an Gewicht;

6 andere Kugeln, jede 8,849 Pfd. schwer, 12 Minuten eingetaucht, gewannen jede 0,212 Pfund an Gewicht.

Damit die Temperatur, welche auf die Dicke der Zinklage einen bedeutenden Einflufs hat, immer dieselbe bliebe, tauchte man die Kugeln ohne Unterbrechung hinter einander in das Zinkbad. Es fand sich also, dafs in der That die Masse der Kugeln vergröfsert werden kann, wenn man sie länger in dem geschmolzenen Zink verweilen läfst. Indessen fand sich auch, dafs, wenn man mehr als 0,085 bis 0.107 Pfd. Zink sich ansetzen liefs, die Oberfläche uneben, wellenförmig und ungleich wurde: was nicht ohne Übelstand für den Gebrauch der Kugeln sein würde. Also nur wenn Wurfkugeln durch Abnutzung oder durch die Reinigung nicht mehr als 0,085 bis 0,107 Pfd. an Gewicht verloren haben, würden sie sich durch die Verzinkung wieder herstellen lassen, wenn man nicht noch etwa Mittel findet, die Verzinkung genauer zu verfertigen.

Die Prüfung des Calibers neuer Kugeln nach der Verzinkung, ehe sie in die Parks zurück gebracht wurden, ergab Folgendes.

88	18pfündige Kugeln	waren tauglich;
8	– – – – – –	gingen nur in einer Lage durch den Cylinder;
4	– – – – – –	gingen weder durch den Ring, noch durch den Cylinder.
Zusammen 100	Kugeln.	

121	8pfündige Kugeln	waren tauglich;
91	– – – – – –	gingen nur in einer Lage durch den Cylinder;
11	– – – – – –	gingen weder durch den Ring, noch durch den Cylinder.
Zusammen 223	Kugeln.	

Unter diesen 102 nicht tauglichen 8pfündigen Kugeln waren diejenigen, welche zu den oben beschriebenen Versuchen gedient hatten.

Versuche mit gerosteten Kugeln.

Man sonderte 31 Kugeln, welche die Land-Artillerie geliefert hatte, für die Versuche in zwei Haufen. In den ersten Haufen nahm man 14 8pfündige, 1 36pfündige Hohlkugel und 1 6zöllige Bombe; in den zweiten Haufen 15 8pfündige Kugeln. Alle diese Kugeln waren alt und in sehr schlechtem Zustande. Sie waren indessen noch probemäfsig; bis auf eine 8pfündige Kugel aus dem ersten Haufen und zwei aus dem zweiten, welche durch den kleinen Ring gingen

Die 14 8pfündigen Kugeln des ersten Haufens wogen vor der Reinigung zusammen 118,110 Pfd., also im Durchschnitt 8,436 Pfd., nach der Reinigung 115,702 Pfd., also im Durchschnitt 8,264 Pfd. Sie verloren also an Gewicht durch die Reinigung 2,408 Pfd. und im Durchschnitt 0,172 Pfd.

Die 15 Kugeln der zweiten Reihe wogen vor der Reinigung zusammen 126,562 Pfd., also im Durchschnitt 9,040 Pfd., nach der Reinigung 124,515 Pfd., also im Durchschnitt 8,894 Pfd. Sie verloren also durch die Reinigung an Gewicht 2,047 Pfd. und im Durchschnitt 1,462 Pfd.

Der bedeutende Unterschied des Verlusts neuer gegen alte Kugeln durch die Reinigung erklärt sich daraus, dafs erstere nur 12 Stunden, letztere dagegen 24 Stunden lang in dem sauern Bade bleiben mufsten.

Sieben Kugeln aus der ersten Reihe wogen nach einer ersten Verzinkung 58,330 Pfd., also im Durchschnitt 8,333 Pfd. Jede Kugel hatte 0,068 Pfd. durch die Reinigung an Gewicht verloren. An allen diesen Kugeln war die Verzinkung so mifsrathen, dafs sie in den Tiegel zurückgebracht werden mufsten. Auch wird ihrer nur im Vorbeigehen gedacht.

Nach der zweiten Verzinkung wogen 13 Kugeln 108,315 Pfd., also im Durchschnitt, ganz eben wie vorhin, jede 8,333 Pfd. Von diesen 13 Kugeln gingen 10 durch den kleinen Ring. Man verzinkte sie also zum drittenmal, um zu versuchen, ob sich die ihnen nöthige Gröfse durch die Verzinkung wiedergeben lasse. Die 10 Kugeln wogen vor dieser dritten Verzinkung 82,896 Pfd., also im Durchschnitt 8,290 Pfd., nach der dritten Verzinkung 83,814 Pfd., also im Durchschnitt 8,381 Pfd. Sie hatten also 0,918 Pfd. und im Durchschnitt jede 0,092 Pfd. Zink angenommen. Unmittelbar nach der Reinigung hatte im Durchschnitt eine Kugel 8,264 Pfd. gewogen, nach der letzten Verzinkung 8,381 Pfd. Es hatte also jede durch die 3 Verzinkungen um 0,117 Pfd. an Gewicht zugenommen. Bei der dritten Verzinkung war das Zinkbad schon sehr erkaltet und die Kugeln mufsten fast eine halbe Stunde eingetaucht bleiben. Ihre Oberfläche wurde sehr ungleich, die Zinklage war sehr ungleich dick und die Kugelgestalt schien verändert zu sein. Sieben Kugeln gingen nicht mehr durch den Ring.

Von den 8pfündigen Kugeln aus der zweiten Reihe wog jede nach der Reinigung 8,300 Pfd. und nach der Verzinkung 8,403 Pfd. und hatte also 0,103 Pfd. Zink angenommen. Im Durchschnitt gingen bei der Operation 0,034 Pfund verloren. Von diesen Kugeln gingen vor der Verzinkung 2 durch den Ring, nach der Verzinkung 8. Fünf Kugeln fand man, als sie aus dem Tiegel kamen, gespalten. In die Tonne geworfen sprang eine Kugel in drei Stücke. Man fand, als man diese Kugel untersuchte, eine Höhlung von durchschnittlich $4\frac{1}{2}$ Linien, die bis an die Oberfläche reichte. Um diese Höhlung herum dehnte sich eine Spalte fast über ein Drittheil des gröfsten Kreises aus. Aufserdem fand sich eine Spalte, die nicht bis nach Aufsen reichte.

Die 7 Kugeln wurden wieder in den Tiegel gethan. Sie wogen im Durchschnitt nach der zweiten Verzinkung 8,379 Pfd., nach der ersten 8,403 Pfd. und hatten also um 0,024 Pfd. an Gewicht zugenommen. Indessen ist zu bemerken, dafs der letzte Durchschnitt von den 7 kleinsten Kugeln genommen ist. Wahrscheinlich ist der Durchschnitt nach der ersten Verzinkung etwas kleiner, als der für die gesammten 15 Kugeln. Also werden sie wohl nach der zweiten Verzinkung an Gewicht weder verloren noch gewonnen haben.

Aus diesen Versuchen ersieht man nun den Einflufs, welchen die Dauer der Eintauchung und die Temperatur des Zinkbades auf die Dicke der mit dem Metall verbundenen Zinkschicht haben. Dauert die Eintauchung lange genug, so vermag eine schon gezinkte Kugel noch ferner Zink anzunehmen. Währt die Eintauchung nur 4 bis 5 Minuten, und hat das Zinkbad die für die richtige Wirkung nöthige Temperatur, so verändert sich die Dicke der schon gewonnenen Zinkschicht nicht merklich. Dieses geschieht durch eine verlängerte Eintauchung in ein Bad von niedrigerer Temperatur. Alles dieses erklärt sich leicht, wenn man eine wirkliche Verbindung der beiden Metalle unter einer Decke überflüssigen Zinks annimmt; welche Annahme auch durch folgende Thatsachen gerechtfertigt wird. Man liefs eine Kugel von 1,366 Pfd. schwer. 48 Stunden in dem Zinkbade. Als man sie herausnahm, hatte sie fast den doppelten Durchmesser. Hierauf tauchte man sie in Chlorwasserstoffsäure. um die Zinklage hinwegzunehmen, und als nun das Eisen entblöfst war, wog die Kugel nur noch 0,854 Pfd. Diesen Umstand bestätigt auch noch die teigige Masse in dem sehr grofsen Zinkbadtiegel. Dieselbe ist eine Verbindung aus 94 Theilen Zink und 6 Theilen Eisen, mit ein wenig Blei-Erz (plombagine). Sie ist dichter und weniger schmelzbar als der Zink, häuft sich allmälig auf dem Boden des Tiegels an und wird endlich so bedeutend, dafs sie der Verzinkungs-Operation schadet, und weggenommen werden mufs. Die Eigenschaft, welche die beiden Metalle haben, sich chemisch zu verbinden, läfst also keinen Zweifel übrig, dafs der das Eisen zunächst berührende Zink sich mit demselben wirklich verbinde. Es folgt dies aus den festen Anhängen des Zinks an das Eisen; in dem Grade, dafs der Zink weder durch Hämmern, noch durch Schmieden abgelöset werden kann.

Die obigen Versuche ergeben, dafs eine neue 8pfündige Kugel 0,081 Pfd. und eine verrostete 8pfündige Kugel 0,102 Pfd. Zink annehmen. Nähme man an, dafs der Zink die Kugel blofs umhülle, ohne in das Eisen einzudringen, was aber nicht ganz der Fall ist, indem vielmehr, wie gesagt, eine chemische Verbindung der beiden Metalle erfolgt, so würde sich, da der Durchmesser 8pfündiger Kugeln 47,221 Linien und ihre Oberfläche 7100 Quadratlinien beträgt, durch die Rechnung finden, dafs die Dicke der Zinkschicht um eine neue

Kugel 0,078 Linien und um eine verrostete Kugel 0,096 Linien beträgt. Diese aus dem Unterschied der Gewichte der Kugeln vor und nach der Verzinkung gefundenen Maafse sind aber nicht die wirklichen; denn es zeigte sich, dafs während der kurzen Zeit, welche die Kugeln in dem sehr heifsen Zinkbade zubrachten, eine Auflösung eines Theils des Eisens Statt fand. Die Zinkmasse mufs um den dem aufgelöseten Eisen gleichen Theil zunehmen. Übrigens ist Solches hier ziemlich gleichgültig, da die Masse des Zinks, des Eisens und der Verbindung beider ungefähr gleich sein müssen und also der Ersatz eines geringeren oder gröfseren Theils des Eisens durch eine gleiche Masse von Zink oder durch eine Verschmelzung beider Metalle nicht merklich, weder den Durchmesser, noch das Gewicht der Kugeln verändern kann.

Versuche mit Blechen.

Erstlich, dünnes Blech, No. 14. Eine Tafel dünnen Blechs von 32,12 Zoll lang, 3,44 Zoll breit und 0,289 Linien dick, also von 222,20 Quadratzoll Oberfläche, gab folgende Resultate. Sie wog vor der Reinigung 0,6082 Pfd., nach der Reinigung 0,6061 Pfd. und hatte also durch die Reinigung 0,0021 Pfd. an Gewicht verloren. Nach der Verzinkung wog sie 0,7257 Pfd. Rechnet man hiernach und setzt das eigenthümliche Gewicht des Blechs 6,861 mal demjenigen des destillirten Wassers, so ergiebt sich, dafs die Verzinkung auf den *Quadratfufs* Blech 0,101 und auf das *Pfund* Blech 0,196 Pfd. wog und dafs die Zinkschicht 0,032 Linien dick war.

Zweitens, Blech von mittler Dicke, No. 13. Zuerst wurde ein Versuch mit 6 Blechtafeln von 0,408 Linien dick gemacht, welche 90,453 Q. F. Oberfläche hatten. Diese 6 Bleche wogen nach der Reinigung 66,178 Pfd. und nach der Verzinkung 78,489 Pfd. Daraus ergiebt sich, durch eine ähnliche Rechnung wie oben, an Gewicht der Verzinkung, auf den *Quadratfufs* Blech 0,135 Pfd. und auf das *Pfund* Blech 0,184 Pfd.; für die Dicke der Zinkschicht aber 0,041 Linien.

Sodann wurden 6 Blechtafeln von 0,417 Linien dick und 89,093 Q. F. Fläche verzinkt. Sie wogen nach der Reinigung 66,654 Pfd. und nach der Verzinkung 77,496 Pfd. Daraus ergiebt sich an Gewicht der Verzinkung auf den *Quadratfufs* Blech 0,121 Pfd., auf das *Pfund* Blech 0,162 Pfd. und für die Dicke der Zinkschicht 0,037 Linien.

Drittens, starkes Blech, No. 8. zu Wasserkasten. Zuerst wurde wieder eine Tafel solchen Blechs von 45,12 Zoll lang und 22,94 Zoll breit, also von 14,37 Q. F. Oberfläche und 1,652 Linien dick, verzinkt. Die Tafel wog nach der Reinigung 42,899 Pfd. und nach der Verzinkung 45,247 Pfd., hatte also 2,348 Pfd. Zink angenommen. Daraus ergiebt sich für das Gewicht der Verzinkung auf den Quadratfufs 0,163 Pfd., auf das *Pfund* Blech 0,054 Pfd. und für die Dicke der Zinkschicht 0,050 Linien.

Sodann wurde eine Blechtafel von 53,53 Zoll lang, 22,94 Zoll breit, also von 17,55 Q. F. Oberfläche und 1,560 Linien dick, verzinkt. Die Tafel wog nach der Reinigung 47,531 Pfd., nach der ersten Verzinkung 50,775 Pfd. und nach der zweiten Verzinkung 51,223 Pfd. Daraus ergiebt sich an Gewicht der Zinkschicht auf den *Quadratfufs* 0,190 Pfd., auf das *Pfund* Blech 0,059 Pfd. und für die Dicke der Zinkschicht 0,055 Linien. Als nach einer ersten Verzinkung die Tafel noch einmal in das Zinkbad getaucht worden war, hatte sie, wie aus dem Obigen erhellet, noch 0,448 Pfd. oder 0,052 Pfd. Zink auf den Quadratfufs angenommen, also noch etwa den vierten Theil dessen bei der ersten Verzinkung.

Aus diesen Versuchen folgt nun, dafs die Dicke der Zinkschicht auf Blechen 0,032 bis 0,055 Linien beträgt; so dafs man im Durchschnitt 0,041 Linien für die Dicke des Zinks annehmen kann, der das galvanisirte Eisen bedeckt. Diese Dicke ist so gering, dafs sie unzureichend scheinen würde, wenn nicht zu erwägen wäre, dafs der Zink vermöge seiner chemischen Verbindung mit dem Eisen in dasselbe noch tiefer eindringt. Aus dem letzten der beschriebenen Versuche mit Blechen ergiebt sich auch, dafs auch das geschmiedete Eisen, eben wie das gegossene, durch eine zweite Eintauchung in das Zinkbad noch mehreren Zink aufzunehmen vermag.

VII.

Versuche zur Ermittlung der Wirkung der Luft und des Wassers auf verzinkte Bleche.

Man legte in Gefäfse, die mit verschiedenen Arten trinkbaren Wassers gefüllt waren, gezinkte Bleche von gleicher Gröfse und tauchte sie gänzlich darin unter. Die Bleche hatten nach mehreren Monaten noch ihren vollen Glanz; auch schien das Wasser, welches klar geblieben war, nicht merklich verändert zu sein. Es fanden sich blofs auf dem Boden der Gefäfse einige Flocken Zinkhydrat.

Man setzte auch gezinkte Bleche der Luft und dem Wasser zugleich aus, um zu sehen, ob hier der Erfolg anders sein würde. Zu dem Ende stellte man in gleich grofse Gefäfse gezinkte Blechtafeln von gleicher Gröfse senkrecht hinein und brachte nur so viel Wasser in die Gefäfse, dafs die Blechtafeln nicht ihrer ganzen Länge nach bedeckt wurden. Um abwechselnd die Luft und das Wasser darauf wirken zu lassen, schüttelte man von Zeit zu Zeit die Gefäfse.

Beim ersten Versuche war es eine gezinkte Blechtafel von 29,23 Quadratzoll Oberfläche, die man in 0,69 Pfund *Quellwasser* legte. Das Gewicht des entstandenen Oxyds betrug 0,00043 Pfd. Das Wasser wurde anfangs trübe; dann klärte es sich und setzte Zinkhydrat ab. Darauf wurde das Blech trübe und es setzte sich ein weifslicher Anflug darauf an, der sich *zum Theil* niederschlug. Der bleibende Theil hing fest an der Tafel. Es schien dieselbe merklich angegriffen.

Bei einem zweiten Versuche legte man eine gezinkte Blechtafel von 29,23 Quadratzoll Oberfläche in 0,69 Pfund *Meerwasser*. Der Erfolg war dem vorigen ähnlich; das Gewicht des entstandenen Oxyds betrug 0,00075 Pfd., nur behielt die Tafel weniger Hydrat an sich und schien weniger angegriffen. Man bemerkte darauf einen schwärzlichen Streifen, welcher hätte glauben machen können, das Eisen sei an dieser Stelle entblöfst worden.

Bei einem dritten Versuche legte man eine gezinkte Blechtafel von 29,23 Quadratzoll Oberfläche in 0,69 Pfd. *destillirtes Wasser*. Auch hier war der Erfolg dem bei den beiden vorigen Versuchen ähnlich; nur rascher. Das Gewicht des entstandenen Oxyds betrug 0,00083 Pfd. Der Hydrat hing an der Tafel weniger fest, als bei dem ersten Versuche.

Es folgte also aus diesen Versuchen, dafs die Dauer gezinkter Blechtafeln weniger gesichert ist, wenn sie abwechselnd von der Luft und vom Wasser berührt werden, als wenn das Wasser sie ganz bedeckt.

Es ist zu bemerken, dafs, den obigen Versuchen zufolge, das aus der Verkalkung des Hydrats entstehende Zink-Oxyd für Quellwasser weniger beträgt, als für Meerwasser und für destillirtes Wasser; so dafs also ein gewisser kleiner Theil von Salzen die chemische Wirkung des Wassers auf den Zink zu schwächen vermöchte. Dieses folgt insbesondere aus der gröfseren Menge von Hydrat in dem destillirten Wasser; aber der Versuch mit dem Meerwasser zeigt wieder an, dafs des beigemischten Salzes nicht zu viel sein darf.

Das Quellwasser, welches zu dem Versuche gedient hatte, wurde chemisch untersucht, um zu sehen, ob es nicht andere Eigenschaften angenommen hatte. Nach dreimonatlicher Berührung mit der Blechtafel wog es nur noch 0,64 Pfd. Durchgeseigt war es klar, geruchlos und ohne metallischen Beigeschmack. Es färbte Lackmuspapier, welches vorher durch eine Säure geröthet worden war, blau; was also die Gegenwart von einigem freien Alcali anzeigte. Der

Verdunstung ausgesetzt und auf die Hälfte seines Volumens gebracht, verlor es nichts von seiner Durchsichtigkeit und gab bei der Abkühlung keinen Niederschlag. In diesem Zustande dem Bitterlaugensalze (hydrocyanate de potasse ferruré) und der reinen Pottasche (carbonate de potasse) ausgesetzt, erfuhr es keine merkliche Veränderung. Eben so wenig vom Schwefelwasserstoff. Hierauf bis zu 0,064 bis 0,085 Pfd. verdunstet, zeigte dieser Rest viel Alcali-artiges und gab einen Niederschlag von Schwefelkalk; der flüssige Theil über dem Bodensatz wurde mit Schwefelwasserstoff behandelt, als dem am stärksten auf Zink wirkenden Stoffe. Man erhielt eine geringe Trübung, welche andeutete, dafs etwas aufgelöseter Zink vorhanden sein könne; aber da kein Niederschlag erfolgte, so war es nicht möglich, die Existenz desselben zu bewähren.

Eben das ergab sich unmittelbar mit 838 C. Z. Quellwasser, in welches man ein Stück gezinkten Blechs 10 Monate lang *ganz* eingetaucht hatte. Das Wasser, obgleich klar genug, enthielt schwebend ein wenig Zink-Oxydhydrat. Durchgeseigt und mit Schwefelwasserstoff behandelt, zeigten sich deutlich Spuren von Schwefelzink, welcher das Wasser trübte.

Der Alcaligehalt rührt offenbar von der durch die Berührung des Zinks mit der atmosphärischen Luft hervorgebrachten Zersetzung des Seesalzes her, welches sich in dem Trinkwasser von Brest findet.

Aus den obigen Versuchen, welche die gegenseitige Wirkung des Wassers und des gezinkten Eisens aufeinander zeigten, konnte zwar die Commission schon schliefsen, wie es sich mit Kasten aus gezinktem Eisen zur Aufbewahrung des Wassers am Borde der Schiffe verhalten werde; allein sie wollten dies durch

Directe Versuche mit Kasten aus verzinktem Eisenblech

zu ermitteln suchen. Es wurden also mehrere kleine blecherne cubische Kasten von 112 C. Z. Inhalt in den Hafenwerkstätten verfertigt, mit Wasser angefüllt und der Luft ausgesetzt. Das Ergebnifs an Zinkhydrat wurde gewogen und es fand sich Folgendes.

Das ***Quellwasser,*** in einem Kasten von 112 C. Z. Inhalt, hatte keine merkbare Veränderung seiner Durchsichtigkeit erlitten. Am Schlusse des Versuchs bemerkte man zwar einige kleine Flocken, aber sie waren zu leicht, um sich absondern zu lassen. Das Innere des Kastens schien nicht angegriffen.

Aus 56 C. Z. ***Quellwasser*** erhielt man 0,478 ***Loth*** Oxyd. Das Wasser nahm allmälig einen Opalschimmer an, setzte Flocken und Hydrat ab und klärte sich. Am Kasten zeigte sich aufserhalb des Wassers einiger weifslicher Anflug. Unter Wasser aber war der Kasten vollkommen unverändert.

Aus 56 C. Z. ***Meerwasser*** erhielt man 0,092 *Loth* Oxyd. Das Wasser nahm eine weifsliche Farbe an, gab einen ziemlich merkbaren weifsen Niederschlag und am Boden des Kastens zeigten sich schwarze Flecken, wie wenn das Eisen entblöfst worden wäre.

Dieses waren die Ergebnisse nach dreimonatlicher Dauer der Versuche. Die Kasten waren blofs im Schutz gegen den Regen gewesen und wurden häufig geschüttelt, um das Metall abwechselnd mit der Luft und dem Wasser in Berührung zu bringen und sie möglichst in denjenigen Zustand zu versetzen, in welchem sie sich am Bord der Schiffe durch die Bewegung derselben befinden.

Die Übersicht der beschriebenen Versuche zeigt, dafs sich, wie schon oben bemerkt, die Zinkschicht auf dem Eisen am besten erhält, wenn das Eisen ganz unter Wasser ist. Niemals hat man in diesem Fall irgend eine Spur von *Eisen*-Oxyd wahrgenommen. Man hat das Wasser von dem zweiten der drei letzten Versuche, aus welchen man 7 Centigrammen *Eisen*-Oxyd erhielt. untersucht. [Weiter oben scheint von *Zink*-Oxyd die Rede zu sein und es sind 0,007 Kilogr., also 7 *Grammen* angegeben, welches 0,478 Loth ausmacht. D. H.] Dieses Wasser fand sich, aus dem Kasten genommen, durch die Verdunstung auf 28 C. Z. reducirt. Filtrit war es klar, geruchlos und ohne allen metallischen Beigeschmack. Es zeigte sich gegen die Reagentien alcalisch. nicht aber so dem Geschmacke nach. In einer Platinaschale verdunstet, zeigte es weiter nichts Bemerkenswerthes. Bis auf 0,064 bis 0,085 Pfund verdunstet, wurde es mit Schwefelwasserstoff behandelt. Die Durchsichtigkeit verminderte sich um etwas: woraus folgte, dafs einige aufgelösete Zink-Atome vorhanden sein konnten.

Die chemische Untersuchung ergab also, dafs das Quellwasser in Kasten aus verzinktem Eisenblech eine geringe Veränderung erleidet, indem es schwach alcalisch wird und einige Spuren einer Zusammensetzung aus auflöslichem Zink zu enthalten scheint; desgleichen, dafs es schwebend Zinkhydrat enthält, dessen Wirkung für die Organisation lebender Wesen, obgleich sehr gering, doch auf die Dauer nachtheilig sein könnte. Es dürfte nicht wohlgethan sein, von dem Wasser Gebrauch zu machen, ohne es vorher von dem Zinkhydrat durch eine vervollkommnete Filtration befreit zu haben. Dann aber würde noch zu untersuchen sein, ob der Zink, der ungeachtet der Filtrirung übrig bleibt, der Gesundheit schädlich sein könne. Diese wichtige Frage wird erst durch die Analyse des Wassers sich beantworten lassen, welches sich in den rein verzinkten Kasten befindet, die an Bord der Gabarre Le Robuste auf der Rhede von Brest gebracht sind. Zwei dieser Kasten sind mit Meerwasser, die beiden andern mit süfsem Wasser gefüllt. Sie sind im Versuch seit dem 23. Decbr. 1840.

Die hier beschriebenen Untersuchungen sind gänzlich von einem der Mitglieder der Commission angestellt, dem Herrn *Langonné*, Flotten-Pharmaceuten erster Classe. Die Commission, welche die gröfste Aufmerksamkeit auf die Frage gewendet hat, ob die gewöhnlichen Wasserkasten, deren Zerstörung sehr schnell erfolgt und deren Erneuerung sehr kostbar ist, durch Kasten aus verzinktem Blech zu ersetzen sein dürften, kann sich vor der Beendigung der Versuche am Bord des Robuste nicht darüber entscheiden. Auch fehlen noch bei diesen Versuchen die fortwährenden Erschütterungen, welchen die Wasserkasten auf Schiffen in offener See ausgesetzt sind. Einstweilen hat die Commission das, was sich über den Gegenstand bisher ergeben hat und was zu ferneren Verbesserungen führen könnte, in ihrem Bericht berühren zu müssen geglaubt.

VIII.

Specielle Untersuchung der 8 Monate lang geprüften Gegenstände.

Alle in §. IV. verzeichneten Gegenstände wurden von der Commission 8 Monate lang, der Luft ausgesetzt, oder ins Wasser getaucht, beobachtet. An keinem Gegenstande war nach Verlauf dieser Zeit das geringste Zeichen einer Veränderung zu bemerken. Auf einigen Kettengliedern sah man zwar Rostflecke, aber sie waren nur wenig fest, und nachdem man den Rost abgerieben hatte, kam die verzinkte Oberfläche wieder zum Vorschein. Bei der genauern Untersuchung eines dieser Rostflecke an einem Kettenring fand sich, dafs das Eisen im Innern einen Fehler hatte. Die Säure, mit welcher das Eisen gereinigt worden, war in den Spalt gedrungen, der Zink hatte in denselben nicht eindringen können, und so war Eisen-Oxyd entstanden, welches, durch das Wasser verdünnt, nach einiger Zeit auswendig einen grofsen Flecken hervorgebracht hatte.

Aus diesen Beobachtungen hat die Commission geschlossen, dafs die schützende Kraft des Zinks in der That so wirksam sein dürfte, als sich füglich erwarten läfst; und so scheinen also die Ergebnisse der Erfahrung dem vorgeschlagenen Schutzmittel günstig.

Blecherne Eimer, Dachdecken von Blech etc. Die blechernen Eimer, welche man in den grofsen Schmieden der Schiffswerfte 8 Monate lang gebraucht hatte, waren noch in dem vollkommensten Zustande, während andere, mit Theer überzogene Eimer schon bedeutend gelitten hatten. Die Blechdecke auf den Räumen zum Biegen der Schiffsplanken im Hafenbassin ***Du Salon,*** an der Seite der Recouvrance, ist noch so unbeschädigt, als am ersten Tage und beweiset hinlänglich, dafs es vortheilhaft sein würde, auch gröfsere Gebäude, wie z. B. die Schmelzwerke, mit verzinktem Blech zu bedecken.

Nägel. Die 3586 Pfd. verzinkte Nägel von verschiedener Gröfse, welche man in den Magazinen niedergelegt hatte, waren vollkommen wohl erhalten, und obgleich noch keine andere als die in dem Bericht vom 16. Decbr. 1839 beschriebenen Versuche damit angestellt worden sind, nimmt die Commission doch keinen Anstand, folgende Meinung auszusprechen. ***Erstlich***, dafs es in Rücksicht auf eine längere Dauer vortheilhaft sein würde, die Pflöcke, Nägel und Bolzen zu den Schiffskörpern zu verzinken. Einige, freilich noch zu unvollständige Versuche scheinen selbst die Hoffnung zu geben, dafs das galvanisirte Eisen statt der ***kupfernen*** Nägel und Pflöcke zu dem Beschlage der Schiffskörper mit Kupfer tauglich sein dürfte. ***Zweitens***, dafs die verzinkten Nägel zu den Verdecken der Schiffe brauchbar sein dürften. Man weifs, dafs die in eichene Bohlen getriebenen eisernen Nägel auf der Oberfläche des Holzes bald schwarze Flecken machen, welche von einer Verbindung des Eisens mit der Gallussäure im Holze herrühren, allmälig tiefer dringen und die Holzfasern angreifen. ***Drittens,*** dafs man zur Befestigung der Schiefer auf Dächern immer verzinkte statt eiserner Nägel nehmen sollte. Die eisernen Nägel rosten hier sehr bald; besonders auf Gebäuden an der Seeküste, wie z. B. Pulvermagazine, Lazarethe, Casernen und Magazine in den Forts, welche die Rheden beschützen. Das Verrosten der Nägel ist die vorzüglichste Ursach, dafs diese Dächer von den heftigen Stürmen zerstört werden.

Dachrinnen. In ihrem Bericht vom 18. März 1840 hatte die Commission den Wunsch ausgedrückt, Dachrinnen aus verzinktem Blech neben den Dachrinnen aus verzinntem Blech und aus Zink, die sich an dem neuen Marine-Hospital befinden, beobachten zu können. Die Rinnen von verzinntem Blech, welche auf dem Saale No. 26, auf den Gebäuden am Eingange des Hospitals und auf dem Aufnahmesaal im October 1837 gelegt sind, befinden sich noch in gutem Zustande, aber der Erfahrung nach dauern solche Rinnen nicht über 10 Jahre und müssen dann erneuert werden. Die Rinnen aus Zink über den Gallerieen, welche man im October 1838 gelegt hat, sind ebenfalls noch in gutem Zustande; blofs der Eisendraht, welcher zur Befestigung dient, zeigt schon seine Stelle in der Dicke des Zinks, in Folge einer galvanischen Wirkung.

Im Juli und August 1840 legte man nun über die Säle No. 11 und 12 des Hospitals Dachrinnen aus ***verzinktem*** Blech; so wie auch auf die Vorderseite des westlichen Marinequartiers. Dieselben sind bis jetzt im besten Zustande und es zeigen sich noch nirgends Rostflecke. Zwar ist noch nicht Zeit genug verflossen, um die wahrscheinlichen Vorzüge dieser Rinnen vor denen aus verzinntem Blech oder aus Zink zu erkennen, aber es ist sehr zu vermuthen, dafs sie viel dauerhafter sein werden; und da sie nicht theurer sind, als die Rinnen aus verzinntem Blech, so ist die Commission überzeugt, dafs es rathsam sein dürfte, die jetzigen blechernen Dachrinnen allmälig durch Rinnen aus verzinktem Blech zu ersetzen.

Ofenröhren. Auch bei diesen Röhren aus verzinktem Blech sind die Ergebnisse im Vergleich gegen die Röhren aus gewöhnlichem Blech, die so leicht zerstört werden, vortheilhaft gewesen. Zwar verliert das verzinkte Blech, wenn es dem Feuer ausgesetzt wird, seine Zinkdecke, aber doch nur sehr langsam; besonders wenn das Feuer nicht sehr lebhaft ist. Dann aber hindert auch nichts, die erste Röhre, die in unmittelbare Berührung mit der Flamme kommt, aus gegossenem Eisen zu machen; wie es in den Koch-Öfen der Casernen üblich ist.

Gitterrahmen und Draht. Man hat Gitterrahmen aus galvanisirtem Eisen über dem verglaseten Rahmen des Operationssaales des Marine-Hospitals versucht. Nach 8monatlicher Dauer der Versuche ist die Commission einstimmig der Meinung, dafs diese Anwendung des verzinkten Eisens hier vorzüglich passend ist. Die Rahmen aus gewöhnlichem Eisendraht rosten hier in der feuchten Luft sehr schnell und der Rost fällt auf das Glas und benimmt ihm seine Durchsichtigkeit. [Diese Fenster liegen also wahrscheinlich wagerecht, oder fast wagerecht. D. H.] Diesen grofsen Übelstand heben die Gitter aus verzinktem Eisendraht. Zwar benimmt die Zinkschicht, welche mit dem Eisen eine Masse ausmacht, und die Härtung, die das Eisen bei der Verzinkung erfährt, dem nur schwachen Eisendraht einen Theil seiner Kraft; wie man sich auch durch einen directen Versuch überzeugt hat: aber der Verlust ist in vielen Fällen ohne allen Nachtheil, und gegentheils wird ja der nicht verzinkte Eisendraht durch den Rost sehr bald ganz zerstört. Auch hält die Commission diesen letzten [es ist vielleicht der verzinkte Draht gemeint. D. H.] für vortheilhaft zu Kartätschenkörben, zu Haken zu Klingeln, Dachrinnen etc.

Ketten. Eine Kette von $5\frac{1}{2}$ Linien dick ohne Spannstücke, die seit dem 28. März 1839 in Wasser gelegt war, wurde vollkommen erhalten gefunden. Man sahe blofs an einigen Gliedern die weiter oben erwähnten gelben Flecke. Die Commission liefs die Kette mit der Wasserpresse versuchen, um zu sehen, ob die Zähigkeit des Eisens merklich abgenommen habe. Nach dem Tarif der Schmieden de la Chaussade müssen dergleichen Ketten 62 Ctr. aushalten. Die galvanisirte Kette bestand diese Probe ebenfalls, zerrifs unter einer Kraft von 72 Ctr., und dreimal nach einander unter 78 Ctr. Der Bruch erfolgte besonders an den geschweifsten Stellen, wo die Glieder am schwächsten sind. Blofs ein Kettenglied war mitten in der gröfsten Seite zerrissen, weil daselbst ein Eisenspan sich befand, der einen Rostfleck hervorgebracht hatte. Eine nicht galvanisirte ähnliche Kette zerrifs bei der ersten Probe an der geschweifsten Stelle mit 76 Ctr. Aus diesen Versuchen schlofs die Commission, dafs die Zähigkeit des Eisens durch die Verzinkung nicht merklich vermindert werde, weil die Ketten die bestimmte Kraft hatten, sowohl vor, als nach der Verzinkung [Bei dem Draht war es, dem Obigen zufolge, anders. D. H.]. Ankerketten von $13\frac{3}{4}$ Linien im Durchmesser werden noch im Hafen versucht und es werden sich die Versuche leicht weiter fortsetzen lassen. Die vorstehenden Bemerkungen finden auch Anwendung auf die Ringe und Eisen an Quais und Ausladungsstapeln.

Thürbeschläge. Schlösser. Vorhängeschlösser. Ein sehr entscheidender Versuch ist mit verzinkten Thürbeschlägen, Schlössern und Vorhängeschlössern an dem Leuchtthurm St. Matthieu gemacht worden. Bekanntlich sind diese Dinge hier, in einer bald trocknen, bald feuchten, mit salzigen Dünsten gefüllten Luft, insbesondere der Zerstörung ausgesetzt. Jedermann hat in den Forts und Batterieen der Rheden ungeheure Eisenstücke ganz vom Rost verzehrt gesehen, so dafs sich davon Spähne von fast $\frac{1}{2}$ Zoll dick ablösen liefsen. Dagegen fanden sich die verzinkten Beschläge, Vorhängeschlösser, Haken und Schlösser am Leuchtthurm St. Mathieu noch so unversehert, wie sie aus der Werkstatt gekommen waren, und die Schlösser liefsen sich noch so leicht schliefsen, wie am ersten Tage. Die Commission ist der Meinung, dafs man in solchen Fällen ausschliefslich des verzinkten Eisens sich bedienen sollte.

Beschläge von Küstenlavetten. Die mannigfaltigen Beschlagstücke der Küstenlavetten, als Splintpflöcke, Bolzen, Platten unter Schraubenspindeln und

Zielhebeln, Überwüfre, Nägel mit Ringköpfen, Schilder etc., sind hier auf ähnliche Weise der Zerstörung ausgesetzt, wie die vorhin erwähnten Thürbeschläge. Auch hier hält die Commission die Verzinkung für sehr nützlich. Nicht aber für die Zielschrauben, weil diese eine grofse Genauigkeit erfordern, die sich bei der Verzinkung nicht bewahren läfst.

Hülsen und Ringe am Takelwerk. An 78 Ctr. von diesen Eisen sind verzinkt und den bewaffneten Fahrzeugen geliefert worden. Die in den Magazinen zurückgebliebenen geben die Vermuthung, dafs es mit den benutzten ähnlicherweise sein werde. Der wesentliche Nutzen, welchen hier die Verzinkung gewähren möchte, dürfte sein, dafs die Eisenstücke dann nicht mehr Rostflecke auf den Segeln machen werden, die für das Gewebe derselben nachtheilig sind.

Band-Eisen. Die eisernen Bänder um die Salzfleischfässer, die durch die starke Wirkung des Salzwassers so schnell zerstört werden, erhalten sich sehr gut, wenn sie verzinkt sind. Die Commission hält hier die Verzinkung für sehr nützlich und glaubt, dafs dadurch hier eine bedeutende Ersparung erzielt werden könne.

Wasserkasten. Ehe die Commission über dieselben ihre Meinung aussprechen kann, mufs sie das Ergebnifs der weiter angestellten Versuche erwarten, die aber nicht mehr ein Jahr Zeit erfordern werden.

Aus dem Vorstehenden erhellet, dafs die Verzinkung des Eisens unleugbar für die Erhaltung desselben nützlich ist. Ehe man indessen diese Operation überall anwendet, wo sie anwendbar sein dürfte, wird es gut sein, auch noch erst zu ermitteln, in wie fern *altes verzinktes Eisen* brauchbar sei. Wie bekannt wird jetzt altes Eisen, welches in die Magazine zurückkehrt, entweder im Zeughause umgearbeitet, wo man andere Stücke daraus schmiedet, oder es wird in den Hochöfen umgeschmolzen, um neue Stangen daraus zu machen. Es wäre nun die Frage, ob das verzinkte Eisen ebenfalls noch, ohne dafs die Qualität des Eisens verliert, dazu tauglich sei. Es wird nöthig sein, dieses noch durch längere Versuche mit gezinktem Eisen zu ermitteln.

IX.

Übersicht der Resultate.

Im Allgemeinen glaubt die Commission, obgleich alle von ihr angestellten Versuche noch bei weitem nicht vollständig und beendigt sind, doch für jetzt, in Folge der Ergebnisse, welche sie bisher erlangt hat, Folgendes aussprechen zu können.

Erstlich. Die Verzinkung des geschmiedeten und gegossenen Eisens ist in den gewöhnlichen Fällen des Gebrauchs dieser Metalle leicht ausführbar.

Zweitens. Zum Schutz des Eisens dient im Allgemeinen eine Zinkschicht von 0,0041 bis 0,0055 ($\frac{1}{250}$ bis $\frac{1}{180}$) Linien dick. Aber diese Schicht, welche sehr fest an dem Eisen hängt, mufs zum Theil mit dem Eisen selbst verbunden sein, so dafs die schützende Schicht eigentlich dicker ist.

Drittens. Die das geschmiedete und gegossene Eisen schützende Kraft der Verzinkung besteht nicht, wenigstens nicht gegen die feuchte, mit sauern und salzigen Theilen geschwängerte Luft, darin, dafs sie diese Metalle in einen electro-negativen Zustand versetzt, sondern blofs darin, dafs sie das Eisen der Wirkung der dasselbe umgebenden Flüssigkeit entzieht.

Viertens. Der Zink an der äufsern Fläche der schützenden Schicht oxydirt sich in der Luft und im Wasser. Aber da sich dieses Oxyd in kohsauern Zink verwandelt, der eine Art von Überzug bildet, welcher sehr fest hält, so schützt es sehr wirksam das Metall im Innern. Die Auflösung des Zinks erfolgt also nur sehr langsam und es dürfte daher ein sehr lange dauernder Schutz davon zu erwarten sein.

Fünftens endlich dürfte die Verzinkung für die Marine wesentlichen Nutzen haben, indem sich dadurch eiserne Gegenstände länger erhalten lassen, die hier insbesondere der Zerstörung sehr ausgesetzt sind.

Folglich glaubt die Commission, dafs es, obgleich die Verzinkungs-Operation nicht neu ist, angemessen sei, Diejenigen zu ermuntern, welche diesem Verfahren Ausdehnung und Verbreitung zu geben sich bestreben. Sie wünscht daher:

Erstlich. Dafs man zwischen der Flotte und dem Herrn ***Artus*** ein Abkommen treffen lassen möge, welchem zufolge dieser in der Nähe des Zeughauses von Brest eine Werkstatt errichten lasse, in welcher die verschiedenen Hafenwerkstätten diejenige Eisen, welche sie bereiten lassen, oder welcher sie sonst bedürfen und für welche die Verzinkung als nützlich zu erachten sein dürfte, verzinken lassen können.

Zweitens. Dafs bis dahin, wo der Minister die Bedingungen dieses Abkommens und die Preise wird haben eingehen und bis Herr ***Artus*** seine Werkstatt wird haben einrichten können, Dieser ermächtigt werde, seine Arbeiten in der ihm im Hospital St. Louis bereiteten Werkstatt fortzusetzen; jedoch unter der Bedingung, dafs er alle Ausgaben für Material und Arbeit, die er fortan zu seinen Arbeiten nöthig haben wird, auf seine eigne Rechnung nehme.

Wenn der Minister diesen Vorschlag genehmigt, so wird es nöthig sein, dafs eine Verhandlung für den Umfang und die Dauer des Abkommens, welche der Minister bestimmen wird, vorläufig die Preise der Verzinkung der verschiedenen dazu gelangenden Gegenstände festsetze. Diese Preise könnten nach denen der Herren ***Ledru*** und Comp. zu Paris abgemessen werden, mit angemessenen Abzügen für die Kosten der Einrichtungen, Werkzeuge und Geräthe, welche die Marine dem Fabricanten zu überlassen haben würde.

Während der Dauer dieser vorläufigen Übereinkunft würden sich dann die weiteren Versuche beendigen lassen, und die Flotte, eben wie Herr ***Artus,*** würden die nöthigen Maafsgaben sammeln, um darnach in einer billigen Weise die Preise und Bedingungen des weitern, bleibenden Abkommens zu regeln, welches dann dem Marineminister zur Genehmigung vorzulegen sein würde.

Endlich hofft die Commission, der Herr Minister werde geneigt sein, den Herrn ***Artus*** zu ermächtigen, die 4031 Pfd. Zink, welche von dem ihm durch die Verfügung vom 25. März 1840 bewilligten 10672 Pfd. noch übrig sind, weiter im Dienste der Flotte zu verwenden.

Brest, am 30. April 1841.

Für die Mitglieder der Commission:

Baron ***Menu de Mesnil,*** Bericht-Erstatter.

Die durch den Marine-Präfecten in Folge der Ministerial-Verfügungen vom 28. Septbr. 1838 und 18. Januar 1840 ernannte Commission:

Fournier, Linienschiffs-Capitain. Vorsitzender.
Vrignaud, Corvetten-Capitain, Unterdirector der Hafenbewegungen.
Fauconnier, Artillerie-Capitain.
Chedeville, Unter-Ingenieur für den Schiffsbau.
Baron ***Menu de Mesnil,*** Wasserbau-Ingenieur.
Langonné, Pharmaceut erster Classe.
Baron ***Monthel,*** Unter-Commissair der Flotte.

Die aus diesen Personen zusammengesetzte Commission hat alle in dem obigen Bericht beschriebenen Versuche verfolgt. Später hat sie durch Versendung und anderweite Beauftragung mehrerer ihrer Mitglieder sehr an Zahl abgenommen. Nur die Herren ***Fournier*** und ***Fauconnier*** sind ersetzt worden.

Im Septemberheft des nemlichen Jahrgangs der „Revue de l'architecture" des Herrn *Daly* findet sich weiter S. 482 folgende Bemerkung.

Wir haben in unserm Juniheft dieses Jahrgangs den Bericht mitgetheilt, welchen die Commission zu Brest über ihre Versuche mit Verzinkung des Eisens erstattet hat. Man wird daraus ersehen haben, dafs diese Commission von der Wirkung der Verzinkung als Schutzmittel gegen das Rosten des Eisens sehr günstig urtheilt und der Meinung ist, dafs solches der Flotte sehr wesentliche Dienste dürfe leisten können. Nur in zwei Puncten schienen die Herren Commissarien zu Brest in einiger Ungewifsheit gewesen zu sein, nemlich über die Theorie und über Neuheit des Verfahrens.

Herr *Sorel* hat so eben der Commission in einem Briefe geantwortet, welchen wir nächstens mittheilen werden. [In den Heften der „Revue" bis zum Juni 1842, so weit dieselben bis jetzt dem Herausgeber des gegenwärtigen Journals vorliegen, hat er diesen Brief noch nicht gefunden. D. H.] Vorläufig haben wir nur zu sagen, dafs die Herren Mitglieder der Commission niemals behauptet haben, wie Einige zu glauben scheinen, das Verfahren des Herrn *Sorel* sei Gemeingut geworden, oder müsse es werden. Diese Behauptung ist ihnen sehr fern gewesen, denn der Herr Marineminister hat, die Anträge der Commission genehmigend, verordnet, dafs für das Departement Finisterre mit dem Cessionarius des Patents ein Abkommen getroffen werden solle.

Wir eilen, diese letztere Thatsache zur Kenntnifs des Publicums zu bringen, weil sie allein schon die beste Antwort auf einige unrichtige Deutungen ist, und wir unser Seits sehr bedauern würden, wenn die Publicität, die wir dem Bericht der Commission zu Brest gegeben haben, Anlafs zu unberechtigten Versuchen geben sollte, sich der neuen Industrie des Herrn *Sorel* zu bemächtigen. Wir empfehlen, den Bericht der Commission aufmerksam zu lesen. Es wird sich dann die Unpartheilichkeit, die bei der Abfassung desselben auch da geherrscht hat, wo der Malouinschen Versuche gedacht werden mufste, nicht verkennen lassen.

In dem nemlichen Heft der „Revue" vom September 1841 findet sich über den Gegenstand weiter Folgendes.

Ein Circulair der Verwaltung der Grenzzölle vom 19. Febr. 1841 bringt eine Ordonnanz des Königs, die einstweilige Einfuhr-Erlaubnifs für fremdes Eisen betreffend, welches zur Galvanisirung bestimmt ist, in Erinnerung und fordert die Directoren auf, diese Ordonnanz zur Kenntnifs des Handelstandes gelangen zu lassen und sodann dem Chef der Verwaltung diejenigen Begehren mitzutheilen, zu welchen sie Anlafs geben möchte; mit ihren Bemerkungen und Gutachten. Wir können nicht anders als lebhaft über eine Maafsregel uns freuen, welche zum Zwecke hat, eine neue Industrie zu ermuthigen, deren Resultate von bedeutendem Vortheil sein können. Wir halten es für nützlich, die Ordonnanz selbst hier mitzutheilen. Sie ist folgende.

Ordonnanz des Königs wegen der Einfuhr des zur Galvanisation bestimmten Eisens.

Louis-Philipp etc. In Erwägung der beiden Paragraphen des Artikels 5. im Gesetz vom 5. Juli 1836, betreffend die zeitweilige Zulassung ausländischer Producte, wenn sie bestimmt sind, in Frankreich weiter bearbeitet zu werden, haben wir auf den Bericht unsers Ministers, Staats-Secretairs des Ackerbaues und des Handels, so wie unsers Ministers, Staats-Secretairs der Finanzen, verordnet und verordnen wie folgt.

Art. 1. Das gewalzte Eisen und diejenigen Gegenstände aus Eisen oder Blech, die in Frankreich für das Ausland galvanisirt zu werden bestimmt sind und deren Identität bei der Wieder-Ausfuhr die Verwaltung der Grenzzölle verbürgen kann, sei es durch Stempelung, oder Plombiren, oder durch Prägung, oder durch Zurückbehalten von Probestücken, sollen unter der Bedingung, innerhalb zwei Monaten wieder ausgeführt zu werden, steuerfrei zugelassen werden. Ausgenommen sind diejenigen Waffen, welche den Namen Kriegswaffen führen, so wie diejenigen, welche in Frankreich verboten sind.

Art. 2. Die nach dem Art. 1. dieser Ordonnanz zuzulassenden Gegenstände müssen bei den Grenzzöllen in den Formen und unter den Bedingungen angemeldet werden, die das Gesetz für den Fall des Durchganges verbotener Waaren vorschreibt. Die Gegenstände einer und derselben Anmeldung müssen auf einmal wieder ausgeführt werden. Die Einführung und Wieder-Ausführung aller dieser Gegenstände kann in allen Häfen und bei allen Zollstellen geschehen, wo der Durchgang verbotener Waaren gestattet ist. Wenn sie nicht direct wieder ausgeführt werden, so sollen sie in diejenigen Niederlagen der Häfen und im Innern zugelassen werden, die zur Aufnahme solcher Waaren ermächtigt sind. Für die Wieder-Ausführung oder Ablieferung in die Niederlagen mufs Bürgschaft gestellt werden.

Art. 3. Streitigkeiten zwischen den Grenzzollbeamten und den Einführern über die Identität der zur Wieder-Ausfuhr vorgezeigten Gegenstände werden durch die im 19. Artikel des Gesetzes vom 27. Juli 1822 verordneten sachverständigen Beauftragten entschieden. Übertretungen des Gesetzes werden nach dem 5. Artikel des Gesetzes vom 5. Juli 1836 bestraft.

Art. 4. Unser Minister Staatssecretair des Ackerbaues und des Handels und unser Minister Staatssecretair der Finanzen sind mit der Ausführung gegenwärtiger Verordnung beauftragt; jeder an seinem Theile.

Gezeichnet ***Louis Philipp.***

Der Minister, Staatssecretair des Ackerbaus und des Handels

Gezeichnet ***L. Cunin-Gridaine.***

4.
Uebersicht der Geschichte der Baukunst, mit Rücksicht auf die allgemeine Culturgeschichte.

(Vom Herrn Bau-Inspector *C. A. Rosenthal* zu Magdeburg.)

(Fortsetzung der Abhandlung No. 2. im 1sten, No. 6. im 2ten, No. 8. im 3ten Hefte 13ten, No. 1. im 1sten, No. 7. im 2ten, No. 8. im 3ten, No. 12. im 4ten Hefte 14ten, No. 1. im 1sten, No. 9. im 2ten, No. 11. im 3ten, No. 15. im 4ten Hefte 15ten, No. 10. im 3ten Hefte 16ten und No. 3. im 1sten, No. 5. im 2ten, No. 10. im 3ten Hefte 17ten Bandes.)

Fünfter Abschnitt.

I. Die Baukunst des christlichen Mittel-Alters.

§. 115.
Einleitung.

Denkmale mittelalterlicher Baukunst, so viel deren auch durch Zeit und Gewalt zerstört sein mögen, stehen noch in reicher Zahl vor unsern Augen, und zwar nicht als Ruinen, sondern in kraftvoller Lebensfrische; grofsentheils noch zu denselben Zwecken benutzt, für welche sie erbaut wurden; häufig sogar noch unvollendet und wie im Bau begriffen. Es spricht uns aus ihnen eben der Geist vertraulich an, den wir von unsern Voreltern ererbt haben: gleichwohl haben wir diese Denkmale weit später kennen und würdigen gelernt, als die entfernteren, spärlichen uud unkenntlichen Ruinen der Alten! Jahrhunderte hindurch hatte eine falsche und engherzige Kunstrichterei, welche nur die Antike, und zwar die damals allein bekannte Römische, gelten lassen wollte, einen dichten Schleier über die mittelalterliche Baukunst ausgebreitet, und erst seit Kurzem, nachdem die nähere Bekanntschaft mit den Bauwerken der Griechen gezeigt hatte, was überhaupt wahre Kunst sei, fingen die Bauwerke unsers Vaterlandes an, nach und nach aus dem Nebel hervorzutreten und erst unsre Aufmerksamkeit, dann unsre Vorliebe in Anspruch zu nehmen. Es mag sonderbar zu sein scheinen, dafs gerade das Vertrauterwerden mit der *griechischen* Kunst uns für die Schönheiten der *altdeutschen* empfänglich machen mufste, da doch beide in ihren Grundprinzipen entgegengesetzt sind: allein eben wie in der Wirklichkeit die Kunst der Griechen der christlichen nothwendig vorangehn mufste und diese ohne jene wohl nie hätte entstehen können, so konnte auch das Verständnifs der letzteren, nachdem es einmal verloren gegangen war, nur erst durch die ächte Antike wiedergewonnen werden; freilich erst dann, als dem Bekanntwerden mit ihr und der Bewunderung derselben ein tieferes Studium gefolgt war, und erst nachdem man zwar die hohe Vollendung, aber auch die sinnliche Beschränktheit der griechischen Schönheit, wenn nicht erkannt, doch gefühlt hatte; denn freilich möchten Wenige sich Rechenschaft zu geben vermögen, *warum* sie neben dem Parthenon auch einen so ganz von ihm verschiedenen alten Münster als schön gelten lassen; sie würden erschrecken, wenn man ihnen nachwiese, dafs in der Anwendung die Schönheit des einen nothwendig die des andern ausschliefse, und schwerlich würden sie den richtigen Aufschlufs des Räthsels darin zu finden vermögen, dafs beide ihren Anspruch auf Schönheit nur in der Beziehung auf Zeit, Ort und Volk begründen können. So lange man mit gerechter, wiewohl einseitiger Vorliebe die reinen und einfachen Atheniensischen Muster betrachtete und solche ohne Rücksicht auf die veränderten Verhältnisse (wie es leider noch jetzt häufig genug geschieht) so gut es gehn wollte nachzuahmen versuchte, konnten freilich die kühn aufeinander gethürmten Massen, die phantastisch verschlungenen und durchbrochenen Formen der altdeutschen Dome nur barbarischer Unsinn zu sein scheinen.

Es fällt bei näherer Erwägung die Mifsachtung unserer vaterländischen Baukunst nur theilweise den Beurtheilern, zum andern Theil den alten Kunstwerken selbst zur Last. Die meisten dieser Gebäude sind in verschiedenen Zeiten erbaut; man vermifst daher an ihnen die den griechischen Monumenten in so hohem Grade innewohnende Harmonie; und selbst die weniger zu einer und derselben Zeit erbauten spätern Werke sind nicht rein von der Beimischung älterer Formen geblieben. Um die hohe Schönheit des eigentlichen altdeutschen, d. h. des in der ersten Hälfte des dreizehnten Jahrhunderts entstandenen Baustyls zu begreifen, ist wesentlich eine sehr scharfe Absonderung aller aus früherer Zeit herstammenden und bei den Bauwerken jener Zeit immer noch mit angewendeten Formen und eine Zurückführung desselben auf seine Grundprinzipien nothwendig. Eine solche kritische Sichtung war aber bisher um so weniger zu erwarten, als man, dem völlig oberflächlichen Vasari folgend, damit angefangen hatte, die altdeutsche Baukunst mit dem herabsetzenden Namen der Gothischen zu bezeichnen und so die wesentlich verschiedenen Baustyle vor und nach dem dreizehnten Jahrhundert unter einem und demselben Gesichtspunct zusammen zu fassen. Nie vielleicht hat eine unrichtige Benennung eine so grofse und lange dauernde Verwirrung veranlafst, als hier: ein Fingerzeig, dafs man über die richtige ***Benennung*** eines Gegenstandes nicht gleichgültig hinweg gehen dürfe.

Unter den mancherlei in neuern Zeiten gemachten Vorschlägen einer richtigeren Benennung empfiehlt sich, wie es scheint, der Name „christliche Baukunst" als der am meisten bezeichnende. Das Christenthum war es, welches diese Kunst hervorrief; alle christlichen Völker nahmen sie an, und zwar fast ausschliefslich zu Kirchen; mindestens wurde sie hier mit dem glänzendsten Erfolge angewendet; und wenn auch noch ein zweites Element, welches sich bereits in den vorchristlichen Sagen der germanischen Völker findet, das romantische, der mittelalterlichen Kunst zum Grunde liegt, so ist dasselbe doch einerseits nur untergeordneter Art, anderseits mit dem Christenthum selbst so innig verwachsen, dafs die Benennung „***Christlich***" es schon mit einschliefst. Streng genommen würde (wie es sich im Laufe der weiter folgenden Untersuchungen darthun wird) die Benennung „christliche Baukunst" nur dem Baustyle vom 13ten Jahrhundert an zukommen, in so fern sich in allen frühern christlichen Bauwerken weniger ein fester, entsprechender Styl, als vielmehr nur das Bestreben, einen solchen zu finden, ausspricht. Um jedoch durch die Benennung die wesentlich verschiedenen Baustyle vor und nach dem 13ten Jahrhundert zu bezeichnen, und um zugleich endlich einmal einen allgemein gültigen Namen zu gewinnen, wollen wir die in neuester Zeit ziemlich allgemein gebräuchlich gewordenen Benennungen „Romanischer" und „Germanischer" Styl so nehmen, dafs wir eine „romanisch-christliche" und eine „germanisch-christliche" Kunst setzen. Beide Benennungen sind in so fern bezeichnend, als man bis zum 13ten Jahrhundert immer noch die von den Römern entlehnten Formen im Wesentlichen beibehielt, und als die Germanen (richtiger die Deutschen) es waren, welche den echt-christlichen Baustyl erfanden; wenngleich sich schon im romanischen Styl, vom 10ten Jahrhundert ab, die germanischen Elemente deutlich geltend machten. Eine fernere Unterscheidung des Baustyls vor dem 10ten und vom 10ten bis zum 13ten Jahrhundert durch den Namen „altchristliche" Kunst, welche ***Kugler*** (Handbuch der Kunstgeschichte, S. 324) vortrefflich dadurch characterisirt, dafs in ihr nur die neue Religion, nicht aber zugleich der neue Volksgeist sich ausspreche, scheint weniger wesentlich zu sein, da die Einwirkung des Volksgeistes nur sehr allmälig sich geltend machte, so dafs man bekanntlich in der späteren Zeit der romanischen Epoche wieder mehr als früher auf die altrömischen Formen zurückging.

Die allgemeine Benennung „christliche Baukunst" macht uns auf einen tief eingreifenden und für alle Folgezeit wichtigen Gegensatz in den Verhältnissen der christlichen und der Baukunst der frühern Nationen aufmerksam. Bei den letztern nemlich hatte sich die Religion auch da, wo sie durch fremde Priester eingeführt wurde, mit und noch mehr aus dem Volkscharacter entwickelt; die Kunst, welche ihr auf dem Fufse folgte und ihre Tochter genannt werden kann, mufste daher ganz von selbst ein scharfes nationales und locales Gepräge annehmen und dasselbe um so mehr festhalten, als der gegenseitige Völkerverkehr damals geringer war, als jetzt. Die christliche Religion dagegen verbreitete sich zunächst unter hochgebildeten, eigentlich bereits überbildeten Völkern, und fand, als sie zu den roheren überging, doch schon eine festgestellte Nationalität vor, von welcher sich genugsam Spuren, fast bis heute, erhalten haben. Sie stand aber zu hoch, um von dem Volkscharacter wesentliche Eindrücke anzunehmen, und mufste diesen vielmehr, nicht sowohl aus- als umbilden; was freilich eine längere Zeit erforderte. So war denn mit dem Christenthum eine innige Vereinigung aller Völker, welche sich zu demselben bekannten, und eine allmälige Vermischung der Nationalität in Aussicht gestellt, und es waren nicht mehr verschiedene Völker, sondern es war vielmehr nur *ein* Volk der Christen, welches auf gleichen, durch locale Verhältnisse nur schwach gesonderten Bahnen, das Ziel der neuen Cultur verfolgen sollte. Natürlich konnte eine so umfassende Wirkung nicht sobald hervortreten, und noch weniger konnten die christlichen Ideen sich in der Kunst schnell geltend machen; auch wenn die äufseren Verhältnisse günstiger gewesen wären. Zuerst war der Geist zu sehr nach dem Höchsten gerichtet, um Aufsendinge, als welche jedes Andere als die religiöse Cultur betrachtet werden mufsten, zu berücksichtigen: sodann aber mufste der Ausbildung eines neuen Baustyls die des mechanischen Bauens vorangehn, oder mindestens gleichen Schritt mit ihr halten; was ein weit gröfseres Hindernifs war. Man mufste das Alte, die von den Römern ererbte Bau-Art, welche trotz ihres gänzlich verderbten Zustandes sich noch lange als Muster erhielt, verlassen und vergessen. So darf man sich denn also nicht wundern, dafs viele Jahrhunderte vorübergingen, ehe die ersten Anklänge eines neuen Aufschwunges sich bemerkbar machten, und dafs erst mit dem 13ten Jahrhundert der eigentlich christliche Baustyl ins Leben trat.

A. Die romanisch-christliche Baukunst.

§. 116
Historische Grundlage.

Das römische Weltreich scheint nicht allein rücksichtlich der Baukunst, wie es schon im vorigen Theile nachgewiesen wurde, sondern überhaupt dazu bestimmt gewesen zu sein, die Religionen und die Cultur der alten Völker, so weit sie damals noch von Einflufs waren, namentlich aber die vorherrschende griechische, in sich aufzunehmen, sie unter einander zu vermischen und in seinen eignen Untergang mit hinabzuziehen, um dadurch dem Christenthum und der daraus hervorgehenden neuen Civilisation den Weg zu bahnen. Damit soll nicht gesagt sein, dafs damals *alle* Bildung aus den römischen Reichen verschwunden war: sie hatte nur aufgehört, kräftig weiter zu streben, und hatte ihre Eigenthümlichkeit verloren; aber auch dies nicht in dem Grade, dafs zur Feststellung der neuen Richtung nicht noch lange anhaltende Kämpfe erforderlich gewesen wären. Das Samenkorn des Christenthums bedurfte eines schon cultivirten Bodens, um die ersten Keime zu treiben; dann aber mufste die zarte Pflanze, sollte sie nicht unter dem daneben aufschiefsenden Unkraut ersticken, in einen noch unbearbeiteten, kraftvollern Boden versetzt werden, damit sie zum kräftigen, weithin schattenden Baume erwüchse.

So sehen wir denn die christliche Lehre anfänglich im Stillen sich verbreiten; wir sehen sie im Kampfe mit Drangsalen und Verfolgungen sich kräftigen und schon in den ersten Jahrhunderten ihre Kirche, namentlich in Rom, eine feste Gestaltung gewinnen, welche, nachdem die neue Religion aus einer verfolgten und geduldeten zur herrschenden geworden, es ihr möglich machte, den römischen Staatsmechanismus zu beherrschen, anstatt sich ihm unterzuordnen. Demungeachtet mufste wohl dieser, gleich Allem, was von alter Bildung übrig geblieben war, ihr fortwährend hemmend entgegentreten, und wenn auch sie selbst darunter weniger litt, doch die Entwicklung einer christlichen Gesammtcultur verzögern und verkümmern. Jetzt drängten sich Fluthen unbekannter wilder Völkerschaaren, die letzten Trümmer des römischen Colosses niedertretend, heran; und diese eben waren es, unter welchen das Christenthum empfänglichen Boden fand und tiefere Wurzeln schlug.

Von den römischen Provinzen, in welchen die christliche Lehre zuerst Anhänger fand, haben Klein-Asien und Ägypten wenig Interesse für uns. Diese Länder waren allzu entnervt, um zu einem neuen Leben erweckt werden zu können. Überwiegend dagegen nimmt Italien und Griechenland unsere Aufmerksamkeit in Anspruch. Mit dem Übertritt Constantins zur christlichen Religion und mit der Verlegung des Kaisersitzes nach Byzanz, wohin sich zugleich die letzten Reste römischer Bildung, Pracht und Kunst flüchteten, schien Griechenland, und namentlich die Residenz Byzanz, die Hauptstütze des Christenthums und der neu aufstrebenden christlichen Bildung werden zu müssen; besonders weil hier die Stürme der Völkerwanderungen noch weniger fühlbar waren. Es fand auch die christliche Religion hier ein sichreres Asyl; allein an ein lebenskräftiges Emporstreben war nicht zu denken; denn der griechische, und überhaupt der orientalische Geist, welcher durch die römische Unterjochung nicht ganz hatte unterdrückt werden können, führte die Menschen bald auf das Feld der Speculation, welches dem practischen Leben nicht günstig war, und auf diesem zu Religionsstreitigkeiten und endlich zur Isolirung der griechisch-christlichen Kirche. Man sieht leicht, dafs diese unpractische Richtung auch der Kunst nicht förderlich sein konnte. An den Namen ***Rom*** dagegen knüpften sich fortwährend grofse Erinnerungen, und noch einmal sollte Rom, nur in anderem Sinne, die Hauptstadt der Welt werden. Die Consistenz, welche die römische Kirche unter harten Verfolgungen sehr bald gewann, die daraus folgende frühe Begründung der Oberhoheit des römischen Bischofs und die eiserne Beharrlichkeit der Päbste im Festhalten und Ausdehnen der von ihnen erhobenen Ansprüche, die kluge Benutzung aller Umstände, besonders die Entfernung und öftere Unmächtigkeit der griechischen Kaiser, als der weltlichen Landesherren, gaben der abendländischen Kirche bald ein entschiedenes Übergewicht und machten Rom zu einem Mittelpuncte, von welchem aus die christliche Lehre sich verbreitete. Selbst die Unterjochung Italiens durch die Ostgothen, und späterhin durch die Longobarden, diente nur zum Triumph der lateinisch-christlichen Kirche, indem jene Völker zum christlichen Glauben übergingen und, wenn auch zum Theil anfänglich dem Arianismus ergeben, sich doch später der lateinischen Kirche unterwarfen.

Wir übergehen die Verbreitung des Christenthums in Gallien, Spanien und England, als weniger wichtig, um auf die so ungemein erfolgreiche Gründung der Fränkischen Herrschaft durch Carl den Grofsen und auf die, zum Theil gewaltsame Ausbreitung des Christenthums im nördlichen Deutschland zu kommen.

Diejenigen germanischen Völker, welche in keinem nähern Verkehr mit den Römern gekommen waren, und welche das Christenthum erst kennen lernten, nachdem die Elemente altrömischer Bildung durch die Einwirkung der früher übergetretenen Germanen mehr und mehr erloschen waren: diese nordischen Völker, welche, mit einer hohen Bildungsfähigkeit, noch kindlich unverbildet waren, aus deren Sagen der dem christlichen verwandte Geist der Romantik erklingt, bei denen so manches in Götterlehre und Sprache an altindisch-buddhistisches Wesen erinnert, so, dafs es scheinen möchte, als ob sie in einem, dem reinen, kindlich-schuldlosen, der ersten Menschheit näheren Zustande länger beharrt hätten und der allgemeinen Verderbtheit des Menschengeschlechts weniger theilhaftig geworden wären: diese waren es, welche der reinen Lehre die meiste Empfänglichkeit darboten; sie waren es, bei denen das Christenthum tiefere Wurzeln schlagen, frischer aufblühen und, das innere geistige Leben durchdringend und gestaltend, kräftiger auf die allgemeine Ausbildung einwirken konnte und mufste. Dazu kam für Deutschland die politische Wichtigkeit, welche dasselbe durch die Wiederherstellung der abendländischen Kaiserwürde gewann. Weit entfernt, dafs hier eine ähnliche nachtheilige Einwirkung auf die Einheit der Kirche, wie vom griechischen Kaiserthum, stattgefunden hätte, war vielmehr ein zweiter Halt- und Mittelpunct gewonnen, von welchem aus die weitere Verbreitung des Christenthums nach den slavischen und scandinavischen Ländern geleitet werden konnte. Weniger wohl die dankbare Erinnerung an die Einwirkung des Pabstes bei der Erhebung zur Kaiserwürde, als ihr christlich frommer Sinn, vermochte die deutschen Kaiser, in geistlichen Angelegenheiten sich der Oberhoheit des Pabstes zu unterwerfen; und wenn die Päbste ihrerseits in demselben Grade sich der Einmischung in weltliche Angelegenheiten enthalten hätten, so möchte vielleicht die Eintracht zwischen Kirche und Welt länger als über die Zeit der Ottonen hinaus gedauert haben. Aber, selbst als das Verhältnifs zwischen Pabst und Kaiser feindselig geworden war, zeigt sich das Gegengewicht von beiden Seiten als wahres Heil für die Christenheit und für die Menschheit, und als mächtiger Hebel für das Emporstreben Deutschlands. Die weitere Erwägung dieser Zustände gehört indefs, nicht sowohl der Zeit, als der Wirkung nach, dem folgenden Abschnitte an; das Gleiche gilt von dem Auftreten des Moslemitischen Glaubens und von den Kreuzzügen.

§. 117.

Die ersten christlichen Jahrhunderte.

Die ersten Christen, zumal in Rom und in andern gröſsern Städten, waren bald genöthigt, sich, um ihren Verfolgern zu entgehen, mit ihrem Gottesdienst in Höhlen und Gräber zu flüchten, welche sie für den einfachen Cultus roh genug einrichten mochten. Noch sind manche dieser unterirdischen Kirchen vorhanden. Einige von ihnen, wie z. B. die des heiligen Hermes, haben Ähnlichkeit mit den spätern Kirchen, und namentlich die oblonge Gestalt und den halbrunden Chorschluſs. Merkwürdig sind die beiden unterirdischen Gemächer unter der Kirche San Martino ai Monti in Rom. Unter dem Chore liegt ein oblonger Raum mit halbrundem Schluſs, die Confessio, zu welchem aus dem Mittelschiff der Kirche eine Treppe hinunterführt, und weiter aus jenem Raum eine zweite gekrümmte Stiege zu der daneben und tiefer liegenden ursprünglichen kleinen unterirdischen Kirche des heiligen Sylvester. Diese unterirdische Kirche besteht aus einem oblongen Raume, durch zwei Reihen mehr oder weniger starker Pfeiler in 12 Abtheilungen getheilt, welche mit alten Klostergewölben überdeckt und sehr klein sind. Die erste Abtheilung in der einen Ecke nimmt der Treppen-Austritt ein; die schräg gegenüberliegende bildet ein abgeschlossenes Gemach; in der Abtheilung daneben, an der einen Längenfront, mithin unregelmäſsig, steht der Altar. Wie hier, so sind öfter über den den Einwohnern liebgewordenen alten unterirdischen Heiligthümern in späterer Zeit Kirchen errichtet: ein Gebrauch, welcher auf die Entstehung der Crypten oder Unterkirchen in andern Ländern Einfluſs gehabt haben mag.

Unter Constantin wurden den Christen zu Rom drei Basiliken zu ihrem Gottesdienst eingeräumt; später verwandelte man häufig die verlassenen heidnischen Tempel in christliche Kirchen; wie es z. B. mit dem, schon früher als von abweichender Bauform angeführten Tempio della Caffarella bei Rom, einem kleinen viersäuligen Prostylos, als einem der ersten Beispiele, geschehen ist. Mehr scheint man zu christlichen Kirchen die runden Tempel, am häufigsten aber die Basiliken benutzt zu haben. Beide Formen übertrugen sich denn auch auf die neuen Kirchen. Die runde, halb ins Vieleck übergehende Form erhielt sich später hauptsächlich nur bei Tauf-Capellen; die Basilikenform aber fand eine allgemeinere Anwendung zu eigentlichen Kirchen. Als frühes Beispiel einer runden Kirche mag die der heiligen Constanza genannt werden. Sie hat eine umlaufende Abseite, welche durch eine gekuppelte Säulensteilung von der innern Rotunda getrennt ist; diese erhebt sich mit einer runden Mauer, welche auf Bogen über jenen Säulen steht, bedeutend über die Abseite, und ist mit einer Kuppel geschlossen und mit einem ziemlich steilen, kegelförmigen Dache bedeckt. Eine ähnliche Gestaltung hat die Kirche St. Maria maggiore am Wege von Neapel nach Salerno.

Unter den Kirchen in Basilikenform nimmt die des heiligen Clemens zu Rom unsere Aufmerksamkeit besonders in Anspruch, weil sie am vollständigsten die Einrichtung der ersten christlichen Kirchen zeigt. Dieserhalb, nicht weil ihre Erbauung unbestritten einer so frühen Zeit angehört, mag sie hier etwas näher beschrieben werden. Sie ist eine dreischiffige Basilica, mit erhöhetem und (was seltener vorkommt) überwölbtem Mittelschiffe; die halbrunde Exedra am hintern Giebel, das Sanctuarium oder Presbyterium, hat im runden Umfange eine Bank für die Geistlichen, und den bischöflichen Stuhl in der Mitte. Vor dem Sanctuarium, jedoch schon im Schiffe, steht unter einem auf vier Säulen ruhenden dachförmigen Überbau (Tabernakel) der Altar; vor demselben befindet sich die Confessio, welche eine andere, quer durch das Schiff und die Abseiten laufende Wand von der übrigen Kirche trennt. An diese Wand schliefst sich im Mittelschiff ein oblonger, mittels einer Brüstung abgesondeter Raum für die Accolyti, Exorcisten und übrigen niedern Geistlichen. Die Abseite links (vom Eingang aus) nahm die Männer, die Katechumenen und Neubekehrten, die, hier bedeutend schmälere Abseite rechts, die Frauen auf; jede Abseite hatte ihren besondern Ausgang in den Längenfronten. Zum Mittelschiff führte, im vordern Giebel, dem Altar gegenüber, der Haupt-Eingang. Vor diesem Giebel liegt, unter gleichem Dache mit dem Mittelschiffe, eine zweistöckige Vorhalle. Das untere Stockwerk derselben ist überwölbt und in Verbindung mit drei andern Hallen, welche den viereckigen Vorhof (Atrium) umschliefsen und sich, wie gewöhnlich, nach diesem hin öffnen. Die vordere Halle ist ebenfalls, gleich der hintern, zweistöckig und unten überwölbt; die Seitenhallen sind nur einstöckig; hier knieend fleheten die Büfsenden die Vorübergehenden um ihre Fürbitte an. Vor dem äufsern Eingange liegt noch die kleine Vorhalle, Antiporticus. Am Ende der Abseiten scheinen kleine Exedern jüngere Zusätze zu sein.

Interessanter noch ist für uns die kleine Kirche St. Nazaro e Celso in Ravenna, welche nach *d'Agincourt* die Nachahmung einer unterirdischen Grabcapelle aus dem fünften Jahrhundert sein soll. Sie ist ganz schlicht gebaut, ohne alle Säulen, mit kleinen Fenstern, welche theils halbrund, theils gerade bedeckt sind. Sie hat schon die Form des lateinischen Kreuzes; jedoch mit nur sehr geringer Verlängerung des einen Arms. Das Herz oder die Vierung des Kreuzes erhebt sich bedeutend und ist mit einer flachen Kuppel, die Kreuzes-Arme sind mit Tonnengewölben bedeckt. Der Altar steht unter der erhöhten Vierung; die drei kurzen Kreuzes-Arme enthalten jedes ein Grabmal. Die hieraus und aus der geringen Gröfse zu vermuthende Bestimmung zur Grabkirche macht ihre Form weniger befremdend, zumal wenn es wahr ist, dafs sie einer unterirdischen Gruft nachgebildet wurde. Die Erhöhung des mittlern Theils ist auch bei heidnischen Grabmälern nicht selten, und sogar die Kreuzesform des Grundrisses kommt, wiewohl dort nur *zufällig* und nur im Innern, hier *absichtlich,* bereits bei einem, wahrscheinlich heidnischen Grabmal bei Monte Cassino vor. Hier sieht man, wie die Kreuzesform auch zufällig entstehen konnte; das Gebäude ist nichts weiter als eine Rotunde mit vier grofsen herausgebaueten Nischen, deren eine zum Eingange verlängert ist. Stellt man sich statt der Rotunde einen quadratischen Raum in der Mitte vor; ferner diesen Theil mehr erhöht und statt der Ausfüllung der Ecken zu einem Oblongum, wie hier, die Mauer ringsum gleich stark, so hat man die vollständige Kreuzesform, wie an jener Grabkirche. Nur wenn man sie mit andern eigentlichen Gebäuden vergleicht, zeigt sich die Kirche S. Nazaro, nicht sowohl im Styl, als in der Hauptform, neu und eigenthümlich, und es mag in dieser Hinsicht das angegebene hohe Alter derselben, wiewohl möglich, jedoch schwerlich zu verbürgen sein.

Alle die genannten und andere gleichzeitige Gebäude der ersten Christen unterscheiden sich sowohl in der Construction, als im Styl, nicht von der verderbten, bald reichern, bald ärmern Bau-Art der Römer, wie wir sie am Ende des zweiten Theils sahen. Auch läfst sich eine so frühe Einwirkung des neuen Glaubens auf den Baustyl nicht erwarten. Zwar behaupteten wir öfter, dafs der Geist eines Volkes sich vermöge der Raschheit der Geschäftsthätigkeit zunächst in den Anfängen seiner Kunst und namentlich in der zuerst so unentbehrlichen Baukunst ausspreche: allein dann war die Rede von jüngern, aufstrebenden Völkern, deren Gesammtbildung sich übereinstimmend nach einer bestimmten Richtung hin bewegte, aber nicht von Veränderung der Religion bei einer schon ausgebildeten Cultur, wo die Rückwirkung, so unausbleiblich sie auch war, jedenfalls nur erst sehr spät erfolgen konnte. Es möge den desfalsigen Erörterungen in den vorigen Paragraphen hier nur noch die Erinnerung hinzugefügt werden, dafs wohl die göttliche Lehre Jesu den ganzen innern Menschen mit einer solchen Allgewalt ergriff, dafs das zum Empfinden und Erzeugen des Schönen erforderliche Gleichgewicht aller Seelenkräfte nicht mehr Statt fand.

Sehen wir auch in den Bauwerken damaliger Zeit so manche Anklänge späterer Formbildungen, so können diese doch dem unmittelbaren Einflusse der christlichen Religion schon deshalb nicht zugeschrieben werden, weil sie sich bereits an den heidnischen Bauwerken jener Zeit nachweisen lassen, und es bleibt nur die Frage, ob jene Ähnlichkeiten zufällig oder absichtlich sind, und im letztern Falle, ob die einzelnen ähnlichen Formen nur als gelegentliche. geistesarme Nachahmungen wieder zum Vorschein kamen, oder ob sie als wirkliche Vorboten des Spätern zu betrachten sind, d. h., ob der Geist, welcher der christlichen Religion den Eingang gestattete und später eine eigenthümliche christliche Kunst ausbildete, schon zur Zeit des heidnischen Roms anfing sich in leisen unwillkürlichen Übergängen geltend zu machen. Gewifs entgeht dem Auge des aufmerksamen Beobachters der feine Faden nicht, welcher sich, die einzelnen Begebenheiten als Ursachen und die, wenn auch noch so entfernten Wirkungen verbindend und erläuternd, durch die ganze Weltgeschichte hindurchzieht. Wenn hier nichts weiter damit gemeint ist, als dafs durch den Kampf des römischen Bogenstyls mit dem griechischen Säulenstyl und durch die Vernichtung des letztern die christliche Kunst vorbereitet wurde, so haben wir gegen jene Ansicht nichts einzuwenden. Will man aber, weil einzelne Formen und Constructionen entlehnt seien, den christlichen Baustyl, zumal den spätern, in folgerechter Entwicklung aus dem verderbten römischen Baustyl der ersten christlichen Jahrhunderte ableiten und als ein Erzeugnifs desselben betrachten, so scheint uns dies der herrlichen Kunst unsrer Voraltern allen Werth nehmen; es würde damit nur gesagt werden, dafs die aus dem Schutte der antiken neu erstandene christliche Kunst nur *zufällig* mit dem Geiste der christlichen Religion übereinstimme. Allerdings erblühet in der Geschichte, wie in der Natur, stets aus den Gräbern neues Leben, jedoch nur, nachdem das Alte sich völlig aufgelöset hat, so dafs seine Atome dem Neuen zur Nahrung dienen.

Man wird vielleicht sagen, dafs Behauptungen, wie die so eben bestrittenen, nie aufgestellt worden sind; allein es ist wirklich der Fall. Man stellt sie auf, sobald man zwischen der heidnischen und christlichen Kunst, zwischen der byzantinischen und ältern deutschen, und zwischen dieser und der spätern des dreizehnten Jahrhunderts, nicht scharf genug sondert; wenn man mehr auf äufsere Ähnlichkeiten, als auf den innern Geist sieht; wenn man die Einwirkung des christlichen Strebens auf die Kunst zu früh setzt, und wenn man z. B. in den auf Säulen gestützten Rundbogen der Römer den Anfang der emporstrebenden Verhältnisse des Mittel-Alters sieht, wie es z. B. *Stieglitz, von Rumohr* und Andere gethan haben: als ob die neue geistige Richtung sich ohne jenes schwache und bewufstlose Vorbild nicht würde haben geltend machen können. Die Wahrheit ist, dafs der von den Römern absichtslos begonnene Kampf gegen den griechischen Styl sich noch viele Jahrhunderte lang fortsetzte, mit dem zunehmenden Einflufs des Christenthums aber seinen Character veränderte, zu einem bewufsten Kampfe wurde, sich nun gegen die römische Kunst selbst wendete, und dafs die ächt christliche Kunst erst dann hervortrat. als die letzten Spuren der römischen verschwunden waren.

Wir wollen, indem wir die weitere Entwicklung unserer Ansicht einstweilen noch aufsparen, bis der Bildungsgang der Kunst uns darauf zurückführt, zuerst das, was die verschiedenen einzelnen Ähnlichkeiten des letzten römischen (einschliefslich bis zum 6ten Jahrhundert) und des ältern christlichen Baustyls (vom 6ten bis 13ten Jahrhundert) andeutet, zusammenstellen. Es ist Folgendes:

1. Die zur Zeit Diocletians vorkommenden Klostergewölbe.
2. Die Vertauschung der sonst üblichen runden Grundform mit der vieleckigen; wie sie bereits der Jupitertempel in den Ruinen der Villa Diocletians zu Spalatro zeigt.
3. Die schon unter Hadrian vorkommende, unter Diocletian, und mehr noch unter Constantin allgemein werdende Stellung der Bogen auf Säulen.
4. Die Form des Kreuzes im Grundrisse.
5. Die mehrere Höhe des mittleren Theils der Gebäude, welche bei den Grabmälern fast zum Emporstreben, obwohl nur in der Hauptform, wurde.
6. Die willkürliche Form der Säulen-Capitäle.
7. Die gräten- und schuppenförmige Construction der Gewölbe in dem Gebäude Minerva zu Rom und in den Ruinen zu Spalatro.

Wir haben schon im zweiten Theile nachgewiesen, dafs die meisten dieser Erscheinungen in den damaligen Verhältnissen und in der Ausbildung des Bogenstyls begründet waren. Der Bogenstyl war der ursprüngliche Baustyl der Römer, und so kann von irgend einer Beziehung desselben zum christlichen Styl keine Rede sein. Insbesondere bemerken wir zu dem Obigen Folgendes.

Zu 1. Die Klostergewölbe entstanden auf ganz practischem Wege durch den Durchschnitt zweier Tonnengewölbe; sie haben mit den spätern eigentlichen Kreuzgewölben zwar grofse Ähnlichkeit und können auch wohl ihr

Vorbild gewesen sein: die Eigenschaften aber, welche die Kreuzgewölbe zu einem eigentlichen Bestandtheile der christlichen Baukunst machen und ihren ästhetischen Ausdruck nicht allein verändern, sondern umkehren: ich meine die emporstrebende Form und die vortretenden Rippen, gewannen sie erst zu einer Zeit, wo die römische Einwirkung nicht mehr in Betracht kam.

Zu 2. Die vieleckige Form kommt bei den Römern zwar selten, aber doch in einzelnen Fällen schon früher vor; z. B. beim Thurm der Winde zu Athen. Wenn *Costenoble* Recht hat, dafs er das Vorherrschen dieser Form im Mittel-Alter als Folge der veränderten Gewölbconstruction erklärt, so ist zu bemerken, dafs der als Beispiel angeführte Jupitertempel, ungeachtet des äufsern Achtecks, im Innern rund und mit einer Kuppel überwölbt war; was also auch hier ein wesentlich verschiedener Gesichtspunct ist. Auch kommen noch in den ersten christlichen Zeiten häufig Rundgebäude vor, und zur Zeit der Vertauschung des Kreises mit dem Vieleck standen die einzelnen römischen Muster nicht mehr vor Augen. *Büsching* sucht nachzuweisen, dafs die achteckige Gestalt schon im grauen Alterthum eine heilige Bedeutung gehabt habe, und wenngleich er diese Behauptung über die christliche Zeit hinaus nicht begründet, so ist doch das frühe Vorhandensein einzelner dergleichen Gebäude nicht zu bezweifeln und es wird dadurch die abweichende Form jenes Jupitertempels hinlänglich erklärt.

Zu 3. Es ist wahr, dafs die Bogen auf Säulen dem Gebäude etwas mehr Höhe geben: ein Emporstreben ist dies jedoch noch nicht. Auch versteht es sich nur bei gleicher Säulenweite und Höhe; durch vermehrte Säulenweite und verminderte Säulenhöhe, welche erstere schon bei den Römern, letztere bei den Byzantinern vorkommt, wird die Höhe nicht allein geringer, sondern es stellt sich sogar entschieden der Schein des Niedergedrückten ein: wie sollte sich nun das später wieder eintretende Emporstreben aus jener Construction, nachdem sie den entgegengesetzten Ausdruck angenommen hatte, entwickelt haben können?!

Zu 4. Hier allein mögen wir eine frühe Einwirkung des christlichen Glaubens zugeben. Seitdem Helena, Constantins Mutter, in den Ruinen des von Hadrian zu Jerusalem erbaueten Tempels der Venus das Kreuz Christi gefunden hatte, wurde es das eifrige Streben der Christen, diese heilige Form als Symbol ihres Glaubens überall anzuwenden. Hier ist jedoch von keinem Einflufs, wenigstens nur von einem unbewufsten und sehr mittelbaren Einflufs auf die Kunst die Rede. Es konnte diese Form bei *jedem* Baustyle angewendet werden: welche künstlerische Wirkung sie hervorbringen werde, daran hat man dabei wohl nicht im Entferntesten gedacht.

Zu 5. Weit eher dürften wir eine Veränderung der Richtung der Kunst in der absatzförmigen Erhebung der römischen Gräber suchen; aber der absatzförmige (pyramidale) Bau der Grabgewölbe weiset, wie wir gesehen haben, auf ein früheres Alterthum zurück; er war fast zu allen Zeiten in Gebrauch, und wo eine ähnliche, doch stets unbedeutende Erhebung des mittlern Theils bei andern römischen Gebäuden vorkommt, steht sie mit der Construction der Decken im Zusammenhange und ist durch diese bedingt. Überhaupt dürfte diese Bau-Art dem Rundbogenstyl ganz anolog sein; so dafs auch hier eine Beziehung zur christlichen Kunst anzunehmen nicht statthaft zu sein scheint.

Zu 6. Die Abweichungen bei der Bildung der Säulencapitäle von den Normen der Griechen erklärt sich hier aus dem allmäligen Sinken der Kunst: Im Mittel-Alter dagegen, wo man mit noch weit gröfserer Willkür verfuhr, ist sie vielmehr als ein neuer Aufschwung zu betrachten. Früher hatte man die Nachahmungen der griechischen Kunst vor Augen und erlaubte sich blofs Abänderungen, welche man durch ihre Unbedeutenheit entschuldigen mochte: später dagegen galt es vielmehr, sich von den Fesseln zu befreien; man suchte ganz neue Formen und fing mit dem Einzelnen an, bis endlich das Ganze sich anders gestaltete.

Zu 7. Die Idee, der Construction selbst einen ästhetischen Ausdruck zu geben und das nackte Material für sich sprechen zu lassen, wie es in den angeführten Beispielen geschahe, tritt uns zwar im Mittel-Alter sehr ausgebildet (besonders in nördlichen Deutschland) entgegen; eben so aber waren auch die Römer schon früher bemüht, durch die Zusammenfügung verschiedenartiger Steine u. s. w. eine angenehme Wirkung hervorzubringen. Es ist dies ein Mittel, welches allen Baustylen eigen sein könnte: es ist daher auf die Verschiedenheit derselben ohne Einflufs.

So also dürften sich die wesentlichsten einzelnen Ähnlichkeiten beider Baustyle unabhängig von einander erklären lassen. Überhaupt sind es nie die Details: es ist der aus dem Ganzen sprechende Geist, welcher die Eigenthümlichkeit eines Kunststyls bestimmt; und es kann nicht oft genug wiederholt werden, dafs man bei Entdeckung einzelner Ähnlichkeiten in verschiedenen Kunststylen nicht sogleich auf eine Verwandtschaft derselben schliefsen dürfe. Wenn sich in Folge einer veränderten Geistesrichtung eines Volkes auch der Kunststyl ändern soll, so werden immer noch lange die einzelnen Bestandtheile des frühern Styls beibehalten und benutzt werden; es bleibt die äufsere Ähnlichkeit bei innerer Verschiedenheit; und so wenig bemerkbar letztere im Anfange auch sein mag, so führt sie doch zuletzt zur gänzlichen Umgestaltung bis in die kleinsten Details. Wir haben schon in der frühesten Geschichte eine solche Umwandlung aus allgemeinen Gründen wahrscheinlich gefunden, z. B. die des indischen Styls in den ägyptischen, wiewohl uns von den allmäligen Übergängen keine deutlichen Zeugnisse übrig geblieben sind: hier können wir fast Schritt um Schritt dem Entwickelungsgange folgen, obgleich wir noch Jahrhunderte weiter fortschreiten müssen, ehe wir den eigentlichen Culminationspunct erreichen, der keinesweges so früh anzunehmen ist, wie es gewöhnlich geschieht, das heifst zur Zeit der Erbauung der Sophienkirche zu Constantinopel.

§. 118.

Die byzantinische Bauart.

Es soll mit dieser Benennung nicht etwa, wie es noch häufig geschieht, die ganze ältere christliche Baukunst, sondern lediglich die des griechischen Kaiserthums, so lange als sie von fremdem Einflusse frei blieb, bezeichnet werden. Es wird aber davon wenig und nicht eben Erfreuliches zu berichten sein. Es ist schon oben bemerkt worden, dafs grade hier, und namentlich in Constantinopel, weil sich die Kunst mit der Pracht des Kaiserhofes aufserhalb Italien dorthin geflüchtet hatte, das Beharren beim Alten wohl am hartnäckigsten festwurzeln mufste. Dazu kam bald die politische Verarmung. Obgleich nemlich das griechische Kaiserthum bekanntlich bis ins funfzehnte Jahrhundert unter innern und äufsern Kämpfen sein Schattendasein fortschleppte, wurde doch eine Provinz nach der andern ihm entrissen und die Grenzen wurden immer näher um Constantinopel gezogen. Gleichen Schrittes drängten von der einen und der andern Seite her arabische und abendländische Kunst die byzantinische zurück. Alle Pracht des morgenländischen Kaisersitzes (die freilich nicht mehr mit der frühern Pracht der Cäsaren zu vergleichen war) vermochte nicht, dem kräftigeren künstlerischen Aufstreben der jüngern Völker das Gegengewicht zu halten, und obgleich noch geraume Zeit lang die byzantinische Kunst nach Italien und selbst nach Deutschland hineinwirkte, sah sich doch die Mutter endlich von den herangewachsenen Töchtern überflügelt.

Aus der Zeit von Constantin haben wir noch ein Bauwerk in Constantinopel, die grofse Cisterne, von 336 F. lang und 182 F. breit, mit ihren

336 marmornen Säulen von zusammengesetzter Ordnung, in 12 Reihen, mit Ziegelmauern und Kloster- oder Kreuzgewölben ohne Rippen, jetzt unter dem Namen des unterirdischen Pallastes (Jere-Batan-Serai) bekannt. Die Bauart dieses Werkes ist durchaus römisch, und nur etwa die ausgedehnte reihenweise Anordnung der Arcaden zu bemerken, wie sie selbst in Spalatro nicht vorkommt.

Von den eigentlichen Gebäuden gilt bis zum sechsten Jahrhundert ungefähr dasselbe. Den Kirchen gab man, wie in den ersten Jahrhunderten in Italien, theils die Rotunden-, theils die Basilikenform; letzteres geht aus einer Nachricht des unbekannten Topographen von Constantinopel hervor. Es scheint jedoch, im Gegensatz zum Abendlande, hier die runde Form mit der Kuppelbedeckung allgemeiner und beliebter geworden zu sein. Die Halbkugel, als Decke, mufste bald eine *symbolische* Bedeutung annehmen; und eine solche wird gewöhnlich in der Kunst um so eifriger gesucht, je mehr es ihr an wahrer Bedeutung fehlt. Runder Kirchen in Italien aus jener Zeit haben wir schon gedacht; eine ähnliche Gestalt hat die durch die heilige Helena zu Jerusalem erbauete Kirche des heiligen Grabes. Vieles an dieser unregelmäfsigen Zusammensetzung verschiedener Gebäude ist zwar aus späterer Zeit, da die Kirche mit vielem Andern vom Chalifen Hakhem im Jahre 1010 zerstört wurde; auch zeigt sich in der äufsern Ansicht der Spitzbogen, und ein unregelmäfsig angebauter, im ursprünglichen Plane schwerlich vorhanden gewesener Thurm mit Strebepfeilern: die über der Grabcapelle errichtete eigentliche Kirche ist indessen eine Rotunde, mit umlaufender Abseite von zwei Stockwerken, über welche sich der innere Raum, nur lange nicht so bedeutend wie in der Regel an den ähnlich gestalteten Kirchen Italiens, mit einer Kuppel, die gleich dem Pantheon in der Mitte eine weite Licht-Öffnung hat, emporhebt; die Arcaden zwischen Kirche und Abseiten haben kreisförmige Bogen, welche theils auf breiten Mauerpfeilern, theils auf corinthischen (wahrscheinlicher wohl römischen) Säulen ruhen. Das dritte niedrige Stockwerk der Rotunda hat kleine, oben halbrunde Fenster in voller Mauer. Aufser den Gurtgesimsen, welche die Stockwerke theilen, findet sich kein architektonischer Schmuck; die Pfeiler haben keine Kämpfer und die Bogen keine Einfassungen. So verhält es sich nemlich nach den, freilich nicht sehr genauen Zeichnungen von ***Pockok*** und ***Rosenmüller***. Eine in dem sogenannten Universum von ***Meyer*** mitgetheilte kleine Zeichnung zeigt keine Säulen, sondern vortretende hochgehende Pilaster, die aber, mit ihren langen Schlitzen unter dem Capitäl, in keinen Styl recht passen; die Gurtgesimse fehlen und die Brüstungen der Abseite sind, so weit sich erkennen läfst, mit Kreisen oder gar mit spätern Durchbrechungen verziert, während die kleinen Fenster des Tambour, in Bogennischen stehend, ein Bild jener Gallerieen geben, wie sie später in Deutschland häufig vorkommen. Auch kommen an der frei im Innern stehenden Grabcapelle sogar Details vor, welche an das *vorige* Jahrhundert erinnern. Diese zwar könnten Erneuerungen seit ***Pockok*** sein; allein das Ganze würde doch nicht viel früher gesetzt werden können, und die Richtigkeit der Zeichnung ist also zu bezweifeln; es ist nicht gesagt, aus welchem Werke das Universum die Zeichnung entlehnt hat. Ich bemerke dies, weil dieses Buch sehr verbreitet ist und in den Händen vieler Leser sein möchte. Die Kuppel der Kirche ist aus Cypressenholz gebaut und später erneuert; alle übrigen Theile jedoch zeugen bestimmt von einem höheren Alter, als dem eilften Jahrhundert, und müssen der Zerstörung unter Hakhem entgangen sein.

Der erste neue Aufschwung der Baukunst und die erste eigenthümlich christliche Richtung derselben zeigt sich in der von Justinian im sechsten Jahrhundert erbauten Sophienkirche zu Constantinopel; jedoch ist die Abweichung der Architektur oder auch nur der Anordnung dieses Gebäudes keinesweges so bedeutend, dafs man berechtigt wäre, eine neue Epoche mit ihm zu beginnen. Man pflegt allgemein zu behaupten, es habe diese Kirche im Innern die Form eines griechischen Kreuzes. Dies ist aber im Wesentlichen nicht der Fall. Man stelle sich ein Quadrat in neun Theile getheilt vor, von welchen der mittlere gröfser ist, als die übrigen. Die vier Theile an den Ecken sind zweistöckig und durch Mauern mit Durchgängen abgesondert. Dieses nimmt man für eine Kreuzesform. Es sind aber die beiden Arme rechts und links ebenfalls durch zweistöckige Arcaden, die nicht etwa später eingebaut sein können, von der eigentlichen Kirche getrennt, und der vordere und hintere Arm, von denen der erstere zum Haupt-Eingange dient, schliefsen sich als Halbkreise an das mittlere Quadrat an; das Innere zeigt also dem Auge einen länglichen, vorn und hinten halbkreisförmig geschlossenen Raum. Wie soll nun alles dieses die Form des Kreuzes geben? Indessen weicht der Grundrifs allerdings sehr von dem der einfachen römischen Rotunda ab; er ist sehr complicirt. Aus dem hintern halbrunden Arme springt, wieder in halbrunder Form, das Presbyterium mit den Sitzen für die Geistlichen heraus, welchem Vorsprunge im vordern Arm der breite Eingang von drei Thüren entspricht, und näher an den Mittelraum springen in beiden Armen seitwärts wieder vier mit Säulen verzierte Halbkreise heraus, welche die Zugänge zu den Theilen an den Seiten bilden. Aufsen ist das Ganze von einem Quadrat umschlossen; jedoch mit vielen vorspringenden Treppenthürmen und mit der hintern runden Exedra. Vor der Seite des Eingangs liegen sonderbarer Weise zwei zweistöckige Vorhallen hinter einander; dieselben sind, so wie die sechs Theile an den Seiten, mit kleinen Klostergewölben bedeckt. Eine ähnliche Vielgestaltigkeit zeigt sich in der Höhe der einzelnen Theile: der eine tritt immer über den andern, jedoch nicht bedeutend vor; am höchsten ist der mittlere Raum oder die eigentliche Kirche, deren flache Kuppel alles andere überragt; weiter hinunter schliefsen sich die vier Arme, der vordere und hintere, mit halbrunden Kuppeln an; noch niedriger sind die Theile an den Ecken und die Vorhallen; aufserdem weichen noch mehrere einzelne Theile in der Höhe von einander ab, so dafs sich das Gebäude von aufsen als eine sich sanft erhebende, auf das mannigfachste abgestufte Masse darstellt. Die wesentlichste Abweichung vom Gewöhnlichen, obgleich mehr in Bezug auf die Construction, als auf die Kunst, liegt in der Kuppel über einem, auch inwendig quadratischen Raume; was, so viel wir wissen, bei den Römern nicht vorkommt. Die Wölbung hat erst die Diagonale zum Durchmesser und, nachdem so die Ecken ausgefüllt sind, steht eine gewöhnliche Kuppel darauf, so dafs das Gewölbe viel Mannigfaltigkeit, und zwar in der Mitte der Höhe einen ringförmigen Knick hat. Die obere Kuppel ist keine Halbkugel, sondern ein flacher Kugelabschnitt von 36 F. hoch auf 105 F. Durchmesser; ihr unterer Theil bildet einen niedrigen Tambour mit Fenster-Öffnungen, welche, wie sämmtliche Fenster am ganzen Gebäude, nur klein und mit Kreisbogen bedeckt sind. Die Pracht des Materials ist grofs: die Säulen sind Marmor, Porphyr und Granit; die Wände sind mit Marmor bekleidet und haben eingelegte Verzierungen von Perlmutter und Achat; die Gewölbe sind mit Mosaikgemälden auf Goldgrund verziert; und so konnte mit einigem Rechte in dieser Hinsicht Justinian sagen, er habe den Salomo übertroffen. Was nun aber den Styl des Gebäudes betrifft, so ist derselbe, wenn man einige wesentlichere Abweichungen der Form der Säulencapitäle, welche sich jedoch in den Haupt-Umrissen von den corinthischen nicht sehr entfernen, abrechnet, im Einzelnen noch ganz römisch; jedoch ist hier in dem fortgesetzten Kampfe des Bogenstyls gegen den Säulenstyl ein bedeutender Schritt vorwärts gethan. Er besteht, aufser in der Vielgestaltigkeit der Form, die aber noch nicht organisch durchgebildet, sondern verworren ist, namentlich darin, dafs die Kuppel sich auch nach aufsen hin zeigt, während die römischen Kuppeln stets nach aufsen unter flachen Kegeldächern versteckt sind. In höherer Beziehung aber, und zwar zur Religion und Kunst, ist zu bemerken, dafs hier die eigentliche Kirche, oder das Allerheiligste, auch für die äufsere Ansicht durch die hinaustretende Hauptkuppel deutlich bezeichnet ist. Zwar sieht man in der römischen Rotunda Ähnliches; aber hier stellt sich der schmale niedrige Umgang mehr wie ein Anbau dar, während sich dort die Hauptkuppel aus der Umgebung gröfserer Massen hervorhebt.

So lassen sich denn also in der Sophienkirche zu Constantinopel die beiden Haupt-Elemente der spätern christlichen Baukunst (Vielgestaltigkeit und Emporstreben) bereits im Keime erkennen, aber nur ganz versteckt zwischen den Bestandtheilen der römischen Architektur, und mehr der Absicht als der Wirkung nach. In jener Beziehung mag man nun freilich mit Recht in der Sophienkirche den Beginn christlichen Strebens erblicken. Es wurde hier gleichsam das Saamenkorn ausgeworfen, aber noch lange Zeit verging, bis es keimte und sprofste und bis die zarte Pflanze mit ihren ersten, von andern wenig verschiedenen Blättern sich zeigte, sich nach und nach entfaltete, mehr und mehr die abweichende Bildung gewann, und bis endlich die eigenthümliche, so wunderherrliche Blüthe überraschend hervorbrach.

Die Regierung Justinians war zugleich die Blüthezeit des Reichs. Schon deshalb läfst sich also ein ferneres bedeutendes Fortschreiten der byzantinischen Baukunst nicht erwarten, und wir würden, wenn uns auch mehrere Gebäude aus der Zeit des griechischen Kaiserstaats übrig geblieben wären, doch wahrscheinlich nicht viel Erfreuliches davon zu sagen haben. Nur so viel ist gewifs, dafs man die Bezeichnung des Allerheiligsten durch die vortretende und sich auch äufserlich rund darstellende Kuppel fernerhin festhielt; auch auf oblonge Kirchen setzte man auf die Mitte des Kreuzes auf solche Weise eine Kuppel. Aufserdem lassen sich noch die Kreuzesform der Kirchen, die Mehrzahl der Tribunen, die isolirten Kämpfer-Aufsätze zwischen Capitäl und Bogen, die Würfelknäufe, die nach Innen geöffneten oberen Gallerieen und die Einschachtelung kleiner Säulen und Bogen zwischen gröfsere als Eigenthümlichkeiten der byzantinischen Architektur bezeichnen; jedoch läfst sich, da es an Beispielen in gröfserer Zahl fehlt, nicht immer mit Sicherheit sagen, ob nicht formeller Einflufs, wie es bei den vielen Kirchen Italiens, die für byzantinischen Ursprungs gehalten werden, leicht der Fall sein könnte, stattgefunden habe. So z. B. finden sich die Würfelknäufe besonders häufig in Deutschland: in Constantinopel dagegen, in gröfserer Ausdehnung, nur an einem einzelnen Bauwerke, nemlich an der jetzt mit dem Namen „Binbir-direk" bezeichneten grofsen Cisterne von 20000 Quadratfufs Grundfläche. Indessen ist die Zeit der Erbauung dieser Cisterne unbekannt und, dem Umstande nach zu urtheilen, dafs hier die Säulen aus mehreren, durch Ringe getrennten Schäften zusammengesetzt sind, könnte diese Cisterne auch wohl ein späteres Bauwerk sein, auf welches schon locale Einflüsse stattgefunden haben, oder es könnte auch die gesunkene Technik zufällig zu einer Capitälform geführt haben, die sich eben sowohl für eine Entartung der antiken Form, als für den Anfang einer neuen, dem Gewölbebau mehr entsprechenden Bildung halten läfst.

Noch auffallender sind die Spitzbogen der Wasserleitung zu Pyrgos bei Constantinopel, deren Erbauung Justinian zugeschrieben wird; was indefs der historischen Begründung ermangelt. Es kann vielmehr dieses Werk auch in die Zeit gesetzt werden, wo die arabische Kunst, bei welcher, den bisherigen Forschungen zufolge, die Spitzbogen zuerst vorkommen, ihren Einflufs geltend zu machen anfing. Es wird wohl noch lange währen, eher wir im Stande sein werden, solche und ähnliche Zweifel zu lösen; zum Glück aber scheint im Ganzen nicht eben viel darauf anzukommen. Wenn wir die romanische Kunst als Übergangsstyl, oder richtiger, als im Kampfe mit dem antiken Säulenstyl und als das Bestreben nach einem neuen, der Idee des Christenthums entsprechenden Styl betrachten, so finden manche Erscheinungen von selbst ihre Erklärung, da während eines solchen Bestrebens ein fester, in sich geschlossener Baustyl nicht vermuthet werden darf, und es verliert dann die Frage, ob dieses oder jenes Volk diese oder jene einzelne Form erfunden habe. um so mehr ihre Wichtigkeit, als wohl alle damaligen Baustyle von den römischen Elementen ausgehen mufsten.

Wir können den reinen byzantinischen Styl, wenn diese Benennung überhaupt pafst, nicht weiter verfolgen, als bis zu dem oben erwähnten arabischen Einflufs, welcher wohl schon von da an stattfinden mufste, als sich die Araber in den näher liegenden Gegenden festgesetzt hatten; später kam noch, nachdem die Ausbreitung byzantinischer Kunst nach Italien und Deutschland (die aber wohl nie so bedeutend war, als es uns die alten Schriftsteller glauben machen möchten) aufgehört hatte, der rückwirkende abendländische Einflufs dazu.

Von der Verbreitung der byzantinischen Baukunst nach Rufsland wird späterhin die Rede sein.

§. 119.

Die Bauart der Gothen in Italien (400 — 533).

Italien, zu einer Provinz des griechischen Kaiserthums herabgesunken, oder unter eignen machtlosen Kaisern von Factionen zerrissen, den wilden Zerstörungen der eindringenden Barbaren preisgegeben, und zuletzt die Beute jedes neuen mächtigen Eroberers, läfst noch weit weniger Erfreuliches im Gebiete der Kunst erwarten, als Byzanz. Indessen sind uns nicht allein weit mehr Gebäude jener Zeit (freilich nicht von der Bedeutung der Sophienkirche) übrig geblieben, sondern es tragen diese auch, eben in Folge fremdartiger Einwirkungen, mehr Spuren des allmäligen Überganges zu dem Neuen an sich; und so wird uns hier Rom in seiner tiefsten Erniedrigung sogar noch interessanter, als das weltgebietende Rom mit all' seiner Bauliebe und Pracht.

Vor dem Einfalle der Gothen war die Bauart in Italien genau dieselbe wie die in Byzanz und es mögen einige der in §. 117. gedachten Gebäude diesem Zeitraume angehören, oder doch den damals herrschenden Styl kennen lehren. Die Gothen waren ein ungebildetes Volk und hatten, wie alle germanischen Völker, blofs einen rohen Holzbau geübt. Sie nahmen hier die Bauart der Römer an. Doch wäre es nicht unmöglich, dafs gegen die Blüthezeit hin die gothische Eigenthümlichkeit nicht ohne allen Einflufs geblieben wäre. Diese Blüthezeit trat unter Theodorich (475 — 526) ein, diesem unter dem Namen Dietrich von Bern in den mittelalterlichen Dichtungen gefeierten Helden; jedoch sieht man hier auch sogleich, dafs Theodorich am Kaiserhofe zu Constantinopel erzogen war, woraus sich auch hier wieder ein Vereinigungspunct für die byzantinische und die italische Bildung und Kunst ergab; was es denn um so schwieriger macht, die etwanige, jedenfalls geringe Einwirkung des gothischen Geistes herauszufinden

Von den zahlreichen Bauwerken Theodorichs, besonders in seiner Residenz Ravenna, ist uns, aufser seinem Grabmale, wenig übrig geblieben, was eine gründliche Kenntnifs des damaligen Baustyls geben könnte.

Zuerst wäre auf die früher schon erwähnte Kirche San Nazaro e Celso in Ravenna aufmerksam zu machen. Hier ist ein fremder Einflufs noch nicht nachzuweisen. Die Kreuzesform haben dem Grundrisse auch die römischen Christen gegeben; zumal die Form des lateinischen Kreuzes. Eher könnte die thurmartige Erhebung der Kreuzesvierung eine Nachahmung byzantinischer Bauart sein; aber im Äufsern zeigt sich hier nicht die characteristische Kuppel, sondern ein flaches Kegeldach. Sodann läfst sich auch nicht nachweisen, dafs die Auszeichnung der Kreuzesvierung in Constantinopel früher als an der Sophienkirche vorkam, und drittens findet sich die Hervorhebung des mittlern Theils der Kirche auch schon bei heidnisch-römischen Gebäuden. Die ganz einfache Gestalt des Ganzen ist nur als ein gemeinsames Merkmal der Zeit zu beachten, und es bleibt überhaupt zweifelhaft, ob die Kirche so alt sei, als man es annimmt.

Die noch vorhandenen Substructionen vom Pallaste des Theodorich zu Terracina, so wie einige von *d'Agincourt* gezeichnete Befestigungsthürme und Brücken, sind unbedeutend und können ebensowohl einer frühern oder spätern Zeit angehören.

Der Eingang in das Kloster der Franziskaner zu Ravenna, welcher für das Überbleibsel eines Pallastes des Theodorich gehalten wird, zeigt eine magere Relief-Architektur, mit flachen Wandpfeilern; dazwischen oben kleine Bogen, deren Säulen auf Sohlbänken und Kragsteinen stehn; in der Mitte ein Risalit, mit der Thür unten und einer grofsen Bogen-Nische oben, beide mit glatten Rundbogen, und die Rundstäbe in die quadratischen Eck-Einschnitte gestellt. Alles dieses kann ebensowohl die Architektur einer spätern Zeit sein, und das hohe Alter ist mehr als verdächtig.

Etwas mehr Interesse gewähren zwei Abbildungen von Pallästen des Theodorich, die eine auf einem alten Siegel der Stadt Verona, die andere in einer Mosaik in der Kirche San Appollinare zu Ravenna. Die Figur auf dem Siegel, mit ihren Zinnen und Thürmen, und besonders den schlanken Spitzpfleilern, ist wohl offenbar nur eine willkürliche und ziemlich ungeschickte Composition; die andere Abbildung aber ist mehrerer Beachtung werth. Sie stellt eine Façade mit zwei Arcaden übereinander vor: die obere Reihe von mehreren und kleineren Bogen, auf Zwergsäulen stehend, mit undeutlich gezeichnetem Geländer dazwischen; in der Mitte springt eine Halle vor, deren drei Bogen-Öffnungen, ebenfalls auf Säulen, durch beide Etagen gehn. Neben dieser Façade zeigt sich ein einfaches, sehr hohes und rund überwölbtes Thor, mit zwei runden, kuppelförmig sich endigenden Pfeilern. Über das Dach hinweg hat man eine Fernsicht, welche mehrere Gebäude, eins in Basilikenform, mit erhöhetem Mittelschiff, und zwei andere mit Kuppeln zeigt. Was hier gegen die frühere italische Bauart auffält, ist die durch beide Stockwerke gehende Vorhalle; die Höhe des Giebels darüber, welcher kein wagerechtes Gesims hat; die Weite der Säulenstellungen; der Umstand, dafs in beiden Arcaden nicht Säulen auf Säulen stehn, und die phantastischen Verzierungen der Bogen-Einfassungen und Anfänge. Das Ganze hat einen bestimmten, freundlichen, einem Pallaste (die Inschrift *palatium* steht am Giebel) nicht unangemessenen Character und einen ausgebildeten Baustyl, welcher, wenn nicht der byzantinische selbst, doch nahe mit ihm verwandt ist. Freilich haben solche Abbildungen keine sonderliche Authorität; sie sind nicht eben treu, und in der Regel stellen sie nur den Baustyl vor Augen, welcher zur Zeit ihrer Verfertigung üblich war. Da sich nun aber in Italien zu keiner Zeit ein genau ähnlicher Baustyl findet und dieser hier für ein bloſses Phantasiegebilde des Malers zu consequent sein dürfte, so wäre es nicht unmöglich, daſs das Bild Wirkliches vorstellte. Die Verwandtschaft des Styls mit dem byzantinischen darf uns nicht befremden, da Theodorich zu Constantinopel erzogen wurde; und daſs wir dort aus Theodorichs Zeit kein so ausgebildetes Bauwerk besitzen, kann bloſser Zufall sein; möglich ist es sogar, daſs die Kunst in Italien zu jener Zeit unter Theodorichs Einwirkung einen Vorsprung gewann. Wie dem auch sein mag, es möge auch die Zeit, in welcher das Bild verfertigt wurde, viel jünger sein, was nicht unwahrscheinlich ist, oder möge das Bild auch selbst nur ein Erzeugniſs der Phantasie des Bildners sein, so verdiente doch der Gegenstand hier erörtert zu werden.

Wir kommen jetzt zu einem wirklichen Gebäude, zu welchem, wie *d'Agincourt* sagt, Justinian die Zeichnungen aus Constantinopel gesendet haben soll. Neuere Untersuchungen haben indessen ergeben, daſs dieser Kaiser es nur mit Mosaik schmückte und die unregelmäſsig hinzugefügte Vorhalle bauen lieſs. Dieses Gebäude ist die Kirche San Vitale zu Ravenna. Der Hauptform nach ist sie eine Rotunda, oder vielmehr ein Achteck, mit umlaufender Abseite von zwei Stockwerken, und einer darüber hinaustretenden halbkreisförmigen Kuppel über dem innern Raum; die Kuppel ist jedoch von auſsen durch lothrechte Wände und ein flaches Zeltdach versteckt (also nicht byzantinisch). Mehr noch beweiset die künstliche Construction des Gewölbes, aus eigens dazu geformten, ineinander gesteckten Töpfen in spiralförmigen Windungen und mit Mörtel ausgefüllt, mit Bestimmtheit alt-römische Tradition. An die byzantinische Bauart erinnert nur sehr entfernt die durch Anbaue etwas complicirt gewordene Gestalt des Grundrisses; mehr die Construction mit den halbrunden Ausbiegungen, welche den innern Umfang bilden und sich im hintern Theile mittelst drei kleiner, der krummen Linie folgender Arcaden zu Durchgängen öffnen; genau wie in der Sophienkirche. Solche eigenthümliche und etwas schwierige Gestaltungen können an zwei verschiedenen Gebäuden nicht wohl zufällig entstanden sein; jedoch ist es wahrscheinlich, dafs die Kirche San Vitale das unmittelbare, oder auch mittelbare Vorbild für die Sophienkirche gegeben habe; denn einestheils ist die Anordnung in der Kirche zu Ravenna vollständiger, anderntheils hat sie im Ganzen wieder grofse Ähnlichkeit mit einem unter dem Namen Tempel der Minerva medica bekannten, wahrscheinlich noch antiken Gebäude zu Rom, wo den innern achteckigen Umfang ebenfalls acht halbrunde Nischen umgeben, die theilweise auch Durchgänge mit Säulen bilden.

Diejenigen Eigenthümlichkeiten von San Vitale gegen altrömische Formen, welche vielleicht dem gothischen Einflusse zugeschrieben werden könnten, bestehen zunächst in der bei Rotunden sonst nicht gebräuchlichen Anordnung eines hohen Chors, welcher hier dadurch gebildet wird, dafs die eine Seite des Achtecks fehlt und von hier aus zwei Mauern einen Umgang mit kleinen Arcaden, durch beide Stockwerke reichend, nach hinten führen, wo der Chorschlufs, innen in halbrunder, aufsen schon in vieleckiger Gestalt, herausgebaut ist. Ferner in der Anbiegung kleiner getheilter Bogen in die gröfsern, sowohl unten als oben in den Fenstern der Kuppel, welche in der Mitte eine Säule haben; in den an alte germanische Bauart erinnernden hölzernen Dachgerüsten, während es bei den alten Römern, wenn auch nicht durchaus, so doch in der Regel gebräuchlich war, die Dachbedeckung auf das Füllmauerwerk der Gewölbe zu legen; besonders aber in der Weglassung der wagerechten Gesimse, und zwar selbst unter der Kuppel, obgleich für den Wechsel der achteckigen Gestalt des geraden Theils mit der runden des Gewölbes die Trennung durch ein Gesims hier einem an antike Gestaltungen gewöhnten Baumeister fast unerläfslich scheinen mufste. Die Aushülfe, die Ecken durch kleinere, sich verlaufende Bogen auszufüllen, zeigt sich entschieden als Vorbote späterer christlicher Construction. Endlich ist noch der, freilich sehr steifen, von antiker Bildung ganz abweichenden Form der Säulen-Capitäle zu gedenken, welche blofs in umgekehrten abgekürzten und vierseitigen Pyramiden bestehn, die Flächen mit breiter vergitterter Einfassung, der innere Spiegel mit flachen Arabesken. Diese so sehr eigenthümliche Form ist im hohen Grade auffallend, indem man in den nachfolgenden Jahrhunderten in allen Ländern die antike Form der Capitäle zum Vorbilde nahm. Vielleicht sind in solchen Abweichungen mifsglückte Versuche einer freiern Formenbildung zu sehen, von welcher man, der schlechten Wirkung wegen, wieder zurückkehrte.

Das letzte und wichtigste Bauwerk, welches wir hier noch zu betrachten haben, und über welches zugleich kein Zweifel rücksichtlich der Zeit seiner Entstehung obwalten kann, ist das Grabmal des Theodorich zu Ravenna. Dieses Gebäude besteht aus einem Unterbau und einem Aufsatz. Ersterer, halb in die Erde versenkt, ist aufsen zehneckig; das Innere hat die Form eines griechischen Kreuzes, nach alt-römischer Art mit zwei sich durchkreuzenden Tonnengewölben bedeckt; jede der zehn Seiten hat eine tiefe, halbkreisförmig überdeckte Bogen-Nische mit Kämpfergesimsen, in der vordern Nische mit einer grade überdeckten Thür. Auf diesen Unterbau erhebt sich, $4\frac{1}{2}$ Fufs zurückspringend, ein innen runder, aufsen zehneckiger Bau. (Der Absatz scheint für eine umlaufende Säulengallerie, wie sie ***Kugler*** annimmt, (a. a. O. S. 347.) zu schmal.) Inwendig bleibt der Querschnitt in der ganzen Höhe sich gleich; aufsen ist die Mauer oben um etwas mehr als 1 Fufs zurückgerückt und bildet einen zweiten niedrigen Absatz; jede der zehn Seiten des untern Theils hat, aufser der Thürseite, zwei flache Nischen mit geradem Sturz, und darüber vortretende Halbkreisbogen auf Kragsteinen. Die beiden untern Absätze sind glatt, ohne Gesims; das einzige, sehr hohe Gesims läuft um den runden Theil unter der sehr flachen Kuppel hindurch, welche den Bau schliefst. Diese Kuppel besteht aus einem einzigen Stein von 32 Fufs im Durchmesser und 9 Fufs Höhe. Man hat hier eine Ungeschicklichkeit des Baumeisters finden wollen, welcher schwerlich mit einer so enormen Masse sich befafst haben würde, wenn ihm die Kunst, aus kleinen Steinen ein Gewölbe zu machen, bekannt gewesen wäre. Die Voraussetzung ist aber, den vielen so ungemein künstlichen Gewölben in S. Vitale und andern damaligen Gebäuden gegenüber, offenbar nicht unrichtig. Vielmehr mag man darin eine Äufserung des kräftigen gothischen Geistes und einen Nachklang älterer germanischer Bauart finden; denn es ist nicht zu übersehen, dafs die germanischen Völker, neben ihren hölzernen Hütten, von der ältesten Zeit her bei ihren Grabmalen mit grofsen Steinmassen umzugehen gewohnt waren; wie es die noch jetzt vorhandenen Reste in Deutschland beweisen. Am Umfange der Kuppel ragen 12 Steine hervor, welche sonderbarerweise ganz die Form unserer gewöhnlichen stehenden Dachluken mit Frontispicen haben und sicher nicht blofs zum Angreifen des Steins, wie man annimmt, sondern mehr zu Verzierungen bestimmt waren. Noch ist der beiden, nur etwa 4 Fufs breiten, 19 Stufen hohen Freitreppen zu erwähnen. Sie führen zum untern Absatz empor, haben jede einen langen Arm von funfzehn Stufen, ein Podest und einen kurzen Arm von drei Stufen, sind mit den langen Armen rechtwinklig auf die beiden Seiten neben dem Eingange angesetzt, so dafs sie nach vorn her divergiren, während die kurzen Arme, rechtwinklig auf die langen, sich einander zuwenden, und ruhen auf Viertel-Kreisbogen, welche sich gegen das Gebäude spannen, so dafs diese Treppen ein deutliches Bild jener Strebebogen geben, wie sie später im christlichen Styl allgemein wurden.

Weicht nun auch das Denkmal Theodorichs im Allgemeinen wenig von den ältern Grabdenkmälern der Römer ab, welche ihm auch wohl zum Vorbilde gedient haben mögen, so sind doch in der zehneckigen Grundform, in der mannigfacheren Gestaltung des Ganzen, in der Kreuzesform des untern Stockwerks, in den auf Kragsteinen gestellten Bogen des zweiten Stocks, in den Verzierungen am Dachrande, und in der eigenthümlichen Stellung der Treppen, mit ihren anstrebenden Bogen-Untermauerungen, mehr oder weniger deutliche Anklänge eines neuen und zwar romantischen Geistes nicht zu verkennen. Mehr noch offenbart sich derselbe in der Gesimsprofilirung. Dieses, freilich sehr schwerfällige Hauptgesims hat nicht allein eine ganz willkürliche Gestaltung, sondern zugleich die später so beliebte tiefe Einziehung des Hauptgliedes, und an der Einfassung der Hauptthür findet sich sogar die Eckprofilirung mit einem Rundstab und einer Hohlkehle an jeder Seite. Solche eigenthümliche Details, während des Festhaltens an den ältern Hauptformen, sind gewöhnlich die unwillkürlichen und kaum merklichen Einwirkungen eines fremden, noch nicht ausgebildeten Geistes und der Anfang einer gänzlichen, zwar langsamen, aber sichern Umbildung des ganzen Styls.

§. 120.

Die Bauart in Italien unter der erneuten Herrschaft der Byzantiner.

So wie byzantinischer Einflufs auf die gothischen Bauwerke, wenn nicht bestimmt nachzuweisen, so doch aus allgemeinen Gründen, nemlich aus der höhern Bildung der Byzantiner überhaupt und aus der Erziehung Theodorichs in Byzanz zu vermuthen, jedenfalls aber nicht ganz wegzuleugnen ist: so läfst sich auch um so weniger annehmen, dafs seit der Zertrümmerung der gothischen Macht (553) und der abermaligen Unterwerfung Italiens unter den griechischen Scepter gar keine Elemente von Byzanz her in die italischen Bauwerke aufgenommen worden wären; möge solches auch nicht in dem Maafse geschehen sein, wie man früher allgemein glaubte, sondern die altherkömmliche römische Bauart vielmehr überwiegend vorherrschend geblieben sein.

Wir wollen hier zuerst noch einige alte Gebäude betrachten, von welchen es zweifelhaft ist, ob sie der Gothenzeit oder den nächstfolgenden (vielleicht sogar noch spätern) Zeiten angehören.

Zuerst die Kirche S. Stephano rotondo in Rom. Den alten Nachrichten zufolge ist dieses Gebäude im Jahre 470 vom Pabste Simplicius I. zur christlichen Kirche geweiht, später jedoch öfter hergestellt und umgeändert worden. Es ist eine gewöhnliche Rotunda mit zwei Umgängen, deren äufserer jetzt theilweise zu Gärten eingerichtet, theilweise mit Capellen verbaut ist, den Spuren nach aber früher überwölbt war; die eigentliche Rotunda und der innere Ring scheinen nie überwölbt gewesen zu sein. Man sieht von Innen das rohe Sparrwerk der flachen Dachungen. Der äufserste Umfang ist natürlich eine Mauer; die beiden innern bestehen aus jonischen Säulenreihen und zwar haben die Säulen keine Piedestale; die innere Säulenstellung hat einen wagerechten Architrav, auf welchen das hohe Gemäuer der Rotunda ohne Bogen gesetzt ist. Dieses Gemäuer, oder der das ringförmige Pultdach der Abseite überragende Theil der innern Rotunda, hat eine Reihe halbkreisförmig überwölbter und durch zwei kleinere Bogen und eine Säule getheilter Fenster, welche aber weit mehr nach unten stehen und noch eine hohe glatte Mauer über sich haben. So stellt sich der Kern dieses Bauwerks, mit seiner antiken, grade überdeckten Säulenstellung, jedoch nur bis mit dem Architrav, als Rest eines runden Perypteros aus der griechisch-römischen Zeit, und zwar aus einer sehr frühen Zeit, dar, wo die verderbte Sitte, die Säulen auf Fufsgestelle zu setzen, noch nicht allgemein war, die jonischen Capitäle jedoch schon willkürlich geformt wurden. Die überwölbt gewesene runde Halle, mit den nach dem innern, damals vielleicht unbedeckt gewesenen Umgange sich öffnenden Arcaden, mag man in der spätern heidnisch-römischen Zeit hinzugefügt haben, und es dürfte die Meinung Derjenigen, welche hier einen runden *Markt* vermuthen, nicht von der Hand zu weisen sein. Die Erhöhung der innern Rotunde und die getheilten Fenster mögen sich aus der christlich-gothischen Zeit herschreiben, und noch später vielleicht mag eine nochmalige Erhöhung mit vollem Mauerwerk stattgefunden haben. Dafs das Dach als Decke sichtbar ist, mag sich auf den rohen germanischen Holzbau gründen. Findet gleich auf diese Weise das nach verschiedenen Stylen zusammengesetzte Gebäude eine zwanglose Erklärung, so ist doch nicht unbemerkt zu lassen, dafs gleichwohl auch das Ganze, mit Ausnahme der offenbaren Veränderungen im dritten Umfange und der ganz ungehörigen Quermauer mitten in der Rotunda, zu einer und derselben Zeit erbaut sein kann. Säulenstellungen nach antiken Verhältnissen und mit geradem Gebälke kommen auch selbst noch in den spätern christlichen Jahrhunderten vor, und die Weglassung der Säulenstühle war schon zu Constantins Zeiten üblich; weniger wohl, weil die Basen mit dem Bogenstyl nicht gut vereinbar waren, als in Folge der Gewohnheit, Theile älterer Gebäude zu benutzen.

Ein anderes, merkwürdigeres Gebäude, welches mehrere Merkmale der fortschreitenden Entwickelung zu erkennen giebt, ist die Kirche San Tommaso in Limine zu Bergamo. Sie ist eine kleine Rotunde mit zweistöckiger Abseite, über deren Dachung die Kuppel, aufsen nach römischer Construction mit lothrechter Mauer und flachem Zeltdache, sich erhebt. Die Eigenthümlichkeiten dieses Bauwerks sind folgende: ***Erstlich*** der Anbau eines besondern einstöckigen hohen Chors mit halbrundem Schlufs oder Sanctuarium und der Chor mit einem Klostergewölbe bedeckt. ***Zweitens*** die Überwölbung der Abseite und der Gallerie darüber mit acht trapezförmigen Klostergewölben, von welchen wegen des geringen Durchmessers der Rotunda der unregelmäfsige Durchschnitt der Grad-Ecken scharf hervortritt, während von den acht Säulen, welche den innern Umfang bilden, zehn Gurte nach der äufsern Umfassungsmauer gehen, aus welcher Halbsäulen hervortreten. ***Drittens,*** die Form der Arcaden, welche (an die byzantinische Construction erinnernd) in zwei Stockwerken den Umfang der eigentlichen Rotunde bilden. Diese Form ist in so fern eigenthümlich, als nur an jeder Ecke eine Säule steht und die acht Bogen dazwischen geradeaus laufen. (Nach der Zeichnung ist der innere Raum über den Bogen nicht achteckig, sondern rund, und man sieht nicht, wie die eine Form in die andere hinübergeführt ist; wahrscheinlich ist hier ein Zeichenfehler.) Man bemerkt hier deutlich, wie die Vertauschung der runden Grundform mit der vieleckigen auf practischem Wege durch die Wölbung veranlafst werden konnte. (Bei den ältern römischen Rotunden folgen die Bogen der allgemeinen Rundung.) Die Säulen ferner haben, wenn die kleine, von ***d'Agincourt*** mitgetheilte Zeichnung genau genug ist, nicht mehr das römische Verhältnifs, sondern sind kürzer, und die Zwischenweite ist verhältnifsmäfsig grofs. ***Viertens,*** die in der starken äufsern Umfassungsmauer angebrachte schmale Treppe zur Gallerie. ***Fünftens,*** die aufsen am Gebäude in geringen Entfernungen hinauflaufenden dünnen Rundstäbchen. Endlich, *sechstens,* und besonders: die auf der Kuppel oben aufgesetzte, der grofsen Rotunde ähnlich gestaltete Laterne, die eine neue und um so auffallendere Erscheinung ist, da kein Zugang zu derselben hinführt und sie mithin blofs der Zierde wegen gebauet wurde. Die beiden letzten Eigenthümlichkeiten deuten auf eine spätere Zeit der Erbauung; indessen bliebe zu untersuchen, ob die Rundstäbchen mit der Bogenverzierung unter dem Gesimse nicht etwa nachträglich gemacht worden sind, was, wenn auch nicht wahrscheinlich, so doch nicht unmöglich ist; und eben so und noch leichter kann die Laterne später aufgesetzt und der Chor angebaut sein; welcher letztere, wenn er mit dem Hauptbau gleich alt wäre, wohl mit der innern Rotunda in Verbindung gebracht und, wie in S. Vitale, durch beide Stockwerke hindurchgeführt worden wäre. So kann man denn immerhin den Hauptbau als der damaligen Zeit angehörig betrachten; wie es seiner Grundform nach wahrscheinlich sein möchte. Noch eher ist anzunehmen, dafs man in späterer Zeit aus irgend einem Grunde bei der veralteten Grundform ausnahmsweise geblieben sei; denn ein ziemlich entscheidendes Zeichen einer spätern Zeit der Erbauung ist der Umstand, dafs das Mauerwerk aus kleinen Bruchsteinen besteht.

Noch mögen zwei andere Kirchen hier in Betracht gezogen werden: die von S. Fosca zu Torcello bei Venedig und S. Catarina auf der Insel gleiches Namens vor dem Hafen von Pola. Diese beiden Kirchen werden in der mir kurz vor dem Drucke der gegenwärtigen Schrift zu Gesicht gekommenen dritten Lieferung des trefflichen Handbuchs der Kunstgeschichte von *D. Kugler* sogar ins 11te Jahrhundert gesetzt. Obgleich sich in dem Style derselben keine bestimmten Kennzeichen einer so späten Zeit finden, so mag sie doch zugegeben werden, da zu allen Zeiten kleinere Kirchen häufig in einem frühern ärmlichen Baustyle gebaut wurden und da man in Italien sehr oft auf die ältere Bauart zurückkam. Hiermit kann und soll jedoch nicht eingeräumt werden, dafs diese Kirchen einen gröfsern Einflufs byzantinischer Kunst zeigen, als unser Text es zugiebt. Die erste jener beiden Kirchen erinnert durch ihren Grundrifs und die mannigfache Massentheilung von fern an die Sophienkirche in Constantinopel; jedoch fehlt ihr die bezeichnende Kuppel; sie ist blofs mit einem Zeltdache bedeckt, welches von unten roh sichtbar ist. Die Kirche S. Catarina hat eine ganz eigenthümliche Gestalt. Im Ganzen ist es die des lateinischen Kreuzes; der Kopf dieses Kreuzes besteht indefs nur aus dem halbrunden Sanctuarium; der Fufs ist (ein Zeichen des hohen Alters) sehr kurz, und die Arme, welche nach hinten zu ebenfalls halbrund sich schliefsen, sind vom Schiffe durch Mauern getrennt und bilden abgesonderte Räume. Das Schiff der Kirche ist nicht viel länger als breit; vor dem Sanctuarium und zwischen den Armen ist ein Quadrat angedeutet, welches sich, ohne vom vordern Theile des Schiffs durch Pfeiler getrennt zu sein, mit seinen Mauern höher als die übrigen Theile der Kirche erhebt, oben in ein Achteck übergeht und mit einer zeltförmig bedachten runden Kuppel geschlossen ist. Die beiden quadratischen Gemächer in den Kreuz-Armen sind mit Klostergewölben bedeckt; der kurze vordere Theil des Schiffs, bis zu dem erhöheten Theile, scheint mit einem niedrigen Tonnengewölbe bedeckt zu sein: die Dächer sind von Holz. Interessant ist die Überführung des Quadrats in das Achteck. Innen geschieht sie dadurch, dafs die übertretenden vier Ecken durch diagonalstehende und glatt aus der Mauer hervortretende Bogen unterstützt werden, während das Achteck von der Kuppel durch ein Gesims getrennt ist. Aufsen geschieht sie auf die einfachste, für sich selbst sprechende und noch in der spätesten Zeit häufig befolgte Art, nemlich dadurch, dafs die Flächen des Quadrats ohne Gesimse oder sonstige Maskirung, in die vier vorderen Seiten des Achtecks übergehen, während die vor den vier schrägen Seiten des Achtecks vorspringenden Ecken des Quadrats mit anlaufenden Graden bedeckt sind. Die Höhenverhältnisse sind hier übrigens noch sehr gering. Der Fenster in diesem Gebäude sind sehr wenige, und diese wenigen sind winzig klein; dennoch sind sie oben halbrund, während die Thüren gerade Sturze haben. Das Gebäude hat keine Säulen oder sonstige Verzierungen; blofs an dem einen Thürsturz findet sich eine flache und roh gearbeitete schlangenartige Verzierung. Es ist schwerlich möglich, das Alter dieses Gebäudes auch nur mit einiger Sicherheit zu bestimmen; denn während die Überführung des Vierecks in das Achteck auf eine spätere Zeit und deutsche Einwirkung hindeuten, sprechen die einfache Bauart des Ganzen, die kleinen Fenster und die Gewölbe ein sehr hohes Alter aus; das kurze und unvollständige lateinische Kreuz des Grundrisses aber kann ebensowohl ein früher, noch unausgebildeter Versuch, als eine spätere mifsverstandene Nachbildung sein.

Allen diesen Bauwerken dient die alt-römische Bauart zur Grundlage: die neueren Eigenthümlichkeiten gehören der christlichen Richtung an. Ob sie aber der byzantinischen Bauart entlehnt, oder ob sie Wirkung des gothischen oder vielleicht des lombardischen, oder überhaupt nur des christlichen Geistes sind, ist wohl hier schwer zu entscheiden, zumal auch in Constantinopel der neue Baustyl sich erst nach dem sechsten Jahrhundert ausbildete.

So viel ist gewifs, dafs die obigen vier Bauwerke im Ganzen nur wenig an byzantinische Bildung erinnern, welche auch überhaupt erst bei den spätern Bauwerken Italiens einen sichtbaren Einflufs gewann.

§. 121.

Die lombardische Bauart in Italien (568 — 774).

Fast gleichzeitig mit der Wieder-Unterwerfung Italiens unter die griechische Herrschaft gewannen die Longobarden in Ober-Italien in der nach ihnen benannten Lombardei festen Fufs; später dehnten sie ihre Herrschaft auch über Mittel- und Unter-Italien aus. Zuerst bezeichneten diese wilden Barbaren ihre Schritte nur durch Zerstörungen; später jedoch romanisirten sie sich. Hier trat dann für die Baukunst dasselbe Grundverhältnifs ein, wie bei den Gothen: der ursprüngliche, rohe, germanische Holzbau näherte sich der italischen Bauart, mit mehr oder weniger Einflufs auf die weitere christliche Entwicklung. Von den vielen Gebäuden, welche die Longobarden errichteten (wie z. B. dem Pallaste zu Monza bei Mailand, der Kirche Johannes des Täufers, in welcher die berühmte eiserne Krone aufbewahrt wurde, den Kirchen S. Michael, S. Peter, S. Giovanni in Borgo zu Pavia, S. Julia zu Bergamo, S. Vinzent zu Mailand, S. Peter olivate etc.) sind neueren Forschungen zufolge nur noch wenige Überreste, in gewaltigen Substructionen und Mauern aus mächtigen Quadern bestehend, vorhanden. Lange Zeit hindurch hielt man die späteren Wieder-Aufbaue jener Gebäude für die ursprünglichen. So läfst sich denn freilich über den lombardischen Baustyl noch weniger als über den der Gothen urtheilen, sondern nur aus der jetzigen Gestalt der Bauwerke Einiges von den ursprünglichen schliefsen, da nicht wohl anzunehmen, dafs die letzteren ohne allen Einflufs auf die erneuten Gebäude geblieben wären.

Der Graf *Campello,* welcher im 17ten Jahrhundert lebte und schrieb, setzt den Character der Bauart in Italien unter der longobardischen Herrschaft in gediegene Arbeit und Mächtigkeit der Construction, mit völliger Schmucklosigkeit: eine Ansicht, welche viel Wahrscheinlichkeit hat. Ist sie richtig, so folgt, da man späterhin Baue aus kleinen Bruchsteinen, mit vielem Mörtel schlecht zusammengefügt, überhand nehmend und die magern Verzierungen unbeholfen und roh findet, dafs die Kunst, von der Antike ausgehend, noch immer im Sinken begriffen war: eine Wahrnehmung, welche unsere früher ausgesprochene Ansicht, dafs der eigentliche Beginn des erfolgreichen Aufstrebens eines eigenthümlichen christlichen Baustyls erst in spätern Zeiten und bei

Völkern, welche von der römisch-griechischen Kunst unberührt geblieben waren, gesucht werden müsse, bestätigen würde.

Ein Beispiel der wunderlichsten, bedeutungs- und geschmacklosesten Verzierung bietet die Vorderseite der unter der longobardischen Herrschaft erbauten Kirche S. Giovanni in Borgo zu Pavia dar. Sie hat Ähnlichkeit mit der Façade der Kirche S. Micheli daselbst; nur dafs letztere im Styl noch bei weitem reiner und einfacher ist. Hierauf gestützt hat man in jenen flachen Liseen, in den hoch hinauflaufenden winzigen Stäbchen, in den verschlungenen Bogenreihen, in den kleinen Zwerggallerieen u. s. w. eine Eigenthümlichkeit der longobardischen Architektur finden wollen. Herr *von Rumohr* hat indefs bei der Kirche S. Micheli, bei welcher sich unten einige mächtige Grundschichten als Überbleibsel eines frühern longobardischen Baues finden, beobachtet, dafs jene bandenartigen Stäbchen nachträglich heruntergeführt worden sind, indem man ihnen mit rohem Meifsel Raum gemacht hat. Freilich liefse sich hier und in ähnlichen Fällen ebensowohl annehmen, dafs die Reste einer tüchtigen Construction alt-römische Überbleibsel wären: allein jene Vorderseite von S. Giovanni zeigt sich durchaus nicht als das Werk einer jugendlich aufstrebenden Kunst; sie trägt vielmehr unverkennbar den Stempel einer verfehlten Nachbildung; man fühlt deutlich, dafs dieses geschmacklos zusammengesetzte Durcheinander bessern Vorbildern entnommen ist. Diese letztern müssen wir in einer spätern Zeit suchen.

Das Einzige, was sich mit Wahrscheinlichkeit von der longobardischen Bauart aus den spätern Erneuerungen der Gebäude und aus allgemeinen Gründen folgern läfst, möchte sein, dafs statt der Rotundenform, welche unter den Gothen und Byzantinern vorherrschend geworden zu sein scheint, die ältere Basilikenform wieder allgemeiner wurde und dafs die Longobarden vielleicht, aber auch nur *vielleicht,* im Andenken an den heimathlichen rohen Holzbau, die Gewohnheit hatten, oder doch ansbreiteten, die Decken wegzulassen und das rohe Sparrwerk des Daches als Decke der Gebäude sichtbar zu machen: eine Gewohnheit, welche sich in Italien bis auf die neueste Zeit erhalten hat, und die besonders da auffallend ist, wo sie, abweichend von der frühern Bauart der Rotunden, so wie in S. Stephan vorkommt. Freilich kann man einerseits diese Gewohnheit aus ganz gleichen Gründen auch den Gothen zuschreiben, und anderseits waren auch schon die alt-römischen Basiliken nicht alle, ja sogar nur selten, überwölbt: allein dann hatten die antiken Gebäude doch eine besondere Decke. Bei den Gothen war die Weglassung der Decke, als Abweichung von der antiken Construction, je später, um so leichter möglich. S. Vitale und die übrigen Gebäude, welche von den Gothen herstammen mögen, machen es wahrscheinlich, dafs sie sich noch fester an die alten Traditionen hielten.

§. 122.

Die italische Bauart von 774 bis ins eilfte Jahrhundert.

Carl der Grofse endete die Herrschaft der Longobarden; jedoch wurden die Besiegten nicht, wie früher, vertrieben oder vernichtet, sondern sie blieben neben den hinzukommenden Franken, die nur einen unbedeutenden Theil des Volkes ausmachen konnten, friedlich wohnen. Nimmt man hiezu, dafs die Longobarden damals unstreitig die Gebildeteren im Volke waren, so folgt, dafs der Einflufs der Franken vorerst nur unbedeutend sein konnte. Namentlich in der Baukunst konnte sich natürlich der deutsche Einflufs erst dann äufsern, als sich in Deutschland selbst ein eigenthümlicher Styl ausgebildet hatte. Ähnlicherweise sehen wir jetzt den byzantinischen Einflufs ziemlich ganz aufhören und nur die altrömische Tradition noch fortleben. Alle Kirchen (und andere Gebäude sind uns eben nicht bekannt geworden), welche erweislich aus der Zeit vom Ende des achten Jahrhunderts bis zum Ende des zehnten stammen, haben im wesentlichen dieselbe Form und denselben Styl; es sind ***Basiliken,*** gewöhnlich dreischiffige, mit erhöhetem Mittelschiff; die Seitenwände zwischen dem Mittelschiff und den Abseiten sind mit den gewöhnlichen Arcaden durchbrochen, im glatten oberen Theile mit kleinen Fenstern; an den Enden sind eine oder drei halbrunde Tribunen; zum Theil fehlen auch die halbrunden Ausbaue. Oben sieht man das rohe Sparrwerk; nur die Tribunen haben stets die römische Kuppelwölbung; der Styl ist ganz roh.

Zu diesen Kirchen gehören die wieder aufgebauten Kirchen von S. Pietro in vincoli zu Rom, aus dem achten Jahrhundert, ursprünglich im fünften mit antiken dorischen Säulen erbaut. Zu bemerken ist, dafs hier die Vorhalle und die drei hintern Abtheilungen, welche den Chor bilden, mit Klostergewölben bedeckt sind, dafs die kleinen Fenster oben im Mittelschiff gerade Sturze haben, und dafs aufser den Tribunen noch vier kleinere halbrunde Nischen angebracht sind. Ferner gehören hieher S. Giovanni a porta latina zu Rom und die Kirche degli Apostoli zu Florenz. Die Bogen der Arcaden haben hier einfache Einfassungen; die Fenster im Mittelschiff sind quadratisch und längs der Fronten befinden sich kleine Capellen, welche sich nach den Abseiten vermittels Bogen öffnen. Offenbar sind diese Capellen später angebaut, indem man die alten Fronten mit Bogen-Öffnungen durchbrochen hat. Sodann S. Michaele in Saxa zu Rom; S. Cecilia in travestere zu Rom, mit einer äufsern und innern Vorhalle; die Cathedrale von Pola, ohne Tribune, mit ziemlich hohen Dachungen und deshalb ohne Fenster im Mittelschiffe, nach einer Inschrift vom Jahre 857; die Cathedrale von Torcello, welche zwar erst im eilften Jahrhundert wieder erbaut sein soll, dem Character nach aber in die frühere Zeit gehört. Es ist natürlich, dafs die mit dem eilften Jahrhundert beginnende veränderte Bauart nicht überall gleichzeitig entstand. Sodann S. Paolo zu Pistoja, eine einschiffige Basilica; S. Andrea zu Pistoja, mit überwölbten Abseiten, die Tribune von zwei vorspringenden quadratischen Räumen eingeschlossen und daher vielleicht etwas später erbaut. Auch mehrere andere Kirchen, welche *d'Agincourt* in die spätere Zeit setzt, gehören, wenn auch nicht des abweichenden Grundrisses wegen, so doch dem Style nach, hieher: z. B. S. Bartholomeo al isola zu Rom, S. Pietro in Castello zu Verona, S. Jean in Verona, mit einer hohen Dachung und einem später herausgebauten Chor mit Spitzbogen und dem vielseitigen Schlufs; S. Lorenzo bei Rom, so weit der Bau alt ist u. s. w. Eine einzige Kirche, unter den von *d'Agincourt* aufgezählten, welche dem achten Jahrhundert angehören soll, hat eine wesentlich verschiedene Gestaltung; es ist dies die Kirche S. Maria delle cinque torri am Monte casino bei Neapel. Sie ist im Grundrifs quadratisch; in der Mitte ist ein mit Arcaden eingefafstes kleineres Quadrat; über dem würfelförmigen Bau erheben sich vier quadratische Aufsätze; in der Mitte auf den innern Arcaden steht ein gröfserer und höherer Aufsatz. Diese fünf Aufsätze sind in den Mauern unten halb so hoch als breit und haben Zeltdächer; die drei Tribunen zeigen auch aufsen die Kuppelbedeckung. Hier fand offenbar griechischer Einflufs statt, welcher in dieser Gegend, die lange unter der griechischen Herrschaft blieb, nicht befremdend ist.

Abgesehen von dem letzten, aus dem oben bemerkten Grunde ziemlich gleichgültigen Beispiele, finden wir also allgemein den altrömischen Baustyl, und sogar die altrömische Basilikenform. Sollten aber auch andere Kirchen in Kreuzesform gebaut worden sein, wie z. B. S. Vinzenzo ed Anastasio zu Rom, welche zwar aus dem achten Jahrhundert stammt, jedoch in verschiedenen spätern Zeiten restaurirt und erweitert ist, was ihre unregelmäfsige Form zu bestätigen scheint, die, wenn sie die ursprüngliche wäre, leicht beweisen könnte, dafs die Kreuzesform damals noch nicht recht bekannt und üblich war: so ist doch mit Bestimmtheit anzunehmen, dafs die Basilikenform bei weitem die vorherrschende, der Styl aber allgemein der altrömische war.

Wir haben gesehn, wie in den Gebäuden bis 774 so manche Eigenthümlichkeiten, welche zu dem christlichen Geiste in Beziehung stehen, auftreten; dieselben wurden nun in dem gegenwärtigen Zeitraume nicht allein nicht fortgebildet, sondern sie verschwanden sogar, um im eiften Jahrhundert, wie wir finden werden, in verstärktem Maafse wieder hervorzukommen. Dieser Umstand ist nicht schwer zu ergründen; er wirft sogar ein bedeutsames Licht auf die in neuerer Zeit wieder angeregte Frage, in wie fern byzantinischer Einflufs auf die italischen Bauten stattgefunden habe. Italien, dieses seiner Kunstgeschichte wegen hochgepriesene Italien, konnte nun einmal in der Baukunst zu keiner Zeit selbst Etwas schaffen; es vermochte von früh an nur fremde Baukunst nachzuahmen und sie dadurch natürlich zu verderben. — Diese Bemerkung mag hart klingen; aber sie ist begründet, und sie ist nothwendig, um lange gehegte Vorurtheile zu bekämpfen.

So lange das abendländische und das morgenländische Reich in politischer Verbindung standen, während der Herrschaft der Gothen in Italien, deren fast einzig in Betracht kommender Herrscher in Constantinopel erzogen worden war, und dann wieder, so lange Italien griechische Provinz blieb, gab man den Kirchen vorherrschend die Rotundenform. Dieselbe stammt aus dem heidnischen Alterthum her und war auch schon zur Zeit Constantins zu christlichen Kirchen üblich, mithin italischen und nicht griechischen Ursprungs. Die mit jener Form zufällig gegebene Idee aber, den heiligsten Gebäudetheil, den hohen Chor, mit dem Altar durch eine überwiegende Höhe auszuzeichnen und die Kuppel, mit symbolischer Bedeutung, zum Bilde des Himmelsgewölbes zu machen: diese für christliche Kirchen so bedeutungsvolle und, mindestens, was das Erste betrifft, ächt künstlerische Idee herauszufinden und als absichtlich deutlicher und bestimmter darzustellen, war, wie die Sophienkirche beweiset, den Byzantinern vorbehalten. Die Römer blieben bei der einfachen Rotunda stehen und scheinen sich jener Idee kaum bewufst geworden zu sein; sonst würden sie schwerlich in S. Vitale und S. Tomaso in limine besondere hohe Chöre angebaut und dadurch jene Bedeutung wieder ganz verdunkelt haben; sie würden, wie an der Sophienkirche, die Kuppel auch aufsen als solche kenntlich gemacht und nicht durch das altherkömmliche flache Dach versteckt haben. Bei der Rotunda ist, wie oben bemerkt, das eigentliche Gebäude der höhere Theil; in der Sophienkirche hebt sich aus der verschiedenartigen Masse des

Ganzen der innere Theil hervor. Eine einzige: die schon mehreremale gedachte, angeblich sehr alte Kirche, S. Nazaro e Celso zeigt, indem sie die Kreuzform hat, die innere Vierung aber hoch hinaufgeführt ist, die absichtliche Darstellung jener Idee, jedoch ebenfalls in sofern nur mangelhaft an, dafs die Kuppel nicht, wie in der Sophienkirche, durch vorherige Ausfüllung der Ecken eine volle Halbkugel ist. Dafs in der Sophienkirche die obere Kuppel nur ein Kuppelsegment ist: darauf kommt es, von unten gesehn, weniger an. Die spätern griechischen Kuppeln waren höher, und sogar überhöht. So läfst sich denn nicht verkennen, dafs der *absichtliche* Ausdruck jener Idee (und darauf grade kommt es an) nur der byzantinischen Baukunst, oder doch dieser weit mehr als der italischen angehört. Sehen wir nun, dafs Italien, sobald die Verbindung mit dem griechischen Kaiserthum nachweislich aufhörte und es sich selbst überlassen blieb, zur ältern römischen Bauart und zur Basilikenform zurückkehrte und das Streben nach christlicher Eigenthümlichkeit aufhörte, und dafs später, sobald durch den Handelsverkehr und durch die Kreuzzüge die Verbindung mit dem morgenländischen Reiche wieder lebhafter wurde, die ausgebildete Kuppel und andere Eigenthümlichkeiten der neugriechischen Kunst, namentlich die Ausschmückung mit Bildern auf Goldgrund, wieder zum Vorschein kamen und ziemlich allgemein wurden, so mufs man sich überzeugen, dafs Alles, was sich in den Bauweisen Italiens und des byzantinischen Reiches Übereinstimmendes zeigt, dem letztern angehört und von ihm entlehnt ist.

§. 123.

Italien vom eilften bis ins dreizehnte Jahrhundert.

Mit der Behauptung, dafs vom eilften Jahrhundert ab die byzantinische Baukunst in Italien wieder üblich wurde, soll nicht gesagt sein, dafs sie die altrömische Tradition verdrängt habe; dies gelang ihr kaum, und nur auf kurze Zeit dem spätern deutschen Einflufs. Aus der Periode, mit welcher wir es hier zu thun haben, möchte sich schwerlich ein einziges Bauwerk finden, welches gar keine römischen Bestandtheile hätte, und nur wenige, wo diese nicht überwögen. Wir wollen einige der wichtigsten Gebäude durchgehn.

Zuerst stellt sich uns die 1013 angefangene Kirche S. Miniato al Monte bei Florenz dar. Sie ist eine Basilica, in Form und Styl ganz den im vorigen Paragraph beschriebenen ähnlich. Unter den Säulen-Arcaden zwischen dem Schiff und den Abseiten stehen vier stärkere Pfeiler in den Ecken eines

Quadrats, welche offenbar dazu bestimmt waren, eine erhöhete Kuppel zu tragen, die indefs nicht zur Ausführung gekommen ist. Der Altar steht in dem Viereck; es findet mithin hier dasselbe Princip Statt, wie bei den griechischen Kirchen, und es ist noch zu bemerken, dafs bei einer Basilica die Erhöhung des hohen Chors constructionell nicht so nahe lag, wie bei einer Kreuzkirche; so dafs eine absichtliche Nachahmung um so eher zu vermuthen ist.

Noch etwas früher (976 bis 1071) wurde die weltberühmte S. Marcus-Kirche zu Venedig zu bauen angefangen. Aus den seltensten Stein-Arten errichtet, von Gold und Edelsteinen stralend, mit herrlichen antiken Kunstwerken und mit erweislich von byzantinischen Künstlern verfertigten Mosaikgemälden auf Goldgrund an Wänden und Gewölben auf das reichste ausgeschmückt, selbst der Fufsboden mit Mosaik belegt, ist es doch nicht diese Pracht, sondern vielmehr die Form und der Baustyl, welche uns hier vorzugsweise interessiren. Diese Kirche ist dasjenige italische Bauwerk, welches am wenigsten an die römische Bauart erinnert und welches unleugbar ein byzantinisches Gepräge hat. Sie soll der Sophienkirche nachgebildet sein; der Vergleich aber ist nicht treffend; sie zeigt vielmehr eher den um Jahrhunderte fortgeschrittenen Baustyl Constantinopels, von welchem dort Beispiele nicht übrig geblieben sind. Aufsen, ungefähr in ein Quadrat eingeschlossen, zeigt sie in dem erhöheten innern Theile das vollständige griechische Kreuz, nicht, wie man auch wohl behauptet hat, das lateinische Kreuz; denn der eine Arm ist nur unmerklich verlängert; in der Mitte eine gröfsere, über jedem der vier Arme eine wenig kleinere Kuppel, mit hohem Sparrwerk überbaut, so dafs die fünf Kuppeln auch in der äufsern Ansicht sich emporwölben; oben haben sie noch laternenartige Aufsätze. Zwischen den Kuppeln sind (und hier zeigt sich römischer Einflufs, jedoch nicht entschieden) die Kreuzarme tonnenförmig überwölbt. Die Façade hat fünf halbrund geschlossene Eingänge, mit tiefen ausgerundeten Einfassungen oder Laibungen, welche reich mit Säulen verziert sind; das untere Stockwerk ist wagerecht abgeschnitten und es ist hier ein Geländer aufgestellt; nur der mittlere Bogen hebt sich darüber hinauf. Im zweiten Stockwerk sind fünf correspondirende Bogenfenster; über denselben erheben sich Giebel von der sogenannten Eselsrückenform; dazwischen schlanke Pfeiler oder Thürmchen. Giebel und Thürme könnten vielleicht dem deutschen Einflusse zugeschrieben werden, sie könnten jedoch auch in der damaligen byzantinischen Bauart schon vorhanden gewesen sein; so wie ein arabischer Einflufs von der Eselsrückenform angenommen werden mufs. Die Fünfzahl der Kuppeln, obgleich unter jeder ein Altar steht, verdunkelt einigermafsen die der Kuppel zum Grunde liegende Idee und deutet um so mehr an, dafs man es hier mit einer Nachahmung, und zwar mit einer dem innern Wesen nach schon verfehlten Nachahmung zu thun habe; man sieht deutlich, dafs der Baumeister sein Vorbild überbieten wollte, aber dabei auf falschem Wege war.

Wir wenden uns zu den bedeutenden, in eine Gruppe vereinigten Pisanischen Denkmälern: dem Dom, dem Glockenthurm und dem Baptisterium. Der Dom, 1063 angefangen und wohl erst im zwölften Jahrhundert vollendet, soll von Buschetto und dessen Nachfolger Reinaldo erbaut sein. Die falsche Deutung einer lückenhaften Inschrift gab Veranlassung, den Buschetto für einen Griechen und den Bau selbst für byzantinisch zu halten. Aufser der byzantinischen Kuppel und einigen wenigen andern Gebildungen gründet sich dieser Bau durchaus auf altrömische Traditionen. Der Dom hat die Gestalt des lateinischen Kreuzes; der Hauptarm ist fünfschiffig, die Seitenarme sind dreischiffig; die Abseiten sind überwölbt, das höhere Mittelschiff hat eine gerade Casettendecke; das innere, sonderbarerweise oblonge Viereck erhebt sich höher, tritt als Achteck aus dem Dache hervor und schliefst mit der runden oder vielmehr ovalen Kuppel. Die Verzierung des Äufsern besteht durchweg aus den flachen bedeutungslosen Relief-Colonnaden der Römer; die Abseiten haben zwei Stockwerke, das untere mit Bogen auf den Säulen, das obere, kleinere aber mit wagerechtem Gebälk und ohne Bogen, der hervorragende Theil des Mittelschiffs wieder mit Arcaden; im vordern Giebel stehen wegen der Dachhöhe sogar fünf Colonnaden übereinander, von welchen zwei mit den schrägen Dachlinien in einen sehr unangenehmen Conflict gerathen. Durch die kleinen Dimensionen im Einzelnen (denn die obern Stockwerke haben die doppelte Zahl der Säulen der untern) wird das Ganze unleidlich einförmig und spielend, ohne indefs in jene Zwerggallerieen überzugehen, welche als Krönung der glatten Mauern an vielen altdeutschen Kirchen einen angenehmen und sogar kräftigen Eindruck machen. Lobenswerther ist die aufsen wie innen gewölbte Kuppel, mit ihrem runden, ebenfalls mit Arcaden geschmückten und mit einer Reihe ganz kleiner Giebelchen und dazwischen mit Spitzen reich gekrönten Tambour auf achteckigem, ziemlich glattem Unterbau. Hier verschwindet wegen der noch geringeren Dimensionen der römische Character fast ganz, und wir erkennen den byzantinischen Geist, vielleicht unter einiger Einwirkung des deutschen, obwohl jene kleine Säulengallerie, weil sie nur in Relief da und zu kleinlich verziert ist, der deutschen Kraft entbehrt. Im Innern ist der Styl reiner; die

Arcaden zwischen Schiff und Kirche nehmen, weil sie einen wirklichen Zweck haben, nicht allein Bedeutung an, sondern es ist auch die obere Gallerie mit Bogen bedeckt, und die Verdoppelung der Säulenzahl, ähnlich wie im Äufsern, ist hier dadurch besser motivirt, dafs sich jeder obere Bogen in zwei kleinere theilt, während der gröfsere dominirend bleibt.

Ganz von derselben Architektur ist der isolirt stehende Glockenthurm, dessen auffallend schiefer Stand lange Zeit aus Irrthum für absichtlich gehalten und als Beweis einer grofsen Geschicklichkeit des Baumeisters gelobt wurde, ohne dafs man den ästhetischen Unsinn dabei besonders gerügt hätte. Der Thurm ist rund und erhebt sich mit gleichem Durchmesser sieben Stockwerke hoch; erst das obere achte Stockwerk ist hinter einer Gallerie eingezogen; oben hat der Thurm eine Plateform, mit einem Geländer. Seine Architektur ist der des Doms ähnlich, nur dafs kein wagerechter Architrav vorhanden ist und die völlige Gleichheit der Arcaden im zweiten bis zum siebenten Stockwerk eine noch gröfsere Einförmigkeit hervorbringt. Das achte Stockwerk hat einige Abweichungen; es fehlt eine Säule um die andere, um einem Fenster Raum zu geben, so dafs, wie es auch wohl an deutschen Bauwerken vorkommt, die Hälfte der Bogen-Anfänge keine Unterstützung haben; auch zeigt sich unter dem Gesimse eine kleine Bogenreihe. Dieses obere Stockwerk mag etwas später gebaut sein, als der übrige Thurm, welcher 1174 errichtet sein soll.

Schärfer tritt der deutsche Einflufs an der 1153 von Dioti Salvi erbaueten Taufcapelle hervor, wiewohl die Anordnung im Ganzen der des Doms ebenfalls ähnlich und römisch ist. Die Capelle hat drei Stockwerke; die beiden untern haben Arcaden. Das erste Stockwerk ist rund, mit 20 Säulen und kleinen Fenstern unter den Halbkreisbogen; der Eingang ist durch in die Ecken gelegte Säulen und Bogen ausgezeichnet; das zweite Stockwerk ist ein Vieleck von 30 Seiten, mit 60 Säulen. Über jeder Seite befindet sich ein ziemlich steiler Giebel, mit kleeblattförmiger Vertiefung; davor je eine Statue, welche auf dem Vorsprunge des Capitäls der Mittelsäule zu stehn scheint. Die Giebelgesimse sind mit hinauflaufenden Blumen verziert; zwischen den Giebeln sind Pfeiler, in gleicher Höhe mit den Giebeln; darauf Bildsäulen: doch Pfeiler und Giebel erheben sich (denn nirgends ist der Styl rein) nicht frei, sondern fast nur im Relief, und unmittelbar auf den Giebelspitzen liegt das wagerechte Gesims der Etage. Das dritte Stockwerk ist ein Zwanzigeck ohne Säulen; in jedem Felde befindet sich ein rund bedecktes, getheiltes und durchbrochenes Fenster; darüber ein Giebel, welcher jedoch oben und unten abgeschnitten ist, so dafs das Gesims hier erst eine kleine Strecke wagerecht und dann schräg in die Höhe läuft; auf den Ecken treten quadratische Pfeiler vor, deren reiche Capitäle unter die wagerechten Anfänge der Giebelgesimse stofsen; auf den Gesimsen stehen andere, niedrige Pfeiler mit Verdachungen, und darauf, wie auf den Giebelspitzen, Bildsäulen. Die Kuppel ist sechzehneckig, mit vortretenden, verzierten Rippen; in jedem Felde, oder doch in den meisten, ist ein Dachfenster mit drei Giebeln; oben trägt die Kuppel einen eigenthümlich plumpen Aufsatz, von der Form eines breiten und niedrigen abgekürzten Kegels, oder vielmehr einer sechszehnseitigen Pyramide, die wieder mit einer kleinen Kuppel bedeckt ist. Im Innern hat das Gebäude eine umlaufende zweistöckige Gallerie mit Arcaden, auf welchen ein kegelförmiger Mantel (die Fortsetzung des gedachten Aufsatzes) steht, so dafs die Kuppel innen nicht sichtbar ist. So stellt sich das Gebäude in der Zeichnung von ***Quatremère de Quincy***, übereinstimmend mit der kleineren von ***d'Agincourt***, vor. Eine andere Zeichnung in ***Quatremères*** Werk vom Campo santo zeigt den obern Theil des Baptisteriums etwas anders und so, dafs sich die deutsche Architektur daran reiner zeigt. Da aber die letztere Zeichnung nur eine gelegentliche ist, so verdient sie wohl weniger Glauben. Es zeigt sich also an diesem Gebäude eine Vermengung römischer, byzantinischer und deutscher Elemente, in dem Maafse, dafs jede Eigenthümlichkeit aufhört. Aber man sieht zugleich, wie der deutsche Einflufs schon fast während des Baues zunimmt. Es ist wahrscheinlich, dafs der obere Theil später gebaut wurde. Die Blumenverzierungen auf den Giebeln des zweiten und die zierlichen Fensterdurchbrechungen des dritten Stockwerks deuten sogar auf das Ende des dreizehnten Jahrhunderts, oder auf das vierzehnte.

Andere Bauwerke, wie z. B. der älteste Klosterhof zu Subiaco und die Klosterhöfe S. Giovanni im Lateran und S. Paolo bei Rom, führen uns zu dem verderbten römischen Styl, mit wenigen byzantinischen Beimischungen, zurück. Wir finden Arcaden, aber in byzantinischer Weise mit kleinen Öffnungen, auf hohen und glatten Brüstungsmauern ruhend, abwechselnd mit Pfeilern und mit gekuppelten Säulen. Zu Subiaco stehen in der Mitte zwischen zwei Pfeilern zwei der Tiefe nach gekuppelte Säulen; dann steht wieder in der Mitte je eine einfache Säule; bei den andern beiden Klosterhöfen sind sämmtliche Säulen gekuppelt. Die Säulen sind klein und schlank, die Capitäle willkürlich verziert; zum Theil sind es Würfelknäufe; die Stämme sind gröfstentheils glatt; dann aber auch haben sie Canneluren oder sind im Zickzack in der verdorbenen römischen Art, schraubenförmig umwunden u. s. w. Die Bogen haben Archivolten und darüber das vollständige Gebälk, mit römischen Gesimsen, mit Sparrenköpfen, Löwenköpfen und Blättern verziert. In S. Giovanni und S. Paolo springen die Pfeiler vor und unterbrechen die Arcaden; das Gebälk kröpft sich über sie hinaus; theilweise stehen gröfsere Halbsäulen davor. So weit ist die Anordnung, bis auf die Kleinheit der Säulen und Öffnungen, noch römisch; die Verzierung des Architravs aber und des Frieses zu S. Paolo mit Mosaik, die Würfelcapitäle und das Schnitzwerk in den Ecken zwischen den Archivolten deuten auf einen fremden Ursprung. Alle drei Bauwerke stammen aus dem dreizehnten Jahrhundert: ein schlagender Beweis, dafs sich noch in so später Zeit die römische Tradition geltend zu machen wufste.

In andern Fällen dagegen erkennen wir schon den deutschen Einflufs. Ein merkwürdiges Beispiel dieser Art giebt der berühmte Campo santo zu Pisa. Zufolge einer Inschrift 1283 vollendet, gehört er zwar eigentlich der folgenden Periode an: der besseren Übersicht wegen mag er jedoch gleich hier betrachtet werden. Entweder unter Friedrich Barbarossa, oder um das Jahr 1228 (*Quatremère de Quincy* vereinigt beide widerstreitenden Nachrichten), brachte eine Pisanische Flotte Erde als Ballast von Jerusalem zurück, womit man den Friedhof 9 F. hoch bedeckte. Diesen heiligen Raum umbaute Johann von Pisa mit Hallen, welche gerade hölzerne Decken, flache Dächer, aufsen volle Mauern und nach dem Kirchhof zu Arcaden hatten. Die Arcaden bestehen aus viereckigen Pfeilern, welche, in ziemlich grofser Entfernung, durch halbkreisförmige, mit Archivolten eingefafste Bogen verbunden sind, über welche, mit wenigem Zwischenraum, das wagerechte Gesims liegt. Auf den Pfeilercapitälen stehen Büsten, hinter welchen die Anfänge der Archivoltengliederung sich verstecken; unten läuft ein Postament hindurch, aus welchem die Pfeilerpiedestale vorgekröpft sind. So weit hat der Bau durchaus den alt-römischen Character, wegen der Pfeiler statt der Säulen, und wegen des Mangels des wagerechten Architravs, in einer Reinheit, wie es selbst im Alterthum selten vorgekommen sein mag. Nun aber sind die Bogen-Öffnungen, mit Ausnahme der Durchgänge, mit glatten Brüstungsmauern und darauf mit Rundstäben und zierlichen Durchbrechungen ganz im spätern christlichen Baustyl ausgefüllt. Es ist aber kaum denkbar, dafs diese Verzierung im ursprünglichen Plane gelegen habe; wahrscheinlich ist der Schmuck, der keine constructionelle Schwierigkeit hatte, später hinzugekommen.

Wir gelangen jetzt weiter zu Gebäuden, gröfstentheils in der Lombardei, welche den deutschen Einflufs auf eine noch bestimmtere Weise zu erkennen geben, als durch die spielende Art am Baptisterium zu Pisa. Zu ihnen gehört namentlich die Kirche S. Michele zu Pavia, mit den vortretenden Strebepfeilern, den über die Abseiten hinweg nach dem Mittelschiffe hin gespannten Strebebogen, den rechtwinkligen, mit Rundstäben ausgefüllten Einfassungen der Fenster und Thüren, den an den Giebeln und am Chor hoch hinaufgehenden Rundstäbchen, den wirklichen und nicht blofs in Relief vorhandenen Zwerggallerieen oben am Giebel um den Chor und um den Aufsatz über die Kreuzesvierung; ferner mit dem durchgeführten Kreuzgewölbe, auch über dem Mittelschiff, den mit vorgelegten Rundstäben, den Mittel- und Kreuzgurten entsprechend, profilirten Pfeilern, mit dem angebauten Glockenthurm u. s. w. Bemerkenswerth ist hier die Art und Weise, wie man durch eine isolirt hoch hinaufgehende Wand in der vordern, der Giebelseite, die niedrigeren Abseiten verdeckt hat, so dafs die Kirche von da aussieht, als ob alle drei Schiffe gleich hoch wären. An der Kirche S. Giovanni zu Borgo, am Dom zu Spoleto, so wie auch an mehreren andern Gebäuden, vorzugsweise in der Lombardei, zeigt sich dieses nemliche, auch in Deutschland vorkommende constructionswidrige und deshalb nicht zu billigende Mittel, der Façade einen grofsartigen Schein zu geben und das Profil zu maskiren; in den meisten Fällen jedoch, und auch da, wo sich in der Architektur Analogie zeigt, wie an der Basilica S. Zeno in Verona, tritt das erhöhte Mittelschiff auch in der Giebel-Ansicht zu Tage. Die so eben erwähnte Façade von S. Zeno zeigt die hinauflaufenden Rundstäbe in Menge; sie bedecken in geringen Entfernungen die ganze Façade, und zugleich sieht man hier oben im Mittelschiffe eine grofse Rosette, jene Stäbchen durchbrechend, angebracht, von der Art, wie sie in jener und der nächstfolgenden Zeit sehr häufig vorkommt, z. B. an der Cathedrale von Modena, an S. Clara zu Neapel, an der Cathedrale von Orvieto, am Dom zu Monza, am S. Feliocano zu Fuligno, am Dom zu Spoleto, an S. Clara zu Assisi u. s. w. Die Mehrzahl der Kirchen gehört indefs der folgenden Periode an: weshalb hier davon weiter nicht die Rede ist.

Von den bei der Kirche S. Michele erwähnten, dem deutschen Einflusse zugeschriebenen Eigenthümlichkeiten, zu welchen auch noch die mitunter schon vorkommenden einfachen Fensterdurchbrechungen, die kleinen Bogenreihen unter den Gesimsen, die hohen Giebel und die freistehenden Pfeilerspitzen, z. B. am Baptisterium zu Pisa, zu rechnen sind, läfst sich freilich nicht überall der Ursprung mit Sicherheit nachweisen. Der Umstand indefs, dafs man sie in Deutschland theils früher, theils häufiger, besonders aber in gröfserer Übereinstimmung findet, so wie auch, dafs sie in Italien am häufigsten mit der Spitzbogenconstruction vermischt vorkommen, macht es wahrscheinlich, dafs sie in Deutschland, wenn nicht daselbst erfunden, so doch ausgebildet wurden. So z. B. findet man die Glockenthürme in Italien stets entweder isolirt, oder auf eine ganz unregelmäfsige Weise den Kirchen angebaut, während sie in Deutschland immer eine passende Stelle einnehmen und einen wesentlichen Theil des Gebäudes ausmachen: Beweis genug, dafs den Italiänern die eigentliche ästhetische Bedeutung davon ganz entging. Ähnlich verhält es sich mit den übrigen Constructionen und Details. Von allen (und dasselbe gilt auch von den byzantinischen Eigenthümlichkeiten) finden wir nur eine beschränkte, zufällige und untergeordnete Anwendung: die römische Tradition bleibt im Allgemeinen immer vorherrschend. Selbst die griechische Kuppel möchte, wie es die verunglückte Anwendung derselben im Baptisterium zu Pisa beweiset, ihre häufige Anwendung weniger der zum Grunde liegenden Idee, als ihrem römischen Ursprunge in constructioneller Beziehung zu verdanken haben.

Die bisher aufgezählten Beispiele, der Kirche S. Marcus zu Venedig, des Doms und des Baptisteriums zu Pisa, der Klosterhöfe S. Paolo und S. Giovanni und der Kirche S. Michele, können den aus römischen, byzantinischen und deutschen Elementen gemengten Baustyl Italiens vertreten Es ist jedoch zu bebemerken, dafs an vielen andern Kirchen und Bauwerken im Einzelnen eine noch weit gröfsere Vermengung der Style stattgefunden hat; bis zu den folgenden Zeiten, wo der deutsche Einflufs überwiegend wurde. Um nicht zu weitläuftig zu werden, übergehen wir die weitern Beispiele; wir haben genug gesehn, um zu entnehmen, dafs ein kräftiges, der Baukunst förderliches Aufstreben in Italien zu damaliger Zeit (und, wie wir weiter unten sehen werden, auch in der Folgezeit) nicht gesucht werden darf; so viel Reichthum, Material und Ausschmückung auch zum Theil verschwendet wurde. Wir müssen das Morgenroth der Kunst in anderen, jüngeren Ländern suchen.

Wir wollen jedoch noch eines interessanten Wohngebäudes zu Rom gedenken. Es ist dies das Haus des Nicolaus, Sohnes des Crescentius, welches im eilften Jahrhundert erbaut sein soll. Es ist drei Stockwerke hoch und enthält in jedem Geschofs ein einziges überwölbtes Gemach und den Treppenflur. In der zweiten Etage ist an zwei Seiten, nach Art der mittelalterlichen Erker, eine geschlossene Gallerie mit einem Pultdach vorgebaut: die untere Etage ist dicht aneinder mit Halbsäulen besetzt, welche in schmale Mauervertiefungen eingelassen sind, so dafs die ganze Fronte abwechselnd aus Säulen und Pfeilern zu bestehen scheint. Das Gebäude ist aus Ziegeln erbaut und die Gesimse sind sehr bunt, indem man die verschiedenartigsten Bruchstücke antiker Fufsboden, Deckenstücke und sonstiger Verzierungen mit eingemauert und aufserdem die zeitgemäfsen sägeförmigen Verzierungen von Backsteinen zugesetzt hat. Auch die Säulencapitäle sind aus Ziegeln aufgemauert und blofs mit zahnschnittartigen Vorsprüngen verziert. Das Ganze ist zwar kräftig, aber ein abentheuerliches Gemisch von Bruchstücken; wie dergleichen auch wohl noch später häufig genug vorgekommen sein mag. Characteristisch ist an diesem, nur kleinen Gebäude die Inschrift über der Pforte: „Dieses himmelhohe Haus wurde von Nicolaus dem Grofsen, welcher der Erste von den Ersten stammt, zur Erneurung von Romas altem Ruhm und nicht aus Prunksucht erbaut."!

Noch bunter, als in Ober-Italien, welches wir bisher vorzugsweise im Auge hatten, gestaltete sich die Vermengung verschiedener Baustyle im südlichen Italien. Hier begegneten sich und folgten einander in der Herrschaft Byzantiner, Araber und Normannen. Wir übergehen die dortigen Bauwerke, namentlich die der Normannen, da wir später davon zu reden haben; wir haben genugsam gesehen, dafs Italien, die altrömischen Traditionen festhaltend, jedem fremdartigen Baustyle Einflufs gestattete und also aufgehört hatte, für die Fortbildung der Baukunst von Bedeutung zu sein.

(Die Fortsetzung folgt.)

5.

Sammlung von Bemerkungen beim Graben von Brunnen über die Lage der Erdschichten, Quellen u. s. w.

(Von dem Königl. Geheimen Regierungs- und Baurath Herrn *Wutzke* zu Neustadt-Eberswalde.)

(Fortsetzung der Abandlung No. 1. im ersten, No. 7. im zweiten und No. 11. im dritten Hefte siebzehnten Bandes.)

Zweiter Abschnitt.
Artesische oder gebohrte Brunnen.

Durch die Brunnen in Preufsen u. s. w. haben wir Einiges von den verschiedenartigen Erdschichten, von den Quellen in der Rinde der Erde, so wie von den Höhen der Anlagepuncte der Brunnen über dem Wasserspiegel der Ostsee in jenem Landstrich erfahren. Allein wir möchten gern auch noch tiefer, oder anderswo in die Erde eindringen.

Hierzu geben die gesammelten, hier folgenden Nachrichten von einigen ausgeführten Artesischen oder gebohrten Brunnen einige Data.

No. 1. In Nürnberg gelang es zufolge der „Berlinischen Nachrichten vom 11ten Juli 1832" nach mehreren Schwierigkeiten bei einem dort früher mifslungenen Bohrversuch, wie sie noch bei keinem dort gebohrten Brunnen vorgekommen waren, endlich, in dem Hause der Gebrüder Bertelmeyer, welches etwa 150 Fufs hoch über dem Pegnitz-Flusse liegt, einen Artesischen Brunnen zu vollenden, der aus 400 F. Tiefe das beste Wasser noch bis 15 F. über die Erd-Oberfläche treibt.

No. 2. In Riga hat man nach eben dieser Zeitung vom 24sten August 1832 einen Artesischen Brunnen 145 F. tief gebohrt und gutes wohlschmeckendes Wasser gefunden.

No. 3. Nach dem Vortrage des Herrn Ingenieur-Hauptmann *Schwink* in der physikalisch-ökonomischen Gesellschaft zu Königsberg am 25sten Januar 1833 (Siehe das vaterländische Archiv oder Preufs. Provinzial-Blätter

9ter Band Seite 239, wo auch das technische Verfahren bei der Ausführung des Brunnens beschrieben ist) ward im Jahr 1832 in der Festung Saarlouis, welche in einem Thale liegt, dessen Ränder aus Kalksteinen, mit etwas vegetabilischer Erde bedeckt, bestehen, 15 F. hoch über den mittlern Wasserstand des Saarflusses, durch den Ingenieur-Lieutenant Herrn *Frommann* ein gebohrter Brunnen ausgeführt, in welchem sich folgende Erdschichten fanden. Bis auf 24 F. tief traf man verschiedenartige Erdschichten: Damm-Erde, Letten mit Sandstreifen, Triebsand und Kies. Von hier ab, nach unten, begann ein röthlich-bunter Sandstein, welcher auch bis 188 F. tief fast unverändert, aber an 7 verschiedenen Stellen von ganz dünnen, dunkelbraunen, sehr harten, eisenhaltigen Steinplatten durchschnitten, anhielt und welchen man durchbohren mufste. Der Wasserstand der gefundenen Quelle fixirte sich auf 8 F. über dem mittleren Wasserstand der Saar, und die Temperatur derselben blieb 9 Grad Rèaumur über Null. Versuchen zufolge liefert diese Quelle in jeder Secunde 86,4 C. Z., also in 24 Stunden 116 640 Quart Wasser.

No. 4. Bei dem Bohren eines Artesischen Brunnens auf dem Antoni-Platz in Dresden fand man zufolge der „Berlinischen Nachrichten vom 30sten Juli 1833" Kies 27 Ellen tief, Thonschichten bis auf 213 Ellen, Sandsteine bis auf 256 Ellen 17 Zoll tief. Nachdem man darin 4 Ellen und 8 Zoll gebohrt hatte, bekam man, 261 Ellen tief, zum erstenmal Wasser, 4 Ellen 19 Zoll weiter zum zweitenmal und 3 Ellen 20 Zoll weiter zum drittenmal. Man hofft, durch weiteres Bohren das Wasser zum 8 Ellen hohen Springen zn bringen. Das Wasser hat 13 Grad Wärme.

No. 5. Der Zimmermeister Herr *Simon* zu Dresden hat, den „Berlinischen Nachrichten vom 3ten November 1836" zufolge, auf seinem Grundstück in einem Zeitraume von beinahe 4 Jahren einen Artesischen Brunnen 429 Ellen tief bohren lassen, aus welchem das Wasser so stark ausströmt, dafs ein 600 Mefskannen grofser Behälter in 70 Secunden gefüllt wird. Das Wasser hatte 15 Grad Wärme.

Es ist zu bedauern, dafs bei diesem Brunnen die Erdschichten, welche man fand, nicht angegeben sind.

No. 6. Bei Jung-Bunzlau in Österreich hat man nach den „Berlinischen Nachrichten vom 26sten October 1835" bis zum September 1835 nach Salz 1014 Fufs 5 Zoll tief gebohrt; worauf das Wasser 14 Fufs hoch über die Erde empordrang. Das Bohren sollte noch fortgesetzt werden.

No. 7. In Wien ist den „Berlinischen Nachrichten vom 1sten April 1840" zufolge, ein Artesischer Brunnen 96 Klafter tief gebohrt worden und giebt Wasser, mit mineralischen Theilen geschwängert und von 13,6 Grad R. Wärme.

No. 8. Zufolge den „Berlinischen Nachrichten vom 21sten Juli 1841" ist der Artesische Brunnen bei dem Schlachthause von Grenelle in Paris endlich geglückt. Nachdem man 1784 Preufs. Fufs tief gebohrt hatte, traf man auf Grundwasser, welches sogleich in einem Strahle 34 F. hoch über den Erdboden stieg und der das Einsetzen der Röhren sehr hinderte. Das Wasser hatte 24 Grad R. Wärme. Die zu Tage kommende Wassermenge wird sich erst richtig beurtheilen lassen, wenn sie sich in Beharrungsstand gesetzt haben wird.

No. 9. In der Gegend von London, zu Wimbleton, ward nach öffentlichen Blättern im Jahr 1796 ein Brunnen 600 F. eingetieft, und zwar bis 100 Fufs unter das Bett der Themse, in ganz flach liegenden Boden. Aus entfernt liegenden Quellen stieg das Wasser in vier Tagen 350 F. hoch in dem Brunnen in die Höhe und hat sich auch auf dieser Höhe erhalten.

Einige unvollendete und theils wieder aufgegebene Artesische Brunnen sind folgende.

No. 1. Der Buchhändler Herr Vogel in Leipzig liefs nach den „Berlinischen Nachrichten vom 21sten November 1831" in seinem Garten Bohrversuche zu einem Artesischen Brunnen machen. Man traf dabei auf ein Braunkohlenlager von verkohltem Eichenholz und der Boden war mit Schichten von Pfeifenthon durchzogen. Nachdem man durch Bohren 313 F. Tiefe erreicht hatte und noch keine Spur von Quellwasser sich zeigte, gab man die weitere Vertiefung auf. Der Versuch war für die Geognosie nicht unwichtig.

No. 2. In Paris arbeitete man zufolge der „Berlinischen Nachrichten vom 31sten October 1834" an einem Artesischen Brunnen in Kreidegrund und drang 450 Fufs tief ein, aber ohne Wasser zu finden.

No. 3. In Chartres bohrte man, nach eben jener Zeitung, 750 F. tief, ohne eine Spur von Wasser zu finden.

No. 4. In Wien, auf dem Getreidemarkt, bohrte man, der genannten Zeitung zufolge, einen Brunnen 314 F. tief, ohne Wasser zu erlangen. Die durchbohrte Erdmasse bestand aus Thonmergel. In 252 F. Tiefe war ein Stück Alpenkalk zu zertrümmern. In derselben Tiefe wurden Stücke von Conchylien gefunden. Bis dahin waren nur drei ganz dünne Sandschichten mit wenig Wasser angebohrt worden und das Bohren sollte fortgesetzt werden. Es wurden kleinere Röhren in die grofsen gesenkt.

No. 5. Zu Neifse hat man, öffentlichen Blättern (der schlesischen Gesellschaft) zufolge, zu einem Brunnen 165 F. tief gebohrt, ohne Wasser zu finden. Überhaupt haben die Bohrversuche zu Brunnen (nach den Berlinischen Nachrichten vom 26sten November 1834) dort noch zu keinem günstigen Resultate geführt.

No. 6. In Odessa macht man, öffentlichen Blättern zufolge, noch immer Bohrversuche zu Brunnen, aber bis zu 120 F. Tiefe noch ohne Erfolg.

No. 7. In der Stadt Orenburg ist, öffentlichen Nachrichten zufolge, ein Artesischer Brunnen 444 Fufs tief gebohrt worden, und zwar in rothen Sandstein. Man hegt die Hoffnung, auf Kalkstein und endlich auf Wasser zu stofsen.

No. 8. In Rochelle hat man, nach den „Miscellen 1837 No 1." mehrere Artesische Brunnen gebohrt, aber nur Seewasser gefunden.

No. 9. Zu Pitzpuhl, zwei Meilen von Magdeburg, hat man, öffentlichen Nachrichten zufolge, 591 Fufs, also bis mehr als 200 Fufs unter die Meeresfläche gebohrt, ohne Wasser zu finden, obgleich das Erdreich die Lagerungsschichten der tertiären Formation zu haben schien.

Es wäre sehr zu wünschen, dafs man auch beim Bohren der Artesischen Brunnen die Erdschichten mit Sachkenntnifs aufzeichnete und die Bemerkungen veröffentlichte, wie es z. B. zum Theil in den Berlinischen Nachrichten geschehen ist.

Unvollendeter gebohrter Brunnen haben wir hier deshalb gedacht, weil sie zeigen, wie tief noch *kein* Wasser in der Erdrinde auf den Anlagepuncten vorkommen kann.

Das technische Verfahren beim Bohren der Artesischen Brunnen und die Beschreibung der dabei anzuwendenden Werkzeuge übergehe ich, weil man solches z. B. in dem gegenwärtigen Journal im 3ten Bande ausführlich und umständlich beschrieben findet.

Ich bemerke hiebei noch, dafs ich den Erdbohrer, der in dem Handbuch der Landbaukunst von *Gilly* im ersten Theil Seite 176 beschrieben ist, bei Bohrversuchen, besonders in sumpfigem und mit Wasser geschwängertem Boden, immer mit Nutzen angewendet und ganz dem Zweck entsprechend gefunden habe.

Einige Bemerkungen über Brunnen überhaupt.

Dem Wasser, als einem ihrer ersten Bedürfnisse, gingen die Menschen überall schon in der frühesten Zeit nach, wo sie sich ansiedelten; auch gingen die Ansiedelungen selbst meistens von den Wasserwegen aus. So wie man weiter ins Innere des Landes vordrang, staueten die Ansiedler die Fliefse und Bäche zu Wasserbehältern auf und leiteten das Wasser in Gräben nach ihren Wohnorten. So entstanden Wasserleitungen, entweder in offenen Gräben, oder durch Röhren.

In einem solchen Zustande fanden die deutschen Ordensritter Preufsen, als sie unter dem Vorwande, die heidnischen Einwohner zum christlichen Glauben bekehren zu wollen, am rechten Ufer der Weichsel, zwischen dem Drewenzflufs und dem Dangestrom, in das Land vordrangen. Sie bauten Burgen und Schlösser, um dadurch bei ihrem Vordringen in das Hinterland, welches sie bei der kraftvollen Vertheidigung der alten Preufsen nur auf den Wasserwegen, so weit diese damals im natürlichen Zustande schon brauchbar waren, möglich machen konnten, geschützt zu sein; so wie zur Behauptung der schon eroberten Gegenden; wie ich solches, besonders in technischer Hinsicht, in meinen Bemerkungen über die Besitznahme Preufsens u. s. w. im Jahr 1836 beschrieben habe.

In den Burgen, wie überhaupt in allen Festungen, war nun der Wasserbedarf wieder ein Hauptbedürfnifs, und es mufsten auf den Burg- oder Schlofshöfen Brunnen, öfters von 100 bis 200 F. tief, je nachdem der Boden hoch lag und die Erdschichten nicht wasserleitend sich zeigten, gegraben werden; wie z. B. zu Ragnit, Brandenburg, Balga, Preufs. Holland, Preufs. Mark u. s. w. Diese Brunnen erregen, wenn man die damaligen geringen technischen Kenntnisse und Hülfsmittel in dortiger Gegend erwägt, in der That Bewunderung und ich habe sie oft mit vielem Interesse angesehen. Die Brunnenschächte sind mit grofsen, nach der Rundung bearbeiteten Graniten eingefafst und die bearbeiteten Steine sind untereinander mit eisernen, mit Blei vergossenen Klammern verbunden. Die deutschen Ritter gaben dadurch zu Mustern dienende Beispiele zu den Grundbrunnen in der dortigen Gegend.

Den Rittern folgten viele Nachzügler aus Deutschland, die sich in Preufsen ansiedelten; zum Theil unter dem Schutz der Burgen und Schlösser, welche den Grund zu den Städten legten; zum Theil auch auf dem Lande, in den zerstörten und verlassenen oder neugegründeten Ortschaften. Dahin verbreitete sich denn auch der Bau der Grundbrunnen; aber hier schürzte man, leichter und wohlfeil, die Brunnenschächte blofs mit Holz aus.

So manche nützliche Anlage wurde in den fürchterlichen Kriegen zwischen dem deutschen Orden und den alten Preufsen, Litthauern und Polen, welche Gefechte oft nur in verheerenden Raubzügen bestanden, wieder zerstört. Die gewaltsame Eroberung war in der That nicht eben die beste Art, die Einwohner des Landes zum christlichen Glauben zu bekehren und sie zu ruhigen zutrauensvollen Bürgern zu machen. Die verwüstenden Kriege dauerten bis zum Jahr 1519, wo der letzte Hochmeister des Ordens, Markgraf Albrecht, das Lehn über Preufsen erhalten hatte. (Man sehe das Buch des alten vaterländischen Geschichtschreibers *Hartknoch* vom Jahr 1684.) Endlich kehrte die Ruhe und Ordnung nach und nach wieder. Aber späterhin wurde das Land, besonders Litthauen, in den Jahren 1709 bis 1711 durch die Pest fast ganz verödet, und erst nachdem der König Friedrich Wilhelm I. viele Colonisten aus Salzburg u. s. w. im Jahr 1732 ins Land gerufen hatte, bevölkerte sich die Gegend wieder. Der König liefs hier neue Städte, die sich durch Regelmäfsigkeit auszeichneten, anlegen, viele neue Kirchen, auch für die deutschen und französischen Reformirten, bauen und mehrere Domainen-Ämter zu Musterwirthschaften errichten. Dabei waren denn auch die Brunnen wieder ein wichtiger Gegenstand.

Da man indessen damals in dortiger Gegend mit dem Brunnenmachen noch sehr unbekannt war, wie es überhaupt auch an Hydrotechnikern mangelte und man überdies die Ungewifsheit, ob man Quellen und in welcher Tiefe man sie finden werde, so wie die grofsen Kosten scheute, so suchte man das Wasser, wo es nur irgend anging, durch in die Erde gelegte Röhren nach den Städten zu leiten; worüber weiterhin noch Einiges mehr gesagt werden wird.

Die Brunnen wurden in damaliger Zeit, wie schon bemerkt, gewöhnlich nur mit Holz ausgeschürzt oder eingefafst; worin man es indessen doch schon so weit gebracht hatte, dafs man den Boden der Brunnen nach und nach vertiefen konnte. Man schürzte die Vertiefung unten wieder mit Holz aus, und fuhr damit so weit fort, als es das Grundwasser und der zudringende Quellsand erlaubte; worauf dann der Brunnenkranz oder der Boden des Brunnens, der gewöhnlich durchlöchert wurde, um den hydrostatischen Druck zu heben, gelegt wurde. Zum Aufziehen des Wassers bediente man sich auf dem Lande gewöhnlich der Brunnenschwengel; sonst aber auch der Pumpen, letzteres besonders in den Städten; auch hob man wohl das Wasser, besonders aus sehr tiefen Brunnen, durch Winden in die Höhe. Die Brunnenmeister berechneten die Kosten auch im Voraus, nach einer Progession der Tiefe, welche selbst sich aber vorher nicht bestimmen liefs.

Da diese Brunnen aber im Ganzen viel Holz erforderten, auf dessen

Ersparung bald von der Staats-Administration Bedacht genommen werden mufste, so wurden durch die Provinzialbehörden, wie auch schon oben gesagt, geübte Bergleute ins Land gerufen, um statt der hölzernen Brunnen, Brunnen aus den Feldsteinen, deren es dort in Menge giebt, in Moos gesetzt, einzuführen; und zwar zuerst auf den Königl. Domainen- und Forst-Ämtern, als Muster für die übrigen Grundbesitzer; welches auch Erfolg hatte. In neuerer Zeit hat man auch Senkbrunnen aus dazu geformten Brunnenziegeln gemacht; besonders in engen eingeschlossenen Räumen, und selbst innerhalb der Gebäude, in Kellern, theils für den Wasserbedarf, theils zur Entwässerung des Grundes. Dabei kamen auch schon Fälle vor, wo man die Brunnen noch tiefer bohrte und wegen des Zudranges des Quellsandes Röhren einsetzte. Auch in Preufsen war also schon das **Bohren** der Brunnen nicht ganz neu; eben so wenig, wie in andern sehr entfernten Weltgegenden.

In der That sind die Artesischen Brunnen z. B. in Africa schon seit alter Zeit bekannt. *Shaw*, der die Berberei im Jahr 1710 bereisete, berichtet, dafs die Einwohner im algierischen District Wadrey, wo es an Quellen und Bächen fehlt, durch eingetiefte Brunnen vortreffliches Wasser sich verschaffen. Sie durchgraben, so erzählt *Shaw*, verschiedene Lagen von Sand und Kies, bis sie zu einem schieferartigen Stein kommen, der über dem Borhar-that-el-Erd, oder dem See unter der Erde, liegt, wie die Araber sagen. Diese Steinschicht wird leicht durchbrochen und das Wasser steigt dann plötzlich und in solcher Menge hervor, dafs öfters die Arbeiter flüchten müssen. *Shaw* vermuthet, das Wasser der Brunnen, von welchem im 4. Buch Moses 21, 17 die Rede ist, sei auf dieselbe Weise erlangt worden. (Siehe Leipziger Lesefrüchte von D. *Carl Greif* vom 13ten März 1833.)

Ferner findet man, nach den „Bemerkungen auf einer Reise von St. Petersburg nach dem Ural im Sommer 1830" von *G. Engelhard*, an den Ufern der Kama, zwischen den Städten Perm und Ticherdy, welche reich an Salzlagen und Salzquellen sind, die besonders zu Solikámsk, Dedjuchina, Uszelje und Cowno mit grofsem Vortheil zum Salzsieden benutzt werden, *gebohrte* Salzbrunnen, gleich den Artesischen. Dergleichen Brunnen sind dort schon beinahe seit 200 Jahren üblich. Die Röhren werden auch eingerammt, und zum Aufpumpen des Wassers, wo die Pumpenröhren gewöhnlich auf das Bohrloch gesetzt werden, bedient man sich jetzt der Dampfmaschinen, mit Holz geheizt. In China soll es ebenfalls Artesische Brunnen von bedeutender Tiefe geben. (S. Berlinische Nachrichten vom 8ten März 1841.) *Imbert* berichtet im Jahr 1826 von dorther, dafs sich in der Provinz Ou-Tong-Kiao eine Menge gebohrter Brunnen von bedeutender Tiefe finden, welche starke Salzsohle liefern. Aus einigen soll brennbares Gas ausströmen. Zum Bohren der Brunnen bedienen sich die Chinesen statt der Stangen starker Taue. Der Ingenieur-Lieutenant Herr *Frommann* hat damit Versuche gemacht. Auch hat man, statt der eisernen, hölzerne Stangen versucht, jedoch nur in geringer Tiefe. Auch am Vorgebirge der guten Hoffnung verbreiten sich die Artesischen Brunnen, öffentlichen Blättern zufolge, immer mehr und dienen dort zur Bewässerung der Ländereien.

In Frankreich war das Bohren nach Wasser seit alter Zeit bekannt. *Dominico Cassini* gab im Jahr 1666 in den Memoiren der Pariser Akademie die Beschreibung eines unter seiner Leitung im Fort St. Urban gebohrten Brunnens, dessen Wasser sich bis 15 Fufs über die Oberfläche des Bodens erhob. *Belidor* giebt in seinem, im Jahr 1739 erschienenen Werke eine vollständige Beschreibung dieses Brunnens. Die gebohrten Brunnen in der Provinz Artois sind erst viel später gemacht worden; von welcher Provinz sie gleichwohl den Namen erhalten haben, und von wo sie nun allgemeiner weiter verbreitet worden sind.

In Frankreich hatte das Bohren der Brunnen um so günstigeren Erfolg, da dort zum gröfsten Theil in *Kreidegrund* zu bohren ist. Die Kreidemasse ist leicht zu bearbeiten, und stabil, so dafs das Nachsinken und Verschlemmen des Bohrlochs weniger zu fürchten ist. Auch findet sich in diesem Boden meistens gutes, reines Wasser. Auch aufgeschwemmter Boden und mächtige harte Lehm- oder Thonlagen, wie in der Gegend von London, gewähren denselben Vortheil.

Bei der Ausmittelung der Ausgangspuncte der Brunnen mufs man jedesmal sorgfältig die Bodenlage geognostisch erwägen und die Beschaffenheit des Bodens durch Anbohren untersuchen, um einigermafsen auf sichern Erfolg rechnen zu können.

In gebirgigen Gegenden, wo nach dem Erhebungssystem die Urfelsen, nebst den sie bedeckenden oder einschliefsenden Flözlagen, in die Höhe gehoben sind und dadurch eine abhängige Lage erhalten haben, und wo dann zwischen den Schichten das Wasser vermöge der Kraft der Schwere sich hinunterzieht, kann man meistens fast zuversichtlich die Lagen durchbohren, um springendes Wasser durch den hydrostatischen Druck zu erhalten. Auf fast horizontal liegendem Boden dagegen, wo es keine Hügel oder Erhabenheiten giebt, ist weniger darauf zu rechnen.

Flaches Land, oder der aufgeschwemmte Boden, zieht sich bekanntlich im Norden von Europa von dem Ursprunge der Schelde ab über Holland, Nieder-Deutschland, bis tief in Rufsland hinein und es giebt hier keine zusammenhängenden felsartigen Höhenzüge auf der Erdoberfläche, sondern nur sogenannte Wassergebirge, die aus verschiedenen Erd-Arten, mit Geschieben gemengt, bestehen; wogegen sich Zweige von den Urgebirgen, zum Theil *unter* dem Boden, tief ins Land hineinziehen, wie z. B. von dem Karpathischen Gebirge, welche Zweige den Dniester, den Bug und Ingul durchkreuzen und sich unterhalb Jekaterinoslaw in das Bett des Dnieperstroms ziehen, wo Gebirgs-Arten, z. B. bei der Verbesserung der Wasserstrafse von der Nordsee nach dem Schwarzen Meere hin, gesprengt und die Steinmassen bei Seite geschafft worden sind.

In diesem Flachlande findet man nun gewöhnlich am Fufse der darauf in verschiedenen Richtungen sich hinziehenden Erdrücken Wasser; denn die Erdrücken nehmen das Schnee- und Regenwasser auf und setzen es wieder durch Seigung in Quellen ab. Es kommt hier darauf an, dafs man besonders an denjenigen Stellen in die Erdrinde eingräbt, wo solche Quellen vorhanden sein können. Man ermittelt sie durch Einbohren: auch auf ganz flach liegendem Boden, wenn man auf das Aufsteigen des Thaues und Nebels Acht hat, der den Quellsand augenscheinlich anzeigt. Desgleichen macht das lebendigere Grün, wenn der Boden mit einer Grasnarbe bedeckt ist, Quellen kenntlich.

In früher Zeit trieb man bekanntlich viele Täuschungen mit dem Auffinden des Wassers durch die Wünschelruthe. Ein gewisser Jocob Aimar trieb dieses Wesen im 15ten Jahrhundert in Frankreich besonders. Seine Kunst bestand aber wenig vor einer gründlichen Prüfung durch unterrichtete Männer, und der Betrug hatte zuletzt nach manchen Experimenten ein Ende.

Das natürlichste und sicherste Mittel zum Auffinden von Wasser in der Erdrinde sind immer die Bohrversuche. Trifft man beim Bohren auf wasserleitende Sandschichten, die nur Tagewasser liefern, welches meistens nicht brauchbar oder zum Bedarf nicht hinreichend ist, so mufs man sogleich Röhren einsenken und dann das Bohren, bis man seinen Zweck möglichst erreicht hat, fortsetzen. Auch wenn man auf unterirdische, mit Wasser oder Sumpf angefüllte Höhlen und selbst auf strömendes Wasser stöfst, wie es den Bergleuten zu ihrem Nachtheil oft vorkommt, mufs das Bohren und Einsenken der Röhren, wenn die Höhle tief ist und das Wasser nicht benutzt werden kann, weiter fortgesetzt werden. In aufgeschwemmtem Boden kommen solche Höhlen häufig vor. Sie sind dadurch entstanden, dafs die Verlandung stehender Gewässer oder Sümpfe nicht vom Grunde aus, sondern von oben durch eine Rasenrinde erfolgte, die sich auf dem Wasserspiegel erzeugte und die durch die Vegetation der Sumpfpflanzen immer mehr sich verstärkte, oder auch wenn die Sümpfe durch den Flugsand nach und nach verschüttet wurden, worauf denn Wassersäcke oder Höhlen sich bildeten. Eine solche Erscheinung kam z. B. bei dem auf dem Domplatze zu Königsberg ausgeführten, oben beschriebenen Brunnen vor, wo die grofse und schwere Senkröhre, nachdem der Brunnen schon 91½ F. tief war, plötzlich 7 F. tief hinabsank und erst wieder auf einer festen Thonlage stehen blieb. Die in der Höhlung vorhandene und in die Röhre geschobene Sumpfmasse bestand aus mit Wasser gesättigtem Thon und feinem Sande. Wird das Wasser aus solchen unterirdischen Höhlen durch einen neu geöffneten Ausgang abgeleitet, so erfolgen oft Einstürze der Erdfläche; das Aufsteigen des Wassers nimmt ab und der Wasserspiegel in der Röhre fällt zurück. So gesah es z. B. bei dem Brunnen in Frauenburg, wo das Wasser um 3 F. wieder fiel.

Es mögen nun hier noch über die oben gedachte Leitung des Wassers in Röhren einige Nachrichten, besonders aus Preufsen, folgen.

Dritter Abschnitt.

Wasserleitungen.

Als der Deutsche Orden im zwölften Jahrhundert zur Eroberung Preufsens die Burgen und Schlösser baute, war ihm, wie schon bemerkt, der Wasserbedarf ein wichtiger Gegenstand.

Bei der Anlage der Burg und Stadt Königsberg war der abhängige Boden, in welchem sich mehrere Teiche fanden, sehr günstig, um Wasser zu erlangen. Es ward zuerst der sogenannte Katzbach, der nur von Schnee und Regenwasser gespeiset wird, zum Triebe einer Mühle, die für die Burg mahlen sollte, 34 F. 2 Zoll über dem Wasserspiegel des Pregels, bei mittlerem Wasserstande (der jetzt bei 7 F. am Hauptpegel stattfindet) aufgestauet. Dadurch entstand der sogenannte Schlofsteich, dessen Ufer jetzt so schöne Parthieen bilden, wie man sie in Städten selten findet. Nachdem sich die Stadt erweitert hatte, legte man auf demselben Wasserlauf eine zweite Stauung an und bildete dadurch den sogenannten Oberteich: einen Behälter, dessen Wasserspiegel 37½ F. hoch über dem Schloſsteich, mithin 71 F. 8 Z. hoch über dem Pregel liegt. Aus diesem Sammelteich wurde nun das Wasser durch in die Erde gelegte gebohrte hölzerne Röhren zur Speisung vieler Brunnen in die Stadt geleitet; auch wurde ein Graben oder Canal zur Leitung des Wassers zum Triebe von Mühlen gezogen. Dieser Canal heiſst jetzt das Flieſs. Es war aber nun eine gröſsere Wassermenge nöthig, und es wurden, um dieselbe zu erlangen, die oberhalb in der Abdachung des Bodens bis auf 2½ Meilen weit befindlichen Teiche, die zum Theil schon von den Deutschen Rittern zu Fischteichen (wegen der Fastenspeisen) aufgestauet worden waren, weil die Fischerei auf den öffentlichen Gewässern durch die Einwohner noch gestört wurde, durch Gräben oder Canäle mit dem Oberteich verbunden und die nöthigen Grundstöcke, Stau- und Freischleusen in den Staudämmen gebaut. So entstanden die beiden 8 bis 12 F. breiten Graben oder Leitungscanäle: der Landgraben und der Wirrgraben.

Ersterer nimmt seinen Anfang aus dem 90 F. hoch über dem Wasserspiegel des Oberteichs und 161 F. 8 Zoll über dem Pregel liegenden Brandbruchteich, unweit des Uhlenkruges. Er nimmt das Wasser aus 11 Teichen auf, durchläuft einen Raum von 3 Meilen und setzt seine gesammte Wassermenge in den Oberteich ab. Der Theil dieser Wasserleitung vom Wargenschen Kirchenteich bis zum Oberteich, 4000 Ruthen lang, ist nach der Methode des Copernicus eine bedeutende Strecke lang in dem Abhange der Anhöhe fortgezogen, nemlich so, daſs der eingeschnittene Canal zugleich die Quellen an dem Ufer, so wie auch das Tagwasser aufnimmt und die ausgegrabene Erde zugleich das andere Ufer des Canals bildet. Es gehört zu dergleichen ein genaues Nivellement, um das Gefälle am Fuſse der Anhöhe zu vertheilen. Die 4000 Ruthen lange Strecke hat nur 9 F. Gefälle, und das Wasser braucht, um sie zu durchlaufen, Beobachtungen zufolge, 72 Stunden.

Die zweite Wasserleitung, der sogenannte Wirrgraben, führt das Wasser vom sogenannten Bärenteich, am Baumkruge, nach dem Oberteich, theils in einem natürlichen Wasserlaufe, theils in gegrabenen, 9 bis 12 F. breiten Canälen, und durchläuft eine Strecke von 2¼ Meilen, zum Theil mit so bedeutendem Gefälle, daſs die strömende Wassermenge sich ihr Bett selbst räumt.

Diese Wasserleitungen waren für die Stadt Königsberg sehr wichtig und wurden deshalb schon im Jahr 1636 unter landespolizeiliche Aufsicht gestellt. Schon im Jahr 1670 waren auf dem Katzbach eine Malzmühle, eine

Schneidemühle, eine Schleif- und Pulvermühle, die sogenannte Mittelmühle (eine Mahlmühle) und die sogenannte Obermühle vorhanden. Auf dem sogenannten Fliefs oder dem jetzt eingefafsten Canal, welcher sich auf dem sogenannten Tragheim hinunterzieht, befanden sich die Tragheimsche Mahlmühle, die Pulvermühle und die Tuchmacher- und Weifsgerbermühle. Die Gewerbe hatten schon sehr zugenommen und es war nun nöthig, mit dem vorhandenen Wasser möglichst sparsam umzugehen. Es wurden also im Jahr 1715 von dem Ingenieur Johann *v. Collers* in seinem Bericht an die damalige Preufsisch-Deutsche Kammer in Königsberg neue Vorschläge zu der Wasserleitung gemacht, imgleichen im Jahr 1730 von dem Kriegsrath und Bau-Director *Staffelstein* bei der Kriegs- und Domainen-Kammer. Im Jahr 1747 machte der Bau-Director *Zilcher* in Königsberg mehrere Anschläge zur Verbesserung der Wasserleitungen; welche auch ausgeführt wurden. Durch ein Nivellement fand der Geheime-Ober-Baurath *Rothe* im Jahr 1791 noch ein unbenutztes Gefälle auf diesen Wasserleitungen, welches noch zum Betriebe der Mühlen zu brauchen war. Zu dessen Vertheilung ward im Jahr 1793 der Wasserlauf der Mühlen und Speisungscanäle durch den damaligen Ober-Deich-Inspector, nachherigen Regierungsrath und Bau-Director *Schlegel* zu Gumbinnen mit solcher Genauigkeit nivellirt, dafs diese Messung noch jetzt dem Richter bei der Entscheidung von Processen, deren schon mehrere wegen der Benutzung des Wassers vorgekommen sind, zur Grundlage dient. Die damals zur Verbesserung der Wasserleitungen und Mühlen entworfenen Plane sind aber wegen der vielseitigen Benutzung des Wassers nicht zur Ausführung gekommen, indem so Manches erst auf dem Wege Rechtens hätte erstritten werden müssen: welcher Umstand denn oft die nützlichsten Plane vereitelt.

Zum ungehinderten Zuflufs des Wassers in den Oberteich müssen die beiden vorhin beschriebenen Zuleitungscanäle, den festehenden Bestimmungen gemäfs, unter hydrotechnischer Aufsicht öfters aufgeräumt werden. Auch müssen vor dem Eintritt des Frostes die Zuleitungswasserwege hoch mit Wasser angefüllt sein und es so lange bleiben, bis sich eine starke Eisdecke darauf gebildet hat, damit das Wasser unter derselben möglichst ungehindert fliefsen kann und die Canäle nicht durch Schnee verschüttet werden.

Da das in dem Oberteich gesammelte Wasser theils zur Speisung der Brunnen, theils zum Triebe der Mühlen dient, ersteres aber die Hauptsache ist, so hat man den Wasserstand im Oberteich nach mehrjährigen Beobachtungen so bestimmt, dafs der Abflufs des Wassers nach den oberhalb in der

Stadt liegenden Mühlen erst dann geschützt und abgeschnitten werden darf, wenn das Wasser durch seinen Zuflufs bis über den an den Pegeln bestimmten Punct gestiegen ist. Eben das gilt auch für die übrigen Sammelteiche, wo die Wasserstandshöhen an den Schleusen und Grundstöcken festgesetzt sind. Es wacht darüber die Polizei-Behörde, mit Zuziehung eines Hydrotechnikers.

Zuerst hat von den zerstreutliegenden, oben genannten Sammelteichen und dem kleinen Flufs, der Katzbach genannt, der churfürstliche geschworne Geometer ***Jeremias Kuntzmann*** im Jahr 1670 einen Plan aufgenommen, und es gewährt viel Interesse diese Carte jetzt mit der Örtlichkeit zu vergleichen und daraus zu sehen, wie sich Alles durch die Cultur verändert hat. Die Grenzen des Oberteichs sind ferner auf den Situationsplanen des Geometer ***Christoph Reimer*** vom Jahr 1701, des Conducteur ***Dübendorf*** vom Jahr 1754 und des Conducteur ***Lejuge*** vom Jahr 1791 angegeben; auf letzterem Plane auch die Tiefen, nach einer Peilung. Vergleicht man nun diese Angaben mit den jetzigen örtlichen Verhältnissen, so zeigt sich, wie bedeutend die Wasserbehälter schon durch die Abschwemmungen der Erde von den Höhen her verflacht worden und welche bedeutende Verlandungen dadurch und durch die Vegetation der Sumpfpflanzen in den Wasserläufen entstanden sind. Von 1811 bis 1838 bin ich von der nie ruhenden Wirkung der Verlandung der Teiche Augenzeuge gewesen. Ich habe mich dadurch überzeugt, dafs es durchaus nothwendig ist, die Teiche hier, wie in ähnlichen Fällen, zu vertiefen und sie in ihren ursprünglichen Dimensionen zu erhalten, wenn sie ihrem Zwecke entsprechen sollen. Da diese Teiche hier blofs durch Regen und Schneewasser gespeiset werden, so tritt bei anhaltend trockner Witterung der Fall ein, dafs mit der darin angesammelten Wassermenge nur blofs die Röhren und Brunnen gespeiset werden können und dafs die Mühlen still stehen müssen; woraus dann für das Publicum grofser Nachtheil entsteht. Tritt starke anhaltende Kälte ein, so frieren auch wohl die Teiche und Canäle fest bis auf den Grund zu und es werden dann nicht allein die Fische darin getödtet, sondern es entsteht auch der gröfste Wassermangel in den Teichen für den Trieb der Mühlen und für die Viehtränken; was schon nach dem alten Geschichtschreiber ***Henneberger*** in den Jahren 1554 und 1586 der Fall war, wo in Königsberg die Mühlen fast den halben Winter hindurch still standen und das Getreide aufserhalb gemahlen werden mufste. Solch ein Wassermangel trat in hiesiger Gegend wieder im December 1819 ein. Die Gewässer froren in ihrem niedrigen Stande zum Theil bis auf den Grund aus, die Fische kamen um, und viele Mühlen, auch in Königsberg, mufsten still stehen. Es geschah solches, als das Wasser zu *gleicher* Zeit im Rhein, Main, in der Seine, der Donau, dem Neckar, der Isar und dem Leck durch den anhaltenden Regen zu einer ungewöhnlichen Höhe stieg und viele Überschwemmungen anrichtete.

Es läfst sich hier fragen, warum man nicht auch hier mehrere Dampfmühlen baue. Im Jahr 1821 ist auf dem Haberberge in Königsberg eine in Schottland verfertigte Dampfmühle mit zwei Gängen aufgestellt worden, allein wegen mancher bei der Anschaffung und bei dem Betrieb entstandenen Hindernisse hat sie nicht das vortheilhafte Resultate gehabt, welches man sich davon versprach. Es läfst sich indessen erwarten, dafs irgend ein umsichtsvoller und unternehmender Mann den Versuch wiederholen und eine dem Zweck mehr entsprechende Dampfmahlmühle bauen werde. Das Resultat dürfte auch hier wahrscheinlich gut sein, um so mehr, da auch die Windmühlen zu sehr von der Witterung abhängen, der Betrieb von Rofs- und Tretmühlen aber kostbarer ist und die Wirkungen derselben denen der Dampfmühlen weit nachstehen.

Tretmühlen fand man früher viele in Polen und dem vormaligen Neu-Ostpreufsen, auf den Gütern und in den grofsen Krügen der jüdischen Pächter, welche Brauer, Brenner, Fleischer, Müller und Bäcker alles zugleich sind; so wie denn die Juden dort alle Handwerke, selbst die der Grobschmiede und Zimmerleute treiben.

Aufser den sehr einfach construirten Tretmühlen, zu deren Bewegung das zum Schlachten bestimmte Rindvich angewandt wurde, fand man dort ferner auf den Strömen und Flüssen sehr leicht gebaute Schiffmühlen, mit welchen die Besitzer dahin schifften, wo Getreide zu mahlen war; was aber in Neu-Ostpreufsen nicht mehr geduldet wurde, weil die Mühlen die Wasserwege, nachdem sie regulirt waren, durch die Leitdämme nach den Mühlen wieder verdarben. Zum gewöhnlichen Hausbedarf mahlten die Polen, wie auch die Litthauer und Masuren in Preufsen, ihr Korn auf einfachen Handmühlen oder Quirlen, welche man in jeder Haushaltung fand Obgleich das Korn darauf nur mehr geschrotet wurde, war man es doch nicht besser gewohnt. Wegen des Mangels an Mühlen in Polen und Rufsland kamen die Franzosen auf ihrem Heereszuge in das Innere von Rufsland im Jahr 1812 so in Verlegenheit, dafs sie wenigstens 14 Tage später in Moskau anlangten; was denn mit ein Keim ihres Unfalls wurde.

Die Königlichen Wassermühlen in Königsberg wurden 1808, um die Concurrenz bei der Förderung des Mahlguts mehr zu erwecken, vom Fiscus an Privatleute und Mühlen-Actionnaire insgesammt verkauft und die sämmtlichen oben genannten Sammelteiche, Schleusen und Zuleitungscanäle, nebst allen dazu gehörigen Bohlwerken, Grundstöcken u. s. w., wurden, nach einer Beschreibung derselben, diesen Mühlen-Actionnairen zur ferneren Erhaltung, unter Controlle des Staates, übergeben.

Die Röhrenleitungen vom Oberteich nach den Brunnen in Königsberg, welche vom Magistrat erhalten werden und unter der Aufsicht des Polizei-Präsidiums stehen, sind nicht ganz dem Zweck gemäfs eingerichtet. Sie müfsten einem Baume gleichen, dessen Stamm die Einflufsröhre vorstellt, während die Ableitungsröhren nach den Brunnen die Zweige sind; was aber hier nicht der Fall ist, indem die Bohrlöcher in den Röhren aus Kiehnenholz durchgängig den gleichen Durchmesser von 3½ Zoll haben. Selbst die statt der hölzernen neugelegten eisernen Röhren, welche aber in der Folge stark oxydirten, haben nur denselben Durchmesser. Verstopfen sich die Röhren zwischen dem Schlammkasten, so ist es oft schwer, die verstopften Stellen auszumitteln. So fand z. B. der frühere Röhrenmeister Herr ***Hildebrand*** im Jahr 1812 in Königsberg auf dem Steindamm, an der Wallschen Gasse, in meinem Beisein einen Fisch (einen sogenannten Brassen), der sich in die Röhre zwischen den Schlammkasten eingedrängt und durch seinen Wachsthum die Röhre so ausgefüllt hatte, dafs der Wasserlauf ganz gehemmt war. Das Auffinden der Ursache der Verstopfung hatte viele Versuche, und das Aufgraben des Bodens in der Strafse über den tief unter dem Steinpflaster liegenden Röhren bedeutende Kosten verursacht. Die Passage in den Strafsen wird durch solches Aufgraben ebenfalls sehr nachtheilig gehemmt.

Diesen Übelständen könnte durch Quell-Brunnen, wenn auch nicht durch Artesische, von welchen der erste Versuch in Königsberg auf dem Domplatz kein günstiges Resultat gegeben hat, so doch durch Senkbrunnen abgeholfen werden; allein viele Gewerbtreibende bedürfen des ***weichen*** Wassers, so wie es ihnen aus dem Oberteich durch die Röhren zugeleitet wird, und fordern also die Beibehaltung der Röhrenleitung.

Über die vorhin beschriebenen Sammelteiche, aus welchen das Wasser nach Königsberg geleitet wird, ist noch Folgendes zu bemerken. Die Teiche liegen in dem aufgeschwemmten Boden gröfstentheils in Lehm oder Thongrund und haben keine Quellen, sondern werden nur durch Schnee- und

Regenwasser gespeiset: mithin hängt die darin enthaltene Wassermenge blofs von der Witterung, nemlich von dem Niederschlage ab. Ferner bildet sich in einigen dieser Sammelteiche beim Wechsel des Wasserstandes aus vegetabilischen Theilen, z. B. dem Wassermoose, die sogenannte *Wasserwatte,* welche, weifs gebleicht, auf dem Grunde der ausgetrockneten Teiche liegen bleibt.

Teiche, in welchen sich zum Theil Wasserwatte erzeugt, giebt es, so wie Landseen, von welchen der Spirding-, der Mauerer-, der Leventin- und der Geserich-See die gröfsten sind, in Preufsen, besonders in dessen südlicher Gegend, viele. Ihrer gedenkt schon *Henneberger,* der im Jahr 1585 die erste, ziemlich richtige Carte von Preufsen, an welcher er 7 Jahre gearbeitet hatte, herausgab. Dieser *Henneberger* hat sich in der That durch seine „Landtafel", als die erste Carte von Preufsen, ein grofser Verdienst erworben. Er schildert selbst die Mühe, welche er dabei, auch wegen seiner Unkunde der Preufsischen, Curischen, Sarmatischen und Polnischen Sprachen, durch die grofsen Wildnisse (Wälder) und durch die vielen Landseen u. s. w., die den Bewohnern selbst zum Theil unbekannt waren und die auch die Keipper, die Obersten der Fischerei, nicht kannten, gehabt habe. Grofse und kleine Landseen soll es damals, nach der Angabe der Bettelmönche, welche Preufsen in allen Richtungen durchzogen, nicht weniger als 2037 mit frischem Wasser gegeben haben.

Die Namen der Seen und Flüsse waren bei der Verschiedenheit der Sprachen schwer zu ermitteln; die alten Chronisten, aus welchen *Henneberger* seine Nachrichten zum Theil schöpfte, gaben die Namen ganz verschieden an.

Viele von den kleinen Teichen existiren nicht mehr; sie sind durch die in Preufsen recht kräftig wirkende Natur theils völlig zugeschwemmt, theils durch die Vegetation der Sumpfpflanzen verlandet; besonders nach der Zeit, wo die Wälder so sehr gelichtet worden sind und die Abschwemmungen der Erdtheile so viel Spielraum gewonnnen haben. Mehrere Teiche werden jetzt, besonders in der Gegend bei Gerdauen, sowohl im trockenen als nassen Zustande benutzt; nemlich als Karpfenteiche, die ganz abgelassen werden, um auf dem Boden Sommergetreide nach bestimmten Zeitperioden zu bauen. Es wird hier diese Teichwirthschaft nach ganz bestimmten Regeln und mit Nutzen betrieben. Es sind zu dem Ende Schleusen und Grundstöcke gebaut. Viele Teiche benutzt man dagegen nur zum Wasserbedarf und hat aus ihnen das Wasser theils in offenen Graben auf Mühlen, theils durch in die Erde gelegte Röhren nach den Ortschaften, besonders nach den Städten geleitet.

Zu diesen offenen Zuleitungscanälen oder Wasserleitungen gehören:

1. Der sogenannte Copernicanische Canal bei der Stadt Frauenburg, der zu den folgenden offenen Wasserleitungen das Muster gab;
2. Der Mühlencanal bei der Stadt Preufs. Holland;
3. Derjenige bei Thorn, welchen *Copernicus* in diesem seinem Geburtsorte gegründet haben soll;
4. Die Wasserleitung, welche der Deutsche Orden auf dem Felde von Stum anlegte, um das Wasser nach dem in der Geschichte bekannten Schlofs Marienburg zu führen. Sie war schon in den damaligen Zeiten eben so wichtig für diesen Ort, als die Wasserleitungen, welche noch in Danzig, Elbing u. s. w. vorhanden sind.

Bei solchen offenen Wasserleitungen in wellenförmigem Boden kommt es besonders darauf an, das Gefälle zu vertheilen, und der Boden mufs zum Theil durchschnitten, zum Theil müssen Dämme zu den Ufern geschüttet werden. Trift man auf sandigen oder schwammigen Torfboden, so mufs in diesen Strecken der künstlichen Wasserläufe das Bett des Canals mit Letten oder fettem Lehm inwendig ausgefüttert oder bekleidet werden, weil sonst viel Wasser durch Versiegen in den Boden verloren geht. In sandigem Boden habe ich unter den geschütteten Dämmen noch eine sogenannte Zunge, nemlich einen mit Lehm ausgefüllten 2 bis 3 F. breiten Graben angeordnet; besonders am Bromberger Canal, um das Durchseigern des Wassers im Grunde zu verhindern.

Um das Quellwasser nach den Städten und Ortschaften zu leiten, legte man in frühern Zeiten Röhren von Holz, mitunter auch irdene, so tief in die Erde, dafs sie nicht vom Frost erreicht werden konnten. Dergleichen Leitungen sind noch vorhanden:

1. In Preufs. Holland, wo aus zwei, mit Bohlwerken eingefafsten, ½ Meile weit entlegenen Quellen das Wasser vermittelst zweier Röhren, welche sich weiterhin vereinigen, nach 9 Wasserbehältern in die Stadt geleitet wird. Das Wasser ist klar und etwas eisenhaltig und die Bewohner werden damit reichlich versorgt. Bei einer Reparatur dieser Röhrenleitung fand der Landbaumeister *Lejuge* auf eine Strecke von 400 F. lang und 3 bis 4 F. tief in blauem und röthlichem Lehm eine Röhre, die fast horizontal lag, *80 Jahre* gelegen hatte, und nicht ausgebessert worden war. Die Röhre selbst war nun zwar gänzlich verfault, aber das Wasser hatte sich aus der ihm beigemischten eisenhaltigen Erdmasse eine andere Röhre gebildet, in welcher es fest zusammen-

gehalten flofs. Ich habe diese merkwürdige Röhre im Jahr 1817 selbst gesehen. Auch in dem Mauerwerk des Wehrs oder Überfalls im sogenannten Koggenbusch, $\frac{1}{4}$ Meile oberhalb von Frauenburg, in dem Baudeflusse, welches Wehr von *Copernicus* zu seiner Wasserleitung angelegt worden war und welches im Jahr 1820 durch eine Haupt-Reparatur wieder in Stand gesetzt wurde, hatte sich eine Durchflufs-Öffnung zu einer Röhre von 6 Zoll im Durchmesser aus Eisen-Ocker gebildet. Sie glich der Masse nach ganz den Röhren von Eisensinter am Ufer der Ostsee bei Klein- und Grofskuhren; so wie denen, die am Memelstrom häufig vorkommen. Dieser Eisensinter ist theils röhrenförmig, theils ästig oder zackig, und besteht aus Sand und gröberen Quarzkörnern, welche durch Eisen-Oxyd an einander gekittet sind. Die Farbe des Sinters ist äufserlich ockergelb, weiter nach innen aber mehrentheils bläulichgrau und die Masse hat zuweilen einen Wachsglanz. Dergleichen aus Eisensinter gebildete Röhren habe ich an einigen, aus eisenhaltigem Sande bestehenden Ufern der Gewässer in manchen Gegenden häufig gefunden. Sie hatten sich daselbst durch das aus den Ufern seigernde eisenhaltige Wasser um die Rohr- und groben Grasstengel durch Incrustation zu einer harten Masse gebildet. Man findet auch den Eisensinter in sandigem eisenhaltigem ausseigerndem Wasser oft in ganzen Klumpen, wo er dann dem Eisenstein gleicht; z. B. am Ufer des Königl. Botanischen Forstgartens bei Neustadt-Eberswalde. Dafs diese oft an derselben Stelle häufig vorkommende Röhren durch den ***Blitz*** entstanden sein sollten, halte ich nur für eine Hypothese.

2. Die Röhrenleitung bei Braunsberg hat nach der Angabe des Herrn Landbaumeisters ***Rehefeld*** im sogenannten Pfeifengrund ihren Sammelteich, $\frac{1}{4}$ Meile südlich von der Stadt, aus welchem denn das Wasser durch Röhren in die Brunnen vertheilt wird und der übrige Theil in den Passargeflufs abfliefst.

3. In der Stadt Mehlsack erhalten die Brunnen ihr Wasser aus drei hinter einander liegenden Sammelteichen. Die Röhrenleitung geht aus dem der Stadt zunächst liegenden Teich, über den Walschflufs hinweg, durch das Schlofs und bespeiset darauf die Brunnen in der Stadt.

4. In den Städten Bartenstein, Landsberg, Preufs. Eylau, Guttstadt, Heilsberg und Rössel giebt es ebenfalls Röhrenwasserleitungen.

5. In Allenstein wird das Wasser aus einem kleinen Teiche, welcher etwa $\frac{1}{8}$ Meile entfernt ist, der Stadt zugeleitet und es werden dadurch 4 Brunnen gespeiset.

6. Auch die Stadt Wartenburg erhält ihr Wasser für einige Brunnen durch Röhrenleitungen. Eben so werden in Soldau mehrere Brunnen vermittels Röhrenleitungen gespeiset.

7. In Stallupöhnen und Pilkallen sind zwar noch einige Röhrenleitungen vorhanden: sie gehen indessen nach und nach ein, weil die Quellbrunnen gutes reines Wasser geben.

8. Nach Goldapp wird das Wasser durch Röhren von der bei der Stadt gelegenen Anhöhe geleitet, um die Brunnen zu speisen.

9. In Bromberg geht die Wasserleitung ein, weil man dort an einigen Stellen 15 bis 20 F. tief schon gutes klares Wasser gefunden hat.

Diese verschiedenen Röhrenleitungen habe ich auf meinen Geschäftsreisen mit Zuziehung der Herren Kreisbaubeamten zur Stelle untersucht und daran überall gesehen, wie weit man früher noch in der Brunnenbaukunst zurück war. An vielen Stellen wäre der Wasserbedarf viel leichter zu erlangen gewesen.

Manche Röhren sind in späteren Zeiten überbaut worden, weil man keine Carte ihrer Lage hatte. So ist auf dem Domainen-Amt Buylin das Amtshaus, wie es sich später zeigte, über den Zug der Wasserleitungsröhren erbaut. Es ist deshalb auch sehr nothwendig, dafs man von dem Zuge von Röhren Grundplane habe, um sich bei der Fundamentirung neuer Gebäude danach richten zu können. Von den Röhrenleitungen in Königsberg sind erst in neuerer Zeit Carten gezeichnet worden, nach welchen man sich nun bei den vorkommenden Reparaturen orientiren kann.

Wo kein hinreichendes Gefälle zu den Röhrenleitungen vorhanden ist, mufs das Wasser durch Maschinenwerke immer erst in einen Behälter in die Höhe gehoben werden, aus welchem es dann nach seinen Bestimmungs-Orten durch Röhren, den hydrostatischen Gesetzen gemäfs, weiter geleitet wird. So ist es in Frauenburg, Graudenz und Danzig durch *Copernicus,* oder nach seiner Idee geschehen. [Diese so einfache und scheinbar von selbst sich verstehende Bemerkung ist gleichwohl eben so wichtig, als sie richtig ist. Die im Text gedachte Anordnung des grofsen *Copernicus* ist in der Hauptsache zuverlässig ein Muster. D. H.]

Vergleichen wir die hydraulischen Anlagen in Preufsen mit denen in entfernten Gegenden ausgeführten grofsen Werken, welche die Kenner bewundern, so erscheinen sie allerdings als kleinlich: allein sie sind den örtlichen Verhältnissen angemessen und haben auch technisch manches Interesse.

Von den grofsen hydraulischen Werken der Römer bezeugen bekanntlich auch selbst noch die Überreste ihre vormalige Gröfse. Bei Rom waren die Wasserleitungen zusammen 218 294 Schritte (22 Meilen) lang und führten so viel Wasser herbei, als in einem Flufs von 3 F. breit und 6 F. tief bei mittelmäfsiger Geschwindigkeit sich bewegen würde. Die Tiber hatte trübes, lehmiges Wasser, und deshalb wurden solche Riesenwerke in jenen frühen Zeiten gebaut. Auch in Griechenland giebt es Überreste von grofsen Wasserleitungen. Diese Leitungen waren dort um so nothwendiger, da die dortigen Wasserläufe, wie alle Gebirgsströme, bei trockner Witterung versiegen, eben so schnell aber bei nasser Witterung wieder anschwellen. Die Wasserleitung bei Alcantara in Portugal, welche Lissabon das Wasser zuführt, soll der Römischen nicht nachstehen.

Man betrachtete solche Denkmäler der Wasserbaukunst als einen Stolz der Nation, und gab die strengsten Gesetze, sie zu beschützen und zu erhalten.

Aber allerdings sind auch in spätern Zeiten hydraulische Kunstwerke ausgeführt worden, welche die Bewunderung der Kenner verdienen. Ich nenne, aufser der berühmten Anlage zu Marly in Frankreich, wo jetzt eine Dampfmaschine das ehemals unter Ludwig XIV. angelegte Räderwerk vertritt, nur die Wasserleitung mit den vielen Springbrunnen in Paris und die berühmte Anlage auf dem Weifsenstein bei Cassel, wo das Wasser donnernd und schäumend in doppelten Cataracten hinabstürzt und am Fufse der Anhöhe eine Fontaine sausend emporsteigt und sich oben in Brillanttropfen theilt, je nachdem die Sonne scheint und man den Standpunct genommen hat; was mir im Jahr 1790 einen eben so schönen als erhabenen Anblick gewährte. [Man sehe die Beschreibung dieses Werks von Herrn etc. *Engelhard* im vorigen Bande dieses Journals. D. H.]

Auch in Herrenhausen bei Hannover, und an manchen andern Orten. zeigt die Kunst, was sie vermag; auch wenn es darauf ankommt, mit dem Wasser, diesem öconomisch und technisch so wichtigen Element, ein belustigendes Spiel zu treiben.

Eine der wichtigsten Wasserleitungen aus der neueren Zeit ist auch die bei Moskau. Sie wurde im Jahr 1779 angefangen und 1828 vollendet und besteht aus einem $2\frac{1}{8}$ Meilen langen, 3 F. breiten und 5 F. hohen, von Ziegeln gemauerten Canal, mit eisernen Ableitungsröhren. Sie soll in 24 Stunden 10 000 Oxhoft Wasser liefern. Nachdem diese Anlage schon bis zwei Millionen Rubel gekostet hatte, ist noch eine Verbesserung daran gemacht worden.

Dazu gehört die Anwendung zweier Dampfmaschinen von 20 Pferdekraft, durch welche das Wasser in einen Thurm in die Höhe getrieben und von da durch eiserne Röhren in die Stadt vertheilt wird. (Man sehe Rufslands Wasserverbindungen. Riga und Dorpat 1833.) [Ein Meisterstück ist die Wasserleitung zu Toulouse. Man sehe die Beschreibung derselben, von ihrem Erbauer Hrn. *D'Aubuisson*, welche auch das gegenwärtige Journal mitgetheilt hat. D. H.]

Nachdem wir von den Zuleitungen des Wassers nach den Städten und Ortschaften gesprochen haben, würde auch noch nöthig sein, der Entwässerung des Bodens und der Abführung des durch den Verkehr entstandenen unreinen Wassers zu gedenken. In vielen grofsen Städten hat man, aufser den Rinnsteinen, Abzugscanäle, zum Theil so grofs gebaut, dafs ein Mensch darin gehen und sie reinigen kann. Auch im vormaligen Neu-Ostpreufsen habe ich in Plock und Lomza einige Überreste von dergleichen gesehen. Allein dazu ist hinreichendes Gefälle nöthig, worauf bei der Gründung mancher Städte nicht immer Rücksicht genommen worden ist. Zu kleinen Entwässerungs-Canälen oder Gräben ist meinen Erfahrungen nach ein Gefälle von 3 Zoll auf 100 laufende Ruthen erforderlich [1 auf 4800. D. H.], weil das Ankleben des Wassers an den Wänden des Bettes die Geschwindigkeit sehr vermindert.

Die Schlösser und Burgen waren in Preufsen, in manchen andern Gegenden die Kirchen und Klöster, die ersten Anlagepuncte der Städte, ohne auf die Ausdehnung derselben in der Folge zu rücksichtigen. Die Erweiterung der Städte folgte den Wasserläufen; welches auch in den gegenwärtigen Zeiten, wo man sich nicht gern in einen durch Mauern eingeengten Raum einschliefst, ohne eigenthümliche Hindernisse in der Regel möglich ist. Später hat man dann zuweilen gesehen, wie nachtheilig es war, Städte auf ganz flach liegenden Boden gebaut zu haben (wie z. B. Petersburg, welches zerstörenden Überschwemmungen ausgesetzt ist), weil sich dann der Unrath wegen des mangelnden Gefälles in den Rinnsteinen sammelt; was auch in Berlin und an andern Orten der Fall ist und was für die Bewohner grofse Nachtheile hat. Es geschicht dies besonders auf lehmigem Boden, in welchen das Wasser nicht so leicht einziehen kann, und auf dem Humusgrunde, der das Wasser so einsaugt, dafs er fast grundlos wird. So hat man in einigen Städten in Polen und Neu-Ostpreufsen, wo das Holz früher wenig Werth hatte, die Strafsen in den Städten mit Holz brücken oder ganz belegen müssen; welches aber bei trockener Witterung, wenn die Strafsen nicht oft gereinigt werden, einen unaustehlichen Staub verbreitet. Solcher Übelstände wegen hatte man es dann sehr zu bedauern, die Städte nicht auf einen abhängigen oder wellenförmigen Boden, wozu die Localverhältnisse oft günstig gewesen wären, und besonders an einen reinen, aus Quellen entspringenden Wasserlauf, der so viel Gefälle und Geschwindigkeit hat, um sich selbst das Bett aufzuräumen, gebaut zu haben.

Haben Wasserläufe wenig Gefälle, so erhöhet sich ihr Bett durch Sinkstoffe nach und nach so sehr, dafs der Abflufs zuletzt ganz aufhört. Es bleibt dann nur übrig, das Bett des strömenden Wassers zu vertiefen, oder es bis zur Normalbreite einzuschränken und die Aufstaue zu Mühlen, nebst den Schiffschleusen, möglichst wegzuschaffen; so wie solches z. B. in Preufsen auf dem Deimeflufs und in den Canälen zwischen dem Spirding- und Maurersee geschehen ist; oder es mufs das Wasser zum Ausspülen der Rinnsteine durch Maschinen gehoben werden. Durch Seiten-Canäle das Wasser aus dem Hauptwasserlauf abzuziehen, schadet oft der Schiffbarkeit; welches jedoch alles von den örtlichen Umständen abhängt.

Über die natürlichen, über die Erd-Oberfläche aus der Erdrinde emporsteigenden Quellen wollen wir ferner Einiges im folgenden Abschnitt bemerken.

(Die Fortsetzung folgt.)

Beilage

zum ersten Abschnitt, enthaltend die **Band 17. Heft 3. S. 284** gedachte Nachricht von Brunnen in der Mark Brandenburg.

Closterdorf, Amts Rüdersdorf. In einem 78 Fufs tiefen Brunnen fanden sich 6 Fufs Sand und scharfer Kies; auf 19 F. tief ein Feldsteinlager, $3\frac{1}{2}$ F. mächtig; auf 25 F. tief Thon; 44 F. tief lagen stärkere Feldsteine, aber nur $2\frac{1}{2}$ F. mächtig; darauf war bis auf den Grund Thon.

Messingwerk. In einem Brunnen fand sich 6 F. tief scharfer Sand und Mergel, und auf 14 F. tief ein Feldsteinlager in dünnem weifsem Sande; etwas tiefer lagen Feldsteine von einem Cubikfufs grofs.

Kupferhammer. In einem Brunnen fand sich 5 F. tief Sand; bis 8 F. Tiefe Mergel; in 40 F. Tiefe lagen Feldsteine (reiner Granit).

Herrschaft *Steinbeck.* In einem Brunnen von 90 F. Tiefe fanden sich abwechselnd kleine Feldsteine von verschiedenen Farben.

Herrschaft *Brunow.* In einem Brunnen von etwa 70 F. tief fand sich sehr strenger Lehm; zuletzt scharfer Sand und wenig Feldsteine.

Herrschaft ***Wölsikendorf.*** In einem Brunnen von etwa 150 F. tief fanden sich oberhalb ein 12 F. dickes Thonlager; 16 F. tief Mergel; tiefer mehrere Quellen und einiges Füllgestein von mittler Gröfse und verschiedener Farbe.

Herrschaft ***Cöthen.*** In einem Brunnen von 155 F. tief fanden sich verschiedene Erd-Arten: Thon, Lehm, Sand, Mergel, etwas Feldstein, aber kein Wasser.

Herrschaft ***Blumberg.*** In einem Brunnen von 80 F. Tiefe fanden sich auf 60 F. tief sehr grofse Feldsteine; 72 F. tief gröfsere, bis zu 3 F. im Durchmesser; 76 F. tief Braunkohle; ganz unten ein Lager kleiner Feldsteine.

Herrschaft ***Leuenburg.*** In einem Brunnen von 120 F. tief war oben 77 F. tief strenger Thon; weiter, abwechselnd scharfer Sand, Lehm, Thon, eine Steinmasse von etwa 6 Zoll Stärke und ein Schmiedeschlacken-ähnliches Terrain etc.

Herrschaft ***Hohenfinken.*** In einem Brunnen von 32 F. tief lagen 22 F. tief Feldsteine von 4½ bis 5 F. im Durchmesser; darunter war strenger Lehm, Thon u. s. w.

Amt ***Chorin,*** beim Chaussée-Einnehmerhause. In einem Brunnen von 48 F. tief fanden sich viel Thon, welcher losgehauen werden mufste, und auf 30 F. Tiefe mehrere grofse Feldsteine.

Schwedt, am Chaussée-Einnehmerhause. In einem Brunnen von 44 F. tief fand sich Thon und Mergel und auf 25 F. Tiefe etwas Feldgestein von mittler Gröfse.

Vierraden. In einem Brunnen von 36 F. tief fand sich Sand und Lehmboden, und 20 F. tief waren einige Feldsteine.

Rüdersdorf, im Amtshofe. In einem Brunnen von 400 F. tief, welcher später eingestürzt ist, fanden sich in verschiedenen Tiefen Mergel, Sand und Kalksteine; tiefer Feldsteine in rothem Sande.

Pfarrgehöft zu ***Biesenthal.*** In einem Brunnen von 138 F. Tiefe fand sich zuerst weifser und gelber Schluff; dann viel Granitgeschiebe von abwechselnder Gröfse und Farbe; 46 F. tief ein blaues Thonlager, 10 F. mächtig, welches, durchstochen, einen Wasserstand von 52 F. hoch gab.

Oderberg. In einem Brunnen von 34 F. tief fanden sich abwechselnd Sand, Lehm und kleine Feldsteine.

Schul-Amt ***Neuendorf.*** In einem Brunnen von 44 F. tief fanden sich abwechselnde Lagen von Feldsteinen, Lehm und Mergel.

Amt ***Sachsendorf*** bei Seelmo. In einem Brunnen von 30 F. tief fanden sich 3 F. tief einige mittlere Feldsteine.

Trelent bei Fürstenwalde. In einem Brunnen von 36 Fufs tief fanden sich 10 F. tief Feldsteine von 3 F. im Durchmesser; nachher blofser Sand.

Beerfelde, ein Vorwerk des Amts Fürstenwalde. In einem Brunnen von 34 F. tief fand sich etwa in der halben Tiefe eine Lage Granit.

Dolgelin im Mittel-Oderbruch. In einem Brunnen von 30 F. tief fanden sich etwa 20 F. tief etwas Feldsteine von mittler Gröfse.

Stadt ***Buckow.*** In einem Brunnen von 28 F. tief fanden sich zwei Lager Feldsteine in 10 bis 14 F. Tiefe.

Grünrade, im Königsberger Kreise. In einem Brunnen von 40 F. tief fanden sich etwa 20 F. tief etwas Feldsteine von mittler Gröfse.

Amt ***Alt-Landsberg.*** In einem Brunnen von 42 F. tief fanden sich 12 F. tief Thon und wenige Feldsteine, übrigens Sand.

Marxdorf im Lebuser Kreise. In einem Brunnen von 40 F. tief fanden sich in der ganzen Tiefe mehrere Lagen gröfserer Feldsteine.

Mellin.

6.

Nachricht von porcellanenen Röhren zu Wasserleitungen, aus der Fabrik des Herrn Ungerer zu Hirschberg in Schlesien.

Im Januar dieses Jahres (1843) bekam der Herausgeber des gegenwärtigen Journals von den *porcellanenen Röhren,* welche Herr *Ungerer* zu Hirschberg in Schlesien in seiner Porcellanfabrik verfertigen läfst, durch die Ankündigung dieser Röhren Nachricht, die Derselbe hat drucken lassen und in welcher er sie zu allgemeinerem Gebrauch für *Wasserleitungen* empfiehlt; wozu sie auch, den beigefügten Attesten zufolge, schon hie und da mit dem besten Erfolge wirklich angewendet worden sind.

Diese Nachricht interessirte den Herausgeber um so mehr, da er sich, besonders in der letzten Zeit, mehrfältig mit der Aufgabe des Baues der Wasserleitungen beschäftigt, auch ganz kürzlich in dem gegenwärtigen Journal, im 4ten Heft 17ten Bandes S. 374, gerade über die Frage, in wiefern sich auch noch andere Stoffe als Holz, gebrannter Thon und Eisen zu Wasserleitungsröhren eignen dürften, einige Bemerkungen seinerseits veröffentlicht hat.

Er richtete daher, da das Technische, was Herr *Ungerer* in seiner Bekanntmachung über den Gegenstand, dem Zwecke der Anzeige gemäfs, gesagt hat, nur Allgemeines und Weniges ist, an ihn in einem Briefe die Bitte, ihm gefälligst noch einige weitere Notizen über die porcellanenen Röhren mitzutheilen, namentlich eine speciellere Beschreibung der Art der Zusammensetzung der Röhrenstücke, vielleicht von einer kleinen Handzeichnung begleitet; sodann eine Beschreibung der Proben, durch welche man sich überzeugt habe, dafs die Röhren auch einen stärkeren Wasserdruck aushalten; ferner die Beantwortung der Fragen: wie stark der Druck, nemlich wie hoch die Wassersäule sei, welche die 1 Zoll dicken Wände 6zölliger Röhren aushalten: ob die Röhren auch von gröfseren Durchmessern als 6 Zoll und die Stücke auch noch länger als 3 F. gemacht werden können: wieviel der laufende Fufs gröfserer und wieviel der Fufs längerer Röhrenstücke kosten würde, und auf welche Weise Ansatzröhren, Ablafs- und Lüftungs-Hähne angefügt werden.

Mit Bereitwilligkeit hat Herr *Ungerer* auf dieses Ersuchen dem Herausgeber in einem Briefe vom 8. Febr. 1843 mehrere der gewünschten Notizen mitzutheilen, auch zwei Probestücke seiner Röhren zur Ansicht zustellen zu lassen die Güte gehabt.

Einige der Fragen, besonders die wegen des Wasserdrucks, welchen Röhren von *gröfserem* Durchmesser aushalten, so wie wegen der Kosten gröfserer Röhren, hat zwar Herr *Ungerer* für den Augenblick noch nicht beantworten können: allein schon das, was vorliegt und was die *Erfahrung* für sich hat, ist von wesentlichem Interesse und Nutzen.

Da nun der Gegenstand selbst von Bedeutung und es, nach den bisherigen Ergebnissen zu urtheilen, gar nicht unwahrscheinlich ist, dafs porcellanene Röhren auch allgemein zu Wasserleitungen sich besser eignen dürften, als Röhren von Holz, gebranntem Thon und Eisen, indem sie schon in den gewöhnlichen Fällen sich bewährt haben und wenigstens die Röhren von 4 und 6 Zoll Durchmesser nicht theurer zu stehen kommen, als eiserne Röhren, auch die porcellanenen Röhren unstreitig viel sauberer sind, sich weniger leicht verstopfen und die Bewegung des Wassers in ihrem Innern weniger hemmen werden, als andere, so dafs es also nur noch darauf ankommen würde, ob auch gröfsere Röhren einem starken Wasserdrucke widerstehen und ob sie ebenfalls fest genug sich machen lassen: so glaubt der Herausgeber, es werde den Lesern dieses Journals angenehm sein, wenn er ihnen hier vorläufig die ihm darüber vorliegenden Schriftstücke in Folgendem mittheilt. Kommen ihm ferner Nachrichten über den Gegenstand zu, so wird er sie ebenfalls mittheilen.

I. Gedruckte Anzeige des Herrn Ungerer.

Beobachtungen bei Wasserleitungen zeigten mir, dafs die hölzernen Wasserleitungsröhren, bei der geringen Dauer derselben, auch noch die Nachtheile haben, dafs sie dem Wasser einen Holzgeschmack, oft auch einen fauligen geben. Oft, wenn der Mangel an Wasser am fühlbarsten ist, versagen die hölzernen Röhren ihren Dienst, weil sie bald hier, bald dort, durch Fäulnifs zerstört, das Wasser durchlassen und dadurch unaufhörliche Reparaturen nöthig machen.

Auch eiserne Röhren entsprechen den, wegen ihrer Kostbarkeit mit Recht in Anspruch genommenen Forderungen nicht. Der Rost tritt ihrer Anwendung feindlich entgegen. Ich sah dergleichen Röhren, welche nach 8 bis 10jährigem Gebrauch durch den Rost in Verbindung mit den Schlammtheilen des Wassers so verstopft waren, dafs sie kein Wasser durchliefsen. Mehrere städtische Communen haben diese Erfahrung gemacht. Durch das Emailliren der Röhren glaubt man diese Nachtheile zu beseitigen: indessen wird der Zweck nur unvollkommen erreicht werden; denn, wenn nur hin und wieder ein Punct bleibt, welche das Emaille nicht geschützt hat, so wird sich hier Rost bilden, welcher nach und nach das Emaille absprengen und das Rohr verstopfen wird.

Diese Beobachtungen haben mich veranlafst, Porcellan zu Wasserleitungsröhren zu versuchen: welches Unternehmen mit glücklichem Erfolge gekrönt wurde. Ich legte dergleichen Röhren der Königlichen Regierung in Liegnitz zur Untersuchung vor, welche in ihrem Amtsblatt vom Jahre 1837 Nr. 11. sie vorzüglich brauchbar fand und zur allgemeinen Anwendung empfahl.

Die Röhren bestehen aus einer steinharten Masse, welche an dem Stahl Funken giebt, sind inwendig glasirt, widerstehen sehr starkem Wasserdruck, und ihre durch chemische Untersuchungen ermittelten Bestandtheile können weder durch Feuchtigkeit, noch durch andere Substanzen irgendwie verändert oder gar zerstört werden. Die Röhren versprechen daher eine Dauer auf Jahrhunderte.

Ihre Verkittung besteht aus einer Mischung von geschmolzenem Schwefel und reinem Sande, und verbindet die Röhren wasser- und luftdicht.

Die Röhren werden bis zu 3 Fufs Rheinl. Länge angefertigt; ihre Wandungen sind 1 Zoll stark, und ihre inneren Durchmesser sind 2, 3, 4 und 6 Zoll Rheinl. Es werden alle bei Wasserleitungen vorkommenden Röhren angefertigt, als Knie-, Abmündungsröhren zu Abzweigungen von weiteren in engere Röhren, Röhren mit Windlöchern, zu Ausgüssen, und dergleichen, kurz alles, was bei eisernen Röhren anwendbar ist.

Die Preise der Röhren sind von der Fabrik ab für den laufenden Fufs

von 2 Zoll	innerem Durchmesser	. .	9 Sgr.
— 3 -	desgl.	. .	12 -
— 4 -	desgl.	. .	16 -
— 6 -	desgl.	. .	25 -

Die Verkittungskosten betragen für den laufenden Fufs $\frac{3}{4}$ bis $1\frac{1}{4}$ Sgr., excl. der Erd-Arbeiten. Die Verkittung ist sehr einfach; ich habe, da bei gröfseren Wasserleitungen jährlich eine Quantität gelegt wurde, bis jetzt das erstemal gewöhnlich sie selbst besorgt; es ist mir aber gelungen, die von den verschiedenen Communen mir auf mein Verlangen zugewiesenen Leute so anzulernen, dafs sie schon das zweitemal die Verkittung allein besorgen konnten. Damit der Frost aufsergewöhnlich strenger Winter auf die Röhren nicht nachtheilig wirken könne, ist es nöthig, sie 4 Fufs tief zu legen. Die Erschütterungen, welche Lastwagen hervorbringen, sind für die Röhren bei solcher Tiefe ohne Einflufs. Hierorts liegen sogar drei dergleichen Röhrenstrecken neben einander, über welche solche schwere Lasten ohne allen Nachtheil seit Jahren hingehen. Die Porcellanröhren lassen sich mit Leichtigkeit mit eisernen oder hölzernen Röhren verbinden. Es ist darauf zu sehen, dafs die Röhren auf festen, sichern Grund gelegt werden; wo solcher nicht vorhanden, wie es bei einzelnen Stellen manchmal der Fall ist, ist es nöthig, künstlich nachzuhelfen, oder sie gegen den Druck von oben zu schützen; denn wenn der Grund, worauf die Röhren liegen, weicht, mufs die Last der auf denselben ruhenden Erde, wohl nicht die Röhren zerquetschen, aber doch die Linie knicken. Wird durch irgend einen Zufall ein Rohr zerbrochen, so kann, unbeschadet der übrigen Röhrleitung, ein neues Stück durch Hülfe der beweglichen Muffen eingezogen werden.

Der Schlamm, den das Wasser mit sich führt, kann sich in den glasirten glatten Röhren nicht absetzen; sollte sich aber irgendwo dennoch ein wenig Schlamm abgesetzt haben, so kann man, indem an gewissen Stellen Röhren mit verschliefsbaren Öffnungen angelegt werden, durch Ziehung der Zapfen und das darauf folgende Herausstürzen des Wassers die Röhren sich selbst reinigen lassen. Nach der Legung, wenn die Röhren mit 1 Fufs hoch Erde überschüttet sind, kann man die Erde mit einer einfachen Ramme feststampfen.

Unmafsgeblich dürften die Röhren Alles in sich vereinigen, was von Wasserleitungen erwartet wird: Unauflösbarkeit der Röhren und Leitung des Wassers, wie es die Quelle giebt, ohne Beimengung anderer, der Gesundheit nachtheiligen Substanzen.

Die 6zölligen Röhren werden häufig zu Abtrittsröhren benutzt; wo sie sich als unangreifbar und geruchlos bewährt haben. Auch eignen sie sich zu Pumpenstöcken, russischen Rauchröhren, (Küchen), Ausgufsröhren, Dach- und Erdrinnen, und dergleichen, und werden dazu benutzt.

Ich füge hier mehrere Zeugnisse über die Erfolge, welche die Röhren geliefert haben, bei; welche auch eine geehrte Redaction der Schlesischen

Chronik in ihrem Blatte vom 27. September gütigst veröffentlicht hat, und erlaube mir, diese Röhren zu geneigter Anwendung bestens zu empfehlen.

Hirschberg, im December 1842.

C. Ungerer.
Porcellanfabrik-Besitzer.

Auf Ew. Wohlgeboren geehrte Anfrage vom 25sten v. M. erwiedern wir Ihnen ergebenst, dafs Ihre nunmehr seit 3 Jahren hier in Anwendung gebrachten Porcellan-Wasserröhren sich als vorzüglich bewähren und, nach der bei Anwendung von hölzernen und eisernen Wasserröhren von uns gemachten Erfahrung, diesen unbedingt vorzuziehen sind. Aus diesem Grunde werden wir fortfahren, Ihre Porcellan-Wasserröhren in Gebrauch zu nehmen.

Grünberg, den 4. August 1842.

Der Magistrat.

Dem Porcellan-Fabricanten Herrn *Ungerer* zu Hirschberg wird auf Verlangen hiermit bescheinigt, dafs die zu den hiesigen städtischen Wasserleitungen im Jahr 1838 aus dessen Fabrik entnommenen 308 laufende Fufs Porcellan-Wasserleitungs-Röhren vollkommen gut und dauerhaft befunden sind und bis jetzt keine Mangelhaftigkeiten derselben sich gezeigt haben.

Löwenberg, den 6. August 1842.

Der Magistrat.

Dem Porcellan-Fabrik-Inhaber Herrn *Ungerer* zu Hirschberg wird auf Ansuchen hiedurch glaubhaft attestirt, dafs die im Jahre 1838 aus der Porcellan-Fabrik des Herrn *Ungerer* angekauften und in der hiesigen Stadt eingelegten 860 Fufs Porcellan-Röhren zur Röhrwasserleitung sich bis jetzt als völlig untadelhaft und gut bewährt haben, indem seit der erfolgten Legung dieser Porzellan-Röhren, folglich in einem Zeitraume von 4 Jahren, auch nicht eine Porzellan-Röhre gesprungen ist.

Wir können daher die Anwendung der Porcellan-Röhren aus der Fabrik des Herrn *Ungerer* zu Hirschberg zu allen Röhr-Wasserleitungen hiermit nur bestens empfehlen, da diese Röhren weit vorzüglicher sind, als eiserne und hölzerne Wasserleitungs-Röhren.

Beuthen a. d. Oder, den 8. August 1842.

Der Magistrat.

Herr *Ungerer*, Porcellanfabrik-Besitzer in Hirschberg, hat für das hiesige Georgen- und Marienbad vor 6 und 4 Jahren zwei-, drei- und vierzöllige Porcellanröhren geliefert und solche nach seiner Verkittungsmethode verlegt. Dieselben haben bis jetzt, ungeachtet sie einem sehr wechselnden Wasserdrucke während der Kurzeit ausgesetzt werden mufsten, sich als gut, practisch und dauerhaft bewährt, dem Froste bei einer festen Unterlage von 4 bis 5 Fufs Tiefe in der Erde liegend, widerstanden, und seit 4 Jahren im Allgemeinen nur sehr geringen Reparaturen unterworfen werden müssen, die ganz vermieden würden, wenn die Röhrleitung bei einer Bade-Anstalt nicht durch so viele Abflufsröhren und daran angebrachte Hähne unterbrochen wäre. Solches bescheinigen wir hiermit von Amts wegen.

Landeck, den 14. August 1842.

Die Königliche Bade- und Brunnen-Commission.

Im Jahr 1840 hat der Porcellan-Fabricant Herr *Ungerer* zu Hirschberg, auf meinem zu Schmiedeberg belegenen Vorwerk eine Porcellanröhren-Wasserleitung von circa 2400 Fufs gelegt. Diese Leitung hat sich bis jetzt als gut bewährt, da bei Anlage derselben die Vorsicht gebraucht wurde, den theilweis sumpfigen Grund durch Einrammen kleiner Steine zu sichern. Wie auch nicht anders zu erwarten, ist das Wasser, welches diese Röhren herzuführen, stets rein und unverändert im Geschmack. Dieser Vortheil, verbunden mit dem in Aussicht habenden der langen Dauer dieser Röhren, läfst das gegen hölzerne Röhren anfangs erforderliche gröfsere Anlage-Capital leicht vergessen: ja es ist sogar anzunehmen, dafs sich die Anlage- und Erhaltungskosten einer Porcellan-Röhrenleitung mit denen einer von Holzröhren nach einem Zeitraume von 40 bis 50 Jahren, selbst bei Veranschlagung der Zinsen, recht wohl conpensiren werden.

Schmiedeberg, den 18. August 1842.

Lieutenant *Gebauer*.

Die von mir schon vielfältig verbrauchten Porcellan-Röhren aus der Fabrik des Herrn *Ungerer* in Hirschberg, welche an Dauerhaftigkeit und Reinlichkeit alle andern thönernen, ja in vieler Beziehung selbst eiserne übertreffen, kann ich ganz besonders zu Abtritts- und Spülwasser- (Küchen)-

Ausgufs-Röhren aus Erfahrung empfehlen, indem sie besonders zu ersterem Zwecke nicht viel höher als hölzerne zu stehen kommen, und doch sehr grofse Vorzüge vor diesen haben. In mehreren öffentlichen und Privatgebäuden sind dergleichen von mir aufgestellt worden, und ich bin jederzeit bereit, die hierüber gewünschte Auskunft zu ertheilen. — Sollten die Versuche, die ich mit den in Rede stehenden Röhren auch bei Erd- und Dach-Rinnen anzustellen beabsichtige, den erwarteten günstigen Erfolg haben, so werde ich das Nähere bei Gelegenheit darüber mitzutheilen nicht verfehlen.

Breslau, im September 1842.

Karl Heiber,
Brunnen- und Röhrmeister in der Ketzerkunst.

II. Inhalt des Briefes des Herrn Ungerer an den Herausgeber vom 8. Febr. 1843.

Ich bemerke vorläufig, dafs die Röhren die Gestalt der gufseisernen haben, nemlich mit einer Muffe versehen sind, und gehe zur Beschreibung ihrer Zusammensetzung über.

Zur Zusammensetzung und Verkittung wird geschmolzener Schwefel, mit thonfreiem feinem Sande gemischt, verwendet, und die dazu nöthigen Geräthschaften sind folgende:

1. Ein kleiner Blechofen (Taf. III. Fig. 1.), von der Art, wie ihn die Klempner bei ihren Arbeiten mit sich tragen, oben mit einer Vorrichtung, um einen eisernen Löffel zur Schmelzung des Schwefels darauf legen zu können.
2. Ein eiserner Schmelzlöffel (Fig. 2.) von etwa 6 Zoll im Durchmesser.
3. Ein gröfserer eiserner Topf, um einigen gröfseren Vorrath von geschmolzenem Schwefel bereit zu haben.
4. Ein Löthkolben (Fig. 3.), wie ihn die Klempner gebrauchen, und ein grofses eisernes Messer (Fig. 4.), oder auch statt dessen zwei Löthkolben.
5. Ein kleiner eiserner Löffel und
6. Eine Schablone (Fig 5.) aus zwei Theilen, zum Verkitten der liegenden Röhren in der Erde.

Dem Schwefel wird, wenn er geschmolzen und flüssig ist, zu zwei Theilen Schwefel noch ein Theil feiner Sand beigemischt, die Mischung umgerührt und so weit erhitzt, dafs sie völlig flüssig ist; doch hat man sich zu hüten, dafs sie nicht anbrenne und überhaupt nicht zu heifs werde, weil sie sonst zu Brei wird. Im ersteren Falle mufs der Schwefel zugedeckt und erstickt werden, im letzteren Falle mufs man ihn etwas erkalten lassen, worauf er von selbst wieder flüssig wird. Da die Röhren, liegend verkittet, mehr Arbeit machen, so werden erst 3 Röhren, also 9 Fufs Röhren, stehend zusammengekittet, und zwar auf folgende Weise. Man stellt ein Rohr gerade auf, mit der Muffe nach oben, macht dann eine Rolle von Ölkitt (nach D. *Gilly's* Handbuch der Landbaukunst pag. 233), eines Federkiels stark, und legt sie auf die Stirnseite des ersten Rohres, stellt dann das zweite Rohr auf das erste und achtet darauf, dafs es in gerader Richtung und der Zwischenraum in der Muffe gleichmäfsig sei. Nun füllt man den Zwischenraum nach und nach mittelst des kleinen Löffels (5) mit dem geschmolzenen Schwefel aus, bis er voll ist; die Senkungen werden nachgefüllt. Dann wird mit dem Löthkolben, welcher unterdessen heifs geworden, die Oberfläche geebnet und, wenn noch ein Zwischenraum geblieben sein sollte, verlöthet. In zwei Minuten ist die Arbeit beendigt, der Schwefel ist erhärtet und beide Röhren sind fest mit einander verbunden, so dafs man sie wegtragen kann Auf dieselbe Weise wird das dritte Rohr auf das zweite gesetzt. Es ist nöthig, dafs die Röhren recht trocken sind, da wo der Schwefel sie verbinden soll: sonst haftet er nicht vollständig. Bei feuchtem Wetter genügt es, die Röhren an den zu verbindenden Stellen einige Augenblicke über das Feuer zu halten. Der Schwefel darf nicht plötzlich und auf einmal in den Zwischenraum gegossen werden, weil sonst das Rohr zu schnell erhitzt werden und dadurch zersprengt werden könnte.

Etwas umständlicher ist die Legung der Röhren in der Erde, und deren Anschlufs an die vorhergehenden. Zunächst wird das in der Erde bereits liegende Rohr auf der Stirnseite etwas mit einem Pinsel mit Leinölfirnifs angefeuchtet. Dann nimmt man eine Rolle, eines kleinen Fingers stark, Ölkitt und bringt sie auf die befeuchtete Stelle in die Ecke, welche die Stirnseite und die Muffe bildet, und legt nun die drei bereits zusammengegossenen Röhren in die Muffe, mit Beachtung der gehörigen Richtung und des gleichmäfsigen Zwischenraumes. Damit der flüssige Schwefel nicht in das Innere der Röhren fliefsen könne, wird der auf der Stirn befindliche Ölkitt mit einem unten stumpfen Hölzchen festgestampft, auf dafs die Stirnseite sich mit einer $\frac{1}{8}$ bis $\frac{1}{4}$ Zoll dicken Schicht Ölkitt belege und dadurch verhindert werde, dafs der flüssige Schwefel in das Innere der Röhren dringe. Nun wird mit einem Bande von

Thon das Ende der Muffe verschlossen, indem man oben ein Mundloch zum Eingiefsen des Schwefels offen läfst. Nachdem das Thonband gehörig an das Porcellan angestrichen worden, damit kein Schwefel entweichen könne, wird die Muffe, oder vielmehr der Zwischenraum zwischen Muffe und Rohr, durch das Mundloch nach und nach mit flüssigem Schwefel gefüllt, bis sich keine Senkung mehr zeigt. Sobald der Schwefel erstarrt ist, wird das Thonband weggenommen und der Schwefel mit dem heifsen Löthkolben gehörig verlöthet; wobei vorzüglich der Zapfen von Schwefel, welcher durch das Mundloch entstanden ist, in Acht zu nehmen ist, dafs er nicht weniger dicht werde. Der Gufs ist nun fertig, und man beginnt an einer weiteren Stelle. Da das Thonband unbequem zu behandeln ist, so habe ich Schablonen von Holzbrettchen machen lassen, welche, in zwei Theile getheilt, genau an das Rohr sich anschliefsen, den zu vergiefsenden Raum der Muffe verschliefsen, bis über die Muffe reichen und mit ein wenig Thon angeheftet und verstrichen werden. Die Schablone wird auf der innern Seite bis zu 1 Z. Breite abgestumpft, damit eine gröfsere Öffnung gebildet werde und der flüssige Schwefel die Muffe bequemer ausfüllen könne. Die Schablone ist an der Stelle, wo der Schwefel sie berührt, mit etwas Öl anzufeuchten, damit sie leicht wieder loslasse. Beifolgende Handzeichnung dürfte die nöthigen, einfachen Geräthschaften etwas näher darstellen. Die Verkittungsmethode habe ich so umständlich beschrieben, als es mir möglich schien, und ich bin bereit, eine etwaige Unklarheit noch vollends zu beseitigen.

Über den Wasserdruck, welchen die Röhren aushalten, hat eine mit dieser Untersuchung beauftragte Commission folgenden Versuch angestellt. Es wurden 12 Fufs Röhren von 3 Zoll innerem Durchmesser zusammen gekittet: das hintere Ende, nachdem die Luft herausgelassen, wurde verkittet und gegen ein Gebäude gestützt. In das vordere Rohr wurde das Schlauchrohr einer Feuerspritze von mittler Gröfse, vielleicht zu 8 bis 12 Mann, eingekittet, und dann wurden die Röhren durch die Spritze mit Wasser gefüllt. Es wurde mit dem Pumpen so lange fortgefahren, bis der Schlauch der Spritze einen Wasserdunst von 6 bis 8 Fufs Durchmesser von sich gab und man endlich fürchtete, die Spritze zu zersprengen. Weder die Röhren, noch die Verkittung, zeigten dabei die mindeste Veränderung; noch wurden sie auf irgend eine Weise angegriffen. Hierorts hat man die Röhren bei der schwierigsten Röhrleitung versucht. Das Wasser kommt nemlich von einem ziemlich hohen Berge her, wo sich die Quelle befindet, fällt in das Thal, geht durch den Boberflufs und steigt dann in zwei Absätzen in die Stadt hinauf; so dafs die Röhren einen bedeutenden Druck auf die Länge von einer halben Stunde Weges auszuhalten haben. Die Wassersäule, senkrecht gemessen, mag hier 2 bis 300 Fufs Höhe haben. Die Röhren dürften aber wohl noch einen weit stärkeren Druck aushalten.

Röhren von gröfserem und engerem Durchmesser, als sechs Zoll, sind noch nicht verlangt, also auch noch nicht verfertigt worden: doch ist ihre Anfertigung ausführbar. Ich würde dazu erst geeignete Maschinen machen lassen müssen. Ich zweifle aber daran, dafs sie länger als 3 Fufs gemacht werden können, weil sie zu leicht krumm werden; und dann, weil sie zu schwer werden und bei dem Brennen um den sechsten Theil zusammengehen oder schwinden, sträubt sich ein so schweres Gewicht, nachzugeben, und sie würden zu leicht im Brennen reifsen. Den Preis würde ich erst, nachdem ich Versuche angestellt, bestimmen können.

Ansatz-, Ablauf- und Lüftungsröhren müssen schon in rohem, ungebranntem Zustande vorbereitet und gebildet werden; und da die Porcellanmasse sehr bildsam ist, ist dies nicht schwierig. Da alle Röhren stehend gebrannt werden müssen, indem sie eine Art von Schmelzung erleiden, können die Abmündungsröhransätze (rechtwinklig oder sanft) nur möglichst kurz sein. An diese Ansätze werden die folgenden Röhren angebaut.

Luftentleerungsröhren sind Röhren mit einem einfachen runden Loch und werden mit einem Spund verschlossen und durch einen darum gewundenen Draht befestigt.

Ungerer.

7.

Theorie der Kreisgewölbe.

(Nach *Petit* bearbeitet.)

(Von Herrn *W. Lohmeyer,* Königlich-Hanöverschem Hydrotekten.)

Die Theorie der Gewölbe ist von den Franzosen seit *Coulomb* (man vergleiche über das Folgende *Audoy* im *Mémorial de l'officier du génie No. 4. Paris 1820. pag. 1 seqq.*) so sehr vervollkommnet worden, dafs kaum noch etwas zu wünschen übrig bleibt. Bevor wir aber zu den neuern Arbeiten übergehen, sollen kurz auch die ältern Theorien hier berührt werden. *Lahire* (*Mémoires de l'académie de sciences. 1712.*) und *Belidor* (*Science des ingénieurs*) nehmen an, dafs der Bruch eines Gewölbes immer in der Mitte zwischen dem Schlufssteine und dem Anfangssteine stattfinde; sie betrachten den obern Theil des Gewölbes als einen Keil, der zwischen beiden geneigten Bruchflächen herabzusinken strebt, und suchen den Druck rechtwinklig auf beide Flächen, so wie daraus die Stärke der Widerlagen. Diese Voraussetzung ist jedoch nicht unbedingt richtig. Die Gewölbe brechen nicht immer in der Mitte, zwischen dem Schlufssteine und Anfangssteine, und die vorherrschende Kraft, die auf die untern Theile ausgeübt wird, wirkt im Allgemeinen nicht als ein Keil, sondern durch Hebel-Arme, die diese untern Theile in demselben Augenblick drücken, wo sie sie um ihre Kanten in Folge der Reibung drehen. *Couplet* (*Mémoires de l'academie des sciences. 1729. 1730.*) geht in Hinsicht des Bruches von der *Lahire*schen Hypothese aus, sucht aber die Bedingungen des Gleichgewichts, sowohl für das Gleiten, als für das Drehen um die Kanten dieser Fugen. Dabei nimmt er aber die Fugen als polirt im ersten Falle, und als sehr rauh im zweiten Falle an. Beide Annahmen sind von der Wahrheit gleich weit entfernt: dennoch würde die letztere ihm die wahren Bedingungen des Gleichgewichts gegeben haben, wenn er nicht von der *Lahire*schen Voraussetzung hinsichtlich des Bruches ausgegangen wäre.

Bossut hat die allgemeine und analytische Theorie des Gleichgewichts bei Gewölben am ausführlichsten behandelt. Er betrachtet die Gewölbsteine als auf polirten Flächen gleitend und sucht unter dieser Annahme die Relationen, welche zwischen den Kräften, die auf diese, unendlich klein angenommenen Gewölbsteine wirken, und der Form der innern Wölbung stattfinden. damit das Gewölbe in jedem Puncte im vollkommenen Gleichgewichte sei. Darauf löset er aus der allgemeinen Gleichung folgende zwei Aufgaben:

1. Das Gesetz der Kräfte, die auf die Gewölbsteine wirken, ist gegeben: es soll die Form der innern Wölbung für den Fall des Gleichgewichts gesucht werden.
2. Die innere Wölbung ist gegeben: man sucht das Gesetz der Kräfte.

Beide Auflösungen haben keinen reellen Nutzen für die Construction. Aufserdem ist auch die Annahme des Gleitens nicht durch die Erfahrung bestätigt; die von ***Bossut*** vernachlässigte Reibung verhindert das Gleiten.

Prony modificirt in seiner ***Architectura hydraulica*** die Form der Gewölbe durch die Einführung der Cohäsion und Reibung in die Bedingungen des Gleichgewichtes; und namentlich verschwindet das Unendliche aus dem Ausdruck für die Länge der Gewölbsteine. Allein die mathematischen Formeln für das genaue Gleichgewicht des Gewölbes in jedem Puncte führen oft auf merkwürdige, schwer zu construirende Formen, und es ist besser, auf die gebräuchlichen Gewölbe zurückzugehen, bei denen die Stabilität in verschiedenen Puncten ungleich ist, aber hinreichend, um den auf das Gewölbe wirkenden Kräften zu widerstehen.

Im Jahre 1732 stellte ***Danisy*** zu Montpellier Versuche über den Bruch der Gewölbe an. Aus denselben ergab sich, dafs der Bruch im Allgemeinen nicht durch Gleiten, sondern durch Drehung entsteht. Jedoch waren die Versuche zu sehr im Kleinen ausgeführt, um fernere Versuche entbehrlich zu machen.

Die ***Danisy***schen Versuche wiederholte ***Boistard (Mémoires extraits de la bibliothéque des ponts et chaussées; 2. Cahier.)*** mit mehr Sorgfalt. Er wies nach, dafs der Bruch immer durch Drehung um die Kanten der zerbrochenen Theile geschieht, und nie durch Gleiten in den Fugen. Für die Fälle, wo das Gewölbe sehr nahe im Gleichgewicht ist, geschieht nach diesen Versuchen der Bruch im Allgemeinen an 5 verschiedenen Puncten, nemlich: an der Fuge des Schlufssteines: an zwei Puncten zwischen dem Schlufssteine und den Anfangssteinen und an den beiden Fugen der Anfangssteine, wenn keine Widerlagen da sind; und endlich an der Grundfläche der Widerlagen, wenn diese vorhanden sind. Hieraus hat ***Boistard*** seine Theorie abgeleitet, die von ***Gauthey (Traité de la construction des ponts)*** angenommen und von

Navier *(Science des ingénieurs de* **Bélidor**. *Nouvelle édition. Note.)* erweitert ist. **Gauthey** fügte selbst noch einige Versuche hinzu.

Rondelet *(Art de bâtir)* zog aus seinen Versuchen mehrere empirische Resultate, die mit denen der richtigeren Theorie nahe übereinstimmen und die sich ihnen noch besser anschliefsen würden, wenn **Rondelet** seine Gewölbe aus mehr als 4 Steinen zusammengesetzt hätte.

Coulomb *(Mémoires de savans étrangers. 1773. Tome VII.)* führte zuerst die Auflösung des Problems auf die Aufsuchung der Maxima und Minima des Druckes zurück und legte dadurch den Grund zu einer richtigeren Theorie. Die dabei von ihm gemachten Voraussetzungen stimmen nur nicht mit den vorhin erwähnten Versuchen überein.

Audoy *(Mémorial de l'officier du génie, No. 4. Paris 1820. pag. 1 — 96.)* betrachtet die Gewölbe, wie sie es in der Wirklichkeit sind. Er berücksichtigt die Form und die physische Natur der Gewölbsteine, indem er von den *Boistard*schen Erfahrungen ausgeht, nach welchen kein Gleiten entstehen kann. Diese Erfahrungen wendet er auf die *Coulomb*sche Theorie an, deren Richtigkeit er nachweiset. Somit kann man **Audoy** als zweiten Erfinder der bessern Theorie der Gewölbe betrachten; und in der That beschränken sich auch die spätern Untersuchungen von **Lamé** und **Clapeyron** *(Annales des mines Tome VII. 1823)*, **Persy** *(Lithographie des leçons, données à l'école d'application de l'artillerie et du génie à Metz)*, **Navier** *(Application de la mécanique à l'établissement des constructions. 2me édit. 1833.)*, **Garidel** *(Mémorial de l'officier du génie. No. 12. 1835. pag. 7—72.) und* **Petit** *(ibid. pag. 72 — 150.)* auf Erweiterung und namentlich auf erweiterte Anwendung in der Ausübung. **Poncelet** *(ibid.)* weicht in der Behandlung der *Audoy*schen Principien von den Übrigen ab, indem er auf rein geometrischem Wege die Auflösung der Gewölbetheorie giebt.

Der bereits oben genannte Ingenieur **Petit** hat die Anwendung der Theorie der Kreisgewölbe auf die Praxis durch Berechnung von Tafeln so sehr vereinfacht, als es nur möglich sein dürfte. Fast ohne alle Rechnung erhält man nach ihm in den gewöhnlichen Fällen die Auflösung der Aufgaben über Kreisgewölbe. Seine Arbeiten verdienen es, allgemein bekannt zu sein, und namentlich auch in Deutschland, wo die Arbeiten der Franzosen in diesem Fache noch ziemlich unbekannt zu sein scheinen und wo man sich mit den ungenügenden und beschwerlichen Auflösungen von **Eytelwein** und **Gerstner** behilft.

Der Hauptgrund, warum die Leistungen der Franzosen den meisten Deutschen unbekannt geblieben sind, liegt wohl darin, dafs die Abhandlungen von ***Audoy, Garidel, Petit*** und ***Poncelet*** in einem Werke sich befinden, welches im Buchhandel nicht erscheint, und dafs die zweite, 1838 erschienene Auflage von ***Morin***'s ***Aide mémoire,*** in der ein Auszug aus der ***Petit***schen Abhandlung gegeben ist, durch die Übersetzung der ersten Auflage verdrängt wird.

Eine Bearbeitung der ***Petit***schen Abhandlung möchte daher hier wohl nicht unpassend sein; so wie für manche Leser auch eine Ableitung der Formeln, die ***Petit*** ohne Beweis hinstellt, nicht unerwünscht sein dürfte. Der Kürze wegen habe ich mich bei dem Beweise der Formeln meistens der Integralrechnung bedient; zumal weil die vorkommenden Integrale zu den allereinfachsten gehören.

§. 1.

Einleitung.

Die Gewölbe, die hier betrachtet werden sollen, haben längsaus dasselbe Profil. Es genügt also, ihrem Durchschnitt eine Länge zuzuschreiben, die der linearen Einheit, z. B. dem Fufse, gleich ist. Um also auf die wirklichen Gewichte und Kräfte überzugehen, braucht man nur die erhaltenen Zahlen mit dem Gewichte eines Cubikfufses Mauerwerk zu multipliciren; und selbst dies ist nur dann nöthig, wenn man die Pressungen, denen die Materialien unterworfen sind, kennen will, um sich zu überzeugen, dafs sie hinreichenden Widerstand leisten.

Das Mauerwerk, aus welchem die Gewölbe bestehen, wird hart genug vorausgesetzt, um im Augenblicke des Bruches nicht zerdrückt zu werden. Die Zahl der Fugen, nach denen dieser Bruch eintreten kann, wird als unendlich grofs, vom Schlufssteine an gerechnet, angenommen.

Die Cohäsion des Mörtels wird vernachlässigt, da sie in der That beinahe Null ist, wenn das Bogengerüst weggenommen wird.

Betrachtet man nun ein Gewölbe $ABaB_1A_1$ (Fig. 1. Taf. IV.), welches auf seinen Anfangssteinen ruht, so würde jede Hälfte, wenn sie allein stände, offenbar nach dem Mittelpuncte zu zusammenstürzen. Dieser Umsturz, der durch die gegenseitige Einwirkung der beiden Hälften auf einander verhindert wird, ist die Wirkung der Schwere, die ihren Angriffspunct in irgend einem Puncte der obersten Fuge hat. Für den Augenblick soll dafür der Endpunct a angenommen werden. In dem Puncte a wirken demnach zwei gleiche und entgegengesetzte Kräfte, deren eine, z. B. die der Hälfte abA_1B_1 (Fig. 2.), man durch eine horizontale Kraft F ersetzen kann, welche von A nach C wirkt und welche dieselbe Wirkung hervorbringt, nemlich die, dafs sie das Gewölbe $ABab$ auf seinen Anfangssteinen hält und das theilweise oder ganze Einstürzen nach der innern Gewölbseite hin verhindert.

Diese horizontale Kraft, welche aus der Wirkung der einen Gewölbfläche auf die andere entsteht, nennt man den horizontalen Druck, oder einfach den ***Druck*** des Gewölbes. Um ihre Gröfse F zu finden, bemerke man, dafs sie zweien Bedingungen genügen mufs, um das Halbgewölbe $ABab$ auf seinen untersten Gewölbsteinen im Gleichgewichte zu halten: sie mufs nemlich Erstlich verhindern, dafs irgend ein Gewölbstein $mnab$ sich um die Kante der innern Wölbung drehe. Bezeichnet daher P die Oberfläche des Profils vom Gewölbsteine, φ die horizontale Entfernung mg seines Schwerpunctes G vom Drehpuncte m, und y die Entfernung md der horizontalen Kraft F von demselben Puncte, so folgt aus der Bedingung des Gleichgewichts $P.\varphi = F.y$, dafs F gleich, oder gröfser sein mufs, als der gröfste Werth, den der Ausdruck $\frac{P\varphi}{y}$ annehmen kann. Zweitens, mufs sie verhindern, dafs irgend ein Gewölbstein auf der Fuge mn herabgleite. Bezeichnet, wie vorhin, P die Oberfläche des Profils, die das Gewicht des Gewölbsteines vorstellt, α den Winkel der Fuge mit der Verticale und θ den Winkel der Reibung des Mauerwerkes, dessen Tangente gleich ist dem Verhältnisse dieser Reibung zum Druck, so zerlegt sich F und $P = Gg$, jedes in zwei Seitenkräfte, die eine normal, die andere parallel zur Bruchfuge mn. Dann bringt P die Reibung $\frac{P.\sin\alpha}{\tang\theta}$ hervor, die sich der Kraft zum Gleiten $P\cos\alpha$ entgegengesetzt. Die Kraft F bringt die Reibung $\frac{F\cos\alpha}{\tang\theta}$ hervor, die, mit der Kraft $F\sin\alpha$ verbunden, das Gleiten verhindert. Es mufs also sein:

$$P\left(\cos\alpha - \frac{\sin\alpha}{\tang\theta}\right) = F\left(\sin\alpha + \frac{\cos\alpha}{\tang\theta}\right) \text{ und}$$

$$F = P.\frac{\cos\alpha\cos\theta - \sin\alpha\sin\theta}{\sin\alpha\cos\theta + \cos\alpha\sin\theta} = P.\frac{\cos(\alpha+\theta)}{\sin(\alpha+\theta)} = \frac{P}{\tang(\alpha+\theta)}.$$

Die Kraft F mufs daher gleich oder gröfser sein, als der gröfste Werth des Ausdruckes

$$\frac{P}{\tang(\alpha+\theta)} = G.$$

Ist demnach ein Gewölbe gegeben, so bilde man die beiden Ausdrücke

$$(1.)\quad F=\frac{P.\varphi}{y} \qquad \text{und} \qquad (2.)\quad G=\frac{P}{\tang(\alpha+\theta)},$$

suche ihr Maximum, indem man α als veränderlich annimmt, und nehme den gröfsten von ihnen für den Werth des wirklichen Druckes, den wir in der Folge durch Π bezeichnen wollen. Der Winkel α, der diesem Maximum entspricht, heifst der ***Bruchwinkel*** und die Fuge *mn*, welche er bestimmt, die ***Bruchfuge***.

Die Wirkung des horizontalen Drucks besteht in dem Umsturz des Halbgewölbes nach aufsen, um die Kante ***B*** (Fig. 2.) der äufsern Wölbung des untersten Gewölbsteins. Damit also ein Gewölbe auf seinen Anfangssteinen feststehe, mufs das Moment des Drucks in Bezug auf den Punct ***B*** kleiner sein, als das des ganzen Halbgewölbes in Bezug auf denselben Punct. Für das Gegentheil ist ein Gewölbe unmöglich; es würde nach Hinwegnahme des Gerüstes einstürzen. Zwischen beiden Fällen liegt der, wo das Gewölbe in genauem Gleichgewichte für die Anfangssteine ist.

Für diese Gewölbe öffnen sich die Fuge des Schlufssteins und die Bruchfuge, oder sind nahe daran, sich zu öffnen, und die diesen Fugen benachbarten Gewölbsteine berühren sich nur an ihren Kanten. Nur für diese Gewölbe ist die Berechnung des Drucks für den Umsturz genau; nur für sie ist der Werth dieses Druckes genau dem Maximum von $\frac{P\varphi}{y}$ gleich, und nur für sie liegt der Angriffspunct des Druckes an der äufsern Wölbung des Schlufssteins in a. Für stabile Gewölbe findet eigentlich keine Bruchfuge mehr Statt; es berühren sich die Gewölbsteine nicht mehr an der Kante allein; man mufs hier annehmen, dafs die obern und die untern Gewölbsteine sich der ganzen Länge der Fuge nach berühren und dafs nur die Fuge des Schlufssteins, die der untersten Gewölbsteine und gewisse Fugen *mn*, nahe in der Mitte zwischen den beiden vorigen Fugen, sich leichter als die andern öffnen werden.

Hieraus ergiebt sich, dafs der Angriffspunct des Drucks, oder vielmehr der Mittelkraft aus allen Pressungen gegen die Fuge des Schlufssteins, nicht mehr in a, sondern in einem Puncte zwischen a und b liege. Um diesen Punct bestimmen zu können, müfste man das Gesetz der Pressungen kennen, welches zwischen den beiden äufsersten Fugen Statt findet. Dieses Gesetz ist uns aber unbekannt.

Ähnlich verhält es sich mit der Fuge *mn*, die auch fernerhin die Bruchfuge genannt werden soll. Die Resultante aus dem horizontalen Drucke und dem Gewichte des Gewölbsteines *mnab*, die für den Fall des genauen Gleichgewichts durch den Endpunct *m* der innern Wölbung geht, schneidet die Fuge *mn* in einem Puncte zwischen *m* und *n*, der gleichfalls unbekannt ist.

Es läfst sich daher bei stabilen Gewölben der wirkliche horizontale Druck nicht berechnen, wenn man nicht annimmt, dafs die eben genannten Angriffspuncte sich immer, der eine in *a*, der andere in *m* befinde; im folgenden soll dies mit ***Audoy***, ***Persy*** und ***Navier*** angenommen werden. Alsdann kann man in allen Fällen den horizontalen Druck, der bei der Theorie der Gewölbe der wichtigste ist, berechnen. Sein Werth läfst sich *à priori* finden, da er nur von den Gröfsen P, Φ und y abhängt, die durch die Form und Dimensionen des Gewölbes bestimmt werden, und keinesweges von der Höhe oder Stärke der Widerlagen, auf denen das Gewölbe ruht. Es wird demnach auch, wenn ein Gewölbe und die Höhe seiner Widerlagen gegeben sind, leicht sein, die Stärke zu finden, welche die Widerlagen haben müssen, damit sie dem Drucke Π das Gleichgewicht halten; denn es braucht nur das Moment dieses Druckes um die äufsere Kante B (Fig. 3.) der Widerlage gleich zu sein dem Momente des ganzen Halbgewölbes $ABCabA$ um denselben Punct. Man hat also nur die Gleichgewichtsgleichung

$$M = \Pi . L$$

zu bilden, wo M die Summe der auf den Punct B bezogenen Momente derjenigen Theile ist, die die Oberfläche des Profils $ABCabA$ bilden, und wo L der Hebelarm aD des Druckes ist. Es wird in dieser Gleichung nur eine Unbekannte, die Stärke e der Widerlage, die in dem Werthe von M vorkommt, sich befinden und kann also gefunden werden.

Es ist hier von den übrigen Arten des Bruches, die theoretisch vorkommen können, nicht die Rede gewesen, da sie den Kreisgewölben nicht angehören. ***Navier*** führt die für die Praxis zu beachtenden Fälle auf folgende drei zurück, nemlich: wo der Bruch 1) durch Umsturz nach innen, 2) durch Umsturz nach aufsen, 3) durch Gleiten nach aufsen geschieht. ***Navier*** hält die Betrachtung des Falles, wo der Druck aus dem Gleiten nach innen herrührt, in der Anwendung für unnütz; wir werden aber sehen, dafs er bedeutender sein kann, als der rücksichtlich des Umsturzes, und zwar für Gewölbe, die von den gebräuchlichsten Formen nicht verschieden sind, so dafs man in diesen Fällen darauf, wegen Vermehrung der Festigkeit, Rücksicht nehmen mufs.

Dagegen braucht das Gleiten nach aufsen hier nicht betrachtet zu werden; es wird für Kreisgewölbe der Druck nie ein Gleiten der Gewölbsteine auf den Fugen von innen nach aufsen hervorbringen, d. h. es wird für alle Fugen der Ausdruck $\frac{P}{\operatorname{tang}(\alpha+\theta)}$ beständig kleiner sein, als der horizontale Druck in Folge des Umsturzes. Es vermindern sich also die möglichen Arten des Bruches bei Kreisgewölben auf folgende zwei:

1) Umsturz nach innen,

2) Gleiten nach innen.

Auf diese beiden Fälle soll bei der Ausmittelung des Druckes in der Folge auch nur Rücksicht genommen werden.

§. 2.

Halbkreisförmige Gewölbe mit concentrischer Aufsenwölbung.

1. Die für diese Art von Gewölben gegebenen Gröfsen reduciren sich auf die Halbmesser r und R der innern und äufsern Wölbung.

Bezeichnet α (Fig. 2.) den Bogen, der bei einem mit dem Halbmesser $=1$ beschriebenen Kreise den Winkel einer beliebigen Fuge mn mit der Verticale mifst, x_1 die horizontale Entfernung des Schwerpunctes der Gewölbfläche $nabm$ von dem Mittelpuncte O der Wölbung, so ist die Entfernung des Schwerpunctes G von der Verticale des Punctes r oder Φ:

$$\Phi = mg = mh - gh = r\sin\alpha - x_1 = r\sin\alpha - \frac{Px_1}{P}.$$

Aber es ist

$$\text{Moment } Px_1 = \text{Moment } anrO - \text{Moment } bmsO - \text{Moment } nmrs$$
$$= \int_0^{R\sin\alpha} x\sqrt{(R^2-x^2)}\,dx - \int_0^{r\sin\alpha} x\sqrt{(r^2-x^2)}\,dx - \int_{r\sin\alpha}^{R\sin\alpha} x^2\cot\alpha\,dx$$
$$= \tfrac{1}{3}R^3 - \tfrac{1}{3}R^3\cos^3\alpha + \tfrac{1}{3}r^3 - \tfrac{1}{3}r^3\cos^3\alpha - \tfrac{1}{3}\sin^2\alpha\cos\alpha(R^3-r^3)$$
$$= \tfrac{1}{3}(R^3-r^3) - \tfrac{1}{3}(R^3-r^3)\cos\alpha = \tfrac{1}{3}(R^3-r^3)(1-\cos\alpha),$$

da $\cos^3\alpha = \cos\alpha.\cos^2\alpha = \cos\alpha(1-\sin^2\alpha) = \cos\alpha - \cos\alpha\sin^2\alpha$ ist.

Da ferner $P = (R^2-r^2)\tfrac{1}{2}\alpha$, also

$$\frac{Px_1}{P} = \frac{2}{3}\,\frac{(R^3-r^3)(1-\cos\alpha)}{(R^2-r^2)\alpha},$$

und endlich

$$P = \tfrac{1}{2}\alpha(R^2-r^2),$$
$$\Phi = r\sin\alpha - \tfrac{2}{3}\,\frac{(R^3-r^3)(1-\cos\alpha)}{\alpha(R^2-r^2)},$$
$$y = ah = R - r\cos\alpha$$

ist, so findet man

$$(3.)\quad F = \frac{P\varphi}{y} = \frac{3r(R^2-r^2)\alpha\sin\alpha - 2(R^3-r^3)(1-\cos\alpha)}{6(R-r\cos\alpha)},$$

als Ausdruck für die horizontale Kraft F, die, an die äufsere Wölbung des Schlufssteines angebracht, den Gewölbstein ***abmn***, der dem Winkel α entspricht, verhindern kann, eine Drehung um den Punct m anzunehmen.

2. Setzt man $\frac{R}{r} = K$ oder $R = Kr$, so wird

$$(4.)\quad F = r^2.\frac{\frac{1}{2}(K^2-1)\alpha\sin\alpha - \frac{1}{3}(K^3-1)(1-\cos\alpha)}{K-\cos\alpha}.$$

Differentiirt man diesen Ausdruck nach α, so giebt er, um die Neigung der dem Maximum Π von F entsprechenden Bruchlinie zu berechnen, die Bedingungsgleichung

$$(5.)\quad \cos\alpha + (1-K\cos\alpha)\frac{\alpha}{\sin\alpha} = K - \tfrac{2}{3}.\frac{K^3-1}{K+1}.$$

Aus den Gleichungen (4.) und (5.) folgt, dafs für alle Gewölbe, in denen K denselben Werth behält, und die wir *ähnliche Gewölbe* nennen wollen:

1) der gröfste Druck proportional ist dem Quadrat des Halbmessers der innern Wölbung, und dafs

2) der Bruchwinkel constant ist.

Lamé und ***Clapeyron*** sind am angeführten Orte zu diesen bemerkenswerthen Resultaten gelangt, durch die man für alle Kreisgewölbe *à priori* auf die Bruchwinkel und die horizontalen Druckkräfte schliefsen kann.

3. Die Gleichung (5.) ist eine transcendente und mufs für jeden numerischen Werth von K näherungsweise aufgelöset werden; die daraus sich ergebenden Werthe von α geben dann, in der Gleichung (4.) substituirt, den gröfsten Druck Π. Die Berechnung dieser letztern Gröfse wird durch eine von ***Persy*** (am angeführten Orte pag. 122 und 130) angegebene Methode etwas vereinfacht. Setzt man den allgemeinen Ausdruck (4.) für F, $= \frac{f(\alpha)}{\varphi(\alpha)}$, so giebt die Bedingung des Maximums

$$f(\alpha)d\Phi(\alpha) - \Phi(\alpha)df(\alpha) = 0, \quad \text{woraus} \quad \frac{f(\alpha)}{\varphi(\alpha)} = \frac{d.f(\alpha)}{d.\varphi(\alpha)}$$

folgt, d. h. das Maximum Π von F ist gleich dem Verhältnisse des Differentials vom Zähler zu dem vom Nenner des Ausdruckes (4.). Bildet man daher diesen Werth, so erhält man

$$6.\quad \Pi = r^2\left\{\tfrac{1}{2}(K^2-1)\left(1+\frac{\alpha}{\sin\alpha}\cos\alpha\right) - \tfrac{1}{3}(K^3-1)\right\}.$$

4. ***Beispiel der Berechnung.*** Es sei $\frac{R}{r} = K = 1{,}20$, so giebt die Gleichung (5.) für diesen Werth von K:

$$\cos\alpha + (1 - 1{,}2\cos\alpha)\frac{\alpha}{\sin\alpha} = 0{,}97934.$$

Nun ist für $\alpha = 50^0$ das erste Glied $= 0{,}90326$,
$\alpha = 55^0$ - - - $= 0{,}93884$,
$\alpha = 59^0$ - - - $= 0{,}96934$,
$\alpha = 60^0$ - - - $= 0{,}98368$.

Der wahre Werth von α liegt also zwischen 59^0 und 60^0. Nach bekannten Näherungsmethoden findet sich $\alpha = 59^0\ 41'$.

Wird dieser Werth in die Gleichung (4.) gesetzt, so wie der von $K = 1{,}20$, so folgt $\Pi = 0{,}111395 . r^2$.

Auf diese Weise ist die Tafel (*A.*) berechnet.

5. Um die Grenzen der Werthe zu finden, die man dem K geben kann, setze man in der Gleichung (5.) $\alpha = 0$, so giebt sie die Gleichung

$$3K^2 - K^3 = 2,$$

deren zwei positive Wurzeln $K = 1$ und $K = 2{,}732$ sind.

Für diese beiden Werthe von K existirt demnach kein Bruchwinkel, oder es findet nur am Schlufssteine eine Bruchfuge Statt, und die Gewölbe, denen sie entsprechen, haben keinen horizontalen Druck; denn aus der Gleichung (6.) folgt $\Pi = 0$ für diese Werthe.

Der Werth $K = 1$, der $R = r$ giebt, entspricht einem Gewölbe, dessen Dicke Null ist; es findet hier also kein Druck Statt.

Der zweite Grenzwerth $K = 2{,}732$ entspricht dem System von Gewölben, bei denen das Verhältnifs der Dicke zum Durchmesser $= 1:1{,}154$ ist. Für diese Gewölbe und für alle ihnen ähnliche ist kein Umsturz mehr möglich, d. h.: wie klein auch der Winkel α sei, oder wie nahe auch der Gewölbstein dem Schlufssteine liegen möge: sein Schwerpunct fällt nie aus der innern Wölbung heraus. Es findet daher bei keinem Gewölbsteine ein Drehungsbestreben Statt, und die Kraft, die diese Bewegung verhindern soll, ist Null. Es findet hier nur ein Druck Statt, der aus dem Gleiten der Gewölbsteine entsteht, und derselbe mufs so berechnet werden, dafs er dies Gleiten für alle Gewölbsteine verhindert.

6. Aufser diesem Grenzfalle giebt es offenbar noch unendlich viele Fälle, für die der Druck in Beziehung auf den Umsturz Null ist und nur aus dem

Gleiten entsteht. Zur Vervollkommnung der Tafel mufs man daher auch die Werthe des Druckes in Bezug auf das Gleiten für verschiedene Werthe von K berechnen, sie mit denen für den Umsturz vergleichen und den gröfsten von beiden für den wahren Werth des Druckes nehmen.

7. Nach §. 1. ist die horizontale Kraft, welche das Herabgleiten eines beliebigen Gewölbsteines auf der untern Fugenfläche verhindern kann, allgemein gleich

$$G = \frac{P}{\operatorname{tang}(\alpha + \theta)}$$

und es mufs das Maximum dieses Ausdruckes genommen werden, indem man darin $\frac{1}{2}\alpha(R^2 - r^2)$ statt P, und für den Winkel θ den aus der Erfahrung entnommenen Werth setzt.

Nach **Boistard** ist für Mauerwerk $\theta = 37^0\,14'$. Diesem Werthe entspricht ein Reibungs-Coëfficient $= 0{,}76$. Nach **Rondelet** fangen die Parallelepipeden von Bruchsteinen, wenn sie gut bearbeitet sind, auf gut bearbeiteten Flächen derselben Steinart an zu gleiten, wenn die letzteren um ungefähr 30^0 gegen den Horizont geneigt sind.

Die letztere Angabe wollen wir beibehalten, da sie der Festigkeit günstiger ist. Alle Versuche sind ohnedies ohne Mörtel ausgeführt, und es könnte sein, dafs der bei der Hinwegnahme des Gerüstes noch nasse Mörtel das Gleiten *beförderte*, welches es später durch seine Adhäsion *verhindern* soll. Es ist daher am zweckmäfsigsten, den kleinsten Neigungswinkel $= 30^0$ anzunehmen.

Hiernach wird der vorige Ausdruck von G:

$$G = \tfrac{1}{2} r^2 \frac{(K^2 - 1)\alpha}{\operatorname{tang}(\alpha + 30^0)}.$$

Der Werth des α, der G zu einem Maximum macht, ist, wie man nach einigen Versuchen findet, $\alpha = 26^0$. Bei Gewölben mit concentrischer Aufsenwölbung hat also der Stein, dessen Fuge mit der Verticale einen Winkel von 26^0 bildet, das gröfste Bestreben, herabzugleiten, oder es erfordert dieser Stein die gröfste Kraft zum Halten. Diese Kraft ist

$$0{,}15304 . r^2(K^2 - 1) = \Pi.$$

8. Ihre Werthe findet man in der Tafel A für verschiedene Werthe von K, woraus sich mehrere wichtige Bemerkungen ergeben.

1) Betrachtet man ein Gewölbe, welches dieselbe Stärke, z. B. 1 Fufs beibehält, und nimmt successive alle möglichen Durchmesser für dasselbe an, so findet man, für den kleinsten Durchmesser 1,154 F., welchem keine Bruchfuge für den Umsturz entspricht, den Bruchwinkel $= 0$. Wird der Durchmesser

gröfser, so wächst auch dieser Winkel bis zum Durchmesser 4 F., für den er sein Maximum 64° 9′ erreicht. Wächst der Durchmesser noch mehr, so nimmt der Bruchwinkel wieder ab, bis er für einen unendlich grofsen Durchmesser wieder Null wird.

2) Für alle gewöhnlichen Gewölbe, die zwischen $K = 2$ und $K = 1{,}20$ angenommen werden können, verändert sich der Bruchwinkel nur wenig und bleibt zwischen den Grenzen 59° und 64°. Diese langsame Veränderung des Bruchwinkels für die gebräuchlichen Gewölbe zeigt, dafs die für alle Hundertel des Werthes von K berechnete Tafel genügt, und dafs man, wenn das Verhältnifs $\frac{R}{r}$ in Bezug auf ein gegebenes Gewölbe zwischen zwei auf einander folgenden Werthe von K der Tafel fällt, den Bruchwinkel und den horizontalen Druck genau genug durch Proportionaltheile finden kann.

3) Der Coëfficient von r^2, in der Reihe der Werthe des horizontalen Druckes ist Null für die beiden Grenzen von K, wo der Bruchwinkel 0 ist, und verfolgt zwischen diesen beiden Grenzen einen Weg, der dem dieses Winkels analog ist. Sein Maximum entspricht jedoch nicht demselben Werthe von K; das Maximum des Winkels entspricht dem $K = 1{,}50$ und das des Coëfficienten dem $K = 1{,}58$. Von seinem Maximum an nimmt der Coëfficient bis zum Nullwerden ab, während der Druck selbst, in Folge der schnellen Zunahme von r^2, immer gröfser wird.

4) Der Coëfficient von r^2 in den Werthen für den Druck in Folge des Gleitens übertrifft den für den Umsturz bis $K = 1{,}44$. Man mufs also für Gewölbe, wo K zwischen 2,732 und 1,44 liegt, den ersten Werth, als den gröfsern, benutzen und den Winkel von 26° als Bruchwinkel annehmen.

9. Mit Hülfe der Tafel (A.) lassen sich leicht zwei allgemeine und nöthige Aufgaben lösen.

Erste Aufgabe. Die Dimensionen eines Gewölbes ohne Widerlagen sind gegeben: man will wissen, ob sich das Gewölbe auf den untersten Gewölbsteinen nach Hinwegnahme des Gerüstes erhalten werde.

Hiezu mufs das Moment des halben Gewölbes, in Bezug auf die äufsere Kante der untersten Fuge, wenigstens gleich sein dem des horizontalen Druckes, der seinen Angriffspunct an der äufsern Wölbung des Schlufssteins hat, in Bezug auf dieselbe Kante. Das Moment dieses halben Gewölbsteines ist aber, wenn P den Flächen-Inhalt $\frac{1}{4}\pi(R^2 - r^2) = \frac{1}{4}\pi r^2(K^2 - 1)$ bezeichnet und x_1 die horizontale Entfernung des Schwerpuncts dieses halben Gewölbes am Mittelpuncte O ist:

$$P(R-x_1) = P.Kr-Px_1$$

$$= \tfrac{1}{4}\pi r^3 K(K^2-1) - \int_0^{Kr} x\sqrt{(K^2r^2-x^2)}.dx - \int_0^{r} x\sqrt{(r^2-x^2)}.dx$$

$$= r^3\{\tfrac{1}{4}\pi K(K^2-1)-\tfrac{1}{3}(K^3-1)\}.$$

Das Moment des Druckes ist $r^3.C.K$, wo C den numerischen Coëfficienten von r^2 aus der obigen Tafel bezeichnet. Man kann daher eine andere Tafel für diese beiden Arten von Momenten für alle Werthe von K bilden und sie bei der Auflösung dieser Aufgabe benutzen. *)

Werthe für $K=\frac{R}{r}$.	Verhältnifs des Durchmessers zur Dicke.	Moment der Stabilität des Gewölbes auf den untersten Gewölbsteinen.	Moment des horizontalen Druckes.
2,00	2,000	0,379075 r^3	0,918240 r^3
1,50	4,000	0,680956 r^3	0,286250 r^3
1,40	5,000	0,474236 r^3	0,226478 r^3
1,30	6,666	0,305502 r^3	0,186290 r^3
1,20	10,000	0,172024 r^3	0,133608 r^3
1,15	13,333	0,117659 r^3	0,105528 r^3
1,14	14,285	0,107733 r^3	0,098075 r^3
1,13	15,884	0,098119 r^3	0,093274 r^3
1,12	16,666	0,088806 r^3	0,087763 r^3
1,114	17,544	0,833200 r^3	0,083434 r^3
1,11	18,181	0,079800 r^3	0,080571 r^3
1,10	20,000	0,071093 r^3	0,074292 r^3
1,09	22,222	0,062687 r^3	0,067326 r^3
1,08	25,000	0,054576 r^3	0,061006 r^3
1,07	28,571	0,042939 r^3	0,054198 r^3
1,06	33,333	0,039227 r^3	0,046327 r^3
1,05	40,000	0,031954 r^3	0,040034 r^3
1,04	50,000	0,025031 r^3	0,034727 r^3
1,03	66,666	0,018356 r^3	0,025324 r^3
1,02	100,000	0,011962 r^3	0,017250 r^3
1,01	200,000	0,005844 r^3	0,008980 r^3

*) Könnte man den Werth von α aus der Bedingungsgleichung (5.) No. 1. nehmen und ihn in die Gleichung (4.) oder (6.) setzen, so würde man den Werth des Druckes als Function von K erhalten, und sein Moment $\Pi.K.r$ würde, so wie das

Aus dieser Tafel folgt, dafs die Momente für das halbe Gewölbe und für den Druck nahe für $K = 1,114$ einander gleich werden, d. h. für solche Gewölbe, deren Durchmesser nahe $17\frac{1}{2}$mal der Dicke gleich sind; für gröfsere Werthe von K haben die Gewölbe eine um so gröfsere Stabilität, als das Verhältnifs K sich mehr von der Grenze 1,114 entfernt; für geringere Werthe von K wird das Moment des Druckes gröfser, und die Gewölbe müfsten nach Hinwegnahme des Gerüstes einstürzen. Ist also, der Aufgabe gemäfs, ein halbkreisförmiges Gewölbe mit concentrischer Aufsenwölbung gegeben, so dividire man den Durchmesser durch die Dicke, und sehe zu, ob die erhaltene Zahl gröfser, gleich, oder kleiner ist, als die Zahl 17,544. Im ersten Falle ist kein Gewölbe denkbar, im zweiten ist es im genauen Gleichgewichte, im dritten ist es stabil.

10. Die Versuche von ***Boistard*** und ***Rondelet*** stimmen hiermit überein ***Rondelet*** schliefst aus einer Menge von Versuchen auf die Zahl 18, bei der die Gewölbe in genauem Gleichgewichte wären; er würde eine etwas kleinere Zahl gefunden haben, wenn seine Gewölbe aus mehr als vier Stücken zusammengesetzt gewesen wären. ***(Traité de l'art de bâtir Tome 3. pag. 259.)***

11. Zweite Aufgabe. Die innere Wölbung eines Gewölbes ist gegeben: man sucht die geringste Dicke, mit welcher das Gewölbe sich noch auf den Anfangsteinen halten kann. Gegeben ist der Halbmesser r der innern Wölbung. Daraus ergiebt sich $R = Kr = 1,114r$ für die Grenze der Stabilität. $R - r = 0,114r$ wird demnach die gesuchte Dicke sein.

Stärke der Widerlagen.

12. Es bleibt noch die für die Anwendung nöthigste Aufgabe zu lösen übrig, nemlich: wenn ein Gewölbe und die Höhe der Widerlagen gegeben sind, die Stärke der Widerlagen zu finden, die dem Drucke widerstehen können.

Die Gleichung für das Gleichgewicht $M = \Pi . L$ (§. 1.) giebt hier, wenn man K einführt, da $L = R + h = Kr + h$ ist, wenn h die Höhe und e die Dicke der Widerlage bezeichnet (Fig. 3.):

$$ABCm . \tfrac{1}{2} AB + P(r + e - x_1) = \Pi(Kr + h),$$

---

des halben Gewölbes, als Function von K und r ausgedrückt sein. Setzte man diese Ausdrücke für die beiden Momente einander gleich, so würde man eine Gleichung erhalten, die den Werth von K für solche Gewölbe gäbe, die auf ihren untersten Gewölbsteinen in vollkommenem Gleichgewichte sind. Da dies aber nicht möglich ist, so mufs man diese Grenze aus einer Tabelle dieser Momente entnehmen, und zusehen, für welchen Werth von K die beiden Momente einander gleich werden.

wo Px_1 die Bedeutung und den Werth No. 9. hat. Daher wird, wegen

$$P = (R^2 - r^2)\tfrac{1}{4}\pi = r^2(K^2-1)\tfrac{1}{4}\pi,$$

$$\tfrac{1}{2}he^2 + \tfrac{1}{4}\pi(K^2-1)r^2.e + (\tfrac{1}{4}\pi(K^2-1) - \tfrac{1}{3}(K^3-1))r^3 = \Pi(K.r+h).$$

Substituirt man hierin die verschiedenen Werthe von K und die entsprechenden Werthe von Π, so erhält man eine Tabelle von Gleichungen zweiten Grades für die Stärke der Widerlagen in Bezug auf das Gleichgewicht.

13. Die Anwendung wird jedoch einfacher, wenn man erst diese Gleichungen zweiten Grades auflöset und eine Tabelle der Werthe von e selbst berechnet. Setzt man deshalb in die vorige Gleichung für Π seinen Werth Cr^2, wo C der numerische Coëfficient von r^2 aus der Tafel (A.) ist, so giebt diese Gleichung

$$\tfrac{1}{2}he^2 + \tfrac{1}{4}\pi(K^2-1)r^2e = r^3\{KC + \tfrac{1}{3}(K^3-1) - \tfrac{1}{4}\pi(K^2-1)\} + Ch.r^2,$$

und hieraus folgt

$$(7.)\quad \frac{e}{r} = -\tfrac{1}{4}\pi(K^2-1)\frac{r}{h}$$
$$+\sqrt{\left[\tfrac{1}{16}\pi^2(K^2-1)^2.\frac{r^2}{h^2} + 2\{KC + \tfrac{1}{3}(K^3-1) - \tfrac{1}{4}\pi(K^2-1)\}\frac{r}{h} + 2C\right]}.$$

Hiernach ist die Tafel (B.) berechnet.

14. Ist demnach ein Gewölbe gegeben, dessen Halbmesser r und R sind und für welches die Höhe der Widerlagen $=H$ ist, so berechne man $\frac{R}{r} = K$ und entnehme dafür aus der Tafel (B.) den Werth von e, indem man für h und r darin die gegebenen Werthe setzt. Fällt K zwischen zwei in der Tafel befindliche Werthe, so suche man den Werth von e durch Proportionaltheile.

15. Man könnte selbst eine noch allgemeinere Tabelle aufstellen, aus welcher man für jeden Fall die Dicke der Widerlagen aller ähnlichen Gewölbe mit concentrischer Aufsenwölbung erhielte: wie auch ihr Durchmesser, so wie die Dicke und Höhe der Widerlagen, beschaffen sein mögen. Denn die Formel (7.) hat die Form

$$e = rf\left(a\frac{r}{h} + b\right),$$

und man sieht, dafs man für alle ähnlichen Gewölbe, in denen das Verhältnifs $\frac{r}{h} = K$ dasselbe bleibt, einfach $\frac{c}{r} = e$ erhält; wo c ein constanter Coëfficient ist.

16. Um von den Formeln der Tafel (B.), die für das genaue Gleichgewicht die Stärke der Widerlagen geben, zu Formeln überzugehen, die für

die Ausübung anwendbarer sind, wollen wir mit ***Audoy*** annehmen, dafs man eine hinreichende Stabilität für die Praxis erhalte, wenn man den Werth des Drucks mit 1,9 multiplicirt; was diejenige Stabilität der Gewölbe giebt, die durch die ***Lahire***sche Formel gegeben ist.

Hiernach ändert sich die Formel (7.) in eine practische Formel um, wenn man darin statt C den Werth $1{,}9C$ oder $C+0{,}9C$ setzt. Es bedarf also nur der Umänderung zweier Glieder, und es leuchtet ein, dafs es hinreichend ist, dem numerischen Coëfficienten von $\frac{r}{h}$ unter dem Wurzelzeichen die Gröfse $2K.0{,}9C = 1{,}8.K.C$ hinzuzufügen, und dem letzten, allein stehenden Gliede unter dem Wurzelzeichen die Gröfse $2.0{,}9.C = 1{,}8C$.

Grenze der Stärke für die Widerlagen.

17. Wird die Höhe h in der allgemeinen Formel (7.) für die Stärke der Widerlagen unendlich, so wird

$$e = r\sqrt{(2C)} = \sqrt{(2Cr^2)} = \sqrt{(2\pi)}:$$

d. h. die Stärke einer Widerlage von unendlicher Höhe ist gleich der Quadratwurzel aus dem doppelten horizontalen Drucke.

Dies Resultat hat schon ***Rondelet*** durch eine, auf seine Versuche mit kleinen Modellen gestützte, empirische Formel gefunden.

Aus numerischen Beispielen wird man erkennen, wie wenig die Stärke der Widerlagen bei Zunahme der Höhe wächst; was auch so sein mufs, da das Gewicht des ganzen Systems beinahe in demselben Verhältnifs wächst, wie der Hebelarm des Druckes.

Die Grenzdicken sind *sehr* leicht zu finden, indem diejenigen für das genaue Gleichgewicht $= \sqrt{(2\pi)}$ und für die ***Lahire***sche Stabilität $= \sqrt{(3{,}8.\pi)}$ sind, und eine Tafel für dieselben mit dem Argumente K das Zurückgehen auf die allgemeinen Formeln in vielen Fällen erspart, nemlich wo es nicht darauf ankommt, ob die Werthe um einige Zolle zu grofs sind. So würde also die ganze Berechnung kreisförmiger Gewölbe mit concentrischer Aufsenwölbung auf die beiden der Tafel (*A.*) angehängten Columnen zurückgeführt sein, durch welche man die Stärke der Widerlagen unmittelbar, sowohl für das genaue Gleichgewicht, als für die ***Lahire***sche Stabilität erhält.

§. 3.

Halbkreisförmige Gewölbe mit kappenförmiger Aufsenwölbung. (Fig. 4.)

18. Die Ebene der Kappe soll als Tangente an die eigentliche Aufsenwölbung, wie es gewöhnlich in der Praxis der Fall ist, und die Bruchfuge mn als vertical und aufserhalb der eigentlichen Aufsenwölbung fortlaufend angenommen werden. Diese Annahme scheint der Natur angemessener zu sein, als die einer Verlängerung der Fuge mn bis q. Ferner nehmen wir mit **Audoy** an, dafs der horizontale Druck immer in a auf die Aufsenwölbung des Schlufssteins wirke; vorausgesetzt, dafs das Mauerwerk oberhalb dieses Schlufssteines kein Theil des Gewölbes sei und daher nur durch sein Gewicht wirke.

Bezeichnet man durch J den Neigungswinkel der Kappe gegen die Verticale des Schlufssteins in Bezug auf die Gewölbseite, so erhält man für den gegenwärtigen Fall, als allgemeinen Ausdruck für die in a wirkende horizontale Kraft, in Bezug auf einen beliebigen Gewölbstein, der mit der Verticale den Winkel α bildet, die folgende Formel:

$$F.y = bmnpAb \times mg$$
$$= bmnpAb(r\sin\alpha - x_1);$$

wo, wie immer, $gh = x_1$ ist. Aber es ist

$$bmnpAb = p_1pAOp_1 - m_1mbOm_1 - p_1nmm_1$$

$$= \int_0^{R\sin\alpha}\left(\frac{R}{\sin J} - \cot J.x\right)dx - \int_0^{r\sin\alpha}\surd(r^2-x^2).dx - \int_{r\sin\alpha}^{R\sin\alpha}\cot\alpha.x\,dx$$

$$= \frac{R}{\sin J}\sin\alpha - \tfrac{1}{2}\cot J.R^2\sin^2\alpha - \tfrac{1}{2}r^2\sin\alpha\cos\alpha - \tfrac{1}{2}r^2\alpha$$
$$- \tfrac{1}{2}\cot\alpha\sin^2\alpha(R^2-r^2),$$

oder, da $R = Kr$ ist,

$$(a) \quad = \frac{r^2\sin\alpha}{6}\left\{\frac{K^2}{\sin J}(6 - 3\cos J.\sin\alpha - 3\cos\alpha\sin J) - \frac{3\alpha}{\sin\alpha}\right\},$$

also $bmnpAb \times r\sin\alpha =$

$$(I) \quad \frac{r^3\sin^2\alpha}{6}\left\{\frac{K^2}{\sin J}(6 - 3\sin(J+\alpha)) - \frac{3\alpha}{\sin\alpha}\right\}.$$

Ferner ist

$$bmnpAb.x_1$$

$$= \int_0^{R\sin\alpha}\left(\frac{R}{\sin J} - \cot J.x\right)x\,dx - \int_0^{r\sin\alpha}\surd(r^2-x^2)x\,dx - \int_{r\sin\alpha}^{R\sin\alpha}\cot\alpha.x^2\,dx$$

$$= \tfrac{1}{2}\frac{R^3\sin^2\alpha}{\sin J} - \tfrac{1}{3}\cot J.R^3\sin^3\alpha - \tfrac{1}{3}r^3 + \tfrac{1}{3}r^3\cos^3\alpha - \tfrac{1}{3}\cot\alpha\sin^3\alpha(R^3-r^3),$$

oder, da $R = K.r$ ist:

$$(\text{II}) \quad = \frac{r^3 \sin^2\alpha}{6}\left\{\frac{K^2}{\sin J}(3K - 2K\sin(J+\alpha)) + 2\cos\alpha - \frac{2}{\sin^2\alpha} + \frac{2\cos^3\alpha}{\sin^2\alpha}\right\}.$$

Man erhält demnach $Fy = (\text{I}) - (\text{II}) = bmnpAb(r\sin\alpha - x_1) =$

$$Fy = \frac{r^3\sin^2\alpha}{6}\left\{\frac{K^2}{\sin J}(6 - 3K - (3+2K)\sin(J+\alpha)) - \left(\frac{3\alpha}{\sin\alpha} - \frac{2(\cos\alpha\,.\sin^2\alpha + 1 - \cos^3\alpha)}{\sin^2\alpha}\right)\right\}.$$

Da $\sin^2\alpha = 1 - \cos^2\alpha$ ist, so wird das letzte Glied

$$\frac{2(-\cos\alpha\sin^2\alpha + 1 - \cos^3\alpha)}{\sin^2\alpha} = \frac{2(-\cos\alpha + \cos^3\alpha + 1 - \cos^3\alpha)}{\sin^2\alpha}$$

$$= \frac{2(1-\cos\alpha)}{\sin^2\alpha} = \frac{1}{\cos^2\frac{1}{2}\alpha}.$$

und endlich, da $y = ah = R - r\cos\alpha = r(K - \cos\alpha)$ ist:

$$(8.) \quad F = r^2\frac{\sin^2\alpha}{6(K-\cos\alpha)}\left\{\frac{K^2}{\sin J}\{6 - 3K - (3-2K)\sin(J+\alpha)\} - \left(\frac{3\alpha}{\sin\alpha} - \frac{1}{\cos^2\frac{1}{2}\alpha}\right)\right\}.$$

Dieser Ausdruck ist zu zusammengesetzt, als dafs man, wie bei Gewölben mit concentrischer Aufsenwölbung, $\frac{dF}{d\alpha} = 0$ setzen könnte, um eine Bedingungsgleichung zu erhalten, die den Bruchwinkel α gäbe, der dem Maximum von F für jeden Werth von K entspräche. Um diesen Werth zu finden, mufs man in die Formel (8.) verschiedene Werthe von α setzen und aus den so gefundenen Werthen von F den gröfsten aussuchen.

19. Man wird bei der Anwendung allgemein finden, dafs für diejenigen Winkel, welche dem Bruchwinkel nahe, z. B. nur um 1^0 davon entfernt liegen, die Coëfficienten von r^2 erst in der vierten Decimalstelle von einander abweichen.

20. Die allgemeine Formel, welche den Druck in Bezug auf das Gleiten giebt, war

$$G = \frac{P}{\operatorname{tang}(\alpha+\theta)}.$$

Dieselbe wird hier, wenn man den Werth für P aus (a) No. 18. substituirt und K einführt,

$$(9.) \quad G = r^2.\frac{\sin\alpha}{\sin J.\operatorname{tang}(\alpha+\theta)}\left\{K^2(1 - \tfrac{1}{2}\sin(J+\alpha)) - \tfrac{1}{2}\sin J.\frac{\alpha}{\sin\alpha}\right\}.$$

Setzt man hierin $\theta = 30^0$ (No. 7.), so könnte man für jeden Werth von J durch Substitutionen den Werth von α finden, der dem Maximum der

Kraft G entspricht. Würde dieser Werth in dem obigen Ausdruck (9.) substituirt, so erhielte man die Formel für den Druck in Bezug auf das Gleiten. Diese müfste angewandt werden, sobald ihr Werth gröfser wird, als der aus der Formel (8.) für den Umsturz sich ergebende Werth.

Kappen, die um 45 Grad geneigt sind.

21. Wir wollen uns hier mit der Neigung der Kappen um 45 Grad beschäftigen, da sie ungefähr die Grenze für die Anwendung bildet; denn selten wird der Winkel, den beide Kappen mit einander machen, *spitz* sein. Hat man dann eine Tafel des Drucks für diesen Winkel berechnet, für den er gröfser ist, als für stumpfe Winkel, so wird diese Tafel die Grenzen angeben, die für gröfsere Winkel als 45° der Druck annehmen kann.

22. Für $J = 45°$ ist $\sin J = \frac{1}{\sqrt{2}}$ und die Formel (8.) in Bezug auf den Umsturz giebt

$$F = r^2 \frac{\sin^2\alpha}{6(K-\cos\alpha)} \left\{ K^2\sqrt{2}\{6-3K-(3-2K)\sin(45°+\alpha)\} \right. \\ \left. - \left(\frac{3\alpha}{\sin\alpha} - \frac{1}{\cos^2\frac{1}{2}\alpha}\right) \right\}.$$

Die Gleichung (9.) in Bezug auf das Gleiten wird für $\alpha = 22°$, welcher Werth dem Maximum entspricht:

$$G \text{ oder } \Pi = r^2(0{,}22340\,K^2 - 0{,}14999).$$

Die Tafel (*C.*) enthält diese beiden Formeln für verschiedene Werthe von F.

23. In dieser Tafel verfolgt der Bruchwinkel einen ähnlichen Weg, wie in der Tafel (*A.*); das Maximum ist nur kleiner, und $= 61°$. Dieses Maximum entspricht auch hier den Gewölben, deren Durchmesser die 4fache Dicke übertrifft und für welche nahe $K = 1{,}5$ ist. Bis $K = 1{,}43$ sind die horizontalen Pressungen für das Gleiten gröfser als für den Druck, und ihre Werthe müssen für $K \leqq 1{,}43$ als die wirklichen Pressungen angenommen werden.

Vergleicht man die Werthe der Verhältnisse von Π zu r^2 in den beiden Tafeln (*A.*) und (*C.*), so sieht man sogleich, dafs für dieselben Werthe von K die kappenförmigen Gewölbe stärker sind. Für $K = 1{,}29$ ist der Druck bei diesen Gewölben doppelt so grofs, als bei den concentrischen. Für $K < 129$ ist der Druck etwas geringer als das Doppelte, und für $K > 1{,}29$ etwas gröfser.

24. Vergliche man den Druck des *Vauban*schen Magazingewölbes, dessen Kappe um $49^0\,7'\,7''$ geneigt ist, mit dem, dessen Neigung 45^0 ist, so würde der Druck im ersten Falle (No. 19.) $\Pi = 3{,}78196$, im zweiten für $K = 1{,}24$ und $r = 4^m{,}0605$, $\Pi = 4{,}42703$ gefunden werden.

Diese Vergrösserung des Druckes bei einer, nur um wenige Grade geringeren Neigung der Kappe kann beträchtlich scheinen: man wird sie aber leicht einsehen, wenn man erwägt, dafs, je spitzer der Neigungswinkel der beiden Kappen ist, desto gröfser die Gröfse $\frac{P.\varphi}{y}$ wird, da die Oberfläche P sich vergröfsert und ihr Schwerpunct sich der Verticale des Schlufssteines nähert: wodurch auch die Gröfse Φ wächst.

25. Wir wollen nun mittelst der Tafel (*C.*) die beiden allgemeinen Aufgaben lösen, die für concentrische Gewölbe (No. 9. und 11.) schon gelöset sind, die aber bei der *Petit*schen Behandlung auf eine einzige zurückgebracht werden. Die beiden Aufgaben sind nemlich folgende. Es ist ein Gewölbe mit einer um 45^0 gegen die Verticale geneigten Kappe gegeben: es soll gefunden werden, ob es sich nach Hinwegnahme des Gerüstes auf die Anfangssteine erhalten könne, und welches die kleinste Dicke sei, die es, ohne zusammenzustürzen, erhalten dürfe.

Man mufs, wie vorhin, das Moment des halben Gewölbes bei $ABpqb$ (Fig. 5.) in Bezug auf die äufsere Kante B des Anfangssteines, dem des Druckes Π, der in α seinen Angriffspunct hat, in Bezug auf dieselbe Kante, gleich setzen.

Dies letztere Moment ist $\Pi.R = \Pi.Kr = C.Kr^3$; es wird also unmittelbar für jeden Werth von K durch die Tafel (*C.*) gegeben, indem in ihr sich die numerischen Coëfficienten von r^2 finden.

Das Moment des halben Gewölbes in Bezug auf B wird erhellen, wenn man die Oberfläche $ABpqb$ als zusammengesetzt ansieht aus dem grofsen Dreieck ODq, weniger dem kleinen Dreieck BDp und dem Sector OAb, und man erhält dafür den Werth

$$(1{,}069035\,K^3 - \tfrac{1}{4}\pi K + \tfrac{1}{3})r^3.$$

Rechnete man das kleine Dreieck BDp mit zur Oberfläche desselben Gewölbes, um dadurch die Stabilität zu begünstigen, so wäre die Formel für das Moment

$$(1{,}057194\,K^3 - \tfrac{1}{4}\pi K + \tfrac{1}{3})r^3.$$

Da dieses Moment für dieselben Werthe von K etwas kleiner ist, als das vorige, so wollen wir dieses mit dem Momente des Druckes vergleichen. Das Resultat der Vergleichung ergiebt, dafs das Moment der Stabilität des halben

Gewölbes *) immer gröfser ist, als dieses, und dafs daher die Gewölbe mit Kappen bei jeder Dicke und bei jeder Weite immer stabil sind und nach Hinwegnahme des Gerüstes nicht einstürzen. Nimmt man aber das Gerüst vor der Vollendung der Aufsenwölbung weg, so darf man sich nicht von der Grenze der Stabilität für concentrische Gewölbe entfernen.

Stärke der Widerlagen.

26. Zählt man, wie es gewöhnlich geschieht, das kleine Dreick pDB, welches durch die Verlängerung der Kappe, durch die äufsere Ebene des untersten Gewölbsteines und durch die obere Ebene der Widerlage gebildet wird, mit, indem es der Stabilität günstig ist, so setzt sich, wenn e die Stärke der Widerlage, J die Neigung der Kappe gegen die Verticale und x_1 die horizontale Entfernung gO des Schwerpuncts vom Mittelpuncte der innern Wölbung bezeichnet, das Moment des halben Gewölbes und der Widerlage zusammen aus

$$EAHF.\tfrac{1}{2}FH + DqbAD.gE = \tfrac{1}{2}he^2 + DqbAD(e+r-x_1).$$

Aber es ist

$$DqbAD = DqO - bOAb,$$

d. h., da $tq = R\cot J$ und $tD = R.\operatorname{tang} J$ ist,

$$= \tfrac{1}{2}R^2(\cot J + \operatorname{tang} J) - r^2.\tfrac{1}{4}\pi,$$

oder, da $2.\sin J.\cos J = \sin 2J$ und $K = \frac{R}{r}$ ist,

$$= r^2\left(\frac{K^2}{\sin 2J} - \tfrac{1}{4}\pi\right).$$

Demnach wird

$$\text{(I)}\qquad DqbAD(e+r) = r^2\left(\frac{K^2}{\sin 2J} - \tfrac{1}{4}\pi\right)e + r^3\left(\frac{K^2}{\sin 2J} - \tfrac{1}{4}\pi\right).$$

Ferner ist $DqbAD.x_1$, da $DO = \frac{R}{\cos J}$ ist,

$$= DqO.\tfrac{1}{3}\frac{R}{\cos J} - \text{Moment } bOAb$$

$$\text{(II)}\qquad = \tfrac{1}{3}\frac{R^3}{\sin 2J\cos J} - \tfrac{1}{3}r^3 = r^3\left(\frac{K^3}{3\sin 2J\cos J} - \tfrac{1}{3}r^3\right),$$

also $\text{(I)}-\text{(II)} = DqbAD(e+r-x_1) =$

$$r^2\left(\frac{K^2}{2\sin J} - \tfrac{1}{4}\pi\right)e + r^3\left(\frac{K^2}{\sin 2J} - \frac{K^3}{3\sin 2J\cos J} - \tfrac{1}{4}\pi + \tfrac{1}{3}\right).$$

---

*)

Werthe von K.	Stabilitätsmoment.	Druckmoment.
1,20	$1,21767.r^3$	$0,309669.r^3$
1,10	$0,87652.r^3$	$0,256212.r^3$
1,05	$0,73261.r^3$	$6,242520.r^3$

Addirt man hiezu das obige $\frac{1}{2}he^2$, so wird endlich, da das Moment des in a wirksamen Druckes $= \Pi(Kr+h)$ ist:

$$\tfrac{1}{2}he^2 + r^2\left(\frac{K^2}{\sin 2J} - \tfrac{1}{4}\pi\right)e + r^3\left(\frac{K^2}{\sin 2J} - \frac{K^3}{3\sin 2J\cos J} - \frac{3\pi-4}{12}\right) = \Pi(Kr+h).$$

27. Für $J = 45^0$, wo $\sin 2J = 1$ und $\cos J = \frac{1}{\sqrt{2}}$ ist, wird

$$\tfrac{1}{2}he^2 + r^2(K^2 - \tfrac{1}{4}\pi)e + r^3\left(K^2 - \tfrac{1}{3}K^3\sqrt{2} - \frac{3\pi-4}{12}\right) = \Pi(Kr+h).$$

Löset man diese Gleichung auf, und setzt darin statt Π den entsprechenden Werth Cr^2, wo C die numerischen Coëfficienten aus der Tafel (C.) bedeutet, so erhält man folgende Formel, welche der (7.) No. 13. anolog ist:

(10.) $$\frac{e}{r} = (K^2 - \tfrac{1}{4}\pi)\frac{r}{h}\sqrt{\left\{(K^2 - \tfrac{1}{4}\pi)^2 . \frac{r^2}{h^2} + 2[K(C + \tfrac{1}{3}K^2 . \sqrt{2} - K) + 0{,}452]\frac{r}{h} + 2C\right\}}.$$

Für $h = \infty$ giebt diese Formel (10.) dasselbe Resultat, wie die Formel (7.), nemlich

$$e = r\sqrt{(2C)} = \sqrt{(2\Pi)}.$$

Da auch diese Stärken wenig von denen für gewöhnliche Widerlagen verschieden sind, so sind ihre Verhältnisse $\frac{e}{r}$ zu den Radien der innern Wölbung der Tafel (C.) hinzugefügt, und es können diese Werthe bis zu einem gewissen Puncte die aus den vollständigen Formeln entwickelten Werthe ersetzen.

Nach *Audoy* besitzt das Halbgewölbe bei den *Vauban*schen Pulvermagazinen, mit seinen Widerlagen und Strebepfeilern, ein Stabilitätsmoment, welches dem doppelten Drucke am Schlufssteine gleich ist. Es mufs demnach der Werth von Π für die Praxis verdoppelt werden, d. h. es mufs in den obigen Gleichungen C durch $2C$ ersetzt werden; die Grenze der Stärke, die auch hiefür in der Tabelle (C.) sich findet, ist demnach $\sqrt{(4\Pi)} = 2r\sqrt{C}$.

§. 4.

Halbkreisförmige Gewölbe mit horizontaler Aufsenwölbung.

28. Es lassen sich die Ausdrücke für die horizontale Kraft am Schlufssteine für diese Gewölbe, sowohl in Bezug auf den Umsturz, als in Bezug auf das Gleiten, leicht direct herleiten. Man kann aber in No. 18. und 20. auch $J = 90^0$ setzen. Dann erhält man

(11.) $$F = \frac{r^2\sin^2\alpha}{6(K-\cos\alpha)}\left\{K^2[6 - 3K - (3-2K)\cos\alpha] - \left(\frac{3\alpha}{\sin\alpha} - \frac{1}{\cos^2\frac{1}{2}\alpha}\right)\right\},$$

(12.) $$G = \frac{r^2\sin^2\alpha}{\tan(\alpha+\theta)}\left\{K^2(1 - \tfrac{1}{2}\cos\alpha) - \frac{\alpha}{2\sin\alpha}\right\}.$$

Die Formel (11.) giebt durch successive Substitutionen den Bruchwinkel und die Pressungen für den Fall des Umsturzes. Aus ihnen mufs das Maximum für jeden Werth von K gesucht werden. Die Formel (12.) für das Gleiten giebt für $\theta = 30^0$ und für $\alpha = 29^0$, welches dem Maximum entspricht:

$$G = r^2(0{,}1639)K^2 - 0{,}15206.$$

Die Tafel (*D.*) ist zum Theil aus diesen Formeln entstanden. Für Werthe von K, die kleiner als 1,35 sind, mufs der Druck als durch Umsturz entstanden angesehen werden: für $K > 1{,}35$ dagegen sind die Werthe für das Gleiten zu nehmen. Die Bruchwinkel nehmen hier einen andern Weg, als bei der vorigen Tafel, da dieser Winkel beständig wächst, je kleiner K wird.

29. Vergleicht man die Coëfficienten oder Verhältnisse $C = \frac{\Pi}{r^2}$ des Druckes zum Quadrat des Halbmessers aus der Tafel (*A.*) mit der Tafel (*D.*), so bemerkt man, dafs sie für $K = 1{,}3$ in beiden Tafeln dieselben und für $K > 1{,}3$ bei den horizontelen Gewölben gröfser sind, als bei den concentrischen, dagegen kleiner für $K < 1{,}3$.

30. Wir wollen nun die Grenze der Dicke suchen, mit der sich diese Gewölbe noch erhalten können.

Für jeden Werth von K mufs man das Moment des Drucks mit dem des halben Gewölbes vergleichen, beide in Bezug auf die äufsere Kante der untersten Fuge. Das erste ist $\Pi.R = \Pi.K.r = C.Kr^3$, wo C immer die numerischen Coëfficienten aus der Tabelle des Drucks bezeichnet; das zweite Moment ist =

$$P.R - P.x_1,$$

wo x_1 die horizontale Entfernung des Schwerpuncts der Fläche P vom Mittelpuncte der innern Wölbung ist. Da $R = K.r$ ist, so wird dies Moment

$$= (K^2r^2 - \tfrac{1}{4}r^2\pi)Kr - \int_0^{K.r} K.r.x\,dx - \int_0^r x\sqrt{(r^2 - x^2)}\,dx$$
$$= r^3(K^3 - \tfrac{1}{4}\pi K) - \tfrac{1}{2}K^3r^3 + \tfrac{1}{3}r^3$$
$$= (\tfrac{1}{2}K^3 - \tfrac{1}{4}\pi K + \tfrac{1}{3})r^3.$$

Vergleicht man diese beiden Arten von Momenten, so erkennt man, dafs das des Druckes gröfser wird für den Werth $K = 1{,}04$, und man erhält eine genauere Grenze durch Substitutionen von K, die zwischen 1,05 und 1,04 liegen. Der wahre Werth ist nahe $K = 1{,}0435$. Dies ist also die untere Grenze der Werthe von K, welche Systemen von Gewölben entsprechen, die sich auf ihren untersten Gewölbsteinen erhalten. Die dieser Grenze entsprechenden Gewölbe, d. h. diejenigen, welche im genauen Gleichgewicht auf den untersten Gewölbsteinen sich befinden, haben einen Durchmesser, der ungefähr 46mal so grofs ist, als die Dicke.

Es ist demnach $R-r=r(1{,}0435-1)=0{,}0435.r$ die unterste Grenze der Dicke, die ein Gewölbe noch besitzen kann.

Stärke der Widerlagen.

31. Die Gleichgewichtsgleichung für diese Gewölbe (Fig. 6 *a.*) ist

$$\begin{aligned}\Pi(R+h) &= EDFG.\tfrac{1}{2}ED+GabA.gC\\ &= \tfrac{1}{2}(h+R)e^2+GabA(r+e-x_1)\\ &= \tfrac{1}{2}(h+R)e^2+e(Rr-\tfrac{1}{4}\pi^2 r)+Rr^2-r^3.\tfrac{1}{4}\pi-GabA.x_1.\end{aligned}$$

Aber es ist

$$GabA.x_1 = \int_0^r (Rx-x\sqrt{(r^2-x^2)})dx = \tfrac{1}{2}Rr^2-\tfrac{1}{3}r^3,$$

mithin

$$\Pi(R+h) = \tfrac{1}{2}(h+R)e^2+(Rr-\tfrac{1}{4}\pi r^2)e+\tfrac{1}{2}Rr^2-\frac{3\pi-4}{12}r^3.$$

Setzt man hierin für R seinen Werth Kr und Cr^2 statt Π, so wird

$$(13.)\quad \frac{e}{r} = -(K-\tfrac{1}{4}\pi)\frac{r}{h+Kr}$$
$$+\sqrt{\left\{(K-\tfrac{1}{2}\pi)^2\left(\frac{r}{h+Kr}\right)^2+\left(2KC-K+\frac{3\pi-4}{6}\right)\frac{r}{h+Kr}+2C\frac{h}{h+Kr}\right\}}.$$

Die practische Stärke nach ***Lahire*** erhält man, wenn man statt C den Werth $1{,}9.C$ setzt.

32. Der Bruch $\frac{h}{h+Kr}$ convergirt mit wachsendem h nach der Einheit hin. Für $h=\infty$ wird daher $e=r\sqrt{(2C)}$, d. h. auch hier haben die Strebepfeiler dieselbe Grenzstärke, wie bei den frühern Gewölben. Die practische Grenzstärke ist nach dem Vorigen $e=\sqrt{(3{,}8.\Pi)}$. Beide Werthe finden sich in den letzten Columnen der Tafel (***D.***).

§. 5.

Kreisbogengewölbe.

Kreisbogengewölbe mit concentrischer Aufsenwölbung.

33. Für die Kreisbogengewölbe sind gewöhnlich die Dicke, die Weite ***AB*** (Fig. 7.), die wir durch L bezeichnen wollen, und der Pfeil ***bd***, den wir f nennen wollen, gegeben.

Um mittelst dieser Daten den Halbmesser r der innern Wölbung und den halben Centriwinkel a auszudrücken, hat man, da $\frac{1}{2}L$ die mittlere geometrische Proportionale zwischen f und $2r-f$ ist, oder, da $\frac{1}{4}L^2 = 2rf - f^2$ und $\sin a = \frac{\frac{1}{2}L}{r}$ ist:

$$r = \tfrac{1}{2}f\left(\tfrac{1}{4}\frac{L^2}{f^2}+1\right) \quad \text{und} \quad \sin a = \frac{\frac{L}{f}}{\frac{1}{4}\frac{L^2}{f^2}+1}.$$

Hat man die Halbmesser r und R der innern und äufsern Wölbung, so wie $\frac{R}{r} = K$ bestimmt, so suche man in der Tafel (*A.*) den Bruchwinkel. Vergleicht man diesen Winkel mit dem halben Centriwinkel, so können zwei Fälle stattfinden, je nachdem dieser halbe Centriwinkel gröfser oder kleiner ist, als der Bruchwinkel.

34. Erster Fall. Ist der halbe Centriwinkel AOb gröfser, als der durch die Tafel (*A.*) gegebene Bruchwinkel, so findet sich die Bruchfuge zwischen A und b; das Gewölbe mufs also in Bezug auf den horizontalen Druck als halbkreisförmiges Gewölbe betrachtet werden, und sein Druck ergiebt sich unmittelbar aus der Tafel. Man mufs sich aber einer neuen Gleichgewichtsgleichung bedienen, welche man dadurch erhält, dafs man das Moment des horizontalen Drucks in Bezug auf den Punct D der Summe der Momente des Theils $Amab$ und des Rechtecks $ACDE$ in Bezug auf denselben Punct D gleichsetzt. Das Trapez $AmnC$ kann seiner Kleinheit wegen vernachläfsigt werden. Dann wird.

$$\Pi(R+h-r\cos a) = ACDE \times \tfrac{1}{2}DE + AmabA(e+r\sin a - x_1)$$
$$= \tfrac{1}{2}he^2 + (R^2-r^2)\tfrac{1}{2}a\left(e+r\sin a - \tfrac{2}{3}\frac{(R^3-r^3)(1-\cos a)}{(R^2-r^2)a}\right) \text{ (vergl. No. 1.)},$$

also

$$\Pi(R+h-r\cos a)$$
$$= \tfrac{1}{2}he^2 + \tfrac{1}{2}a(R^2-r^2)e + \tfrac{1}{2}a(R^2-r^2)r\sin a - \tfrac{1}{3}(R^3-r^3)(1-\cos a).$$

Führt man K ein und setzt $\Pi = r^2C$, so folgt für die Stärke der Widerlagen

$$(14.)\quad \frac{e}{r} = -\tfrac{1}{2}a(K^2-1)\frac{r}{h} + \sqrt{\Big\{\tfrac{1}{4}a^2(K^2-1)^2\frac{r^2}{h^2}}$$
$$\overline{+2[C(K-\cos a)+\tfrac{1}{3}(K^3-1)(1-\cos a)-\tfrac{1}{2}(K^2-1)a\sin a]\frac{r}{h}+2C\Big\}}.$$

Diese Formel, die der für Halbkreisgewölbe mit concentrischer Aufsenwölbung analog und für welche gleichfalls die Grenzstärke $= r\sqrt{(2C)}$ ist, wird allein für alle Anwendungen der Bogengewölbe hinreichen, die dem ersten Falle angehören, da kein Druck zu berechnen ist, indem die Werthe von C schon durch die Tafel (*A.*) gegeben sind.

35. Zweiter Fall. Wenn der halbe Centriwinkel kleiner ist, als der Bruchwinkel des gegebenen Gewölbes, dasselbe als Halbkreisgewölbe betrachtet, so wird für diesen, am häufigsten in der Praxis vorkommenden Fall, der Bruch am untersten Gewölbsteine geschehen, und man erhält die Werthe für den Bruch, sowohl in Bezug auf den Umsturz, als auch in Bezug auf das Gleiten, ohne weitere Versuche; den beträchtlichsten von ihnen nimmt man für den wahren Druck des Gewölbes.

Der Druck in Bezug auf den Umsturz findet sich aus der Formel

$$C = \frac{\Pi}{r^2}.$$

Nun ist aber

$$\Pi = \frac{P.\varphi}{y} = \frac{P(r\sin a - x_1)}{y};$$

mithin ist, da $P = (R^2 - r^2)\frac{1}{2}a$ und $x_1 = \frac{2}{3}\frac{(R^3 - r^3)(1-\cos a)}{(R^2 - r^2)a}$ (vergl. No. 1.) ist,

$$C = \frac{(R^2 - r^2)\frac{1}{2}a\, r\sin a - \frac{1}{3}(R^3 - r^3)(1-\cos\alpha)}{r^2(R - r\cos a)},$$

oder endlich, da $R = K.r$ ist:

$$(15.)\quad C = \frac{\Pi}{r^2} = \frac{\frac{1}{2}(K^2 - 1)\,a\sin a - \frac{1}{3}(K^3 - 1)(1-\cos a)}{K - \cos a}.$$

Hieraus ergiebt sich die horizontale Kraft am Schlufssteine in Bezug auf eine Fuge, die mit der Verticale den Winkel α einschliefst. Substituirt man darin die Werthe von a, $\sin a$, $\cos a$, die aus der Kenntnifs des Winkels a oder des Verhältnisses $\frac{L}{f}$ entspringen, so erhält man eine Formel, die unmittelbar eine Tafel des Horizontaldrucks für alle ähnlichen Gewölbsysteme giebt, welche verschiedenen Werthen von K und von $\frac{L}{f}$ entsprechen.

36. ***Petit*** hat einen Theil dieser Tafel berechnet, indem er die Zahl der Werthe von $\frac{L}{f}$ auf 7 beschränkte, welche die gebräuchlichsten Gewölbe umfassen. Diese sieben Systeme sind die, für welche der Pfeil der 4te, 5te, 6te, 7te, 8te, 10te und 16te Theil der Weite ist. Berechnet man die andern Daten, die sich aus der Kenntnifs des Verhältnisses $\frac{L}{f}$ ergeben, so findet man für

$L = 4f$,	$\sin a = 0{,}800000$,	$a = 53^0\ 7'30''$,	$r = \frac{5}{2}f$,
$L = 5f$,	$\sin a = 0{,}689655$,	$a = 43^0 36' 10''$,	$r = \frac{29}{8}f$,
$L = 6f$,	$\sin a = 0{,}600000$,	$a = 36^0 52' 10''$,	$r = 5f$,
$L = 7f$,	$\sin a = 0{,}528300$,	$a = 31^0 53' 26''$,	$r = \frac{53}{8}f$,
$L = 8f$,	$\sin a = 0{,}470588$,	$a = 28^0\ 4' 20''$,	$r = \frac{17}{2}f$,
$L = 10f$,	$\sin a = 0{,}384615$,	$a = 22^0 37' 10'$,	$r = 13f$,
$L = 16f$,	$\sin a = 0{,}246154$,	$a = 14^0 15'\ 0''$,	$r = 32{,}5.f$,

Diese Formeln und die Formel (15.) haben dazu gedient, einen Theil der 7 Columnen der Tafel (*E.*) zu berechnen; der andere Theil umfafst die Pressungen in Bezug auf das Gleiten, sobald sie gröfser werden, als die für den Umsturz. Die Art der Berechnung ist folgende.

37. Bei den halbkreisförmigen Gewölben mit concentrischer Aufsenwölbung ergeben sich diese letztern Pressungen durch den gröfsten der Werthe von $G = \frac{P}{\text{tang}(\alpha+\theta)}$, oder, da $P = (R^2 - r^2)\frac{1}{2}a$ und $R = K.r$ ist, durch den gröfsten der Werthe von

$$(16.)\qquad G = \tfrac{1}{2}r^2(K^2-1)\frac{\alpha}{\text{tang}(\alpha+30^0)};$$

und zwar entspricht dieses Maximum dem Winkel $\alpha = 26^0$, für welchen

$$\Pi = 0{,}15304(K^2-1)r^2$$

ist. Wenn daher für Kreisgewölbe der halbe Centriwinkel gröfser ist als 26^0, so müssen die horizontalen Pressungen, in Folge des Gleitens nach dieser Formel berechnet werden, und man findet sie in der Tafel (*A.*).

Ist der halbe Centriwinkel kleiner als 26^0, so setze man seinen Werth in die allgemeine Formel (16.) an die Stelle von a; dies giebt den Werth des Druckes, in Folge des Gleitens auf der untersten Fuge.

Demnach mufs man für Kreisbogengewölbe, bei denen $L = 4f, = 5f, = 6f, = 7f, = 8f$ und der halbe Centriwinkel gröfser als 26^0 ist, die Werthe für den Umsturz mit denen für das Gleiten aus Tafel (*A.*) vergleichen und den gröfsten von beiden behalten. Ein horizontaler Strich in jeder Columne der Tafel (*E.*) giebt den Punct an, von welchem ab die Werthe des Drucks in Folge des Gleitens genommen werden müssen. Die Werthe selbst sind die aus der Tafel (*A.*).

Für die beiden letzten Systeme $L = 10f$, $L = 16f$ ist der halbe Winkel am Mittelpuncte kleiner als 26^0; man mufs daher direct die Pressungen in Bezug auf das Gleiten für $a = 22^0 37' 10''$ im ersten und für $a = 14^0 15'$

im zweiten Falle berechnen. Diese Werthe sind kleiner, als die für den Winkel 26^0 und man erhält

$$\Pi = 0{,}15082(K^2-1)r^2 \text{ für das System } L = 10f,$$
$$\Pi = 0{,}12765(K^2-1)r^2 \quad - \quad - \quad - \quad L = 16f.$$

38. Die Tabelle (*E.*) umfafst fast alle gebräuchlichen Systeme von Gewölben.

39. Die Gleichung für das Gleichgewicht ist dieselbe, wie im ersten Falle, und die Formel (14.) No. 34. giebt die theoretische Stärke der Widerlagen für Kreisbogengewölbe mit concentrischer Aufsenwölbung; nur in dem zweiten Falle erhält man die Werthe von C aus der Tafel (*E.*), anstatt dafs sie im ersten Falle aus der Tafel (*A.*) zu nehmen sind.

Der für die Praxis erforderliche Stabilitäts-Coëfficient mufs noch durch Versuche genauer bestimmt werden. Man kann sich jedoch auch hier des Coëfficienten 1,9 wie bei den halbkreisförmigen Gewölben bedienen.

40. Es bleibt noch übrig, für die kreisbogenförmigen Gewölbe die Frage wegen der Stabilität auf den Anfangssteinen zu beantworten, oder zu untersuchen, ob ein solches Gewölbe nach Hinwegnahme des Gerüstes durch die Wirkung seines eignen Druckes, der die Hälfte $Amab$ (Fig. 7.) zum Umsturz um die äufsere Kante m der untersten Fuge zwingt, einstürzen werde, oder nicht.

Das Moment der Oberfläche $Amab$ in Bezug auf den Punct m ist allgemein durch den Ausdruck (vergl. No. 35.)

$$P(R\sin a - x_1) = \{\tfrac{1}{2}K(K^2-1)a\sin a - \tfrac{1}{3}(K^3-1)(1-\cos a)\}r^3$$

gegeben. Das des horizontalen Drucks auf die äufsere Wölbung des Schlufssteins in Bezug auf denselben Punct ist

$$K.C(1-\cos a)r^3.$$

Vergleicht man diese beiden Momente für jedes bisher betrachtete Gewölbsystem, so findet man stets das Stabilitätsmoment am gröfsten, und zwar um so gröfser gegen das des Druckes, als der Winkel α kleiner ist. Für die Gewölbe $\frac{L}{f} \overline{\gtrless} 4$ ist daher nie ein Umstürzen nach Hinwegnahme des Gerüstes möglich. Dagegen findet für Gewölbe, die sich dem halbkreisförmigen mehr nähern, oder für die $\frac{L}{f}$ sich der Einheit nähert, ein Minimum der Dicke Statt.

Gleiten der kreisbogenförmigen Gewölbe auf den Unterlagen.

41. Die halbkreisförmigen Gewölbe können nie auf den Unterlagen gleiten; bei den kreisbogenförmigen Gewölben ist es anders. Wir wollen hier mittels der Tafel (*E.*) für jedes besondere in ihr enthaltene System die Grenzen angeben, die die gleitensfähigen Gewölbe von den nicht gleitensfähigen trennen.

Der Druck, der das Bestreben hat, das Gleiten des Mauerwerks auf dem Theile *AC* (Fig. 7.), der dem untersten Gewölbsteine zunächst liegt, herbeizuführen, ist als Function von r^2 aus Tafel (*E.*) bekannt. Die Reibung, welche diesem Gleiten auf der horizontalen Fuge *AC* der Widerlage sich entgegensetzt, ist

$$0{,}38\,a(K^2-1)r^2,$$

da $\frac{1}{2}a(R^2-r^2)=\frac{1}{2}a(K^2-1)r^2$, bis auf das kleine Trapez *ACnm*, das Gewicht vom Theile *ACnmab* des Profils bezeichnet, und da nach *Boistard* der Reibungs-Coëfficient 0,76 ist.

Vergleicht man die verschiedenen Werthe des Ausdrucks $0{,}38.a(K^2-1)r^2$ der Reibung mit den entsprechenden des Drucks aus der Tafel (*E.*), so gelangt man zu folgenden Resultaten.

Für das System $L=4f$ übertrifft der Druck die Reibung, wenn $K=1{,}06$; für $K\overline{\overline{<}}\,1{,}06$ entsteht also ein Gleiten.

Für $L=5f$, $6f$, $7f$, $8f$, und $10f$, beginnt das Gleiten bei $K=1{,}15$.

Für $L=16f$ und alle noch niedrigeren Gewölbe entsteht das Gleiten für jede Dicke des Gewölbes.

Man hat also hieraus *à priori* die Grenze, über welche hinaus man künstliche Mittel anwenden mufs, um das Gleiten auf den oberen Lagen der Widerlagen zu verhindern. Es ist dabei jedoch zu bemerken, dafs für die angegebenen Grenzen selbst, und noch für Gewölbe, die etwas unter dieser Grenze bleiben, kein Gleiten erfolgt, da das Gewicht des Theils *ACnm* vernachlässigt ist, welches den Widerstand der Reibung vergröfsert.

Kreisbogenförmige Gewölbe mit Kappe. (Fig. 8.)

42. Alles bisher über kreisbogenförmige concentrische Gewölbe Gesagte läfst sich auch auf die kreisbogenförmigen Gewölbe mit kappenförmiger Aufsenwölbung anwenden. Die Gleichgewichtsgleichung wird hier, wenn man durch *H* die Höhe *Cm* und durch *L* das Doppelte von *AC*, so wie durch *e*

die Stärke der Widerlagen bezeichnet:

$$\Pi(\boldsymbol{R}+h-\boldsymbol{r}\cos a) = nmbAn(e+\tfrac{1}{2}\boldsymbol{L}-x_1).$$

Es ist aber

$$nmbAn = nmC+ACO-bOAb$$
$$= \tfrac{1}{2}\boldsymbol{H}.\boldsymbol{H}\operatorname{tang}\boldsymbol{J}+\tfrac{1}{2}\boldsymbol{L}.\tfrac{1}{2}\boldsymbol{r}\cos a-\tfrac{1}{2}\boldsymbol{r}^2 a,$$

und $nmbAn.x_1$ wird, da $nC=\boldsymbol{H}.\operatorname{tang}\boldsymbol{J}$ ist,

$$= \tfrac{1}{2}H^2.\operatorname{tang}\boldsymbol{J}.\tfrac{1}{3}\boldsymbol{H}.\operatorname{tang}\boldsymbol{J}+\tfrac{1}{4}\boldsymbol{L}\boldsymbol{r}\cos a.\tfrac{1}{3}\boldsymbol{L}-\tfrac{1}{3}\boldsymbol{r}^3(1-\cos a).$$

Subtrahirt man dies letztere Moment von dem vorigen

$$(\tfrac{1}{2}\boldsymbol{H}^2\operatorname{tang}\boldsymbol{J}+\tfrac{1}{4}\boldsymbol{L}\boldsymbol{r}\cos a-\tfrac{1}{2}\boldsymbol{r}^2 a)(e+\tfrac{1}{2}\boldsymbol{L}),$$

so kommt

$$\tfrac{1}{2}he^2+\tfrac{1}{2}(\boldsymbol{H}^2\operatorname{tang}\boldsymbol{J}+\tfrac{1}{2}\boldsymbol{L}\boldsymbol{r}\cos a-\boldsymbol{r}^2 a)e+\tfrac{1}{2}\boldsymbol{H}^2\operatorname{tang}\boldsymbol{J}(\tfrac{1}{2}\boldsymbol{L}-\tfrac{1}{3}\boldsymbol{H}.\operatorname{tang}\boldsymbol{J})$$
$$+\tfrac{1}{2}\boldsymbol{L}(\tfrac{1}{6}\boldsymbol{L}\boldsymbol{r}\cos a-\tfrac{1}{2}\boldsymbol{r}^2 a)+\tfrac{1}{3}\boldsymbol{r}^3(1-\cos a) = \Pi(\boldsymbol{R}+h-\boldsymbol{r}\cos a).$$

Setzt man hierin für $\boldsymbol{H}$ und $\boldsymbol{L}$ ihre Werthe $\frac{\boldsymbol{R}}{\sin\boldsymbol{J}}-\boldsymbol{r}\cos a$ und $2\boldsymbol{r}\cos a$ und löset die Gleichung in Bezug auf $\frac{e}{r}$ auf, so erhält man eine Formel, analog der (14.), die dann nur eine Function von $\boldsymbol{K}$, $\boldsymbol{J}$, a und $\frac{r}{h}$ enthält.

43. Ist $\boldsymbol{R}$, r, $\boldsymbol{J}$ und $\boldsymbol{K}=\frac{\boldsymbol{R}}{r}$ gegeben oder berechnet, so suche man den Winkel α, welcher den Ausdruck (8.) No. 18. zum Maximum macht. Ist derselbe kleiner als a, so wird er der Bruchwinkel sein, und der entsprechende Werth von $\boldsymbol{F}$ ist der Werth des horizontalen Drucks Π.

Ist der Winkel α, der $\boldsymbol{F}$ zu einem Maximum macht, gröfser als der halbe Centriwinkel a, so findet man den Druck, indem man a statt α in die Formel setzt; dies wird für die gewöhnlichen kreisförmigen Gewölbe der Fall sein. Dann suche man das Maximum des Ausdrucks (9.) No. 20., der den Druck für den Fall des Gleitens giebt. Wenn sein Werth den für den Umsturz übertrifft, so ist er für den wahren Werth zu nehmen und in die Gleichgewichtsgleichung No. 42. zu setzen, um die theoretische Stärke der Widerlagen zu finden: die practische Stärke findet man dadurch, dafs man den Werth von Π verdoppelt.

Die übrigen Aufgaben in Bezug auf das Maximum der Gewölbdicke, der Stabilität auf den Unterlagen und des Gleitens auf der obersten Schicht der Widerlagen, müssen in jedem Falle direct gelöset werden.

Kreisbogenförmige Gewölbe mit horizontaler Aufsenwölbung.

44. Da die Tafel für den Druck halbkreisförmiger Gewölbe mit horizontaler Aufsenwölbung schon in der Tafel (*D.*) berechnet ist, so braucht man nur noch die der Tafel (*E.*) analoge Tabelle zu berechnen, um die Pressungen der verschiedenen Gewölbsysteme mit kreisbogenförmiger innerer und horizontaler äufserer Wölbung zu finden. Hierzu würden die allgemeinen Formeln (11.) und (12.) No. 28. dienen.

45. Da die Berechnung der Tafeln nicht ausgeführt ist, so mufs man in jedem Falle direct verfahren, wie es No. 43. angeführt ist. Um die Stärke der Widerlagen zu finden, hat man die Gleichgewichtsgleichung

$$\tfrac{1}{2}e\boldsymbol{FBED}+\boldsymbol{E}ab\boldsymbol{A}(e+\tfrac{1}{2}\boldsymbol{L}-x_1) = \Pi.\boldsymbol{FD}, \quad \text{(Fig. 8 }a.\text{)}$$

also, da $\boldsymbol{FD}=\boldsymbol{FC}+\boldsymbol{O}a-\boldsymbol{O}d=h+\boldsymbol{R}-r\cos a$ ist,

$$\tfrac{1}{3}\{(\boldsymbol{R}+h-r\cos a)e^2+(\boldsymbol{LR}-\tfrac{1}{2}\boldsymbol{L}r\cos a-r^2a)e+\boldsymbol{L}^2(\tfrac{1}{4}\boldsymbol{R}-\tfrac{1}{12}r\cos a)$$
$$-\tfrac{1}{2}\boldsymbol{L}r^2a+\tfrac{2}{3}r^3(1-\cos a)\} = \Pi(\boldsymbol{R}+h-r\cos a).$$

§. 6.

Von der Belastung der Gewölbe.

46. Wir wollen zuerst ein halbkreisförmiges Gewölbe mit concentrischer Aufsenwölbung (Fig. 9.) betrachten, auf welchem eine horizontal begrenzte Erdschicht ruht, deren Dicke über dem Schlufssteine $= aq = 1$ ist. Bei dieser Annahme ändern sich alle bisherigen Umstände: sowohl der Bruchwinkel, als auch der horizontale Druck sind verschieden von denen für das einfache Gewölbe.

Es leuchtet ein, dafs dem allgemeinen Ausdrucke für die horizontale Kraft am Schlufssteine (No. 2.) für das einfache Gewölbe noch ein Glied hinzugefügt werden mufs, welches aus dem Momente des Profils *anrpq*, gleichfalls in Bezug auf die innere Seite *m* der Bruchfuge genommen, hervorgeht. Die Oberfläche dieses Profils mufs aufserdem mit dem Verhältnifs der Dichtigkeit der Erde zu dem des Mauerwerks multiplicirt werden.

Da aber dieses Glied für die Anwendung in der Praxis zu verwickelt ist, so wollen wir, damit man nichts desto weniger sehe, welchen Einflufs die Belastung auf den Druck ausübt, für den fraglichen Fall annehmen, dafs bis zur Horizontale *ar* die Erde dieselbe Dichtigkeit habe, wie das Mauerwerk; wie dies auch in der That meistens nahe der Fall ist. Hierdurch tritt dies Gewölbe in die Classe der horizontal nach aufsen gewölbten, die mit einer gleich dicken Schicht belastet sind. Es brauchen daher nur die Gewölbe mit kappenförmiger und horizontaler Aufsenwölbung betrachtet zu werden.

47. Der Ausdruck für das Moment der belasteten Schicht in Bezug auf die innere Kante m (Fig. 9.) wird sowohl für Gewölbe mit horizontaler Aufsenwölbung ar, und belastet mit einer horizontalen Schicht $aq = b$, als auch für kappenförmige Gewölbe, belastet mit einer zu der Kappe (Fig. 10.) parallelen Schicht von derselben verticalen Dicke l, derselbe und auf beide Fälle zugleich anwendbar sein. Denn bezeichnet man durch γ das Verhältnifs der Dichtigkeit der Erde zu der des Mauerwerks, so ist die Oberfläche des Rechtecks $aqpr$ (Fig. 9.) und die des Parallelogramms $pqsr$ (Fig. 10.) gleich $l.R\sin\alpha$, also das relative Gewicht $= \gamma l.R.\sin\alpha$; die horizontale Entfernung des Schwerpuncts G vom Puncte m, oder mg, ist $= r\sin\alpha - \frac{1}{2}R\sin\alpha$: also ist für beide das Moment, da $R = Kr$ ist,

$$\gamma \tfrac{1}{2} r^2 K.l\sin^2\alpha(2-K),$$

und man erhält für den allgemeinen Werth der horizontalen Kraft am Schlufssteine

$$F = \frac{P\varphi + \gamma \frac{1}{2} r^2 K.l.\sin^2\alpha\,(2-K)}{y},$$

und wenn man jedes Glied durch $y = r(K - \cos a)$ dividirt:

$$F = \frac{P\varphi}{y} + \tfrac{1}{2} r \frac{\gamma K.l\sin^2\alpha(2-K)}{K-\cos\alpha},$$

wo $\frac{P\varphi}{y}$ den Werth (8.) No. 18. und für eine horizontale Aufsenwölbung den Werth No. 28. hat

Man setze in diese Formel den gegebenen Werth von l und den von γ und suche dann durch Substitution den Werth des Winkels α, welcher dem Maximum von F entspricht, um den Bruchwinkel und den Druck zu finden.

Ist z. B. die Kappe um 45° gegen die Verticale geneigt, so wird der Werth dieses Druckes gegeben sein durch das Maximum des Ausdruckes (No. 22.)

$$F = \frac{r^2\sin^2\alpha}{6(K-\cos\alpha)}\left\{K^2\sqrt{2}\{6-3K-(3-2K)\sin(45^0+\alpha)\} - \frac{3\alpha}{\sin\alpha} - \frac{1}{\cos^2\frac{1}{2}\alpha}\right\} + \frac{r\gamma.Kl\sin^2\alpha(2-K)}{2(K-\cos a)}.$$

Da das Glied in Bezug auf die Belastung für $K = 2$ verschwindet, d. i. für Gewölbe, deren Durchmesser gleich ist der doppelten Dicke, so sieht man, dafs diese Belastung nichts an den Umständen des einfachen Gewölbes ändert. Dies läfst sich *à priori* erkennen, wenn man zusieht, für welches System von Gewölben die Verticale des Schwerpuncts vom Rechteck oder

Parallelogramm $apqr$ (Fig. 11.) durch den Punct m geht. Für die Gewölbe, bei denen das Verhältnifs K gröfser als 2 ist, wird das Glied in Bezug auf die Belastung negativ; diese vermindert also den Druck; und in der That fällt die Verticale durch den Schwerpunct auf die äufsere Seite von m. Allein für die gebräuchlichen Gewölbe ist dieses Glied positiv.

49. Im Allgemeinen vergröfsert die Belastung den Druck und folglich die Stärke der Widerlagen durchaus nicht im Verhältnifs ihrer Höhe oder ihres Gewichts; sie vermehrt ohne dies die Stabilität der unteren Theile des Gewölbes; den für den Fall einer horizontalen Aufsenwölbung mufs man der Summe der Momente in der Gleichgewichtsgleichung No. 31. das des Rechtecks $aEFq$ (Fig. 12.) in Bezug auf den Punct D hinzufügen. Seine Oberfläche oder sein Gewicht ist $\gamma(r+e)l$ und die horizontale Entfernung seines Schwerpunctes vom Puncte D ist $\frac{1}{2}(r+e)$. Dies giebt für das Moment, welches denen der Widerlagen, die der erste Theil der fraglichen Gleichung enthält, hinzuzufügen ist,

$$\tfrac{1}{2}\gamma l(r+e)^2;$$

Diese Gröfse ist beträchtlich und vermindert bedeutend die Stärke der Widerlagen, welche aus dieser Gleichung folgt.

Für die kappenförmigen Gewölbe (Fig. 13.) ist das Moment der Belastung in Bezug auf die äufsere Kante der Widerlagen, welches man dem ersten Theile der Gleichgewichtsgleichung No. 27. hinzufügen mufs,

$$\tfrac{1}{2}\gamma l\frac{(r+e)^2}{\sin J};$$

welcher Werth in den für horizontale Aufsenwölbungen übergeht, wenn man $J=90^0$ also $\sin J=1$ setzt.

Gewölbe mit einer Belastung von Sand.

50. Im Vorigen haben wir angenommen, dafs bei jeder Belastungsdicke l diese Lage mit ihrem ganzen Gewicht das Mauerwerk des Gewölbes drücke. Ist aber die Höhe aq bedeutend, so würde die Vermehrung des Drucks, die man dadurch erhält, dafs man zu dem Momente des Theils $mnrab$ in Bezug auf den Punct m, das des Rechteck $arpq$ hinzufügt, viel zu stark sein. Dasselbe würde der Fall sein, wenn man in die Gleichgewichtsgleichung das Moment des ganzen Rechtecks $aEFq$ eintreten liefse; man würde ein sehr ungenaues Resultat erhalten. Um uns davon zu überzeugen, wollen wir zusehen, was für den Fall einer Sandbelastung stattfinden würde. Da alle

Füllungen mehr oder weniger an Demjenigen Theil haben, was wir für den Sand finden werden, so werden wir eine angenäherte Idee für die Wirkungen erhalten, die bei gewöhnlichen Füllungen stattfinden.

51. Wir wollen zuerst ein Gewölbe mit horizontaler Aufsenwölbung betrachten, welches mit einer Sandlage von unbestimmter Höhe belastet ist. Aus den merkwürdigen Versuchen **Moreau's** *(Mémorial de l'officier du génie No. 11.)* folgt, dafs sie auf der horizontalen Basis aE nur einen Druck hervorbringen würde, der nicht bedeutend das Gewicht des Theils aEG übertrifft, wo der Winkel $aeG = 30^0$ und 33^0 ist; der übrige Theil der Masse würde nur einen Seitendruck gegen die Fläche EF ausüben, die hier als von dem Gewölbe nicht mitgetragen angesehen werden soll. Dieser Eigenschaft zufolge genügt es, dafs man zur Berechnung des Drucks dem Momente $P\Phi$ des Theils $mnrab$ das des Dreiecks arH hinzufügt, dessen Winkel $m = arH$ durch die Erfahrung gegeben ist. Die Oberfläche dieses Dreiecks ist $\frac{1}{2}R^2\sin^2\alpha.\operatorname{tang} m$; die horizontale Entfernung seines Schwerpuncts vom Puncte m ist $= \frac{1}{3}r\sin\alpha(3-K)$, also das dem $P\Phi$ hinzuzufügende Moment:

$$\tfrac{1}{6}r^3\gamma K^2(3-K)\sin^3\alpha\operatorname{tang} m.$$

Fügt man dieses Glied zum Zähler des Ausdrucks No. 28. hinzu und bemerkt, dafs der Nenner y gleich $r(K-\cos\alpha)$ ist, so erhält man als allgemeinen Ausdruck der horizontalen Kraft am Schlufssteine, bei einem Gewölbe mit horizontaler Aufsendossirung und belastet mit einer Sandlage von unbestimmter Höhe,

$$F = \frac{r^2\sin^2\alpha}{6(K-\cos\alpha)}\Big\{K^2[6-3K-(3-2K)\cos\alpha]-\Big(\frac{3\alpha}{\sin\alpha}-\frac{1}{\cos^2\frac{1}{2}\alpha}\Big) \\ +\gamma K^2(3-K)\sin\alpha\operatorname{tang} m\Big\}.$$

Sein Maximum in Bezug auf α wird der Werth des Drucks sein.

52. Dieser Ausdruck hat dieselbe Form, wie für einfache Gewölbe, und man kann daraus dieselben allgemeinen Schlüsse ziehen; nemlich:

Der Bruchwinkel wird derselbe sein für alle ähnlichen Gewölbe; die horizontalen Pressungen dieser Gewölbe werden den Quadraten ihrer innern Wölbungsradien proportional sein; das hinzugefügte Glied verschwindet für $K=3$, und man erkennt leicht direct, dafs der Schwerpunct des Dreiecks arH in die Verticale des Punctes m fallen wird, wenn der Halbmesser r der dritte Theil des Halbmessers R ist. Dies giebt $R=3r$ und $K=3$.

Um die Gleichgewichtsgleichung in dem gegenwärtigen Falle zu finden, genügt es, dem Momente des halben Gewölbes (No. 31.) das des Dreiecks *aEG*, welches $= \frac{1}{6}\gamma(r+e)^3 . \tang m$ ist, hinzuzufügen; worauf dann die Dicke der Widerlagen von einer Gleichung dritten Grades abhängt.

53. Es soll jetzt die Belastung der kappenförmigen Gewölbe nach derselben Annahme berechnet und zuerst der Fall angenommen werden, wo der Neigungswinkel der Kappe *aE* (Fig. 13.) gegen die Verticale das Complement des Winkels *m*, der der Winkel der Bogenlagerung der Sandmolecule, d. h. 57° und 60° ist. Nimmt man an, dafs die Wirkung der Bogenbildung sich vollkommen zeige (was nahe der Fall ist), so würde folgen, dafs die Belastung bei jeder Höhe und bei jeder Linie *qF* den Druck nicht vermehrt und durchaus nichts an den Umständen des einfachen Gewölbes ändert.

Dies setzt, um es nochmals zu wiederholen, voraus, dafs das Gewölbe ganz von einer Füllung umgeben ist, die die Wirkung der Seitenpressungen der Masse *AEFq* erfährt. Wenn aber auf dem Gewölbe ein isolirtes Gebäude ruht und die Sandlage auf der äufsern Wölbung durch eine kleine Mauer *EFfe*, die in der Verlängerung der äufsern Seite der Widerlagen sich befindet, gehalten wird, so hat die Belastung, obgleich sie keinen directen Einflufs auf den Druck ausübt, doch Einwirkung auf die Stabilität des Gewölbes und bringt denselben Effect hervor, wie eine Vermehrung des Drucks. Denn man mufs dem Momente dieses Drucks, der an der Aufsenwölbung des Schlufssteines wirkt, das einer gleichfalls horizontalen Kraft, die an einem gewissen Puncte *t* wirkt, welcher zwischen $\frac{1}{3}ef$ und $\frac{1}{2}ef$ liegt, hinzufügen. Ihre Intensität ist gleich dem Gewichte des Theils der Belastung, der nicht direct durch das Gewölbe gehalten wird, d. h. γs, wenn s seine Oberfläche bedeutet. Da der Hebelarm dieses Gewichts gleich der Höhe Dt' ist, so kann man leicht sein Moment in die Gleichgewichtsgleichung einführen.

Das Bishergesagte gilt *à fortiori*, wenn der Winkel *aEH* der Kappe mit der Horizontale gröfser als *m* ist, oder wenn der Winkel $J < 57^0$ und 60^0 ist, und man braucht nur die Wirkung der Belastung in Rechnung zu ziehen, wenn sie durch ein isolirtes Gebäude herbeigeführt wird.

Ist der Winkel $aEH < m$ (Fig. 14.), so mufs man das Dreieck *arq* in die Berechnung des Drucks einführen und das Dreieck *aEp* in die Gleichgewichtsgleichung. Diese Dreiecke werden durch die Linien *rq*, *Ep*, welche den Winkel *m* mit der Horizontale machen, gebildet. Man würde auch die

Wirkungen der übrigen Masse zu berücksichtigen haben, wenn sie durch eine kleine Mauer gehalten würde.

54. Alle genannten Umstände, die in dem sehr seltenen Falle einer reinen Sandbelastung gelten, müssen bei den verschiedenen Erdfüllungen wieder vorkommen; allein für diesen Gegenstand mufs noch Alles durch die Erfahrung erst gegeben werden.

Wir wollen hier nicht auf die Veränderungen eingehen, welche die Betrachtung der Belastung bei dem Werthe des Drucks in Folge des Gleitens einführt. Nach der allgemeinen Formel $G = \frac{P}{\operatorname{tang}(\alpha+\theta)}$ sieht man, dafs es hinreichend ist, dem P die Gröfse γs hinzuzufügen, wo s die Oberfläche des Rechtecks oder Parallelogramms $aprq$ (Fig. 15.) für die erste Annahme einer Sandbelastung ist.

§. 7.

Ueber die zweite Art des Bruchs.

55. Von allen halbkreisförmigen Gewölben ist das mit horizontaler Aufsenwölbung (Fig. 6.). dasjenige, dessen mittleren Theile am meisten belastet sind, und für die man annehmen könnte, dafs die zweite Art des Bruches eintrete. Bei dieser Art des Bruches wird der obere Gewölbstein in die Höhe gehoben, indem er sich gleichzeitig um die untere Kante b des Schlufssteins und um die äufsere Kante n der mittleren Fuge dreht, während der Theil, der den Widerlagen zunächst liegt, nach innen fällt, indem er sich um die innere Kante der untersten Fuge dreht. Dies ist das Gegentheil von dem, was bei der ersten Art des Bruchs stattfindet, wo sich die Fugen nach entgegengesetzter Richtung beziehungsweise öffnen.

Audoy *(Mémorial de l'officier du génie, Nr. 4, pag. 32.)* nimmt an, dafs dieser Bruch bei horizontaler Aufsenwölbung stattfinden könne, entgegengesetzt von dem §. 1. Gesagten, und gelangt dadurch auf eine zu geringe Grenze der Dicke des Gewölbes. ***Persy*** hält deswegen die ***Audoy***sche Theorie für mangelhaft. Es soll jedoch gezeigt werden, dafs ***Audoy's*** Schlufs nicht in seiner Theorie liegt, sondern dafs diese vielmehr das richtige Resultat liefert und auf den Schlufs führt, dafs die zweite Art des Bruchs, wie bei einem halbkreisförmigen Gewölbe mit horizontaler Aufsenwölbung, stattfinden könne; was die ***Persy***sche Theorie nicht liefert, wo überdies die Betrachtung der Grenzen eingeführt ist, deren Anwendbarkeit unstatthaft scheint.

Die in b angebrachte Kraft F_1 darf nicht so grofs sein, dafs sie einen beliebigen Gewölbstein $mncab$ aushebt, indem sie ihn zur Drehung um die äufsere Kante n zwingt: sie darf höchstens dem Minimum des Ausdrucks $\frac{P\varphi_1}{y_1}$ gleich sein, wo P die Oberfläche $mncab$, φ_1 die horizontale Entfernung ihres Schwerpuncts vom Puncte n, und y_1 die Entfernung bn von n bis zur Horizontale $F_1 b$ bedeutet. Man mufs daher diesen Ausdruck mittels der gegebenen Gröfsen r, R und des Winkels α, den eine beliebige Fuge mn mit der Verticale macht, aufstellen. Sein Minimum in Bezug auf α wird der genaue Werth des horizontalen Drucks in dem zweiten Zustande des Gleichgewichts sein und mithin auch, nach dem was §. 1. über die erste Art des Bruches gesagt ist, für alle Fälle der Stabilität.

$$\text{Nun ist } F_1 = \frac{P.\varphi_1}{y^1} = \frac{1}{y^1}.\text{Moment } acnmba$$

$$= \frac{1}{y^1}\left\{nn_1 a.\tfrac{1}{2}nn_1 + nn_1 O.\tfrac{2}{3}nn_1 - OnbO\left[R\sin\alpha - \tfrac{2}{3}r\left(\frac{1-\cos\alpha}{\alpha}\right)\right]\right\}$$

$$= \frac{1}{y_1}\Big\{R\sin\alpha(R - R\cos\alpha)\tfrac{1}{2}R\sin\alpha + \tfrac{1}{2}R\sin\alpha R\cos\alpha + \tfrac{2}{3}R\sin\alpha$$

$$- \tfrac{1}{2}r^2 a\left[R\sin\alpha - \tfrac{2}{3}r\left(\frac{1-\cos\alpha}{\alpha}\right)\right]\Big\}$$

$$= \frac{r^3\sin^2\alpha}{6(1-R\cos\alpha)}\left(3K^3 - 3K^3\cos\alpha + 2K^3\cos\alpha - 3\frac{K\alpha}{\sin\alpha} + \frac{2}{\sin^2\alpha} - 2\frac{\cos\alpha}{\sin^2\alpha}\right)$$

$$= \frac{r^2\sin^2\alpha}{6(1-K\cos\alpha)}\left\{K^3(3-\cos\alpha) - 3K\frac{\alpha}{\sin\alpha} + \frac{2(1-\cos\alpha)}{\sin^2\alpha}\right\}$$

oder endlich

$$F_1 = \frac{r^2\sin^2\alpha}{6(1-K\cos\alpha)}\left\{K^3(3-\cos\alpha) - 3K\frac{\alpha}{\sin\alpha} + \frac{1}{\cos^2\frac{1}{2}\alpha}\right\}.$$

Hierin mufs man verschiedene Werthe von α setzen, und derjenige, welcher den kleinsten Werth von F_1 giebt, wird dem Bruchwinkel entsprechen und die horizontale Kraft Π geben.*)

---

*) Man braucht die Substitutionen nur erst von dem Winkel anzufangen, der $F_1 = \infty$ giebt, der also durch die Bedingung $\cos\alpha = \frac{1}{K}$ bestimmt wird, und den man leicht für jeden Werth von K erhalten kann, indem man einen Halbmesser durch den Punct i legt, wo die äufsere Wölblinie die Richtung der in b angebrachten horizontalen Kraft b trifft; denn für den entsprechenden Gewölbstein geht diese horizontale Kraft durch den Drehpunct selbst und kann dem Gewichte P kein Gleichgewicht halten, sie mag noch so grofs sein.

Man kann eine Tafel für diese Winkel und diese Pressungen aufstellen, welche ganz analog der Tafel (*D.*) in Bezug auf die erste Art des Bruchs ist. Hier folgen einige Werthe, die zum Theil von ***Persy*** entlehnt sind.

Werthe von K.	Verhältnifs des Durchmessers zur Dicke.	Bruchwinkel.	Horizontaler Druck Π_1.
1,050	40,000	39^0	$0{,}10459\,r^2$
1,040	50,000	35^0	$0{,}08486\,r^2$
1,030	66,666	28^0	$0{,}06452\,r^2$
1,025	80,000	25^0	$0{,}05407\,r^2$

Es fragt sich jetzt, für welches System von Gewölben die Kraft Π_1, an der inneren Wölbung des Schlufssteins angebracht, schwach genug sei, um dem halben Gewölbe eine Drehung um die Kante A der innern Wölbung des untersten Gewölbsteins zu gestatten, d. h. für welche das Moment $\Pi_1 r$ kleiner ist, als das dieses halben Gewölbes in Bezug auf den Punct A. Solche Gewölbe werden durch Umsturz nach innen zusammenstürzen. Nun ist das Moment $\Pi_1 r$ aus der vorigen Tafel bekannt; das des halben Gewölbes um A aber ist leicht zu berechnen und durch den Ausdruck

$$r^3\left(K^2 - \tfrac{1}{2}Kr^3 - \frac{3\pi - 4}{12}\right)$$

gegeben. Die Vergleichung beider Momente ist folgende:

Werthe von K.	Momente von Π_1.	Moment des halben Gewölbes.
1,050	$0{,}10459\,.\,r^3$	$0{,}07164\,.\,r^3$
1,040	$0{,}08486\,.\,r^3$	$0{,}06717\,.\,r^3$
1,030	$0{,}06452\,.\,r^3$	$0{,}06260\,.\,r^3$
1,025	$0{,}05407\,.\,r^3$	$0{,}06015\,.\,r^3$

Man sieht, dafs das Moment von Π_1 am kleinsten ist für Gewölbe, die dem System $K = 1{,}025$ angehören. Hierdurch ist die Grenze angezeigt, von welcher ab die Gewölbe zusammenstürzen. Da aber diese Grenze kleiner ist, als die $K = 1{,}0435$ für die erste Art des Bruchs, von welcher ab die Gewölbe nach aufsen umstürzen, so folgt, da nicht beide Brüche zugleich stattfinden können, dafs der Umsturz nach aufsen zuerst erfolgen wird, da die Differenz der Momente des Drucks und des halben Gewölbes in diesem Falle weit gröfser ist, als im zweiten. Es mufs also die Grenze $K = 1.0435$ allein als gültig beibehalten werden.

Audoy nimmt in seinem Beispiele ($r = 10^m$, $R = 11^m$, $K = 1,1$ also $\alpha = 65^0$, $\Pi = 0,10279\,r^2 = 10,279$) *à priori* an, dafs, wenn das Gewölbe zu dünn sei, es nach der zweiten Art umstürzen müsse, und berechnet nach dieser Annahme die richtige Grenze der Stärke $0^m,3$. Wäre er aber von der ersten Hypothese ausgegangen, so würde er eine gröfsere Grenze der Stärke ($0^m,432$), die beizubehalten war, gefunden haben. Da ***Audoy*** keine Vergleichung anstellt, so ist er auf diesen Umstand nicht gekommen. Nachdem ***Persy*** auf alle Fälle des Bruches Rücksicht genommen hat, kommt er nur zu dem Schlusse, dafs die Grenze der Stärke zwischen $0^m,3$ und $0^m,5$ liegen müsse, während mittels der Tafel (***D.***) unmittelbar der richtige Werth $0^m,435$ gefunden wird.

(Umstehend folgen die Tafeln zur Theorie der Kreisgewölbe von ***Petit.***)

Tafel

Halbkreisförmige Gewölbe mit

Tafel der Bruchwinkel, der Pressungen

Werth des Verhältnisses $K = \frac{R}{r}$.	Verhältnifs des Durchmessers zur Dicke.	Werth des Bruchwinkels.	Verhältnifs C des Drucks zum Quadrat des Halbmessers r der innern Wölbung.		Verhältnifs $\sqrt{(2C)}$ der Grenzstücke der Widerlage zum Halbmesser der innern Wölbung.	
			Fall des Umsturzes.	Fall des Gleitens.	Genaues Gleichgewicht.	Stabilität nach *Lahire*.
2,732	1,154	0° 0′	0,00000	0,98923		
2,70	1,176	13 42	0,00211	0,96262		
2,65	1,212	22 0	0,00319	0,92168		
2,60	1,250	27 30	0,00809	0,88151		
2,50	1,333	35 52	0,02283	0,80346		
2,40	1,428	46 6	0,04109	0,72847		
2,30	1,538	46 47	0,06835	0,65654		
2,20	1,666	51 4	0,08648	0,58767		
2,10	1,810	54 27	0,10926	0,52186		
2,00	2,000	57 17	0,13017	0,45912	0,9582	1,3223
1,90	2,282	59 37	0,14813	0,39943	0,8938	1,2320
1,80	2,500	61 24	0,16873	0,34281	0,8280	1,1414
1,70	2,857	62 53	0,17180	0,28924	0,7606	1,0484
1,60	3,333	63 49	0,17517	0,23874	0,6910	0,9525
1,59	3,389	63 52	0,17533	0,23386	0,6839	0,9427
1,58	3,448	63 55	0,17535	0,22901	0,6768	0,9329
1,57	3,508	63 58	0,17524	0,22434	0,6698	0,9233
1,56	3,571	64 1	0,17499	0,21940	0,6624	0,9131
1,55	3,636	64 3	0,17478	0,21464	0,6552	0,9031
1,54	3,703	64 5	0,17445	0,20991	0,6479	0,8931
1,53	3,773	64 7	0,17397	0,20521	0,6406	0,8831
1,52	3,846	64 8	0,17352	0,20054	0,6333	0,8730
1,51	3,920	64 8	0,17310	0,19590	0,6259	0,8628
1,50	4,000	64 9	0,17254	0,19130	0,6185	0,8527
1,49	4,081	64 8	0,17180	0,18673	0,6111	0,8424
1,48	4,166	64 8	0,17095	0,18218	0,6036	0,8320
1,47	4,255	64 7	0,17008	0,17766	0,5961	0,8216
1,46	4,347	64 6	0,16915	0,17318	0,5885	0,8112
1,45	4,444	64 5	0,16798	0,16872	0,5809	0,8007
1,44	4,545	64 3	0,16683	0,16430	0,5776	0,7962
1,43	4,651	64 0	0,16568	0,15991	0,5756	0,7934
1,42	4,761	63 56	0,16448	0,15555	0,5735	0,7906
1,41	4,878	63 52	0,16317	0,15122	0,5713	0,7874
1,40	5,000	63 48	0,16167	0,14691	0,5686	0,7838
1,39	5,128	63 43	0,16014	0,14264	0,5659	0,7801
1,38	5,263	63 38	0,15845	0,13841	0,5629	0,7760
1,37	5,406	63 32	0,15672	0,13420	0,5598	0,7717

(A.)

concentrischer Aufsenwölbung.

und der Grenzstärke der Widerlagen.

Werth des Verhältnisses $K = \frac{R}{r}$.	Verhältnifs des Durchmessers zur Dicke.	Werth des Bruchwinkels.	Verhältnifs C des Drucks zum Quadrat des Halbmessers r der innern Wölbung. Fall des Umsturzes.	Fall des Gleitens.	Verhältnifs $\sqrt{(2C)}$ der Grenzstücke der Widerlage zum Halbmesser der innern Wölbung. Genaues Gleichgewicht.	Stabilität nach *Lahire*.
1,36	5,555	63° 26′	0,15482	0,13002	0,5564	0,7670
1,35	5,714	63 19	0.15287	0,12587	0,5529	0,7622
1,34	5,882	63 10	0,15096	0,12176	0,5495	0,7574
1,33	6,060	63 0	0,14896	0,11767	0,5458	0,7524
1,32	6,264	62 50	0,14678	0,11362	0,5418	0,7468
1,31	6,451	62 33	0,14510	0,10959	0,5387	0,7425
1,30	6,666	62 14	0,14330	0,10559	0,5353	0,7379
1,29	6,896	62 9	0,14013	0,10163	0,5294	0,7297
1,28	7,142	62 3	0,13691	0,09770	0,5233	0,7213
1,27	7,407	61 47	0,13430	0,09379	0,5183	0,7144
1,26	7,692	61 30	0,13157	0,08992	0,5130	0,7071
1,25	8,000	61 15	0,12847	0,08608	0,5069	0,6987
1,24	8,333	61 1	0,12516	0,08227	0,5003	0,6896
1,23	8,695	60 40	0,12201	0,07849	0,4940	0,6809
1,22	9,090	60 19	0,11887	0,07474	0,4876	0,6721
1,21	9,523	60 0	0,11516	0,07102	0,4799	0,6615
1,20	10,000	59 41	0,11140	0,06733	0,4720	0,6504
1,19	10,526	59 10	0,10791	0,06368	0,4646	0,6404
1,18	11,111	58 40	0,10417	0,06005	0,4564	0,6292
1,17	11,764	58 9	0,10021	0,05646	0,4472	0,6171
1,16	12,500	57 40	0,09593	0,05289	0,4380	0,6038
1,15	13,333	57 1	0,09176	0,04935	0,4284	0,5905
1,14	14,285	56 23	0,08729	0,04585	0,4178	0,5759
1,13	15,384	55 45	0,08254	0,04237	0,4063	0,5601
1,12	16,666	54 48	0,07789	0,03984	0,3947	0,5444
1,11	18,181	54 10	0,07273	0,03552	0,3814	0,5259
1,10	20,000	53 15	0,06754	0,03213	0,3675	0,5066
1,09	22,222	52 14	0,06177	0,02879		
1,08	25,000	51 7	0,05649	0,02546		
1,07	28,571	49 48	0,05065	0,02217		
1,06	33,333	48 13	0,04455	0,01891		
1,05	40,000	46 32	0,03813	0,01568		
1,04	50,000	44 4	0,03139	0,01249		
1,03	66,666	41 4	0,02459	0,00932		
1,02	100,000	38 12	0,01691	0,00618		
1,01	200,000	32 36	0,00889	0,00308		
1,00	∞	0 0	0,00000	0,00000		

T a f e l

Halbkreisförmige Gewölbe mit

Tafel für die theoretische

$K = \frac{R}{r}$.	Verhältnifs des Durchmessers zur Dicke.	Verhältnifs $\frac{c}{r}$ der theoretischen Stärke der Widerlagen zum Halbmesser der innern Wölbung. Für die practische Stärke ist dem Coëfficienten von $\frac{r}{h}$ unter dem Wurzelzeichen der Werth **1,8.*K*.*C*** und dem constanten Theile unter dem Wurzelzeichen die Gröfse **1,8.*C*** hinzuzufügen. *h* ist die Höhe der Widerlagen.						
2,00	2,000	$-2,3526$		$+\sqrt{}(5,5517$		$+1,7907$		$+0,9182)$
1,90	2,222	$-2,0449$		$+\sqrt{}(4,2021$		$+1,3240$		$+0,7988)$
1,80	2,500	$-1,7593$		$+\sqrt{}(3,0951$		$+0,9368$		$+0,6856)$
1,70	2,857	$-1,4844$		$+\sqrt{}(2,2034$		$+0,6933$		$+0,5785)$
1,60	3,333	$-1,2252$		$+\sqrt{}(1,5012$		$+0,3775$		$+0,4775)$
1,59	3,389	$-1,2001$		$+\sqrt{}(1,4404$		$+0,3566$		$+0,4677)$
1,58	3,448	$-1,1752$		$+\sqrt{}(1,3812$		$+0,3361$		$+0,4586)$
1,57	3,508	$-1,1513$		$+\sqrt{}(1,3255$		$+0,3151$		$+0,4487)$
1,56	3,571	$-1,1261$		$+\sqrt{}(1,2677$		$+0,2966$		$+0,4388)$
1,55	3,636	$-1,1015$		$+\sqrt{}(1,2133$		$+0,2783$		$+0,4293)$
1,54	3,703	-1.0772		$+\sqrt{}(1,1605$		$+0,2603$		$+0,4198)$
1,53	3,773	$-1,0531$		$+\sqrt{}(1,1091$		$+0,2428$		$+0,4104)$
1,52	3,846	$-1,0292$		$+\sqrt{}(1,0592$		$+0,2224$		$+0,4011)$
1,51	3,920	$-1,0073$	$\frac{r}{h}$	$+\sqrt{}(1,0146$	$\frac{r^2}{h^2}$	$+0,2056$	$\frac{r}{h}$	$+0,3918)$
1,50	4,000	$-0,9817$		$+\sqrt{}(0,9638$		$+0,1937$		$+0,3826)$
1,49	4,081	$-0,9583$		$+\sqrt{}(0,9184$		$+0,1684$		$+0,3735)$
1,48	4,166	$-0,9349$		$+\sqrt{}(0,8741$		$+0,1659$		$+0,3644)$
1,47	4,255	$-0,9125$		$+\sqrt{}(0,8328$		$+0,1482$		$+0,3553)$
1,46	4,347	$-0,8887$		$+\sqrt{}(0,7899$		$+0,1362$		$+0,3464)$
1,45	4,444	$-0,8659$		$+\sqrt{}(0,7498$		$+0,1232$		$+0,3374)$
1,44	4,545	$-0,8432$		$+\sqrt{}(0,7110$		$+0,1181$		$+0,3337)$
1,43	4,651	$-0,8206$		$+\sqrt{}(0,6735$		$+0,1153$		$+0,3314)$
1,42	4,761	$-0,7983$		$+\sqrt{}(0,6372$		$+0,1143$		$+0,3290)$
1,41	4,878	$-0,7760$		$+\sqrt{}(0,6023$		$+0,1102$		$+0,3263)$
1,40	5,000	$-0,7540$		$+\sqrt{}(0,5685$		$+0,1074$		$+0,3233)$
1,39	5,128	$-0,7321$		$+\sqrt{}(0,5359$		$+0,1048$		$+0,3203)$
1,38	5,263	$-0,7103$		$+\sqrt{}(0,5045$		$+0,1021$		$+0,3169)$

(B.)

concentrischer Aufsenwölbung.

Stärke der Widerlagen.

$K = \frac{R}{r}$.	Verhältnifs des Durchmessers zur Dicke.	Verhältnifs $\frac{e}{r}$ der theoretischen Stärke der Widerlagen zum Halbmesser der innern Wölbung. Für die practische Stärke ist dem Coëfficienten von $\frac{r}{h}$ unter dem Wurzelzeichen der Werth 1,8.*K.C* und dem constanten Theile unter dem Wurzelzeichen die Gröfse 1,8.*C* hinzuzufügen. *h* ist die Höhe der Widerlagen.			
		$\ldots\frac{r}{h}$	$+\sqrt{(\ldots\frac{r^2}{h^2}}$	$+\ldots\frac{r}{h}$	$+\ldots)$
1,37	5,406	— 0,6887	+ √(0,4743	+ 0,0995	+ 0,3134)
1,36	5,555	— 0,6673	+ √(0,4452	+ 0,0969	+ 0,3096)
1,35	5,714	— 0,6460	+ √(0,4173	+ 0,0944	+ 0,3057)
1,34	5,882	— 0,6249	+ √(0,3904	+ 0,0926	+ 0,3019)
1,33	6,060	— 0,6050	+ √(0,3660	+ 0,0903	+ 0,2979)
1,32	6,264	— 0,5831	+ √(0,3400	+ 0,0880	+ 0,2936)
1,31	6,451	— 0,5624	+ √(0,3163	+ 0,0875	+ 0,2902)
1,30	6,666	— 0,5419	+ √(0,2937	+ 0,0867	+ 0,2866)
1,29	6,896	— 0,5216	+ √(0,2720	+ 0,0828	+ 0,2803)
1,28	7,142	— 0,5014	+ √(0,2520	+ 0,0801	+ 0,2738)
1,27	7,407	— 0,4926	+ √(0,2426	+ 0,0778	+ 0,2686)
1,26	7,692	— 0,4615	+ √(0,2130	+ 0,0755	+ 0,2631)
1,25	8,000	— 0,4418	+ √(0,1952	+ 0,0730	+ 0,2569)
1,24	8,333	— 0,4222	+ √(0,1783	+ 0,0713	+ 0,2503)
1,23	8,695	— 0,4028	+ √(0,1623	+ 0,0684	+ 0,2440)
1,22	9,090	— 0,3836	+ √(0,1471	+ 0,0674	+ 0,2377)
1,21	9,523	— 0,3645	+ √(0,1329	+ 0,0641	+ 0,2303)
1,20	10,000	— 0,3456	+ √(0,1194	+ 0,0614	+ 0,2228)
1,19	10,526	— 0,3268	+ √(0,1068	+ 0,0600	+ 0,2158)
1,18	11,111	— 0,3082	+ √(0,0950	+ 0,0581	+ 0,2083)
1,17	11,764	— 0,2897	+ √(0,0840	+ 0,0561	+ 0,2004)
1,16	12,500	— 0,2714	+ √(0,0734	+ 0,0559	+ 0,1919)
1,15	13,333	— 0,2533	+ √(0.0642	+ 0,0536	+ 0,1835)
1,14	14,285	— 0,2353	+ √(0,0554	+ 0,0513	+ 0,1745)
1,13	15,384	— 0,2175	+ √(0,0473	+ 0,0490	+ 0,1651)
1,12	16,666	— 0,1998	+ √(0,0399	+ 0,0467	+ 0,1557)
1,11	18,181	— 0,1823	+ √(0,0332	+ 0,0426	+ 0,1455)
1,10	20,000	— 0,1649	+ √(0,0272	+ 0,0394	+ 0,1351)

T a f e l

Halbkreisförmige Gewölbe mit kappenförmiger,

Tafel für den Bruchwinkel, den Druck

$K = \frac{R}{r}$.	Verhältnifs des Durchmessers zur Dicke.	Werth des Bruchwinkels.	Verhältnifs C des Drucks zum Quadrat des Halbmessers r der innern Wölbung.		Verhältnifs der Grenzstärke der Widerlage zum Halbmesser der innern Wölbung.	
			Fall des Umsturzes.	Fall des Gleitens.	Genaues Gleichgewicht.	Stabilität nach *Vauban*.
2,00	2,000	60°	0,26424	0,74361	1,2212	1,7246
1,90	2,222	60	0,28416	0,65648	1,1458	1,6204
1,80	2,500	60	0,29907	0,57383	1,0759	1,5147
1,70	2,857	60	0,30867	0,49564	0,9956	1,4081
1,60	3,333	60	0,31245	0,42191	0,9186	1,2990
1,59	3,389	60	0,31249	0,41478	0,9108	1,2880
1,58	3,448	60	0,31257	0,40841	0,9038	1,2781
1,57	3,508	61	0,31264	0,40067	0,8952	1,2660
1,56	3,571	61	0,31246	0,39367	0,8864	1,2548
1,55	3,636	61	0,31222	0,38673	0,8795	1,2437
1,54	3,703	61	0,31191	0,37983	0,8716	1,2318
1,53	3,773	61	0,31153	0,37297	0,8637	1,2214
1,52	3,846	61	0,31108	0,36615	0,8557	1,2102
1,51	3,920	61	0,31056	0,35938	0,8478	1,1989
1,50	4.000	61	0,30996	0,35266	0,8398	1,1877
1,49	4,081	61	0,30928	0,34598	0,8318	1,1764
1,48	4,166	61	0,30855	0,33934	0,8238	1,1650
1,47	4,255	61	0,30772	0,33275	0,8158	1,1537
1,46	4,347	60	0,30685	0,32621	0,8077	1,1422
1,45	4,444	60	0,30587	0,31971	0,7996	1,1308
1,44	4,545	60	0,30485	0,31325	0,7915	1,1193
1,43	4,651	60	0,30408	0,30684	0,7834	1,1078
1,42	4,761	60	0,30296	0,30047	0,7784	1,1008
1,41	4,878	60	0,30173		0,7768	1,0986
1,40	5,000	59	0,30001	0,28787	0,7746	1,0954
1,39	5,128	59	0,29712		0,7709	1,0914
1,38	5,263	59	0,29706		0,7690	1,0874
1,37	5,406	59	0,29550		0,7688	1,0872

(C.)

um 45° geneigter Aufsenwölbung.

und die Grenzstärke der Widerlagen.

$K = \frac{R}{r}$.	Verhältnifs des Durchmessers zur Dicke.	Werth des Bruchwinkels.	Verhältnifs C des Drucks zum Quadrat des Halbmessers r der innern Wölbung.		Verhältnifs der Grenzstärke der Widerlage zum Halbmesser der innern Wölbung.	
			Fall des Umsturzes.	Fall des Gleitens.	Genaues Gleichgewicht.	Stabilität nach *Vauban.*
1,36	5,555	59°	0,29386		0,7665	1,0841
1,35	5,714	58	0,29285		0,7653	1,0823
1,34	5,882	58	0,29037		0,7621	1,0777
1,33	6,060	58	0,28850		0,7596	1,0742
1,32	6,264	58	0,28654		0,7570	1,0705
1,31	6,451	57	0,28456		0,7544	1,0668
1,30	6,666	57	0,28231	0,22756	0,7514	1,0626
1,29	6,896	57	0,28027		0,7487	1,0588
1,28	7,142	56	0,27810		0,7458	1,0547
1,27	7,407	56	0,27578		0,7427	1,0503
1,26	7,692	55	0,27743		0,7395	1,0458
1,25	8,000	54	0,27102		0,7362	1,0412
1,24	8,333	53	0,26850		0,7328	1,0363
1,23	8,695	53	0,26608		0,7274	1,0316
1,22	9,090	52	0,26377		0,7263	1,0272
1,21	9.523	51	0,26074		0,7221	1,0217
1,20	10,000	50	0,25806	0,17171	0,7184	1,0160
1,19	10,526	50	0,25546		0,7148	1,0109
1,18	11,111	49	0,25277		0,7111	1,0045
1,17	11,764	49	0,25010		0,7072	1,0002
1,16	12,500	48	0,24742		0.7034	0,9948
1,15	13,333	47	0,24477		0,6997	0,9894
1,14	14,285	46	0,24218		0,6960	0,9842
1,13	15,384	44	0,23967		0,6923	0,9791
1,12	16,666	43	0,23732		0,6889	0,9743
1,11	18,181	43	0,23502		0,6856	0,9695
1,10	20,000	42	0,23292	0,12032	0,6825	0,9652
1,05	40,000	36	0,22902		0,6768	0,9571

Tafel

Halbkreisförmige Gewölbe mit

Tafel für den Bruchwinkel, den Druck

$K = \frac{R}{r}$.	Verhältnifs des Durchmessers zur Dicke.	Werth des Bruchwinkels.	Verhältnifs C des Drucks zum Quadrat des Halbmessers r der innern Wölbung.		Verhältnifs der Grenzstärke der Widerlagen zum Halbmesser der innern Wölbung.	
			Fall des Umsturzes.	Fall des Gleitens.	Genaues Gleichgewicht.	Stabilität nach *Lahire*.
2,00	2,000	36°	0,05486	0,50358	1,0036	1,3834
1,90	2,222	39	0,07101	0,43966	0,9377	1,2925
1,80	2,500	44	0,08850	0,37901	0,8706	1,2001
1,70	2,857	48	0,10631	0,32164	0,8020	1,1055
1,60	3,333	52	0,12300	0,26755	0,7315	1,0082
1,59	3,389	52	0,12453	0,26232	0,7243	0,9984
1,58	3.448	53	0,12602	0,25712	0,7171	0,9885
1,57	3,508	53	0,12747	0,25196	0,7099	0,9784
1,56	3,571	54	0,12837	0,24683	0,7026	0,9684
1,55	3,636	54	0,13027	0,24173	0,6953	0,9584
1,54	3,703	55	0,13153	0,23667	0,6880	0,9483
1,53	3,773	55	0,13289	0,23163	0,6806	0,9381
1,52	3,846	55	0,13414	0,22664	0,6732	0,9280
1,51	3,920	55	0,13531	0,22167	0,6658	0,9177
1,50	4,000	56	0,13648	0,21673	0,6583	0,9075
1,49	4,081	56	0,13756	0,21183	0,6509	0,8972
1,48	4,166	56	0,13856	0,20696	0,6433	0,8868
1,47	4,255	57	0,13952	0,20213	0,6358	0,8764
1,46	4,347	57	0,14041	0,19733	0,6282	0,8659
1,45	4,444	57	0,14122	0,19256	0,6206	0,8554
1,44	4,545	58	0,14195	0,18782	0,6129	0,8448
1,43	4,651	58	0,14268	0,18312	0,6052	0,8341
1,42	4,761	58	0,14311	0,17845	0,5974	0,8234
1,41	4,878	59	0,14376	0,17381	0,5896	0,8126
1,40	5,000	59	0,14421	0,16920	0,5817	0,8018
1,39	5,128	59	0,14456	0,16463	0,5738	0,7909
1,38	5,263	59	0,14481	0,16009	0,5658	0,7799
1,37	5,406	60	0,14498	0,15558	0.5578	0,7689
1,36	5,555	60	0,14506	0,15111	0,5497	0,7577
1,35	5,714	60	0,14504	0,14666	0,5416	0,7465
1,34	5,882	60	0,14491	$\overline{0{,}14225}$	0,5383	0,7420
1,33	6,060	61	0,14467		$\overline{0{,}5379}$	$\overline{0{,}7414}$
1,32	6,264	61	0,14460		0,5377	0,7412

(D.)

horizontaler Aufsenwölbung

und die **Grenzstärke der Widerlagen.**

Werthe von $K = \frac{R}{r}$.	Verhältnifs des Durchmessers zur Dicke.	Werth des Bruchwinkels.	Verhältnifs *C* des Drucks zum Quadrat des Halbmessers *r* der innern Wölbung.		Verhältnifs der Grenzstärke der Widerlagen zum Halbmesser der innern Wölbung.	
			Fall des Umsturzes.	Fall des Gleitens.	Genaues Gleichgewicht.	Stabilität nach *Lahire.*
1,31	6,451	61°	0,14390		0,5358	0,7394
1,30	6,666	61	0,14332	0,12495	0,5354	0,7379
1,29	6,896	61	0,14264		0,5341	0,7362
1,28	7,142	62	0,14186		0,5326	0,7342
1,27	7,407	62	0,14101		0,5310	0,7320
1,26	7,692	62	0,13988		0,5289	0,7290
1,25	8,000	62	0,13872	0,10405	0,5267	0,7260
1,24	8,333	62	0,13737		0,5235	0,7225
1,23	8,695	63	0,13593		0,5214	0,7187
1,22	9,090	63	0,13437		0,5184	0,7145
1,21	9,523	63	0,13263		0,5150	0,7099
1,20	10,000	63	0,13073	0,08397	0,5113	0,7048
1,19	10,526	63	0,12870		0,5073	0,6993
1,18	11,111	63	0,12650		0,5030	0,6933
1,17	11,764	64	0,12415		0,4983	0,6868
1,16	12,500	64	0,12182		0,4936	0,6803
1,15	13,333	64	0,11895	0,06471	0,4877	0,6723
1,14	14,285	64	0,11608		0,4818	0,6641
1,13	15,384	64	0,11303		0,4755	0,6553
1,12	16,666	64	0,10999		0,4686	0,6459
1,11	18,181	65	0,10641		0,4613	0,6358
1,10	20,000	65	0,10279	0,04627	0,4535	0,6249
1,09	22,222	66	0,098992		0,4449	0,6133
1,08	25,000	66	0,094567		0,4358	0,6007
1,07	28,571	67	0,091189		0,4270	0,5886
1,06	33,333	68	0,086376		0,4156	0,5729
1,05	40,000	69	0,081755	0,02865	0,4044	0,5773
1,04	50,000	70	0,076857			
1,03	66,666	71	0,071853			
1,02	100,000	73	0,066469			
1,01	200,000	74	0,061324			
1,00	∞	77	0,055472	0,01185		

Tafel (*E.*)

Kreisbogengewölbe mit concentrischer Aufsenwölbung.

Tafel für den Druck bei verschiedenen Systemen.

Werthe von $K = \frac{R}{r}$.	Verhältnifs des Drucks zum Quadrat des Halbmessers der innern Wölbung.						
	System $L=4f$, $r=\frac{5}{2}f$, $\alpha=53°7'30''$.	System $L=5f$, $r=\frac{29}{8}f$, $\alpha=43°36'10''$.	System $L=6f$, $r=5f$, $\alpha=36°52'10''$.	System $L=7f$, $r=\frac{53}{8}f$, $\alpha=31°53'26''$.	System $L=8f$, $r=\frac{17}{2}f$, $\alpha=28°4'20''$.	System $L=10f$, $r=13f$, $\alpha=22°37'10''$.	System $L=16f$, $r=32,5f$, $\alpha=14°15'0''$.
1,40	0,15445	0,14691	0,14691	0,14691	0,14691	0,14478	
1,35	0,14747	0,13030	0,12587	0,12587	0,12587	0,12405	
1,34	0,14543	0,12987	0,12171	0,12171	0,12171	0,11999	
1,33	0,14364	0,12781	0,11767	0,11767	0,11767	0,11596	
1,32	0,14173	0,12634	0,11362	0,11362	0,11362	0,11196	
1,31	0,13975	0,12486	0,10959	0,10959	0,10959	0,10800	
1,30	0,13764	0,12331	0,10682	0,10559	0,10559	0,10406	
1,29	0,13543	0,12164	0,10563	0,10163	0,10163	0,10016	
1,28	0,13311	0,11983	0,10437	0,09770	0,09770	0,09628	
1,27	0,13068	0,11803	0,10304	0,09379	0,09379	0,09244	
1,26	0,12815	0,11609	0,10160	0,08992	0,08992	0,08862	
1,25	0,12547	0,11402	0,10009	0,08668	0,08608	0,08483	0,07180
1,24	0,12270	0,11251	0,09850	0,08549	0,08227	0,08108	0,06862
1,23	0,12031	0,10958	0,09679	0,08423	0,07849	0,07735	0,06547
1,22	0,11675	0,10725	0,09499	0,08291	0,07474	0,07366	0,06234
1,21	0,11354	0,10460	0,09305	0,08148	0,07102	0,06999	0,05924
1,20	0,11023	0,10196	0,09102	0,07999	0,06981	0,06636	0,05616
1,19	0,10676	0,09915	0,08885	0,07834	0,06859	0,06275	0,05311
1,18	0,10313	0,09617	0,08653	0,07651	0,06727	0,05918	0,05008
1,17	0,09934	0,09303	0,08408	0,07468	0,06583	0,05212	0,04709
1,16	0,09537	0,08975	0,08144	0,07264	0,06420	0,05004	0,04411
1,15	0,09123	0,08634	0,07866	0,07050	0,06259	6,04904	0,04116
1,14	0,08690	0,08257	0,07568	0,06812	0,06077	0,04803	0,03824
1,13	0,08238	0,07869	0,07251	0,06558	0,05890	0,04671	0,03534
1,12	0,07764	0,07459	0,06911	0,06297	0,05659	0,04451	0,03247
1,11	0,07269	0,07042	0,06548	0,06026	0,05421	0,04384	0,02962
1,10	0,06737	0,06563	0,06158	0,05666	0,05160	0,04214	0,02681
1,09	0,06211	0,06077	0,05739	0,05345	0,04871	0,04023	0,02401
1,08	0,05636	0,05652	0,05288	0,04934	0,04552	0,03806	0,02192
1,07	0,05052	0,05011	0,04804	0,04426	0,04200	0,03560	0,02111
1,06	0,04431	0,04428	0,04280	0,04058	0,03861	0,03276	0,02002
1,05	0,03776	0,03804	0,03709	0,03550	0,03357	0,02944	0,01882
1,04	0,03096	0,03144	0,03095	0,02992	0,02862	0,02561	0,01720
1,03	0,02378	0,02437	0,02424	0,02369	0,02293	0,02131	0,01524
1,02	0,01625	0,01681	0,01690	0,01673	0,01640	0,01546	0,01199
1,01	0,00834	0,00871	0,00886	0,00889	0,00885	0,00862	0,00747

8.

Einige technische Nachrichten über den Artesischen Brunnen zu Grenelle bei Paris.

(Aus der „Revue gén. de l'architecture et des traveaux publics" des Herrn *C. Daly*. Jahrgang 1841.)

Nachdem die ungemeinen Schwierigkeiten bei dem Brunnen von Grenelle von dem Herrn Ingenieur ***Mulot*** mit vieler Geschicklichkeit und mit Glück alle überwunden worden sind, besitzt Paris einen Artesischen Brunnen, mit welchem kein anderer in Vergleich zu stellen ist, wenn man seine grofse Tiefe und die Festigkeit des Bodens in Betracht zieht, der durchbohrt werden mufste, um bis auf die Wasserschicht zu kommen. Man erzählt von gebohrten Brunnen in China, die über 1900 F. tief sein sollen: aber offenbar ist die Schwierigkeit bei denselben mit der bei diesem Brunnen hier nicht zu vergleichen; denn die Chinesen bedienen sich zum Bohren ihrer Brunnen eines einfachen Werkzeuges, an das Ende eines Seils befestigt, und lassen dasselbe durch den Stofs wirken. Offenbar mufs aber dann der Boden, wenn diese Art zu bohren ***ausführbar*** sein soll, durchweg sehr fest sein; und welche Form auch der chinesische Bohrer haben mag, so kann er doch durch keine Thonlage dringen, weil der Thon, anfangs zähe, bald durch die Nässe flüssig wird, sich dann über den Bohrer zusammenzieht und ihn festhalten und unwirksam machen mufs.

Der Boden, welchen der Brunnen von Grenelle durchbrochen hat, besteht nach der Beobachtung des Herrn etc. ***Mulot***, der diese merkwürdigen Arbeiten leitete, aus folgenden Schichten.

Bis zu 32 F. (10 Meter) tief fand sich aufgeschwemmter Boden. Der Boden liegt in dem alten Flufsbett der Seine.

Von 32 bis zu 131 F. tief fand sich Thon und Quarzsand.

Von 131 bis zu 446 F. tief weifse Kreide mit schwarzen Feuersteinen.

Von 446 bis 526 F. tief graue Kreide mit Kieseln.

Von 526 bis 1625 F. tief sehr harte graue Kreide, mit Bänken von Glimmerthon.

Von 1625 bis 1740 F. tief blauer Thon, grüner Thon und schwarzer Glimmerthon mit Fossilien und Schwefeleisenstein.

Von 1740 bis 1743 F. tief grüner eisenhaltiger Sand.

Von da weiter blieb der Boden sandig und ist noch nicht ganz erforscht. In der Sandschicht fand sich das aufsteigende Wasser.

Das Bohren ist 19½ Zoll im Durchmesser angefangen worden. Allmälig verminderte man den Durchmesser der Öffnung, so wie eiserne Röhren in dem nicht undurchdringlichen Sand und den Thonschichten nothwendig waren. Es waren vier Sätze Röhren erforderlich, um durch die Thonschichten bis auf 462 F. Tiefe zu gelangen. In dieser Tiefe hatte die Sonde noch nahe an 12 Zoll im Durchmesser. Der fünfte Satz Röhren reichte, mit 10 Zoll Durchmesser, bis auf 1115 F. tief; der sechste Satz, mit 8 Zoll Durchmesser, bis auf 1306 F. tief; der siebente Satz, mit 6½ Zoll Durchmesser, bis auf 1720 F. tief. Die übrigen 24 F. Tiefe haben keine Röhren.

Die blofse Betrachtung der oben beschriebenen Schichten mufs schon einen Begriff von der grofsen aufsteigenden Kraft des Wassers geben. Es stürzt wie kochend aus der Erde hervor, zu 1⅓ bis 1⅔ Cub. Fufs in der Secunde; und dies ist nur der Überschufs dessen, was seitwärts in die sehr zerklüfteten Kreideschichten, so wie in die Sand- und Thonschichten dringt; denn der aufsteigende Strahl wird durch die Röhren nur erst auf eine sehr unvollkommene Weise zusammengehalten. Diese Röhren dienen bis jetzt blofs dazu, die Erde von dem Bohrloche zurückzuhalten. Der Brunnen wird also auch nicht eher als vollendet zu betrachten sein, ehe nicht die eigentliche Brunnenröhre eingesetzt ist. Erst dann wird sich der eigentliche Ergufs zeigen, und dieser wird gewifs noch viel gröfser sein, als jetzt. [Nach der Zeit dieser Nachrichten ist, wie man vernimmt, die eigentliche Brunnenröhre eingesetzt worden. D. H.]

Die Einsetzung der Brunnenröhre wird ein sehr nöthiges, aber auch sehr mifsliches Unternehmen sein, und besonders hier in diesem Falle sehr grofse Schwierigkeiten haben. Man erschrickt vor der Aufgabe, eine 1743 F. hohe Säule oder Röhre senkrecht in die Erde hinunterzubringen; aber die aufserordentlichen Beweise von Geschicklichkeit, welche Herr ***Mulot*** schon gegeben hat, beruhigen uns über den Erfolg.

Die Frage, welche Art von ***Metall*** zu den Röhren am rathsamsten sein dürfte, beschäftigt Jeden, der sich für die Vervollkommnung und Vollendung des Brunnens von Grenelle interessirt. In mehrere Artesische Brunnen hat man Röhren von geschmiedetem Eisen gesetzt; aber nicht mit dem erwarteten Erfolge. Es wird nicht ohne Interesse sein, bei dieser Gelegenheit einen merkwürdigen Fall in Erinnerung zu bringen, der hier um so mehr in Betracht kommt, da das aufsteigende Wasser, mit welchem die Röhre in Berührung kam, ganz eben so wie hier aus einer Sandschicht unter Kreideboden entsprang. Dieser Fall ist der des Brunnens zu St. Cyr, in der Nähe von Tours, bei dem Doctor ***Bretonneau.*** Dieser auf der Besitzung des Herrn ***Bretonneau*** vor einigen Jahren verfertigte und mit einer eisernen Röhre ausgesetzte Artesische Brunnen gab allmälig immer weniger Wasser, und zuletzt fast gar keins mehr. Herr ***Bretonneau*** liefs darauf die Röhren herausnehmen, deren Wände wenigstens $3\frac{1}{2}$ Linien dick waren. Sie waren ganz wohl erhalten, aber an jeder Zusammensetzung der Röhren fanden sich ein oder mehrere kreisförmige Löcher von 9 bis selbst 14 Linien im Durchmesser, deren Ränder ganz scharf und rein waren, als wären sie mit einem Meifsel gemacht. Die Ursach dieses Ergebnisses war wahrscheinlich irgend eine electrochemische Wirkung; wenigstens beweiset es, dafs das Eisen zu den Röhren für den aufsteigenden Strahl in Artesischen Brunnen durchaus nicht zu empfehlen sei. Röhren aus Eichen- oder Erlenholz würden besser sein; aber die beträchtliche Dicke, welche ihre Wände bekommen müfsten, würde bei dem Brunnen zu Grenelle den innern Durchmesser der Röhre zu sehr vermindern. Röhren aus Kupfer, mit 1 bis $1\frac{1}{3}$ Linien dicken Wänden, werden die besten sein, weil sie hinreichende Festigkeit gewähren und zugleich unzerstörbar sein dürften. Es ist also auch beschlossen worden, hier in diesen Artesischen Brunnen eine ***kupferne*** Röhre zu setzen. [Wahrscheinlich hat man denn also schon Erfahrungen, dafs das ***Kupfer*** haltbar ist und nicht wieder irgend eine chemische oder galvanische Wirkung auch dieses Metall angreift. D. H.]

Nächst dem Interesse, welches der ***Mulot***schen Brunnen durch seinen unmittelbaren Nutzen hat, ist derselbe auch für die geologische Beurtheilung des Bodens, auf welchem Paris steht, wichtig; so wie durch den neuen Beweis, der sich hier für die concentrirte Wärme im Innern des Erdballs ergiebt. Geht man von der gleichmäfsigen Temperatur der 90 F. tiefen Keller unter der Sternwarte aus, so würde sich Ein Grad Réaum. Zunahme an Wärme auf jede $127\frac{1}{2}$ F. Tiefe ergeben. Das Wasser aus dem Brunnen von Grenelle hat etwa 22 Grad Réaum. Wärme. [Der Schlufs, dafs ***dieselbe*** Zunahme der Wärme der Erde in der Tiefe, welche in den ***ersten*** 1743 F. Tiefe des Brunnens von Grenelle beobachtet worden ist, auch für die folgenden 1743 F. u. s. w. Statt finden werde, möchte aber wohl keinen rechten Grund haben. D. H.]

Der Kreideboden, durch welchen man mit dem Brunnen von Grenelle gedrungen ist, hat sich hier in ein ungeheures Becken von älterer als dieser secondairen Gebirgsart allmälig schichtweise gelagert. Die unter der Kreide liegenden Schichten kommen an den Rändern des Beckens an verschiedenen Stellen zu Tage; an andern Stellen liegen sie in geringer Tiefe unter der Oberfläche. Sie nehmen dort den Niederschlag aus der Luft, so wie Wasser aus den Flüssen auf, die an den Rändern hinfliefsen. Man hat vollkommne Gleichheit zwischen dem Sandsteine, oder dem grauen Sande, der an verschiedenen und sehr von einander entfernten Stellen angetroffen wird, und demjenigen gefunden, welchen die Bohrer des Herrn ***Mulot*** zu Tage gebracht haben.

Zu Lisieux in der Normandie liegt der Kreideboden auf Jurakalk. Die Grenze dieser Gebirgs-Art zieht sich nach Le Mans und La Flèche hin und nimmt hier die bedeutenden Einsickerungen des Loir [dieser Flufs ist ein anderer als die Loire] auf, der hier gerade auf der Grenze nordöstlich von Angers hinströmt. Auch die Loire mufs bei Saumur der Unterlage des Kreidebodens ihren Beitrag liefern. Weiterhin zieht sich der Rand des Kreidebodens südlich von Paris durch Laudun und Châtellerault nördlich von Bourges hin, und zuletzt nach Sancerre. An diesen verschiedenen Stellen erhält er Wasser aus der Vienne, der Creuse, dem Indre, dem Cher und der Loire. Von Sancerre wendet sich die Grenze nordöstlich, zieht sich durch Auxerre und Joigny nach Troyes, und nimmt Wasser aus der Yonne, der Seine, dem Aube und mehreren andern kleinen Flüssen auf. Nahe bei Troyes, zu Lusigny und bei der Abtei Monster-Rancy, $2\frac{1}{2}$ Meile südöstlich von Troyes, liegt der Sandstein und graue Sand zu Tage. Aus Lusigny hat Herr ***Volfardic*** Proben dieses Gesteins vorgezeigt. Ein dortiger Brunnen liegt 414 F. hoch über dem Meer: der Brunnen zu Grenelle nur 99 F. hoch. Im weitern Verfolg, nach Norden zu, nimmt der Rand des Kreidebodens, durch St. Menehould hin, auf eine längere Strecke, Wasser aus dem Aisneflufs auf. Endlich bildet dieser Boden die Unterlage der tertiären Lagen von Belgien, welche dort Einsickerungen aufnehmen, die die Artesischen Brunnen in der Picardie, in Artois u. s. w. speisen.

Alle diese Einsickerungen bewegen sich sehr frei in dem Kreideboden, und sammeln sich, in beständiger Verbindung mit den Einsickerungsstellen bleibend, auf dem Boden des Beckens an. Da die Einsickerungs-Orte alle höher liegen, als Paris, so müssen die Gewässer in dem Brunnen von Grenelle in die Höhe steigen, und werden sich noch höher erheben, wenn der Brunnen erst eine Röhre erhalten haben wird: nemlich bis auf eine Höhe, welche ihrem Druck auf die Schicht entspricht, die den Boden des Beckens bedeckt. Es wäre interessant, zu untersuchen, ob und welchen Einfluſs der Brunnen von Grenelle auf die Brunnen in der Touraine und auf diejenigen zu Rouen und Elbeuf habe.

Wir vereinigen bei dieser Gelegenheit mit Vergnügen unser Lob und unsern Beifall mit demjenigen, welches dem Municipalrath von Paris und insbesondere Hrn. ***Arago,*** der mit allem seinem Einfluſs das muthige Unternehmen des Herrn ***Mulot*** unterstützt hat, so wie auch der Regierung schon bezeigt worden ist, die auf eine würdige Weise die Talente und die lobenswerthe Beharrlichkeit ehrte, von welcher Herr ***Mulot*** so viele Beweise gegeben hat.

(Unterzeichnet *N. V.*)

[Diese kurzen Nachrichten von dem Brunnen zu Grenelle sind jetzt schon fast zwei Jahre alt; indessen sind, so viel dem Herausgeber des gegenwärtigen Journals bekannt ist, keine neuern Nachrichten von *Sachverständigen* über diesen Gegenstand gegeben worden. Sobald dem Herausgeber dergleichen (andere haben wenig Nutzen) zu Gesicht kommen, wird er sie den Lesern des Journals mittheilen.

Von einem seiner Bekannten, der im Novemder 1842 den Brunnen zu Grenelle gesehen hat, hörte der Herausgeber, daſs jetzt die obengedachte Röhre eingesetzt ist und daſs jetzt das Wasser nicht in einem freien Stral in die Luft hinaufspringt, sondern in einer ***Röhre*** (thurmhoch, wie der Erzähler sich ausdrückte) über den Boden hinaufsteigt. Um diese Röhre hat man ein hölzernes Gerüst gebaut, an welches sie sich hält und auf welches man hinaufsteigen kann. Von oben ist das Wasser in einer andern Röhre wieder hinabgeleitet und wird dann in gemauerten Canälen weiter geführt. Zunächst benutzt man es für das Schlachthaus zu Grenelle. Das Wasser ist zwar nicht ganz klar, aber doch trinkbar. D. H. Im December 1842.]

9.

Eine Erfahrung zur Vergleichung der Kosten der Heizung von Stuben-Öfen mit Steinkohlen und Holz.

(Vom Herausgeber.)

Da die schon sehr hohen Preise des Brennholzes in Berlin im vergangenen Jahre 1842 wegen der Hemmung der Zufuhr durch den Wassermangel in den Flüssen und Canälen, in Folge der Dürre des Sommers, noch höher gestiegen waren, so versuchte der Herausgeber dieses Journals, in seiner Wohnung die von den Zimmern aus zu heizenden Öfen, so wie sie für die Heizung mit Holz eingerichtet sich fanden, ohne sie umbauen zu lassen, mit *Steinkohlen* zu heizen, um vielleicht dadurch eine Ersparung an den Kosten zu erzielen. Da die Resultate überraschend waren, so glaubt er, dafs es vielleicht auch Andern von Nutzen sein könnte, wenn sie davon Nachricht bekämen. Er wird daher über den Hergang und den Erfolg dieses Versuchs, so wie über die dabei gemachten Beobachtungen im Nachstehenden Bericht erstatten.

Nach der Erfahrung, eine Reihe von Jahren hindurch, belief sich das Bedürfnifs an Brennholz in dem vorliegenden Falle zusammen auf 2 Haufen Buchenholz und $\frac{1}{2}$ Haufen Kiehnenholz. Dieses Holz würde nach den Preisen des vorigen Jahres, zu etwas über 50 Thlr. für den Haufen Buchenholz und zu beinahe 40 Thlr. für den Haufen Kiehnenholz, mit den Kosten der Anfuhre, des Zerhauens, Eintragens und Aufpackens des Holzes, etwa 120 Thlr. gekostet haben.

Mit den $2\frac{1}{2}$ Haufen Brennholz wurden regelmäfsig *zwei* Stuben-Öfen den Winter hindurch ununterbrochen geheizt, und das ganze Jahr hindurch wurden in einer Kochmaschine die Speisen gekocht; desgleichen wurde in einer Waschküche das nöthige Feuer zum Waschen des Leinens davon gemacht. Zum Kochen und Waschen ging nach näheren Ermittelungen ziemlich genau der *dritte Theil* des gesammten Holzbedarfs auf. Also erforderten die beiden Öfen zwei

Drittheile des Bedarfs, und folglich würde im vergangenen Winter die Heizung eines jeden der beiden Öfen nach den derzeitigen Preisen des Holzes 40 Thlr. gekostet haben.

Dieses scheint *viel* zu sein, und ist auch wirklich mehr, als in vielen andern Fällen: allein der Aufwand von 40 Thlr. für die Heizung eines Ofens war in dem vorliegenden Falle aus folgenden eigenthümlichen, ausnahmsweisen Ursachen nöthig. Erstlich nemlich liegt das Haus, in welchem sich die hier in Rede stehende Wohnung befindet, nicht in der Stadt, sondern aufserhalb derselben, eine viertel Meile vom Thor entfernt, und beinahe gänzlich frei. Das Haus ist gegen die Winde aus Morgen und Abend durch Nichts geschützt; weshalb selbige dann hier auch als wahre *Stürme* empfunden werden. Zweitens sind die beiden zu heizenden Zimmer, jedes von 14½ F. breit, 18 F. tief und 11½ F. hoch, *rundum* von *ungeheizten* Räumen umgeben und haben jedes *drei* Thüren, zwei Fenster, von 3½ F. breit, 7 F. hoch, und *keine* Doppelfenster. Zwar liegen sie noch glücklicherweise das eine gerade *über* dem andern: aber dafür ist auch das obere, eine Treppe hoch, um so mehr den Winden ausgesetzt. Die Zimmer sind also in der That *schwer* zu heizen. Drittens endlich werden die Zimmer stets ziemlich *stark* geheizt, bis 15 Grad R. und darüber, und das völlig ununterbrochen, sogar noch spät Abends, um die anstofsenden Schlafzimmer des Nachts durch die alsdann geöffneten Thüren derselben in etwas zu erwärmen. Daraus erklärt sich dieser *ungewöhnliche* Aufwand für die Heizung. Übrigens kommt es aber offenbar gar nicht darauf an, ob der Aufwand hier *ungewöhnlich* sei, oder nicht: denn das *Nemliche*, was durch Holz zu erzielen war, mufste auch durch Steinkohlen erzielt werden. Es kommt nicht auf den Betrag der Kosten an, sondern nur auf das *Verhältnifs* derselben für die eine und die andere Heizungsart.

Nun sind die beiden beschriebenen Zimmer den vorigen Winter hindurch, von den ersten Tagen des October 1842 an, bis zum 22sten März 1843, 177 Tage lang, ununterbrochen mit Steinkohlen geheizt worden, und es sind für die *beiden* Öfen zusammen 2 Haufen und 2 Scheffel Kohlen, der Haufen zu 44 Scheffel, also 90 Scheffel Steinkohlen nöthig gewesen. Dieselben haben, zusammen mit Anfuhre und Trinkgeld, 37 Thlr. gekostet. Dazu kommt noch für das zum Anzünden der Kohlen, wie weiter unten zu beschreiben, nöthig gewesene wenige Kiehnenholz 3 Thlr.; thut zusammen 40 Thlr. Für diese 40 Thlr. sind die *beiden* Öfen geheizt worden und folglich hat die Heizung *jedes* Ofens 20 Thlr. gekostet.

Mithin hat die Heizung der Öfen mit Steinkohlen gerade nur halb so viel gekostet, als die Heizung mit Holz gekostet haben würde.

Der *Haufen* Holz wird in Berlin aus 3 F. langen Kloben 18 F. lang und 9 F. hoch aufgesetzt und enthält also 486 C. F. *aufgesetztes* Holz: eben so viel als $4\frac{1}{2}$ *Klafter* von 6 F. lang, 6 F. hoch und 3 F. breit, also von 108 C. F. Inhalt. Der *Scheffel* enthält $1\frac{7}{9}$ C. F. Die zu 2 Öfen nöthigen $1\frac{3}{5}$ Haufen Holz betragen also $777\frac{1}{5}$ C. F. und die 90 Scheffel Steinkohlen 160 C. F.

Also hat ein Cubikfufs Steinkohlen so viel Heizkraft, als etwa $4\frac{3}{4}$ C F. Buchenholz; ein Haufen Steinkohlen von 44 Scheffel hat so viel Heizkraft als $\frac{4}{5}$ Haufen Holz, oder 55 Scheffel Kohlen so viel als 1 Haufen Holz.

Nach dieser Angabe des Hauptresultats berichtet der Herausgeber über den Hergang des Versuchs weiter Folgendes.

Vor dem Anfange des Versuchs theilte er die gewöhnliche Meinung, dafs die Steinkohlen nicht anders als auf einem *Rost* brennen würden. Er hatte also, da er keinesweges gesonnen war, die Öfen *umbauen* zu lassen, zunächst für den einen Ofen einen leichten Rost von Eisen machen lassen, auf welchem auch die Kohlen sehr gut brannten. Aber es fand sich sehr bald, dafs der Rost durchaus *unnöthig* und dafs es völlig hinreichend sei, wenn man geradezu auf den Heerd der Ofen-Essen, so wie er ist, 5 bis 6 Stückchen Kiehnen- oder auch Birkenholz, jedes von etwa 6 Zoll lang und 1 Quadratzoll im Querschnitt, nebeneinander legte, auf dieses Holz die Kohlen packte oder schüttete, vor die aufgeschütteten Kohlen ein Paar Stückchen Kiehn stellte und diese anzündete. Das Holz unter den Kohlen verbrennt sehr schnell; die Kohlen fallen *nicht* nach, sondern bleiben über dem Raum, den das Holz einnahm, gewölbt stehen, indem sie gewissermafsen zusammen schmelzen, und so bringt das verbrannte Holz denjenigen Raum zum Luftzuge hervor, den sonst der Rost zu schaffen bestimmt ist. Selbst dann noch brannten die Kohlen, wenn man auch *kein* Holz ihnen unterlegte, sondern sie ohne weiteres in den Ofen warf; jedoch allerdings *weniger gut.*

Grofse und kleine Stücken Kohlen brannten fast gleich gut; nur mufsten kleineren Stücken ziemlich *nothwendig* die beschriebenen Stückchen Holz untergelegt werden. Auch sind gröfsere Stücken Kohlen *bequemer* in den Ofen zu bringen, als kleinere.

Während Holz in einer halben bis dreiviertel Stunde ganz verbrennt, so dafs etwa 1 Stunde nach dem Einheizen die Ofenröhre verschlossen werden kann und, falls die Heizung nicht wiederholt werden soll, verschlossen werden mufs, damit der Ofen nicht bald wieder erkalte, verbrennen Steinkohlen bei weitem langsamer. Nach 2 bis $2\frac{1}{2}$ Stunden finden sich noch glühende Kohlen, und eher als frühstens 3 Stunden nach der Heizung darf die Ofenröhre nicht verschlossen werden. Bei dem hier vorliegenden Versuche sind die Ofenröhren an den kälteren Tagen *gar nicht* verschlossen worden; auch des Nachts nicht. Die Heizung wurde entweder nach 3 bis 4 Stunden wiederholt, oder es wurden auch allmälig immer wieder Kohlen nachgeschüttet, so dafs das Feuer fast immerfort brannte. Abends wurde noch um 9, zuweilen um 10 Uhr, für die Nacht geheizt.

Werden die Kohlen, während sie brennen, nicht aufmerksam von Zeit zu Zeit nach vorn an die Ofenthür hingezogen, oder sind sie nicht sehr fett und entzündlich, so verbrennen sie nicht ganz, sondern das Feuer geht allmälig aus und es haben sich dann Cokes erzeugt. So geschieht es insbesondere des Nachts, wo das Feuer nicht geschürt wird. Des Morgens mufs dann der Ofen, ehe man von neuem heizt, ganz gereinigt werden. Auf die neu eingeschütteten Kohlen werden aber die Cokes wieder aufgeschüttet und gehen nicht verloren, sondern verbrennen ebenfalls allmälig vollständig. Der zuletzt übrig bleibenden Asche und der Schlaken waren nur sehr wenig. Indessen ist in diesem Punct, so wie in der Heizkraft, der Unterschied *sehr* bedeutend, wenn die Kohlen nicht fett und glänzend sind. Der eine der 4 halben Haufen, welche hier verbrannt worden sind, war weniger fett als die andern, und die Heizung mit demselben war beschwerlich. Es blieben viel Asche und Schlacken übrig, und der Beobachtung nach wirkte dieser halbe Haufen um wenigstens den *vierten* Theil weniger, als jeder der andern drei, welche fette englische Steinkohlen waren, die sich, wie vorhin gesagt, ohne Mühe und beinahe vollständig verbrennen liefsen.

Den täglichen Bedarf eines Ofens zu fassen, war ein hölzerner Kasten bestimmt, der neben dem Ofen im Zimmer stand; zu den Cokes ein zweiter kleiner Kasten. Die Asche wurde des Morgens fortgeschafft. Vor der Heizthür lag natürlich auf dem Boden ein Blech. Auf einmal wurden nie mehr als höchstens 1 Metze Kohlen in den Ofen geschüttet, weil sonst die Glut zu stark war und den Ofen zu sprengen drohte.

Ein Übelstand ergab sich bei der Heizung, welchem abgeholfen werden mufste. Beim Heranziehen der brennenden Kohlen nach der Ofenthür hin fielen nemlich die Kohlen nebst der Asche aus dem Ofen heraus auf das Blech vor der Heizthür; was unangenehm war. Um dies zu hindern, wurden zwei Stangen Eisen, von 12 Zoll lang und etwa $\frac{1}{2}$ Zoll breit und hoch, etwas weniger weit auseinander als die Ofenthür breit war, an jedem Ende durch ein querüber aufgeniethetes Querstück von gleichem Eisen mit einander verbunden, und auf das *vordere* Querstück wurden sechs 3 Zoll hohe Stücken Eisen von derselben Stärke aufrecht befestigt. Diese Vorrichtung wurde mit dem unten 12 Zoll langen und etwa 5 Zoll breiten Rahmen auf den Boden des Ofens gelegt, so dafs nun die 6 aufgezapften eisernen Stielchen dicht hinter der Ofenthür geradeaufstanden. Zwischen ihnen hindurch hatte die Luft ihren Zug, und die eisernen Stielchen verhinderten, dafs die Kohlen, wenn sie nach vorn gezogen wurden, aus dem Ofen herausfallen konnten. Die Vorrichtung kostete etwa 1 Thaler für jeden Ofen, kann aber mehrere Jahre dienen. Es wurde dadurch der zu beseitigende Übelstand vollständig gehoben.

Da die Steinkohlen das Eisen angreifen, so war zu besorgen, dafs die eisernen Kasten, die sich in beiden hier geheizten Öfen befanden (mit einer Durchbrechung der vordern Wand) stark leiden würden. Aber nach dem ersten Winter ist noch kein Schade an den eisernen Kasten merklich geworden. Indessen würde es wohl gut sein, dafs man Öfen, die man fortwährend mit Steinkohlen heizen will, *keine* eisernen Kasten gäbe. Die Öfen kosten auf diese Weise noch 8 bis 10 Thlr., ein jeder, weniger; die eisernen Kasten aber vermehren nicht gerade die Heizkraft der Öfen, sondern dienen nur dazu, die Zimmer nach dem ersten Einheizen etwas *schneller* zu erwärmen.

Jedenfalls bedürfen die Steinkohlen einen *starken,* und *stärkeren* Luftzug, als Holz. Wo also die Öfen nicht enge, nur 6 Zoll weite Schornsteinröhren haben, die mittels einer Bürste gereinigt werden, sondern, nach der alten Art, Röhren, die so weit sind, dafs der Schornsteinfeger durch sie hindurchsteigt, dürfte vielleicht die Heizung mit Steinkohlen weniger und vielleicht gar nicht practicabel sein. Referent kann solches zwar nicht aus Erfahrung sagen, allein es ist *wahrscheinlich* so; wenigstens ist zu fürchten, dafs bei widrigen Winden der Dampf aus dem Ofen gelegentlich in die Zimmer werde getrieben werden; was freilich in solchen Fällen auch eben sowohl bei der Heizung mit Holz geschieht. Hier, in dem vorliegenden Falle, wo beide Öfen enge Schornsteinröhren und jeder seine eigene Röhre hatte, ist der Übelstand *nicht ein einzigesmal* vorgekommen. Früher, bei der Heizung mit Holz, ist er nicht *ganz* ausgeblieben; was indessen Zufall sein kann. So viel ist gewiſs, daſs ein Ofen, wenn man ihn mit Steinkohlen heizt, in keinem Fall *mehr* dem Rauchen ausgesetzt ist, als bei der Heizung mit Holz; was auch natürlich so sein *muſs,* weil die Erwärmung der *Schornsteinröhre,* auf welcher allein der *Zug* des Ofens beruht, bei der Heizung mit Steinkohlen stärker und ununterbrochener stattfindet, als bei der Heizung mit Holz.

Wir wollen jetzt die Vortheile und Nachtheile der Ofenheizung mit Steinkohlen gegen die mit Holz *zusammenzustellen* suchen.

Ein erster Vortheil der Steinkohlenheizung ist der, daſs sie, wenn die Preise der beiden Brennstoffe in dem Verhältniſs stehen, wie jetzt zu Berlin, *nur halb so viel kostet,* als die Heizung mit Holz. Sind die Preise anders, so verhält es sich damit natürlich ebenfalls anders. So lange indessen ein Haufen hartes Holz mehr kostet als 55 Scheffel Steinkohlen, ist bei der Heizung mit Steinkohlen Gewinn. In Berlin kostet jetzt 1 Haufen hartes Holz *doppelt* soviel, als 55 Scheffel Steinkohlen.

Ein zweiter Vortheil ist, daſs die Schluſsklappe des Ofens bei der Heizung mit Steinkohlen länger offen bleiben kann, als bei der Heizung mit Holz, und daſs also auf diese Weise die Reinigung und Erneurung der Luft im Zimmer vollständiger erfolgt, als wenn man Holz brennt. Dieser Vortheil ist so wesentlich, daſs der Referent seinerseits *dieses* Vortheils wegen die Heizung mit Steinkohlen der mit Holz selbst dann noch vorziehen würde, wenn sie *nicht* weniger kostete.

Ein dritter Vortheil ist, daſs man durch die Steinkohlen eine viel *gleichmäſsigere* Erwärmung der Zimmer erhält, als durch Holz. Denn, mit Holz heizend, wiederholt man in der Regel die Einheizung nicht eher, als bis die Erkältung des Zimmers *fühlbar* geworden ist. Dieses kommt bei Steinkohlen auf die oben beschriebene Weise nicht vor. Auch kann man sich durch Steinkohlen viel länger in die Nacht hinein, ohne die Heizung zu wiederholen, ein erwärmtes Zimmer verschaffen, als durch Holz.

Ein vierter Vortheil ist, daſs der Winter-Vorrath an Steinkohlen viel weniger *Raum* einnimmt, als der an Holz: dem Obigen zufolge fast nur den *fünften Theil;* was für enge Wohnungen in der Stadt nicht unwesentlich ist. Auch sind die Steinkohlen weniger der Beraubung ausgesetzt, als Holz. Die schwarzen Kohlen können den Dieb gar leicht verrathen.

Dagegen ist ein ***Nachtheil*** der Heizung mit Steinkohlen gegen die mit Holz, dafs sie den Domestiken etwas mehr Mühe macht; auch ihnen unangenehmer ist, indem ihnen die Kohlen die Hände schwärzen und sie also beim Heizen entweder einen schwarzen Handschuh anziehen, oder hinterher sich die Hände waschen müssen. Doch ist dieser Umstand so geringfügig, dafs er kaum die Erwähnung verdient. Der Nachtheil gehört fast nur zu denen, die erst aus der ***Gewohnheit*** hervorgehen und fast nur in der Einbildung liegen. Wäre die Heizung mit Steinkohlen allgemein üblich, und es sollte nun die Heizung mit Holz an die Stelle treten, so würde dann umgekehrt *diese* den Domestiken wahrscheinlich eben so wenig genehm sein, als jetzt die mit Steinkohlen.

Ein zweiter Nachtheil, der in dem hier vorliegenden Falle gar nicht unwesentlich war, ist folgender. Das Haus nemlich, in welchem die beiden beschriebenen Zimmer sich befinden, hat ein flaches Dach, welches so eingerichtet ist, dafs *alles* Regenwasser, welches auf das Dach fällt, aufgefangen und durch Röhren in Fässer geleitet wird, aus welchem man denn den Bedarf an Wasser zum Waschen der Wäsche nimmt. Da nun von den Kohlen weit mehr feine Staubtheile durch den scharfen Zug aus den Schornsteinen hinausgeführt werden, als von dem Holz, so schwärzten diese das auf das Dach gefallene Regenwasser, und zwar in dem Maafs, dafs das aufgefangene Wasser den ganzen Winter hindurch zum Waschen der Wäsche völlig unbrauchbar war. In der Stadt ist indessen dieser Nachtheil weniger wesentlich, da dort das Regenwasser von den Dächern weniger benutzt wird und benutzt werden kann. Auch findet der Schaden natürlich nur im ***Winter*** statt. Im Sommer existirt er nicht.

Ein dritter Nachtheil wäre noch, dafs die Kohlen in den Schornsteinröhren weit mehr ***Rufs*** absetzen, als das Holz, und dafs also die Röhren etwas öfter ausgefegt werden müssen; was aber am Ende nur von geringer Bedeutung ist.

Andere Nachtheile, von welchen Referent hörte, sind nicht begründet. So z. B. hörte er behaupten, die Kohlen schwärzten im Zimmer die Gardinen und trübten die Fensterscheiben. Dieses ist unwahr, und auch ganz unmöglich; denn so lange nicht der Dampf und Staub von den Kohlen in das Zimmer zurückgetrieben wird, kann er darin auch nichts schwärzen. Die ***nicht*** brennenden Kohlen aber schwärzen Entferntes durchaus nicht. Dafs ferner die Kohlen das Eisen angreifen, ist bekannt. Allein, dafs sie z. B. Bolzen, die man etwa zum Plätten der Wäsche in den Kohlen glühend macht, so schnell verzehrt werden sollten, wie er ebenfalls behaupten hörte, dafs man lieber besondere Holzkohlen dazu nehmen müfste, ist nicht glaublich, da, wie oben bemerkt, die eisernen Ofenkasten und auch die kleinen eisernen Gitter vor den Kohlen den ganzen Winter hindurch nicht merklich gelitten haben.

Der Herausgeber berichtet einfach blofs die obigen Thatsachen. In einem andern, ihm bekannten gröfsern Haushalte, wo man ebenfalls diesen Winter hindurch alle Öfen mit Steinkohlen geheizt hat, ist man ungefähr zu gleichen Resultaten gelangt, wie die obigen. Referent will die Heizung der Öfen mit Steinkohlen weder empfehlen, noch davon abrathen. Jeder wird selbst urtheilen, was er zu beschliefsen habe. Was nicht Thatsachen bewirken, werden Worte nicht thun. Blofs eine allgemeine Bemerkung möge noch gestattet sein. Sie ist es eben, wegen welcher der Herausgeber überhaupt geglaubt hat, sich erlauben zu dürfen, die gegenwärtige Notiz über die vorliegende Erfahrung hier zu veröffentlichen.

Sollte es nemlich sich allgemein bewähren, dafs nach den jetzigen Preisen des Brennholzes und der Steinkohlen die Heizung der Stuben-Öfen mit Steinkohlen hier in Berlin nur halb so viel kostet, als die mit Holz: sollten dann ferner nicht etwa noch andere Übelstände bei der Heizung mit Steinkohlen sich ergeben, als in dem hier beobachteten Falle, und sollte also die Heizung der Öfen mit Steinkohlen dann allgemeiner üblich werden, wie alsdann in der That zu erwarten sein dürfte, da doch so ziemlich Jeder nicht gern 40 Thlr. ausgeben wird, wenn er das *Nemliche* für 20 Thlr. haben kann, so würde die dadurch z. B. in Berlin zu erzielende Ersparung an den Ausgaben *sehr* bedeutend sein. Rechnet man nemlich, dafs *eine Familie* in Berlin *im Durchschnitt* auch nur 20 Thlr. den Winter hindurch für die Heizung ihrer Öfen mit Holz nöthig hat, so macht das für die etwa 70 Tausend Familien, welche jetzt Berlin bewohnen, 1 400 000 Thlr. jährlich. Kostet nun die Heizung mit Steinkohlen nur *halb so viel,* so würden die Kohlen den Einwohnern von Berlin jährlich ***700 Tausend Thaler*** zu ersparen vermögen; was nicht unbedeutend ist. Auch würde aus der Steinkohlenheizung leicht noch ein anderer Gewinn sich erzielen lassen. Achtete man nemlich darauf, die Cokes, welche sich, wie oben beschrieben, bei der Heizung der Öfen leicht von selbst erzeugen, nicht in den Öfen weiter zu verbrennen, sondern sie zu sammeln, so würden dieselben für die Eisenbahnen zur Heizung der Dampfwagen passend sein und denselben *wohlfeiler* verkauft werden können, als den Eisenbahnen die Cokes jetzt zu stehen kommen, indem das Feuer, welches zur Erzeugung der Cokes gebrannt hat, dann in den Stuben-Öfen benutzt worden ist. Die Heizkraft dieses Feuers aber, welches jetzt aus den Cokes-Öfen der Eisenbahnen verfliegt, und an welchem sich Hunderte und Tausende armer Leute erwärmen könnten, würde nicht mehr verloren gehen.

Erwägt man, dafs die Heizkraft der Steinkohlen, obgleich dieselben in England tief aus der Erde geholt und dann erst noch von da weit übers Meer hieher gebracht werden, dennoch hier jetzt wohlfeiler ist, als die Heizkraft des Holzes, welches in der Nähe, im Lande wächst und fast keiner Pflege zu seiner Erzeugung, sondern nur des Transports bedarf, so zeigt sich recht deutlich, welch' ein kostbarer und vortrefflicher Brennstoff die Steinkohlen sind. Welch' ein Schatz ist es also nicht, den noch die Erde auch im eignen Lande birgt! Denn auch der Preufsische Staat hat im Süden und Westen Steinkohlen in Menge, und von der besten Art. Es käme also nur auf die Mittel an, die Kohlen wohlfeiler als bisher zu *transportiren,* um auch an den Ausgaben für die Winterheizung noch ungeheuere Summen zu ersparen, dem Holzmangel vorzubeugen und grofse Landflächen dem Acker- und Gartenbau zuzuwenden, die jetzt Brennholz tragen müssen. Diese Mittel vermögen die *Eisenbahnen* zu gewähren, aber in vollem Maafse erst nur dann, wenn man von der Gewohnheit absteht, *alle* Frachten eben so schnell, oder doch beinahe so schnell zu transportiren, als Reisende. Die für Frachten zum Theil ganz unnütze grofse Geschwindigkeit kostet ohne allen Zweck *sehr viel,* und es geht durch diese *unnöthige* Ausgabe ein bedeutender Theil des Nutzens, den die Eisenbahnen gewähren könnten, wieder verloren. — Doch Weiteres davon gehört nicht hierher. Die Erinnerung durfte nur deshalb hier stehen, weil sie eine *Wahrheit* enthält.

Berlin, im April 1843.

10.
Practische Erfahrungen über die Entwässerung versumpfter Ländereien vermittels unterirdischer Leitungen, welche das Beackern des Landes gestatten.

(Von *D. Reinhold,* Königl. Hannöverschem Wasser-Bau-Inspector, Ritter etc. zu Leer in Ostfriesland.)

Eine wirksame und regelmäfsige Wasserleitung oder Entwässerung des Landes ist besonders in Strom- und Seegegenden eines der ersten Erfordernisse für die Landwirthschaft; gleichsam die Seele derselben. Die dazu bestimmten Syhle, Syhltiefen, Zug- und Privatschlöte müssen nicht allein richtig und zweckmäfsig gebaut, sondern auch stets in gutem Stande erhalten werden.

In sofern diese Bauwerke unter öffentlicher Aufsicht erfahrner Sachverständigen stehen, ist der Zweck durch dazu geeignete Mittel auch wohl zu erreichen. Schwieriger aber ist es, die jährliche Reinigung von *Privat-*Entwässerungen, (Privatschlöten) zu erlangen, da sich wegen der Menge derselben den beim Wasserbauwesen angestellten Beamten, ohne unbillig zu sein, für ihr gewöhnlich sehr mäfsiges Einkommen die *tägliche* Aufsicht darüber nicht wohl zumuthen läfst.

Gleichwohl scheint eine solche Aufsicht ganz nothwendig zu sein, indem der Landmann, entweder um die Kosten der Aufräumung zu ersparen, oder um den Grund und Boden nicht herzugeben, oder auch öfters aus Nächlässigkeit, das Aufräumen seiner Privatschlöte unterläfst, so dafs, wenn auch die Haupt-Entwässerungswerke in gutem Stande sind, die Ländereien doch oft aus Mangel an Aufräumung der *Privat*schlöte unter Wasser kommen und die Früchte darauf ertrinken.

Um diesem Übel abzuhelfen, dürfte es daher ganz nothwendig sein, dafs auch sämmtliche *Privatschlöte* in jeder Commune jährlich zweimal, nemlich im Frühlinge und im Herbste, von der Ortsbehörde und einigen Bevollmächtigten geschauet und die Verbesserung und Aufräumung derselben, bei Strafe der Ausverdingung auf Kosten der Säumigen, angeordnet würde. Wenn alsdann, wie bisher, die Officianten die *öffentlichen* Abwässerungs-Anstalten zweimal im Jahre, nemlich im April und September, gut reinigen und im Stande halten lassen, so ist kein Zweifel, dafs die Entwässerung bedeutend gewinnen und der Landmann nicht so viel Wasserschaden, wie bisher, zu tragen haben werde, den Mancher öfters blofs dem Unterlassen der Aufräumung seiner Privatschlöte grofsentheils beizumessen hat.

Aufser den *oben offenen* Gräben und Canälen, den Zug-Schlöten und Syhltiefen, die zunächst zur Entwässerung einer *ganzen Gegend* oder Syhlacht nöthig sind, giebt es aber auch noch ***unterirdische oder bedeckte Entwässerungsgräben,*** wie man sie, vorzüglich in England, zur Entwässerung versumpfter Ländereien angewendet hat, und noch mit Nutzen anwendet. Man nennt sie dort ***Underdrains*** oder unterirdische Rinnen. Wir pflegen sie hier gewöhnlich ***Fontanellen*** oder ***Rigolen*** zu nennen, unter welchem letzteren Namen sie auch auswärts bekannt sind.

Der verstorbene, um die Landwirthschaft so hoch verdiente Königl. Preufs. Staatsrath etc. ***Thaer*** beschreibt die Anordnung solcher unterirdischen Wasserleitungen in seiner „Einleitung zur englischen Landwirthschaft" im 2ten Bande, 1te Abtheilung der neuen Auflage „Hannover 1801, bei Hahn." In meiner früheren Praxis habe ich Gelegenheit gehabt, dergleichen unterirdische Abwässerungen machen zu lassen. Ich kann aus eigner Erfahrung sie als sehr nützlich empfehlen und will hier die Art und Weise, wie sie angelegt wurden, practisch beschreiben.

Das Material zu solchen Rigolen ist gewöhlich wohlfeil zu haben, da es entweder zum Theil dem Landmann jährlich zuwächst; wie z. B. Stroh und Busch, Haide, Rohr, Schilf, oder doch vielleicht wohlfeil sich kaufen läfst, wie Ziegel oder Feld- und Bruchsteine, wo sie zu haben sind. Auch ist der Arbeitslohn gering; der aufserdem von den Dienstboten und Arbeitern des Landmanns selbst verdient werden kann. Also wird es für Manchen vielleicht angenehm sein, über diesen Gegenstand hier einige Erfahrungen zu finden, welche bewährt sind.

Aufser dem Nutzen, den die völlige Entwässerung einer Länderei durch solche Rigolen bringt, und aufser ihrer Wohlfeilheit, haben dieselben auch noch den Vortheil, dafs man die mit Erde bedeckte Oberfläche derselben pflügen und graben, und sie mithin ***wie anderes Ackerland benutzen kann;*** was bei den oben offenen Schlöten, deren Oberfläche für den Ertrag verloren geht, nicht der Fall ist. Man kann daher auch die bedeckten Canäle nicht allein an den äufsern Grenzen der Aecker, sondern in jeder Richtung ***durch*** dieselben, und deren so viel in einen Acker legen, als nur immer zu dessen Entwässerung nöthig sind, ohne nutzbare Oberfläche zu verlieren; was für den Landmann einen nicht geringen Werth hat.

Je nachdem in einer Gegend entweder Bruch- oder Feldsteine, oder Ziegelsteine, oder, in Ermangelung beider, Busch, Haide, Brahm, Schilf und Rohr, besonders auch Stroh, am wohlfeilsten zu haben sind, richtet man sich mit den Materialien zur Ausfüllung der Rigolen, um sie zur Entwässerung des Landes zum beständigen Ablaufen des Wassers im Stande zu erhalten, ein. Ich werde nach Verschiedenheit des Materials, welches zu haben ist, die Bauart mehrerer Arten solcher Rigolen angeben; theils wie ich sie selbst habe ausführen lassen, theils, wie sie gewöhnlich in England gemacht werden.

Erstlich. Sind in einem Acker *Steine* im Überflufs vorhanden, so ist es vortheilhaft, sich dieser Steine selbst zum Auspacken der Rigolen zu bedienen, da sie an sich nichts kosten und ihr Transport nur sehr wenig kostet. Man macht dann die Canäle wie folgt.

Zuerst wird ein gewöhnlicher Graben oder Schlot gezogen. Hat dieser Graben, als *Hauptarm,* mehrere Rigolen aufzunehmen, so macht man ihn 1 F. 4 Z. im Boden, 2 F. 6 Z. oben breit, und 2 F. 2 Z. unter dem Maifelde tief. Darauf füllt man ihn auf folgende Weise aus. An jede Seitenwand wird aus Bruchsteinen eine Mauer von 4 Zoll dick, 8 Zoll hoch aufgeführt, so dafs ein 8 Zoll weiter und 8 Zoll hoher offner Raum dazwischen bleibt, der mit 3 Zoll dicken Steinen bedeckt wird, die auf den Seitenmauern ruhen. Der nun noch übrige Raum des Grabens wird 15 Zoll hoch mit lockerer Erde, aber nicht mit Klai, Thon oder Lehm ausgefüllt, da diese letzteren Erdarten das Wasser nicht so gut durchlassen, als losere Erde. Es werden gewöhnlich *zwei* Lagen Deckplatten von dünnen Feld- oder Bruchsteinen auf einander gelegt, damit beim Zufüllen des obern Raumes die Erde nicht durch die Fugen fallen und den untern, zum Ablauf des Wassers bestimmten leeren Raum nicht verstopfen könne. So wird auch verhindert, dafs die Pferde beim Pflügen nicht durchtreten und die Wagenräder nicht die Decke des untern offenen Raumes durchschneiden.

Zu kleineren oder *Nebenrigolen* macht man den Graben 1 F. 4 Z. im Boden, 2 F. oben breit und 2 F. lothrecht tief und packt ihn wie folgt mit Bruch- oder Feldsteinen aus. Zuerst werden zwei kleine Seitenmauern von 5 Z. hoch und 5 Zoll dick gemacht, die einen 6 Zoll weiten und 5 Zoll hohen Zwischenraum lassen, der mit zwei Lagen Decksteinen, zusammen von 5 Zoll dick, bedeckt wird. Sodann wird der obere 14 Z. hohe Raum mit lockerer Erde, mit dem Maifelde gleich, ausgefüllt.

Sämmtliches Mauerwerk wurde hier ***nicht in Kalk,*** sondern ***in Erde*** gemauert; auch kann man es in ***Moos*** mauern; so dafs jedenfalls Wasser durchziehen kann; was alsdann in dem offenen Raume, oder in der bedeckten Rinne abfliefst.

Dem Boden der Canäle giebt man auf die laufende Rheinl. Ruthe von 12 F. einen Fall von etwa $\frac{1}{2}$ bis 1 Zoll. Die Hauptrigole läfst man in einen oben offenen Hauptabzugsgraben einmünden. Da es der Hauptzweck der Rigolen ist, das Wasser aus dem Boden wegzuleiten, und es also sowohl durch die Seitenwände, als durch die Decke und durch den Boden in den in der Mitte offenen Canal mufs eindringen können, um darin abzufliefsen, so darf das Mauerwerk durchaus nicht in Kalk und Lehm, sondern nur in ***Moos*** oder ***lockerer Erde,*** oder in ***Sand*** aufgeführt und nur damit bedeckt werden. Auch darf man vor der Auspackung mit Steinen, oder anderem Material, die Erdwände des Grabens ***nicht*** mit dem Spaten ***festklopfen,*** noch den Boden des Canals ***stampfen;*** besonders wenn er klai-, thon- oder lehmhaltig ist.

In dichtem Klai- oder Thonboden, mit vielem Wasser, pflegt man auch noch wohl mit einem Erdbohrer ***Löcher*** in den Boden des Grabens zu bohren, und dieselben, damit sie nicht wieder zufallen, mit flachen Steinen zu bedecken; jedoch mufs alsdann, einige Fufs unter der Thonlage, eine Sandschicht vorhanden sein, bis in welche man hineinbohrt, oder ein anderer loser Grund, in welchen das Wasser einziehen kann. In sandigem oder ganz lockerem Erdreich, was beim Ausgraben leicht nachstürzt, legt man während der Arbeit Bretter an die Seitenwände und packt, sobald eine Seite fertig ist, dieselbe mit Steinen aus.

Je nachdem die Rigolen viel oder wenig Wasser abzuführen haben, kann man entweder ihre Breite und Tiefe vergröfsern, oder auch ihre Anzahl vermehren.

Sodann ist darauf zu sehen, dafs die Canäle das nöthige ***Gefälle*** im Boden bekommen; nemlich $\frac{1}{2}$ bis 1 Zoll auf die laufende Rheinländische Ruthe; welches hinreichend ist. Um dieses Gefälle auszumitteln, mufs es mit einer Setz- oder Canalwage abgewogen werden.

Ferner macht man, wenn blofs einige nasse Stellen oder sogenannte Hungerquellen abgefangen und abgeleitet werden sollen, erst eine Hauptrigole, von etwas gröfserm Querschnitte, zwischen den Quellen hindurch, und leitet von ihr die nach den Quellen hingehenden Neben-Arme ab; welches Kosten spart, indem alsdann nicht sämmtliche Arme einzeln in den oben offenen Haupt-Abzugsgraben zu gehen brauchen, der seinerseits hinreichend breit und tief zur Abführung des in denselben zu leitenden Wassers sein mufs. In einem durchaus und überall nassen oder versumpften Acker dagegen, welcher in der Mitte hoch, oder nach den Seiten abgerundet ist, legt man von 2 zu 2 Ruthen, vom Rücken ab nach den Seiten hin, quer durch den Acker Rigolen, damit das Wasser entweder in offenen oder bedeckten Seiten-Furchen oder Gräben abziehen könne. In Äckern, die sich in der Mitte senken, wird man in der Mitte eine Hauptrigole und von den Seiten nach derselben hin Nebenrigolen machen müssen, und zwar letztere in *schräger* Richtung, nicht rechtwinklig auf den Hauptcanal, damit dieser das Wasser besser auffangen möge und auch die Nebencanäle Gefälle nach dem Hauptgraben hin bekommen.

Da sich die Länge und Zahl der Rigolen nach der Gröfse, Gestalt und Wasserhaltigkeit des Landes richtet, welches zu entwässern ist, so läfst sich darüber im Allgemeinen nichts Bestimmtes angeben, sondern es mufs jeder specielle Fall besonders beurtheilt werden.

Auf einem Domainengute habe ich nach obiger Weise 50 Magdeburgische Morgen Landes zu 180 Q. R. Rheinl., durch Rigolen, welche im Ganzen 183 Thlr. nach dem Anschlage kosteten, entwässert, so dafs also der Morgen im Durchschnitt 3 Thlr. 16 Ggr. kostete. Der ökonomische Nutzen dieser Entwässerung überstieg bei Weitem die Ausgabe. Er ersetzte sie in einigen Jahren, und darauf war der reine Überschufs Gewinn. Die laufende Ruthe Rheinl. von 12 F. der vorhin beschriebenen Rigolen kostete hier im Durchschnitt 8 bis 9 Ggr. Preufs. Courant.

Man sieht leicht, dafs zum Auspacken der unterirdischen Canäle statt der Bruch- oder Feldsteine, auch Ziegelsteine gebraucht werden können, die in den Gegenden am Meere, in welchen in der Regel keine Bruchsteine vorhanden und nur für vieles Geld zu haben sind, überall verfertigt werden. Kiesel und Granitgeschiebe, welche man in Küstenländern etwa einzeln oder nesterweise findet, und die gewöhnlich zum Strafsenpflaster verbraucht werden, sind in der Regel zu weit zu transportiren, oder kosten schon beim Ankauf die Tonne von etwa 6 Cubikfufs 8, 10 bis 12 Ggr. und sind daher für den Landmann zu theuer für obigen Zweck.

Wollte man von unsern hier üblichen Backsteinen und Pfannen zu den Rigolen nehmen, so würde es auf folgende Weise geschehen können. Ein Schlot oder Graben von 18 Zoll im Boden, 2 F. oben breit und 2 F. tief, würde an jeder Seite eine Mauer von etwa 3 platten Ziegeln, zu $2\frac{1}{4}$ Zoll dick auf einander, also von zusammen $6\frac{3}{4}$ Zoll hoch und $5\frac{1}{2}$ Zoll dick bekommen. welche 7 Zoll Zwischenraum lassen, so dafs der offene Canal 7 Zoll im Laufe weit und $6\frac{3}{4}$ bis 7 Zoll im lichten hoch werden würde. Zur Kosten-Ersparung kann man auch den Ausschufs von Steinen, die zu Mauern nicht brauchbar sind, oder den Bruch, für geringe Preise nach Lasten ankaufen. Zur Bedeckung der Mauern würden Dachpfannen am besten sein, indem Mauersteine dazu nicht lang genug sind. Man kann hier die zum Bedecken der Dächer nicht brauchbaren Dachpfannen nehmen. Pfannen von 16 bis 18 Zoll lang reichen quer über den Zwischenraum oder die offene Rinne und über beide Seitenmauern, und bedecken, wenn der Canal 10 bis 12 Zoll breit ist, eben so viel Raum nach der Länge, so dafs 12 bis 14 Pfannen zu einer laufenden Ruthe Canal nöthig sind. Wenn Alles in lockerer Erde oder in Sand aufgemauert und oben auf die Pfannen noch eine Lage Stroh, Haide, oder Brahm. von einigen Zollen hoch, gelegt wird, damit die Erde nicht durch die Fugen fallen und den Canal nicht verstopfen könne, so mufs der obere Raum des Schlots, von etwa 1 F. hoch, mit Sand oder lockerer Erde, mit dem Maifelde gleich, ausgefüllt werden.

Zur laufenden Ruthe einer solchen Rigole würden etwa 84 Ziegel und 14 Dachpfannen, nebst etwas Stroh oder Haide, nöthig sein. Rechnet man den Werth von 100 Steinen auch nur zu 12 Ggr., und von 100 Pfannen zu 1 Thlr. so würden allein die zu einer laufenden Ruthe Rheinl. nöthigen Steine und Pfannen, ohne Stroh, 14 Ggr., und der Arbeitslohn für die Ruthe würde etwa 2 Ggr., zusammen also die laufende Ruthe etwa 16 Ggr. Preufs. Cour. kosten; welches schon die doppelten Kosten der mit Feldsteinen ausgepackten Rigolen sind. Nimmt man indessen den Ausschufs von Steinen und Pfannen, oder Bruch, der zum Hausbau nicht brauchbar ist, so wird sich freilich dieser Preis bedeutend und in der Regel auf die Hälfte vermindern. Für den minder begüterten Landmann würden indessen solche Rigolen von irgend bedeutender Länge doch immer theuer und noch drei bis viermal so theuer sein, als offene Schloten.

Zur Vergleichung der Kosten anderer Bau-Arten mit der aus wohlfeilern Materialien habe ich es für dienlich erachtet, obige ungefähre Berechnung der Kosten der mit Backsteinen auszufüllenden Rigolen anzustellen.

Zweitens kann nun aber der Landmann, besonders der minder begüterte Colonist, mit ungleich geringeren Kosten und mit einem Material, welches ihm gröfstentheils selbst zuwächst, oder welches er in der Nähe blofs schneiden und holen darf, übrigens aber oft umsonst hat, denselben Zweck erreichen. Er wird also diese andere Bauart vorziehen, wenn sie auch nicht die volle Dauer der Steine hat, da sich für den geringen Kaufwerth die Anlage mehrmals erneuern läfst, ehe die Kosten der Bau-Art mit Steinen erreicht werden.

Das Material, dessen man sich zum Auspacken der Rigolen bedienen kann, und welches wohlfeiler und überall eher zu haben ist, ist Busch, Haide, Brahm, Stroh, Rohr oder Reit, Schilf und Moorsooden. Die Ausfüllung der Schlöte damit läfst sich auf verschiedene Weise machen und abändern, je nachdem man das Eine oder Andere vorzugsweise in Menge oder schnell und wohlfeil haben kann. Einige Beispiele werden dies erläutern.

Bei der Entwässerung eines Ackers, in welchem Hungerquellen sich befanden, der dadurch gänzlich versumpft war, und der am Fufse einer Anhöhe lag, so dafs sich die Ableitung durch einen einzelnen Wegeschlot machen liefs, habe ich zur Ersparung der Kosten, und ungeachtet Feldsteine in der Nähe zu haben waren, folgende Methode bei der Ausfüllung des Canals befolgt.

Die obere Breite des Grabens war 2 F., die lothrechte Tiefe unter dem Maifelde an den beiden Banketten 2 F. Die Breite des Grabens an der Oberfläche der beiden Bankette, einschliefslich derselben, deren jedes 4 Zoll breit war, betrug 1 F. 4 Z. Zwischen den beiden Banketten war also der kleine Canal 6 Zoll weit und 6 Zoll tief, so dafs die Tiefe vom Maifelde bis auf den Boden 2 F. 6 Z. betrug. Dieser Graben wurde mit Holz, Stroh und Erde folgendermafsen ausgefüllt. Der kleine Canal, von 6 Zoll hoch und eben so weit, blieb *offen;* seine obere Breite wurde mit 3 Zoll dicken Knitteln, welche auf den 4 Zoll breiten Banketten ruhten und 16 Zoll lang waren, bedeckt, so, dafs sie dicht an einander lagen. Auf diese Knittel legte man eine Lage Busch von 6 Zoll dick, darauf eine Lage Stroh von 3 Zoll, und endlich eine Lage lockerer Erde von 1 F. dick; womit dann der Graben, bis zu dem Maifelde gleich, gefüllt war.

Die Wirkung dieser Rigole war, dafs sie im ersten Jahre ein Stück Land von mehr als 30 Morgen so vollständig entwässerte, dafs da, wo vorher nichts wuchs, im folgenden Jahre der schönste Weizen stand und das Land überhaupt einen bedeutend höhern Ertrag lieferte. Der Abflufs des Wassers war Anfangs so stark, dafs eine oberschlächtige Mühle davon hätte getrieben werden können. Die laufende Ruthe dieser Rigole kostete im Durchschnitt 4 Ggr.

Bei noch geringeren Mitteln kann man aber auch die hier beschriebene Art der Ausfülluug *noch* mehr beschränken und mit *noch* wohlfeilerem Material ausführen.

In Klai- oder Thonboden z. B. gräbt man die Rigole, 2 F. oben breit und 15 Zoll tief, bis auf die Bankette aus, welche 4 Zoll breit gemacht werden, so dafs die Breite des Schlots, einschliefslich des Canals und der Bankette, 1 Fufs 2 Zoll ist. Der Canal zwischen den Banketten, oben 6 Zoll breit und 6 Zoll tief, läuft unten ganz spitz zu, so dafs er keine Bodenbreite hat. Der Graben wird also im Ganzen 1 F. 9 Z. tief gemacht. Der untere spitzige Canal wird darauf bis an die Banketts mit drei aus *Stroh gedrehten Seilen vollgepackt.* Auf dieses Stroh und die Banketts legt man eine Lage Haide, Haidsoden, Reit, Schilf oder Brahm, von 3 bis 4 Zoll dick, je nachdem man das Eine oder das Andere hat, und die letzte Ausfüllung von 1 F. dick geschieht mit Sand oder loser Erde, bis zur Oberfläche des Maifeldes. Statt der Strohseile kann man auch Bunde Busch von 6 Zoll Durchmesser, oder sogenannte Wiepen oder mit Weiden gebundene Würste, wie sie bei Faschinenwerken im Wasserbau gemacht werden, der Länge nach auf den Boden des Canals bis zu den Banketten legen und dieselben mit Haide etc. bedecken.

In Gegenden, wo man viel Kieselsteine (sogenannte Flieten) findet, kann man den untern Theil des Grabens $\frac{1}{2}$ Fufs hoch damit auspacken, und zwar so, dafs die Steine recht viele Zwischenräume zwischen sich lassen, durch welche das Wasser abziehen könne. Auf diese Lage Steine folgt eine Lage Stroh, Haide, Brahm oder Reit, und Schilf, von 6 Zoll, und dann die Ausfüllung mit Erde von 1 bis $1\frac{1}{2}$ Fufs hoch. Die Kosten des zu dieser Bau-Art nöthigen Materials sind nach Maafsgabe des Vorhandenseins desselben unbedeutend und auch selbst von unbemittelten Landleuten zu erschwingen; der Arbeitslohn ist ebenfalls nicht bedeutend.

Es ist also überall die Möglichkeit vorhanden, versumpfte, verwässerte, mit Hungerquellen durchzogene Ländereien auf eine ganz wohlfeile Weise zu entwässern und fruchtbar zu machen, *ohne die Oberfläche zu verlieren,* welche offne Schlöte und Gräben wegnehmen und dem Ertrage entziehen.

Die laufende Ruthe bedeckter unterirdischer Abzugsgraben, kann kaum so viel kosten, wie die eines offenen, 6 bis 8 Fufs breiten, 3 F. tiefen Schlots, dessen Oberfläche für den Ertrag verloren geht; was, wenn viele Schlöte nöthig sind, kein unbedeutender Verlust an der Bodenfläche ist.

In der oben angeführten Schrift von ***Thaer,*** die für jeden Landwirth so sehr belehrend ist, findet man eine ausführliche Beschreibung und Abbildung jener unterirdischen Wasser-Abzüge; worauf ich mich beziehe. Ich beschränke mich hier darauf, nur meine eigenen Erfahrungen über diesen Gegenstand mitgetheilt zu haben, die ich mit folgenden allgemeinen Bemerkungen schliefse.

Die steinernen Rigolen haben vor den mit Holz, Reisern und Stroh etc. ausgepackten den Vorzug, dafs sie, da die Steine nicht verfaulen, von längerer Dauer sind, als die mit Holz, Stroh etc. ausgepackten Canäle. Da aber der Verband der in der Erde aufgemauerten Steine nicht so stark ist, wie bei Mauern, die in Kalkmörtel gemauert sind, was hier nicht sein darf, so stürzen sie auch leicht ein. Diese Canäle verstopfen sich also auch leicht, und bedürfen deshalb öfterer Nachbesserungen, die um so schwieriger und theurer sind, da man oft mehrere, noch gute Strecken aufnehmen mufs, um die schadhaften Stellen zu finden. Die mit Holz, Stroh, Haide etc. ausgepackten Canäle dagegen bleiben auch dann noch offen und ziehen das Wasser noch ab, wenn das Holz wirklich schon verfault ist. Herr etc. ***Thaer*** sagt in seiner obengenannten Anleitung zur Kenntnifs der englischen Landwirthschaft, dafs in England blofs mit Strohstoppeln angefüllte Canäle noch nach 23 Jahren wirkten, und dafs sie sogar bis 40 Jahre dauern. Ist dem so, so würden diese Art Rigolen den steinernen ***bei weitem vorzuziehen sein,*** deren Kosten in manchen Fällen den ***Grundwerth*** erreichen können, oder, wenn auch dies nicht, doch eine unnöthige Höhe, ohne den Zweck besser, oder auf bedeutend längere Zeit, ohne grofse Erhaltungskosten zu erfüllen.

Aus diesen Gründen scheint es also ***im Allgemeinen*** rathsam zu sein, dafs man die Rigolen mit Holz, Stroh, Reit, Schilf, Haide, Brahm und andern an Ort und Stelle zu findenden wohlfeilen Materialien, statt mit theuern Feld-, Bruch- oder Backsteinen inwendig auspacke; besonders mit Schwarz-Dornen, welche weit länger dauern.

Nach ***Thaers*** Angabe kostet die Entwässerung eines Calenberger Morgens (von 120 Q. R. Calenbergisch, oder etwa 185 Q. R. Rheinländisch), durch Canäle mit Strohstoppeln ausgefüllt, 3 Thlr. 20 Ggr. Dies beträgt, auf 160 R. Canäle, für die Ruthe etwa 6 Pfennige. Nach einer andern Angabe ***Thaers*** kostete der Morgen, als die Rigolen etwas tiefer ausgestochen wurden, 9 Thlr. Da hier die Wasserzüge nur 1 Ruthe von einander entfernt waren, und etwa 216 Ruthen gemacht wurden, so hat die Ruthe Rheinländ. etwa 1 Ggr. gekostet.

Aus allen diesem folgt, dafs, nach Maafsgabe der Bauart und des Materials, die Kosten einer so nützlichen und einfachen Entwässerungs-Art auch selbst von unbemittelten Landleuten aufgebracht werden können, weshalb sie insbesondere den Colonisten zu empfehlen ist, welche mehrere von den oben benannten Materialien gewöhnlich stets in der Nähe haben.

Leer, 1838.

11.

Auszug aus den Nachrichten des Herrn F. A. Ritters v. Gerstner über Eisenbahnen, Dampfschiffahrt und andere öffentliche Unternehmungen in Nord-Amerika.

(Fortsetzung des Aufsatzes No. 13. im dritten, No. 17. im vierten Hefte funfzehnten, No. 4. im ersten und No. 14. im vierten Hefte siebzehnten Bandes.)

Achter Bericht. Aus New-Albany im Staate Indiana Vom 15. Juni 1839.

Über die Dampfschiffahrt in Nord-Amerika.

1. Geschichte und Ausdehnung der Dampfschiffahrt.

Nachdem der Nord-Amerikaner *Fulton*, der Erfinder der Dampfschiffahrt, 1807 das erste Dampfboot zu regelmäfsigen Fahrten auf dem Hudsonflufs zwischen New-York und Albany gebaut hatte, welches zu dieser Fahrt von 31 Meilen 33 Stunden brauchte, wurden in Amerika mehr solcher Schiffe gebaut. Bis dahin fuhren auf dem Ohio und Mississippi Barken, theils mit Segeln, theils mit Rudern und Stangen. Zu der Fahrt zwischen Cincinnati und New-Orleans, 342 Meilen weit, brauchte eine solche Barke 35 Tage und 9 Mann stromab, und 80 bis 90 Tage und 24 bis 32 Mann stromauf. 1811 begann das erste, in Pittsbury von *Fulton* gebaute Dampfboot, regelmäfsige Fahrten zwischen Natchez und New-Orleans und brauchte für die 64 Meilen lange Strecke 3 Tage stromab und 7 bis 8 Tage stromauf. Es machte jährlich 13 Reisen hin und her und legte also 1664 Meilen zurück. Ein Reisender bezahlte stromab 25 Thlr. 18 Sgr. und stromauf 35 Thlr. $16\frac{2}{3}$ Sgr.

Fulton baute noch mehrere Dampfschiffe, wurde aber in England, wohin er ging, nicht unterstützt, in Frankreich verlacht und von *Napoleon* für einen Abentheurer erklärt: alles doch wohl nur aus Vorurtheil gegen eine Erfindung oder eigentlich blofs neuen Anwendung der Dampfkraft, die aus *Amerika* kam. Erst 5 Jahre nach der Erfindung, 1812, baute *Bell* in Glasgow das erste Dampfschiff in Europa. Die Dampfschiffahrt gedieh nun zwar auch allmälig in Europa, jedoch nie so, wie in den vereinigten Staaten von Amerika.

Am 6. Mai 1817 fuhr das erste Dampfschiff *Enterprise*, Cap. *Shrive*, von New-Orleans den Mississippi und Ohio hinan nach Louisville und kam daselbst nach 25 Tagen an; was ein wahrer Triumph war, da die Barken sonst 3 Monate gebraucht hatten. Die Zahl der Dampfschiffe vermehrte sich nun auf den westlichen und südwestlichen Gewässern. 1834 war sie schon 234, 1838 schon 400. 1831 gingen durch den Louisville- und Portland-Canal in Kentucky 406 Dampfschiffe und 421 flache Boote, zusammen von 1343178 Ctr. Tragkraft; 1837 schon 1501 Dampfboote und nur noch 165 flache Boote, zusammen von 4 265 402 Ctr. Gehalt.

1818 fuhr das erste Dampfschiff auf den grofsen Seen. 1835 waren ihrer daselbst schon 25, 1838 schon 70. 1834 wurden in den vereinigten Staaten 88 neue Dampfschiffe gebaut, 1837 schon 134. Die gröfsten Werfte für Dampfschiffe sind zu New-York, Philadelphia und Baltimore; dann in Louisville, New-Albany, Cincinnati und Pittsburg.

Im Sommer 1838 waren in den vereinigten Staaten 800 Dampfschiffe im Gange. Die gröfste Zahl davon besafs der Staat New-York, nemlich 140.

Die Dampfschiffahrt nimmt zwar längs der Meeresküsten ab, so wie die Eisenbahnen im Innern zunehmen, und wird dort in der Folge wohl fast ganz aufhören: allein desto mehr nimmt sie auf den Flüssen und Seen zu. In den letzten zwei oder drei Jahren wurden schon fast alle Waaren und Landesproducte, stromab und stromauf, statt auf Segel- und Ruderbarken, auf Dampfbooten transportirt. Die Frachtpreise sind fast *dieselben*, aber die Frachten kommen eher an und sind weniger dem Verderben ausgesetzt. Auf dem Ohio werden sogar schon Steinkohlen auf Booten, die ein Dampfschiff ins Schlepptau nimmt, nach Cincinnati, $53\frac{1}{2}$ Meilen weit, stromab gefahren; die leeren Boote führt das Dampfschiff zurück, weil so die Fracht wohlfeiler ist. Zwar ist der Tagelohn der Schiffer hoch: aber auch die Leute auf den Dampfschiffen kosten viel, und die Ersparung ist nur durch die Vervollkommnung der Schiffe, der Maschinen und der Schiffahrt selbst erzielt worden; was in Europa noch nicht der Fall war.

Die Amerikaner rühmen sich, gegen 20 000 Meilen für Dampfboote fahrbare Flüsse zu besitzen. Der Herr Verfasser mag diese Zahl zwar nicht verbürgen: allein der Mississippi allein wird schon an 450 Meilen lang mit Dampfschiffen befahren, und die Zahl der in denselben sich ergiefsenden, mit

Dampfschiffen befahrenen Flüsse ist so grofs, dafs ein Europäer, an so lange Dampfschiffahrten nicht gewöhnt, nur durch den Augenschein von der Wirklichkeit des grofsen Umfanges der hiesigen Dampfschiffahrt sich überzeugen mag. *Täglich* gehen von New-Orleans nach Pittsburg 4 bis 5 Dampfschiffe ab, und eben so viele kommen zurück. Sie durchlaufen einen Weg von mehr als 400 Meilen oder von $\frac{2}{3}$ des Weges übers Meer von England nach New-York; und diese Reise wird hier als etwas ganz Gewöhnliches betrachtet, wozu man nur einiger Stunden Vorbereitung bedürfe.

2. Construction der Dampfboote und ihrer Maschinen.

Es giebt dreierlei Arten Boote und Maschinen.

Diejenigen in den *östlichen Gegenden,* so wie auch an der Meeresküste von Boston bis Charleston, haben Condensations-Maschinen mit grofsen senkrechten Cylindern und langem Kolbenzuge. Sie gehen 5 bis 7 F. tief ins Wasser und legen 2 bis 3 Meilen in der Stunde zurück. Auf dem Hudson-Flusse werden von einem Dampfboote die 31 Meilen von New-York bis Albany, mit einem Aufenthalt an 15 bis 20 Orten, stromauf in 11 bis 12, stromab in 9 Stunden zurückgelegt, zu 3 und 4 Meilen Weges in der Stunde. Das Boot ist 194 F. lang, $25\frac{1}{4}$ F. breit und hat zwei Verdecke; das untere Verdeck, welches die Maschine trägt, liegt noch 3 F. über Wasser. Im oberen Verdecke ist ein Speisesaal, mit Betten rundum, für Männer, und ein zweiter Speisesaal für Damen. Über dem Speisesaal ist eine Plateform zum Aufenthalt am Tage, und im Sommer mit einem Zelte bedeckt. Der Herr Verfasser traf 320 Passagiere, welche in zwei Abtheilungen zu Nacht afsen und dann jeder sein Bett fanden; zum Theil freilich auf Gestellen. 2 Dampfmaschinen mit $50\frac{1}{2}$zölligen Cylindern treiben die Wasserräder von $21\frac{1}{2}$ F. im Durchmesser. Die Dampfspannung bei den Maschinen dieses, so wie aller östlichen Dampfboote, ist $15\frac{1}{2}$ Pfd. auf den Quadratzoll und der Kolbenzug $7\frac{3}{4}$ bis $9\frac{3}{4}$ F. Gewöhnlich wird der Dampf, nachdem er bis zu einem Drittheil oder der Hälfte des Kolbenzuges eingeströmt ist, abgeschnitten, und wirkt dann durch seine ausdehnende Kraft. Zu der Reise von 31 Meilen sind 25 bis 30 Cords weiches Holz zu $117\frac{1}{2}$ C. F. nöthig. Dieses Boot, der North-America, geht beladen 70 Zoll tief ins Wasser; andere Boote tauchen nur 24 bis 30 Zoll ein und bewegen sich gegen starke Strömungen.

Die Dampfboote auf den *westlichen Gewässern* sind sämmtlich sehr flach gebaut und gehen beladen gewöhnlich nur 58 Zoll, auch wohl nur 30 bis 36 Zoll tief ins Wasser. Wo das Wasser weniger als 30 Zoll tief ist, ladet man die Frachten auf 2 oder 3 besondere Barken, welche das Dampfboot an Tauen fortzieht. Die Passagierboote haben ebenfalls zwei Verdecke, das obere mit theuerern Plätzen. Auf den eleganten Schiffen ist ein prächtig eingerichteter Speisesaal, mit daran stofsenden Sälen für die Damen. Ringsum die letztern, und öfters um beide, sind kleine Zimmer, jedes mit zwei Betten, deren Thüren auf eine Gallerie um die Säle herausführen; welches alles zusammen sehr grofsartig ist. Die sämmtlichen westlichen Dampfboote haben Hochdruck-Maschinen, mit $61\frac{1}{2}$ bis 103 Pfd. Spannung auf den Quadratzoll, und gewöhnlich 2 Maschinen, deren jede für sich ein Wasserrad treibt. Die Cylinder liegen horizontal und der Kolbenzug ist $7\frac{3}{4}$ bis $9\frac{3}{4}$ F. lang. Der Dampf wird auf $\frac{5}{8}$ abgeschnitten und wirkt dann durch seine Ausdehnung. Der entweichende Dampf wird zum Heizen des aus dem Flusse gepumpten Wassers benutzt.

Die dritte Art der Dampfboote auf den *grofsen Seen* gehen gewöhnlich viel tiefer ins Wasser und haben theils Condensations-, theils Hochdruckmaschinen.

3. Vervollkommnung der Dampfschiffahrt in den vereinigten Staaten.

Sie ergiebt sich am besten aus den frühern und den jetzigen Leistungen und Fahrpreisen.

1818 zahlten die Cajüten-Passagiere von New-Orleans bis Louisville, 310 Meilen weit, 170 Thlr. 20 Sgr. stromauf, und 99 Thlr. $16\frac{2}{3}$ Sgr. stromab, und die Reise dauerte resp. 20 und 10 Tage. Jetzt zahlen sie, in den elegantesten Booten, stromauf 71 Thlr. $3\frac{1}{3}$ Sgr. und stromab 56 Thlr. $26\frac{2}{3}$ Sgr. und die Reise dauert resp. 6 und 4 Tage. Für diese Preise werden die Reisenden reichlich beköstigt; was für die Person wenigstens auf 2 Thlr. $25\frac{1}{3}$ Sgr. täglich zu rechnen ist. Die Fahrt *ohne* Zehrung kostet also nur im Durchschnitt 4 Sgr. $9\frac{1}{2}$ Spf. auf die Meile. Auf den minder eleganten Booten sind die Cajüten-Preise sogar nur 42 Thlr. 20 Sgr. stromauf und 35 Thlr. $16\frac{2}{3}$ Sgr. stromab; die Reisezeit ist resp. 8 und 5 Tage und, die Zehrung zu 2 Thlr. 4 Sgr. täglich angeschlagen, kostet hier die Fahrt im Durchschnitt nur 2 Sgr. $4\frac{1}{2}$ Spf. auf die Meile. Im untern Verdeck dieser Dampfboote sind Plätze für solche Passagiere, die sich selbst verpflegen, und dieselben bezahlen nur 10 Thlr. $11\frac{1}{2}$ Sgr. für die ganze Reise, also für die Meile nur etwa 1 Sgr., und wenn sie Holz zutragen helfen, sogar nur 7 Thlr. $3\frac{1}{3}$ Sgr. für die ganze Reise.

Der Transport von Gütern kostete sonst, 1817, auf Segelbooten von 2640 Ctr. Ladung, für dieselbe Strecke von New-Orleans bis Louisville, 11 Thlr. 4 Sgr. bis 16 Thlr. der Ctr. 1819, als die Dampfboote anfingen Güter zu fahren, schon nur halb so viel, jetzt, je nach der Art der Güter und der Jahreszeit, 16 Sgr. bis 2 Thlr. $12\frac{1}{2}$ Sgr., im Durchschnitt 1 Thlr.; was etwa $1\frac{1}{6}$ Spf. für den Ctr. auf die Meile ausmacht.

Zwischen Cincinnati und Louisville, 32 Meilen weit, fuhr 1819 das erste Dampfschiff, General-Pike, wöchentlich einmal, in 18 Stunden hinab und in 40 Stunden hinauf. Ein Cajüten-Passagier bezahlte 17 Thlr 4 Sgr. für die Fahrt. Jetzt fahren täglich 6 Boote hinab und hinauf. Auf den elegantesten Dampfbooten, wie der Pike und der Franklin, zahlt man 5 Thlr. $20\frac{2}{3}$ Sgr. und braucht mit allem Aufenthalt 15, auch 12 Stunden stromauf, und 11, auch nur $7\frac{1}{4}$ Stunden stromab, so dafs an 4 Meilen auf die Stunde kommen. Ohne die Zehrung betragen die Kosten etwa 4 Sgr. auf die Meile. Passagieren, welche sich selbst verpflegen und beim Holz-Einnehmen helfen, kostet die Fahrt nur $1\frac{1}{3}$ Sgr. auf die Meile. Güter kosten etwa 3 Spf. der Ctr. auf die Meile.

Von Cincinnati nach St. Louis ist die Fahrt 115 Meilen lang, den Ohio hinab, und 41 Meilen den Mississippi hinauf: zusammen 156 Meilen. Sie dauert 4 Tage. Ein Cajüten-Passagier bezahlt 17 Thlr. 4 Sgr., wovon 6 Thlr. 21 Sgr. für die hier wohlfeilere Zehrung abzurechnen sind, also etwa 2 Sgr. auf die Meile. Die Deckpassagiere zahlen 5 Thlr. $20\frac{2}{3}$ Sgr., ohne Kost, also etwa 1 Sgr. für die Meile; Güter etwa $1\frac{8}{9}$ Spf. der Ctr. für die Meile.

Auf dem Hudson-Flusse zahlt man für die 31 Meilen von New-York bis Albany in den elegantesten Dampfbooten 4 Thlr. 8 Sgr., also etwa 4 Sgr. für die Meile; für die Zehrung besonders. Auf minder eleganten Booten betragen die Fahrpreise nur den 3ten und sogar nur den 6ten Theil.

Im Durchschnitt kann man annehmen, dafs auf den Amerikanischen Flüssen die Fahrt, je nach der Eleganz der Schiffe, 5 Sgr. bis zu 2 Sgr. die Meile kostet, ohne die Zehrung; den Deck-Passagieren jedoch nur etwa 1 Sgr. Im Durchschnitt, stromab und stromauf, legen die Dampfboote etwa $2\frac{1}{2}$ Meile in der Stunde zurück. Güter kosten im Durchschnitt $1\frac{4}{5}$ Spf. Fracht der Ctr. auf die Meile.

Diese geringen Preise sind blofs durch die Vervollkommnung der Dampfschiffe und ihrer Maschinen erzielt worden. Von den 800 Dampfschiffen sind nicht zwei ganz gleich gebaut, und die Maschinen sind von den Englischen beinahe in allen Theilen verschieden. Noch vor 3 Jahren brauchte man von New-Orleans bis Louisville stromauf 8 Tage: jetzt sind nur noch 6 Tage nöthig. Merkwürdig ist, dafs vor 20 Jahren ein Schiff von 7000 Ctr. Ladung zu dieser Fahrt von 310 Meilen 360 Cords Holz zu $117\frac{1}{2}$ C. F. und 21 Tage Zeit gebrauchte: jetzt gerade eben so viel Holz, aber nur 6 Tage Zeit.

4. Die Löhne und die Preise aller Bedürfnisse auf den Dampfschiffen

stiegen seit 20 Jahren, während die Fahrpreise fielen. Der jährliche Sold eines Capitäns war vor 20 Jahren 1422 Thlr., jetzt, auf den besten Booten, das Doppelte. Jeder der beiden Steuerleute auf einem Dampfschiffe, die sich von 4 zu 4 Stunden ablösen, erhielt 1823 nur 85 Thlr. 10 Sgr. monatlich, 1838 das Fünffache; was auch noch jetzt guten Piloten bezahlt wird. Jeder der beiden Engineers, die sich ebenfalls alle 4 Stunden ablösen, erhielt 1822 56 Thlr. $26\frac{2}{3}$ Sgr. monatlich: jetzt 142 Thlr. $6\frac{2}{3}$ Sgr. bis 213 Thlr. 10 Sgr. Die Heizer und gewöhnlichen Arbeiter erhielten vor 20 Jahren monatlich nur 19 Thlr. 27 Sgr.: jetzt bezahlt man ihnen 42 Thlr. 20 Sgr. bis 56 Thlr. $26\frac{2}{3}$ Sgr. Aufserdem wird noch das ganze Personal auf den Dampfschiffen sehr gut beköstigt. Die Preise der Provisionen für Reisende sind in den letzten 5 Jahren um den dritten Theil höher gestiegen. Das Brennholz, dessen sich die westlichen Dampfschiffe fast ausschliefslich bedienen, kostete vor 20 Jahren beinahe nichts: 1834 aber am Ohio und Mississippi schon $2\frac{1}{2}$ bis 3 Thlr. der Cord. Jetzt kostet es schon 3 Thlr. 6 Sgr. bis 5 Thlr. der Cord: also blofs seit 5 Jahren die Hälfte mehr.

5. Baukosten der Dampfschiffe.

Die Dampfschiffe für die westlichen Flüsse, deren Bau-Art für Europa sehr passend sein würde, werden gröfstentheils, wie schon bemerkt, in Louisville, Cincinnati und Pittsburg gebaut. Gewöhnlich bauen eigene Schiffs-Zimmerleute (Ship-Carpenters) den Körper (Hull) des Schiffs, Fabriken liefern die Maschinen und lassen sie an das Schiff befestigen, und eigene Schreiner (Joiners) bauen die Cajüte und besorgen die Ausstattung. Man contrahirt also mit dreierlei Arbeitern; doch giebt es auch Leute, die Alles übernehmen.

Von den beiden Dampfbooten Pike und Franklin, welche zwischen Cincinnati und Louisville, das eine täglich stromauf, das andere stromab fahren, ist der Franklin im Verdeck $177\frac{3}{4}$ F. lang und hat $24\frac{1}{4}$ F. zur gröfsten Breite. Die Höhe des Raums für die Güter, vom Boden bis zum ersten Verdeck, ist 75¾ Zoll. Das Schiff trägt 3520 Ctr. Im oberen Verdecke sind 42 Cajüten (State rooms), jede mit 2 Betten; jedoch können noch Personen im Speisesaal gebettet werden; in allem 150. Das Schiff hat 2 Maschinen mit 82 Pfd. Dampfspannung auf den Quadratzoll. Der Durchmesser der horizontalen Dampfcylinder ist 49½ Zoll, der Kolbenzug 81½ Zoll. Der Dampf wird auf ⅝ des Kolbenzuges abgeschnitten und wirkt also auf ⅜ durch seine Ausdehnung. Die Wasserräder haben 21⅓ F. im Durchmesser und sind 10⅔ F. breit; die Schaufeln sind 21⅓ Zoll hoch. Die Räder laufen 28mal in der Minute herum. Die Verbindungsstangen der Kurbeln mit den Kolben sind 22⅓ F. lang. Es sind 6 Kessel von geschmiedetem Eisen vorhanden, jeder 22⅓ F. und 39 Zoll im Durchmesser. In jedem Kessel sind 2 Feuerzüge von 14½ Z. im Durchmesser Im Durchschnitt führt dieses Schiff 125 Passagiere, die Hälfte davon in den Cajüten, die andre Hälfte im untern Verdeck; aufserdem 440 Ctr. Güter und geht dann 70 Zoll tief. Es wurde 1836 gebaut. Der Rumpf kostete, zu etwa 2 Thlr. der Ctr. Ladung gerechnet (25 Doll. auf die Tonne), 7111 Thlr.; die beiden Dampfmaschinen kosteten 17 067 Thlr.; die Holz-Arbeit in den Cajüten 5689 Thlr.; die Draperieen, Spiegel, Betten und die übrige Einrichtung 12 800 Thlr., zusammen 42 667 Thlr. Das Schiff ist eins der elegantesten und solidesten. Andere von gleicher Gröfse kosten 7111 bis 8533 Thlr. weniger.

Unter den gröfsten Dampfschiffen, die jetzt zwischen New-Orleans und Louisville fahren, sind die Sultana und der Ambassador besonders beliebt. Der Ambassador ist im Deck 208¾ F. lang, 34 F. breit und trägt 7969 Ctr. Im oberen Verdeck sind 44 State rooms, jedes mit 2 Betten; doch können noch eben so viele Betten auf dem Boden des Verdecks aufgeschlagen werden. Jede der beiden Dampfmaschinen hat einen horizontalen Cylinder von 24¼ Z. Durchmesser; der Kolbenzug ist 93¼ Zoll lang; die Spannung des Dampfes 92⅓ Pfd. auf den Quadratzoll und der Dampf wird auf ⅝ des Kolbenzuges abgeschnitten. Die Wasserräder sind 21⅓ F. im Durchmesser und 11⅔ F. breit. Das Schiff trägt gewöhnlich 3520 Ctr. Güter stromauf und 5280 Ctr. stromab, nebst 100 Cajüten- und 150 Deck-Passagiere. Es taucht unbeladen 58¼ und beladen 81½ Zoll tief in das Wasser. Der Rumpf desselben kostete 17 067 Thlr.; die Maschinen 24 178 Thlr.; die Tischler-Arbeit und die übrige, sehr elegante Einrichtung 44 088 Thlr.; zusammen 85 333 Thlr. Während des Baues wurde indessen viel geändert, so dafs die eigentlichen Kosten nur etwa 78 222 Thlr. sind.

Hiesige Kenner dieser Gegenstände nehmen an, dafs ein Dampfschiff auf den östlichen Gewässern 64 000 bis 71 111 Thlr., auf den westlichen

Gewässern 33 422 Thlr. und auf den Seen etwa 50 000 Thlr. koste. Hienach würden von den 1838 vorhandenen Dampfschiffen die 351 auf den östlichen Gewässern 23 712 000 Thlr., die 385 Schiffe auf den westlichen Gewässern 12 867 556 Thlr., und die 64 Schiffe auf den Seen 3 185 777 Thlr., die sämmtlichen 800 Dampfschiffe also 39 765 333 Thlr. gekostet haben. Und da seit dem Anfange der Dampfschiffahrt hier 1300 Dampfboote gebaut wurden, so sind dazu an 65 Mill. Thlr. verwendet worden; der bei weitem gröfsere Theil davon in den letzten 5 Jahren.

6. Kosten des Betriebes der Dampfschiffe.

Diese Kosten haben wegen der grofsen Vermehrung der Zahl der Dampfschiffe und wegen des Steigens aller Preise zugenommen. Auf dem Franklin sind die *monatlichen* Kosten folgende:

1 Capitän und zwei Schreiber (clercs)	284	Thlr.	$13\frac{1}{3}$ Sgr.
2 Steuerleute (pilots)	284	-	$13\frac{1}{3}$ -
2 Ingenieurs und 2 Assistenten	355	-	$16\frac{2}{3}$ -
2 Unter-Capitäns (mates)	113	-	$23\frac{1}{3}$ -
1 Schiffszimmermann	42	-	20 -
2 Köche	113	-	$23\frac{2}{3}$ -
1 Oberkellner (steward) und 6 Aufwärter . . .	199	-	$3\frac{1}{3}$ -
1 Stubenmädchen	28	-	$13\frac{1}{3}$ -
10 Heizer bei den Dampfkesseln	284	-	$13\frac{1}{3}$ -
6 gewöhnliche Arbeiter	170	-	20 -
Zusammen für 38 Personen	1877	Thlr.	10 Sgr.
Hiezu monatlich für 785 Cords Brennholz, zu $117\frac{1}{2}$ C. F., und einige Steinkohlen . . .	2524	-	$13\frac{1}{3}$ -
Provision für 62 Cajüten-Passagiere und 38 Personen Schiffsmannschaft	1991	-	$3\frac{1}{3}$ -
Thut zusammen, ohne die Kosten der Reparaturen am Schiff, ...	6392	Thlr.	$26\frac{2}{3}$ Sgr.

oder in runden Zahlen 6400 Thlr. *monatlich.* Das Schiff macht während 9 Monate täglich 32 Meilen, also jährlich 8640 Meilen. Während der übrigen 3 Monate mufs es wegen Mangel an Wassertiefe feiern und wird in dieser Zeit angestrichen, calfatert und reparirt. Die Reparaturen kosten jährlich etwa 4266 Thlr. 20 Sgr., und dazu kommt noch der Betrag der Abnutzung überhaupt, welcher sehr bedeutend ist, da die hiesigen Schiffe, aus dem in einem heifsen Clima gewachsenen Holz gebaut, nicht über 6 bis 7 Jahre dauern. Die vorzüglichsten Dampfschiffe werden dann verkauft und vom neuen Eigenthümer noch einige Jahre gebraucht, sind aber dann nicht mehr ganz sicher. Man rechnet 25 p. C. der Baukosten für die Abnutzung im ersten Jahre, also da das Schiff 42 666 Thlr. 20 Sgr. gekostet hat, 10 666 Thlr. 20 Sgr., bleiben 32 000 Thlr. Werth am Ende des ersten Jahres. Im zweiten Jahre rechnet man wieder ein Viertel von diesem Werthe, also 8000 Thlr. für die Abnutzung, wegen der mehreren Reparaturen aber nun überhaupt 14 933 Thlr. 10 Sgr. So wird im 3ten und 4ten Betriebsjahre weiter gerechnet und es bleiben dann noch 13 500 Thlr., wofür das Schiff verkauft wird. Man kann also die Ausgaben bei dem Franklin wie folgt anschlagen:

Die Betriebskosten in 9 Monaten, zu 6400 Thlr., .	57 600 Thlr.	
Während der übrigen 3 Monate Sold und Kosten des Capitäns und der Schreiber; die übrigen Personen werden entlassen.	1 422 -	$6\frac{2}{3}$ Sgr.
Für Reparaturen und Abnutzung jährlich . . .	14 933 -	10 -
Assecuranz für $\frac{3}{4}$ des Werthes, die nur assecurirt werden können, zu 7 bis 9 p. C..	1 920 -	
Kleine Ausgaben	1 635 -	$16\frac{2}{3}$ -
Zusammen	77 511 Thlr.	$3\frac{1}{3}$ Sgr.
Zieht man hievon die Kosten der Verpflegung und Bedienung der Passagiere ab, mit etwa . . .	19 911 -	$3\frac{1}{3}$ -
so bleiben für die eigentlichen Kosten der Fahrten	57 600 Thlr.	— -

und es kommen, da das Schiff jährlich 8640 Meilen macht, 6 Thlr. 20 Sgr. auf jede Meile.

Die Einnahmen sind zu rechnen auf jede tägliche Reise:

Von 62 Cajüten-Passagieren, zu 5 Thlr $20\frac{2}{3}$ Sgr., .	352 Thlr.	$21\frac{1}{3}$ Sgr.
Von 63 Deck-Passagieren, zu 1 Thlr. $12\frac{2}{3}$ Sgr., . .	89 -	18 -
Von 420 Ctr. Gütern, zu etwa $7\frac{2}{3}$ Sgr..	106 -	20 -
Für den Transport der Mail	5 -	$20\frac{2}{3}$ -
Zusammen	554 Thlr.	20 Sgr.

Die Mail wird so wohlfeil mitgenommen, weil das Publicum die Mail-Boote ihrer Pünctlichkeit und Sicherheit wegen vorzieht. Die Summe von 554 Thlr. 20 Sgr. für 270 Fahrten in 9 Monaten giebt eine jährliche Einnahme von 149 760 Thlr. und, die obigen 77 511 Thlr. $3\frac{1}{3}$ Sgr. abgezogen, einen jährlichen Gewinn von 72 248 Thlr. $26\frac{2}{3}$ Sgr.; so dafs also, da das Schiff nur 42 666 Thlr. 20 Sgr. kostet, der Gewinn ungeheuer grofs ist, wenn das Schiff hinreichend Passagiere findet.

Der Ambassodor, von mehr denn zweimal so viel Tragkraft als der Franklin, fing im Spätherbste 1837 seine Fahrten zwischen Louisville und New-Orleans, 320 Meilen weit, an, und machte in den 3 Monaten jenes Jahres noch 4 Reisen hin und zurück. Die Kosten für die 3 Monate waren 36 266 Thlr. 20 Sgr. und es kostete also jede Meile 14 Thlr. 19 Sgr. Im Jahre 1838 machte dieses Schiff in 8 Monaten 10 Reisen hin und zurück; während der übrigen 4 Monate mufste es wegen Wassermangel ruhen. Die Kosten waren 82 489 Thlr. und jede Meile kam auf 13 Thlr $9\frac{1}{2}$ Sgr. zu stehen. Die Löhnungen sind aber auf diesem Schiffe wegen der längeren Reise viel höher als auf dem Franklin, nemlich folgende:

1 Capitän jährlich			2 844 Thlr.	$13\frac{1}{3}$ Sgr.
1 erster Clerk jährlich			1 706 -	20 -
1 zweiter Clerk monatlich	71 Thlr.	$3\frac{1}{3}$ Sgr.		
1 Person am Buffet desgl.	64 -	— -		
2 Piloten, jeder 426 Thlr. 20 Sgr. desgl.,	853 -	10 -		
2 Engineers, nebst Assistenten, zu 213 Thlr. 10 Sgr., desgl. . . .	426 -	20 -		
1 Unter-Capitän desgl.	106 -	20 -		
1 zweiter Unter-Capitän desgl. . .	71 -	$3\frac{1}{3}$ -		
1 Schiffszimmermann desgl. . . .	85 -	10 -		
2 Köche, zu 71 Thlr. $3\frac{1}{3}$ Sgr. und 42 Thlr. 20 Sgr., desgl. . . .	113 -	$23\frac{1}{3}$ -		
1 Oberkellner, desgl.	120 -	$26\frac{2}{3}$ -		
6 Aufwärter, zu 35 Thlr. $16\frac{2}{3}$ Sgr., desgl.	213 -	10 -		
1 Stubenmädchen, desgl.	35 -	$16\frac{2}{3}$ -		
1 Wäscherin, desgl..	28 -	$13\frac{1}{3}$ -		
16 Heizer, zu 49 Thlr. $23\frac{1}{3}$ Sgr., desgl.	796 -	$14\frac{1}{3}$ -		
8 gewöhnliche Arbeiter, zu 35 Thlr. $16\frac{2}{3}$ Sgr., desgl.	284 -	$13\frac{1}{3}$ -		
Thut für 8 Monate zu	3271 Thlr.	$3\frac{1}{3}$ Sgr.	26 168 -	$26\frac{2}{3}$ -
Zusammen für 48 Personen jährlich			30 720 Thlr.	

Da das Personal aufser diesen bedeutenden Löhnungen auch noch Kost erhält, so ist es bedeutend theurer, als irgendwo in Europa. Unter den oben berechneten Kosten von 13 Thlr. $9\frac{1}{2}$ Sgr. für die Meile, ist die Zehrung der Reisenden, nicht aber die Abnutzung des Schiffs angeschlagen. Da beide ungefähr gleich sind, so kann man für die blofsen Fahrkosten 13 Thlr. $9\frac{1}{2}$ Sgr. auf die Meile annehmen, und zwar für grofse Schiffe von 7000 bis 8800 Ctr. Tragkraft. Der Ambassador führte 1838 im Durchschnitt 100 Cajüten-Passagiere, zu 71 Thlr. $3\frac{1}{3}$ Sgr. stromauf und 56 Thlr. $26\frac{2}{3}$ Sgr. stromab, und 100 bis 150 Deckpassagiere, theils zu 7 Thlr. $3\frac{1}{3}$ Sgr., theils zu 11 Thlr. $11\frac{1}{2}$ Sgr. Fahrpreis; endlich 3520 Ctr. Güter stromauf und 5280 Ctr. stromab. Die Einnahme für eine Reise von 320 Meilen betrug häufig 10 667 Thlr., während die Ausgaben nur 4124 Thlr. waren, so dafs also der Gewinn bedeutend war. 1839 fanden sich freilich im Juni nur 65 Cajüten-Passagiere, allein das Schiff wird dennoch seine gute Rechnung finden.

Andere minder elegante Dampfboote fahren viel wohlfeiler, und es giebt deren von 3520 und mehr Centner Tragkraft, denen die Meile Fahrt nur 3 Thlr. 10 Sgr. kostet. Wenn dergleichen Schiffe nur 34 Reisende führen, die 3 Sgr. für die Meile bezahlen, so sind die Kosten schon gedeckt.

Auf den Dampfbooten, die an der Meeresküste zwischen Wilmington und Charleston 34 Meilen weit fahren und wo 1838 und 1839 die Passagiere 10 Sgr. für die Meile bezahlten, decken schon 11 Reisen die Kosten, da das Schiff auch noch Güter und die Mail führt und die Fahrkosten nur etwa 3 Thlr. 18 Sgr. für die Meile betragen.

Auf dem Dampfboote Champion, von 4230 Ctr. Tragkraft, welches den Weg zwischen Pensacola und Mobile, 21 Meilen weit, ebenfalls an der Meeresküste, täglich zurücklegt, finden sich im Durchschnitt nur 10 Reisende, die 20 Sgr. für die Meile bezahlen; und die Einnahme deckt gerade die Kosten.

7. Vergleichung der Frachtkosten auf Dampfschiffen und Eisenbahnen.

Im Durchschnitt aller Eisenbahnen in Nord-Amerika kostet die Beförderung eines Eisenbahntrains etwa 6 Thlr. 20 Sgr. auf die Meile. Eben so viel kostet, wie sich oben fand, die Beförderung eines Dampfbootes von 3520 bis 5280 Ctr. Tragkraft. Beide, Schiff und Wagenzug, sind auch ungefähr *gleich lang*, nemlich etwa 200 F. Die Geschwindigkeit der Bewegung aber ist auf Eisenbahnen etwas gröfser, nemlich 5128 bis 6410 Ruthen in der Stunde, die der Dampfschiffe auf dem Mississippi und dem Ohio im Durchschnitt nur 5128 Ruthen. Hat das Dampfschiff 100 oder mehr Passagiere, so kann es jeden für 4 Sgr. die Meile befördern; auf den Eisenbahnen dagegen rechnet man im Durchschnitt 10 Sgr. Haben aber die Dampfschiffe weniger Passagiere, so erhöhen sich die Preise bis zu 20 Sgr. für die Meile. Da auf den Eisenbahnen gewöhnlich nur 40 Personen durchschnittlich auf einen Train kommen, so mufste man den Fahrpreis auf 10 Sgr. für die Meile erhöhen, um brutto 13 Thlr. 10 Sgr. für den Zug auf die Meile zu erhalten, während 100 Reisende auf einem Dampfschiffe, zu 4 Sgr., ebenfalls 13 Thlr. 10 Sgr. für die Meile eintragen. Es hängt also alles davon ab, dafs die Anzahl der Passagiere grofs ist. Dann sind beide, Schiffe und Eisenbahnen, einträglich. Anders fehlt es beiden.

Die Dampfschiffahrt hat den Vorzug der ***Concurrenz,*** da Hunderte von Schiffen denselben Flufs befahren können, während eine Eisenbahn ***nur für eine*** Fahr-Compagnie practicabel ist; die also ein Monopol hat. Durch die Concurrenz ist es möglich geworden, auf den Schiffen Reisende für 8 Spf. auf die Meile zu befördern, so dafs alles zu den Dampfschiffen sich wendet und man oft weite Umwege macht, um nur die Dampfschiffe erst zu erreichen. Es ist unbegreiflich, dafs man in Amerika auf den Eisenbahnen noch nicht ***niedrigere Preise*** versucht hat, sondern nur erst blofs bei einigen Oppositionslinien stehen geblieben ist; wie zwischen New-York und Philadelphia.

Zwischen New-Orleans und Nashville wird eine Eisenbahn gebaut, die, 4¼ Meile lang, auf einem unergründlichen Sumpf schwimmt und daher ganz eigenthümlich ist. Sie wird von New-Orleans bis Havanna, am Tenessee, 92 Meilen lang sein, während die Wasserstrafse zwischen den beiden Endpuncten mehr als dreimal so lang ist. Eine andere Eisenbahn zwischen Montgomery und Pensacola, 33½ Meile lang, befindet sich in einem ähnlichen Falle. In *solchen* Fällen wird die Eisenbahnfahrt der Wasserfahrt gewifs vorgezogen werden, wenn auch die letztere auf die Meile nur den dritten oder vierten Theil kostete.

8. Explosionen der Dampfschiffe, und ihre Ursachen.

Nach amtlichen Berichten sind in den 20 Jahren, vom Anfange der Dampfschiffahrt bis Mitte 1838, 260 Dampfschiffe und 2000 Reisende verunglückt, jährlich also im Durchschnitt 13 Schiffe und 100 Reisende. Obgleich in einem Lande mit 16 Millionen Einwohnern wohl eben so viele Menschen auf den Landstrafsen verunglücken mögen, so werden doch die Unfälle auf den

Dampfschiffen bekannter, und daher ist in Europa die Meinung von den Amerikanischen Dampfschiffen nicht die beste geworden. Da indessen die bessern Dampfschiffe sicherer sind, und man eine grofse Auswahl hat, so kann man sich schon durch Vorsicht und etwas mehr Ausgaben gegen die Gefahr schützen. Auch der Herr Verfasser hat mehr als 1000 Meilen auf den Dampfbooten zurückgelegt. Die Ursachen der Explosionen dürften folgende sein.

Erstlich. Die meisten Unfälle kommen auf dem Mississippi und dem Ohio vor, wo die Dampfschiffe Tag und Nacht fahren und die 400 Meilen von New-Orleans bis Pittsburg, mit allem Aufenthalt, stromauf in 10 und stromab in 6 bis 7 Tagen zurücklegen. Die Kessel werden also 240 Stunden lang ununterbrochen geheizt. Zwar geschieht das Gleiche auch in den Fabriken, und jetzt auf der Fahrt von England nach Amerika: aber hier ist der Unterschied, dafs Pittsburg $10\frac{1}{2}$ Grad nördlicher liegt als New-Orleans, und dafs, um den schnellen Temperaturwechsel zu ertragen, eine gute Gesundheitsverfassung gehört, so dafs öfters die Ingenieurs bei den Maschinen durch die Hitze betäubt werden und dann nicht mehr ganz dienstfähig sind.

Zweitens. Der Mississippi und der Missouri brechen forwährend ihre Ufer ab und schwemmen die Bäume ganzer Strecken von Urwäldern fort. Die 60 bis 100 F. langen und mehrere Fufs dicken Stämme versinken dann wohl mit ihren Wurzeln, während der Gipfel schräg gegen den Strom liegen bleibt und zuweilen nicht unter der Oberfläche sichtbar ist. Man nennt diese Stämme Mags oder Sawyers und es giebt ganze Inseln davon, deren man zwar schon einige durch eigene Maschinen zerstört hat, deren aber immer noch mehrere vorhanden sind. Fährt nun ein Schiff stromauf mit 2 bis $2\frac{1}{2}$ Meile Geschwindigkeit gegen einen solchen Stamm, so wird es augenblicklich durchbohrt, und sinkt.

Drittens. Von den democratischen Amerikanern will keiner dem andern nachstehen. Kommen also zwei Dampfboote einander in die Nähe, so verlangen sogleich alle Passagiere die Wettfahrt (race), und diese beginnt dann ohne Maafs und Ziel. Die Dampfspannung von 100 Pfd. auf den Q. Z. wird nun um die Hälfte und bis auf das Doppelte erhöht, und so endigt die Probe des Kessels oft mit einer Explosion. An den wenigsten Kesseln sind, wie in Europa, Platten angeschraubt, die unter einer gewissen Hitze schmelzen. Die Wettfahrten sind die Veranlassung der meisten Explosionen; gleichwohl finden sie noch immer Statt. Aber das ganze Leben eines Amerikaners ist ja eine Wettfahrt.

Viertens. Um nicht viel Zeit zu verlieren, wird gewöhnlich nur alle 12 Stunden Holz eingenommen und dann an 3500 C. F. hartes Holz, im Gewicht von 1800 Ctr., auf einmal. Mit dieser Last, blofs am vordern Ende beladen, stöfst dann das Schiff häufig an. Während des Holzladens, 1 Stunde lang, wird beständig geheizt, um das Schiff flott zu machen. Aus Nachlässigkeit wird auch wohl kein Wasser eingepumpt, der Dampf entweicht, und wenn nun wieder Wasser in den Kessel kommt, so springt er. Obgleich diese Bemerkung bekannt ist, bleiben die Passagiere doch am Vordertheil des Schiffes, und so wirkt die Explosion um so verheerender.

Fünftens. Des Nachts stofsen oft einander entgegenkommende Schiffe mit 2 und 4 Meilen Geschwindigkeit auf einander, und das schwächere sinkt dann augenblicklich.

Sechstens. Es sind zwar 2 Piloten auf den Schiffen, welche sich von 4 zu 4 Stunden ablösen. Da sie aber die ganze Reise von 400 Meilen machen, statt dafs man von Strecke zu Strecke andere Piloten einnehmen sollte, so können sie die lange, beständig sich ändernde Flufsstrecke nicht hinreichend kennen. Das Schiff fährt dann wohl auf Sandbänke auf und, um es wieder flott zu machen, wird der Kessel gesprengt.

Man sieht, dafs fast alle Unfälle der Amerikanischen Dampfboote nur von Nachlässigkeit oder Unverstand herrühren. Wegen der schnellen Zunahme der Dampfschiffahrt fehlt es auch an kundigen Leuten, und es führen oft so unkundige und unwissende Leute die Schiffe, dafs zu verwundern ist, wie nicht noch mehr Unheil geschieht. Alles dieses würde in Europa, und besonders in Deutschland, anders sein. Daher möge man sich nicht abschrecken lassen. Es ist zu bedauern, dafs man 5 Jahre nach der Einführung der Dampfschiffahrt in Amerika hingehen liefs, ehe man in Europa auch nur einen Versuch damit machte. Noch mehr würde es zu bedauern sein, wenn man, nachdem hier 20 Jahre lang mit 64 Millionen Thalern Kosten Erfahrungen gesammelt worden sind und die Dampfschiffahrt hier zu einem hohen Grade der Vollkommenheit gebracht worden ist, in Europa säumen wollte, die hiesige Constructionen nachzuahmen. Man vergleiche nur die hiesigen Löhnungen und Preise mit denen in Europa, so wird sich bald die Zweckmäfsigkeit und Vortheilhaftigkeit der hiesigen Einrichtungen ergeben.

(Die Fortsetzung folgt.)

12.

Practische Erfahrungen über verschiedene Arten von Brücken und über die absolute Stärke des geschmiedeten Eisens zu Hängebrücken.

(Von *D. Reinhold* Königl. Hannöverschem Wasser-Bau-Inspector 1ster Classe, Ritter des Köngl. Niederländischen Löwen-Ordens etc. zu Leer in Ostfriesland.)

„Die Brücken gehören mit zu den wichtigsten Staats-Bauwerken. Die we„sentlichste Regel, die der ausführende Baubeamte dabei stets vor Augen „haben mufs, ist die, ihnen eine Festigkeit zu geben, die jede Probe aushält. „Die wirkliche Sparsamkeit bei öffentlichen Bauten, besonders bei Wasser„bauten, besteht darin, denselben die möglich-längste Dauer zu verschaffen." Diese wahren, auf Erfahrung beruhenden Worte eines der berühmtesten Baumeister seiner Zeit, des Herrn *Gauthey,* dessen in Frankreich ausgeführte Brücken sowohl, wie sein lehrreiches Werk über Brückenbaukunst, rühmliche Denkmale für ihn sind, enthalten eine wichtige Regel, die insbesondere der Wasserbau-Bediente stets vor Augen haben sollte; dessen Werke zwar nicht, wie Palläste und Kirchen etc. in die Augen leuchten, dessen grofse und mannigfache Anlagen aber gleichwohl von grofsem Nutzen sind, während er selber leider nur selten nach Verdienst dafür belohnt wird, sondern den Lohn seiner Mühen und Gefahren in seiner Pflicht-Erfüllung und im eignen Bewufstsein finden mufs.

§. 1.

Nachdem im Jahr 1830 die Eisenbahn zwischen Liverpool und Manchester in England vollendet und auf dem Continente von Europa, insbesondere in Deutschland, mehrere Eisenbahnen theils projectirt, theils zu bauen angefangen worden, sind auch eiserne Brücken, besonders Ketten- und Drathbrücken von bedeutender Spannweite über Ströme und Flüsse, welche Kunststrafsen durchschneiden, mehr zur Sprache gekommen und einige derselben sind in Deutschland wirklich ausgeführt worden, oder ihrer Vollendung nahe; andere werden beabsichtigt, oder sind projectirt. Wie jede bedeutende Sache ihre Vertheidiger und Gegner hat, ist es auch hier der Fall. Die Discussion darüber ist nützlich und gut; denn durch sie wird die Wahrheit möglichst ermittelt und der Betheiligte in den Stand gesetzt, aus dem Guten für seinen Fall das Beste zu wählen.

Wie für die Wahl der Bau-Art der Kunststrafsen selbst: ob ihre Bahn mit Steinen oder mit Eisenschienen am vortheilhaftesten für den vorgesetzten Zweck zu erbauen sei, ist es auch für die Wahl der Bau-Art der mit den Strafsen in Verbindung stehenden Brücken, besonders derjenigen von bedeutender Spannweite, von grofser Wichtigkeit, hinreichende Erfahrungen und Gründe, aus der Wirklichkeit entnommen, vor Augen zu haben, um nach Maafsgabe des Zweckes, der Bedürfnisse, des Locals und der Geldmittel, die Bau-Art und das Material so zu wählen, dafs allen Anforderungen am Besten entsprochen werde.

Die Wichtigkeit dieses Gegenstandes und die seit den letzten 8 Jahren darüber in öffentlichen Schriften vielfach aufgestellten Vorschläge und Ansichten, so wie die wirkliche Ausführung einiger grofsen Brücken, haben mich veranlafst, mehre practische Erfahrungen darüber zu sammeln, die ich hier als einen kleinen Beitrag zum grofsen Ganzen bescheiden mitzutheilen wage, ohne dadurch irgend ein Bausystem, oder eine Bau-Art und das dazu nöthige Material, Stein, Holz oder Eisen, vorzugsweise und ausschliefslich für alle Fälle empfehlen und noch weniger eine systematische Abhandlung über die Brückenbaukunst liefern zu wollen. Ich gedenke blofs, die von mir gesammelten Erfahrungen, ohne jene Absicht und ohne systematische Reihenfolge, zum Besten der Sache und der staatswirthschaftlichen Baukunst, so wie der Practiker, die sie in ihrem Beruf ausüben, vorzulegen.

Aus gleichen Gründen und in derselben Absicht habe ich schon im 4ten Hefte des 4ten Bandes des gegenwärtigen Journals in einem Aufsatze: „Beiträge zur Bestimmung der Höhe der Gewölbsteine und der Stärke der „Widerlagen und Mittelpfeiler grofser massiver Brücken; durch viele Beispiele „erläutert und für Practiker gesammelt etc." aus mehreren der besten Schriftsteller eine Sammlung von Erfahrungen über diesen Gegenstand mitgetheilt, die für den practischen Brückenbaumeister nützlich sein können. Die hier folgende Abhandlung kann als eine Fortsetzung jener Sammlung angesehen werden, die, wenn sie auch eben so wenig wie jene den Gegenstand erschöpft, doch als ein kleiner Beitrag zur Vervollständigung des Ganzen, Manches enthalten wird, was nicht allgemein und Jedem bekannt ist, der diese Erfahrungen nicht etwa selbst gesammelt hat.

Meinem Zwecke gemäfs werde ich vorzugsweise über die ***Baukosten*** grofser steinerner, halbmassiver, hölzerner und eiserner, sowohl stehender als hängender Brücken, Erfahrungen und Beispiele aus der frühern und neuern Zeit aufnehmen, um die Baukosten dieser Brücken von verschiedener Bau-Art und von grofsen Spannweiten näherungsweise ermitteln zu helfen und Vergleichungen anzustellen, ob und welcher Unterschied der Baukosten der Brücken von gleicher Spannweite, aber von verschiedener Bau-Art und Material, bei den vorhandenen Local- oder ähnlichen Preisen des Materials Statt finden dürfte. Da der Geldpunct bei jedem Bau für die zahlende Behörde stets sehr wichtig und in der Regel der wichtigste von allen ist, weil es ihr darauf ankommt, mit möglichst wenigen Kosten den Zweck zu erreichen, wobei denn der ausführende Baumeister hauptsächlich darauf zu sehen haben wird, dafs dieser Zweck, soviel als es angeht, unbeschadet der Festigkeit, der Dauer und der vortheilhaftesten und bequemsten Benutzung und des Gebrauchs des Werks, erreicht werde, so werden in dieser Hinsicht die vorliegenden Erfahrungen den Bauherren, eben wie den Baumeistern, vielleicht nützlich sein.

Ohne mich an eine chronologische oder andere systematische Ordnung in der Reihenfolge der hier folgenden Beispiele zu binden, theile ich nach diesen vorausgeschickten Bemerkungen Folgendes über den vorliegenden Gegenstand so mit, wie ich es gesammelt habe.

§. 2.

Im 1sten Hefte des 6ten Bandes des gegenwärtigen Journals giebt der Kurhessische Oberbaurath Herr Dr. ***Fick*** zu Cassel die Beschreibung und Abbildung eines Entwurfs zu einer festen Brücke über die Weser bei Rinteln, mit steinernen Mittelpfeilern und hölzerner Fahrbahn; also einer halbmassiven Strombrücke. Die ganze Spannweite dieser Brücke zwischen den beiden Stirnpfeilern beträgt 372 F. Casseler Maafs. Die Brücke soll aus 4 massiven Mittelpfeilern, von 8 F. oben in der Richtung der Spannweite dick, aus 3 aus Holz gemachten Bogen, jedem von 80 F. lichter Spannweite, und aus 2 den Stirnpfeilern am Ufer zunächst liegenden hölzernen Bogen, jedem von 50 F. lichter Spannweite, bestehen; was, einschliefslich der 4 massiven Mittelpfeiler, eine lichte Spannweite von 372 F. Casseler Maafs giebt.

Die mittlere Wassertiefe der Weser unter der Brücke ist 12 F.; die gröfsten Geschwindigkeiten des Wassers und des Eisganges, nach Maafsgabe der Höhe des Wasserstandes, sind 4 bis 9 F. in der Secunde. In dem letzten Bogen am Stirnpfeiler am linken Ufer, an der Landseite nach Rinteln zu, soll eine Klappe zum Durchgang der Weserschiffe sein, der sogenannten Böcke und Bullen, die keine Segel führen, aber kurze Masten haben, um daran die Zugleinen zu befestigen, an welchen diese Stromschiffe stromauf durch Pferde oder Menschen gezogen werden.

Die 4 massiven Mittelpfeiler sollen, ohne Abdämmung ihrer Baustellen, in sogenannten zu versenkenden Schwimm-Schächten (Kästen), aus horizontal auf einander geschroteten Balkenwänden, fundamentirt werden. Eine ähnliche Fundamentirung der Brückenpfeiler in Kasten oder ***Schwimmschachten,*** wie Herr etc. ***Fick*** sie nennt, findet man in mehren hydrotechnischen Werken beschrieben und abgebildet. So z. B. beschreibt ***Belidor*** in seiner „Architectura hydraulica etc." im 2ten Theile, im 3ten Buche, 11ten Cap., 2ten Abschnitte, §. 862. u. s. w eine ähnliche Construction, nach welcher ***Charles Labelye,*** ein geborner Schweizer, im Jahre 1750 von der Westminster-Brücke über die Themse zu London die Mittelpfeiler dieser 1220 F. langen massiven Brücke von 15 Bogen in Schwimmkasten fundamentirt habe. ***Röder*** bemerkt in seiner „Practischen Darstellung der Brückenbaukunde," 1ster Theil §. 178., dafs einige Pfeiler jener Brücke sich nach ihrer Erbauung gesenkt hatten, und wieder abgetragen werden mufsten; weshalb man es nachher vorgezogen habe, die Kasten auf einen Pfahlrost zu senken. Die Mittelpfeiler, der von 1760 bis 1768 durch ***John Mylne*** zu London über die Themse für 152 840 Pfd. St., oder etwa 1069 880 Thlr. Preufs. erbauten Blak-Friars-Brücke (Schwarzemönchs-Brücke) sind ebenfalls in Kästen erbaut. Desgleichen die Brücke von Jena und Austerlitz über die Seine zu Paris. Die Brücke über die Loire bei Saumur wurde im Jahre 1764 von Decessart gleichfalls in Kasten fundamentirt, diese Bau-Art aber dort wesentlich dadurch verbessert, dafs die Pfeiler, wenn auch ohne besondere Abdämmung der Baustelle, doch innerhalb eingerammter Spundwände auf Pfahlrosten erbaut wurden, die etwas höher als das gewöhnliche niedrige Wasser waren, also ohne Trockenlegung der Baustelle eingerammt und beholmt und innerhalb der dichten Spundwände bis über den niedrigen Wasserstand mit Béton ausgestampft werden konnten, der in kurzer Zeit unter Wasser erhärtet; worauf dann über Wasser die Bebohlung auf die Holmen und Querbalken befestigt und darauf die massiven Pfeiler wie gewöhnlich aufgeführt wurden. Eine solche Construction der Fundamente ist fast überall ohne Abdämmung und Trockenlegung der Baustellen möglich und weit sicherer als die alte Methode, die Pfeiler in Kästen.

oder die neuere, sie in Schwimmschächten zu fundamentiren. Vor einigen Jahren bekam die bei London über die Themse in Kästen erbaute Brücke Senkungen und Risse, und es wird gewifs nicht schwer sein, noch mehr Beispiele aufzufinden, wo jene Art von Fundamentirung der Pfeiler sich nicht bewährt hat. Wenn also die Brückenpfeiler bei Rinteln in der Weser nicht in Schwimmschächten, sondern auf die vorhin bei der Brücke von Saumur gedachte Art mit dem jetzt hinreichend bekannten Béton auf einem Pfahlroste innerhalb einer Spundwand fundamentirt und auf diese Weise gut gebaut würden, so würden die Pfeiler mehr ohne Gefahr für die künftige Dauer sein. Die äufsern Spundwände könnten noch zum Schutze gegen den Angriff des Grund-Eises auswärts mit einer Böschung von grofsen Steinblöcken, Basalt oder Granit etc. umgeben werden.

Über die Art und Weise, wie die Herren ***Elsner, Zimmermann*** und ***Hageau*** am Rheine und an der Lippe Brücken- und Schleusenmauern ohne Abdämmung und Trockenlegung mit Béton innerhalb eingerammter Spundwände fundamentirt haben, findet man im 3ten Hefte des 1sten Bandes des gegenwärtigen Journals vom Herrn Wasserbau-Inspector ***Elsner*** in Coblenz in dem Aufsatze „Über die Anwendung des Béton-Mörtels zum Fundamen- „tiren von Mauern unter Wasser" Nachricht. Der Verfasser folgt dem Verfahren, welches der General-Inspector ***Hageau*** in seinem schönen Werke über den Nord-Canal: „Description du Canal de jonction de la Meuse au Rhin, projété et exécuté par ***A. Hageau,*** inspecteur divisionnaire au Corps Royal des ponts et chaussées, à Paris chez l'auteur 1819 etc." näher beschreibt, und bei Anlegung des nicht vollendeten Nord-Canals zwischen Rhein und Maas im Jahre 1810 etc. angewendet hat.

Im 1sten Hefte des 3ten Bandes des gegenwärtigen Journals S. 1 bis 32 hat der Herr Bau-Inspector ***Zimmermann*** das von ihm beim Schleusenbau an der Lippe beobachtete Verfahren, Mauern unter Wasser ohne Abdämmung und Trockenlegung innerhalb Spundwänden ***durch Béton*** zu fundamentiren, genau mitgetheilt, und im 1sten Hefte 3ten Bandes des Journals hat der Herr Hofbaurath ***Braun*** zu Berlin das von ihm beobachtete Verfahren beschrieben, wonach er in Berlin mit dem von ***Elsner*** beschriebenen Béton No. 2. Wohngebäude in feuchtem Boden fundamentirte und wasserdicht machte. Ich beziehe mich der Kürze wegen auf diese lehrreichen Erfahrungen geschickter Practiker, welche hier zu Vorbildern durch Erfahrung bewährt gefundene Vorschriften mittheilen. Diese und die Erfahrungen und Vorschriften mehrer anderer Hydrotekten über die Verfertigung und Anwendung des Cements, Mörtels und Bétons habe ich in einer besondern Abhandlung zusammengestellt, worauf ich mich ebenfalls beziehe.

Da nun zu Hameln an der Weser die berühmte Cementfabrik des Herrn Ingenieur-Capitäns etc. ***Wendelstadt*** in der Nähe von Rinteln Cement liefert, der im Vergleich mit dem englischen und russischen äufserst wohlfeil ist, so dürfte es bei der Erbauung der bei Rinteln über die Weser projectirten Brücke sehr vortheilhaft und weit sicherer als Anderes sein, mittels des dortigen Cements die Pfeiler durch Béton-Mörtel zwischen Spundwänden etc. auf die oben beschriebene Art zu fundamentiren, statt auf die gewagte Weise in Schwimmschächten.

Von dieser Abweichung, die ich mir erlaubt habe, kehre ich zu der Brücke über die Weser bei Hameln zurück, zu welcher, aufser dem obigen Projecte des Herrn etc. ***Fick,*** noch ein zweites von dem Herrn Geheimen Oberbaurath ***Rudolph*** in Cassel zu einer ganz massiven Brücke mit gewölbten Bogen gemacht geworden ist. Wie Herr etc. ***Fick*** es in seinem oben erwähnten Aufsatze ohne weitere Angaben bemerkt, sind die Baukosten des

Rudolphschen Projects auf	295 557 Thlr.
berechnet; der Bau-Anschlag des Herrn etc. ***Fick*** von einer halbmassiven Brücke dagegen beläuft sich nur auf	61 807 -
die ganze massive Brücke des Herrn etc. ***Rudolph*** würde also theurer sein um	233 750 Thlr.

und der Massivbau würde etwa fünfmal so viel kosten, als der Halbmassivbau.

Herr ***Fick*** sagt in seinem oben erwähnten Aufsatze: aufser obigen beiden Constructions-Arten, würde auch der Bau einer an Kettenstäben oder Drathsträngen aufgehängten eisernen Brücke hier anwendbar sein. Die Kosten der Kettenbrücke giebt der Verfasser nicht an; sie sind mir auch bis jetzt aus öffentlichen Schriften nicht bekannt geworden. Da also hier die Angabe der Localbaupreise für eine solche Kettenbrücke über die Weser bei Rinteln von dortigen Brückenbaumeistern fehlt, so wollen wir die Kosten durch Vergleichung mit denen ähnlicher Brücken näherungsweise zu ermitteln suchen, nachdem wir zuvor darauf führender Beispiele gedacht haben werden.

Nach sichern öffentlichen und Privatnachrichten sollen die Erbauungs-Kosten der jetzt (Ende 1838) noch im Bau begriffene Kettenbrücke bei ***Hameln*** über die Weser, welche, einschliefslich eines Mittelpfeilers auf der mitten im Strome liegenden Insel, eine Gesammtlänge von 635 F. hat, zu 56 000 Thlr.

berechnet worden sein, welches durchschnittlich für den laufenden Fuſs Länge der Brücke . . . . 88⅛ Thlr. ausmachen würde. Da sich aber bei einem solchen Wasserbau auch mit besten Willen und Kenntnissen vorher keine ganz zutreffende Kostenberechnung machen läſst, so darf man billig der obigen Bausumme noch 10 bis 12 p. C. hinzufügen und annehmen, daſs die Brücke 63 500 Thlr., also der laufende Fuſs kosten werde . . . . 100 Thlr.

Bei Northamford in England wurde im Jahre 1819 eine Kettenbrücke über die Tweed in 11 Monaten erbaut. Diese Brücke ist 381 englische Fuſs lang, 18 F. in der Fahrbahn breit, 87 F. über dem Wasserspiegel hoch, und ihr Gewicht an Eisen beträgt 100 Tonnen oder 2000 Engl. Centner. Sie wurde von dem Ingenieur-Capitän ***Brown*** für 5000 Pfd. St. oder 35 000 Thlr. Preuſs. Cour. erbaut. Die Actionnairs zahlten ihm zum Beweise ihrer Zufriedenheit mit dieser schönen Brücke 1000 Pfd. St. oder 7000 Thlr. über den bedungenen Baupreis freiwillig. Rechnet man diese zu der obigen Bausumme, so kostet diese Brücke 4000 Pfd. St. oder 42 000 Thlr., also der laufende Fuſs . . . . 110¼ Thlr.

Die Kettenbrücke bei Grätz in Steiermark kostet auf den laufenden Fuſs . . . . 108½ Thlr. wie wir weiter hin sehen werden.

Das Mittel aus den obigen drei Bausummen ist in runder Zahl 103 Thlr. für den laufenden Fuſs Kettenbrücke. Da wir den Anschlagspreis der Brücke bei Hameln um etwa 12 p. C. erhöht haben, so wollen wir dieses Mittel als Kostenmaaſsstab für die Brücke bei ***Rinteln*** annehmen, um näherungsweise deren Erbauungskosten mit den obigen speciell berechneten Baukosten einer massiven und einer halbmassiven Brücke zu vergleichen. Der Unterschied des Englischen, Hannöverschen und Casselschen Maaſses wird hier, als zu geringe, nicht sehr in Betracht kommen.

Die ganz massive Brücke über die Weser bei Rinteln sollte nach Herrn etc. ***Rudolfs*** Anschlage kosten . . . . 295 557 Thlr. welches auf 372 F. Länge für den laufenden Fuſs Brücke 794½ Thlr. macht.

Die Kettenbrücke daselbst, von eben der Länge, würde, den Fuſs zu 105 Thlr., nach obigem Mittelpreise gerechnet, kosten . . . . 38 316 –

also weniger 257 241 Thlr.

Die halbmassive Brücke soll nach Herrn *Ficks* Anschlag kosten . . . . 61 807 Thlr.

Die Kettenbrücke wie vorhin, nach dem Mittelpreise, . 38 316 -

Mithin wäre die Kettenbrücke wohlfeiler als die halbmassive um 23 491 Thlr.

Aus diesen Beispielen aus der neusten Zeit, theils aus der Nachbarschaft, theils aus England, wo Alles bekanntlich weit theurer ist als in Deutschland, folgt also, dafs eine Kettenbrücke über die Weser bei Rinteln, wenn sie, wie die bei Hameln, einen Mittelpfeiler erhält, der aber zur Sicherheit auf die oben bemerkte Weise und nicht in einem unsichern Schwimmschacht zu gründen sein würde, bei weitem wohlfeiler als obige beide Constructions-Arten sein, namentlich nur den *siebenten Theil* so viel als eine ganzmassive und nur *zwei Drittel* so viel als eine halbmassive Brücke kosten würde. An absoluter Stärke oder wirklicher Tragkraft der Ketten, also an Sicherheit der Passage und an Dauer aber würde sie die halbmassive Brücke übertreffen und der ganz steinernen Brücke nahe kommen, wenn Arbeit, Material und die Abmessungen der einzelnen Theile angemessen angenommen werden; wie es zu erwarten steht. Die Kosten der *Erhaltung* der Kettenbrücke werden die einer halbmassiven Brücke mit hölzerner Fahrbahn, so wie die der ganzmassiven Brücke, letztere wegen der bedeutenden Zinsen von etwa 300 000 Thlr. Capital, bei Weiten nicht erreichen.

Eine Brückenklappe zur Durchlassung der Weserschiffe mit ihren stehenden Masten, so wie der dazu nöthige Pfeiler an der Landseite von Rinteln, ist hier nicht nöthig und die Kosten dafür können gespart werden. Solches geht aus den Abmessungen der Weser-Brücke bei *Preufsisch-Minden* hervor, die mir aus meinem früheren practischen Dienstleben in dieser Stadt, und zuletzt noch aus den Jahren 1813 und 1814, als ich dort als Freiwilliger im Ingenieur-Corps bei den Festungs-Arbeiten angestellt war, bekannt sind. Die Weserbrücke bei Preufs. Minden, der Sage nach im 30jährigen Kriege von den Schweden unter Gustav Adolph erbaut, hat nemlich 11 steinerne Bogen, und keiner derselben hat eine Brückenklappe zum Durchlassen der nemlichen Weserschiffe, die bei Rinteln die Weser und die dortige jetzige Schiffbrücke passiren müssen. Der gröfste und höchste Bogen der Brücke, welcher der sechste von der Stadt her ist, hat im Scheitel unter dem Schlufssteine, von dem niedrigsten Sommerwasser oder dem Nullpuncte des dortigen

Pegels aufwärts bis zum Sockel, auf welchem das eiserne Brückengeländer steht, eine Höhe von . . . . 30 Fufs.

Zieht man hievon ab die Höhe des Sockels und der Gewölbsteine, von etwa . . . . 3 -

so bleibt vom niedrigsten Sommerwasser bis unter den Schlufsstein des höchsten Bogens eine lothrechte lichte Höhe von . 27 Fufs.

Die gröfste bekannte Wasserhöhe, nemlich die vom Jahre 1799, über dem niedrigsten Sommerwasser oder dem Nullpuncte, war an der Brücke . . . . 19 -

Also blieb noch unter dem Schlufssteine ein lichter Raum übrig von . . . . 8 Fufs hoch.

Bei jenem hohen Wasser konnten aber nirgends Schiffe fahren, weil die ganze Wesergegend an beiden Ufern, so weit das Auge reichte, meilenweit überströmt und deshalb die Schiffahrt unmöglich war. Unter dem sechsten, als dem höchsten und weitesten Bogen der Brücke bei Preufs. Minden, geht das Fahrwasser oder die Schiffbahn der Weserschiffe gewöhnlich her, ohne dafs eine Klappe in diesem Bogen wäre. Vergleicht man nun hiermit die Maafse der Zeichnung der von Herrn *Fick* projectirten halbmassiven Brücke bei Rinteln, so findet man, dafs die Höhe vom niedrigsten Sommerwasser bis unter den Bogen ebenfalls . . . . 27 Fufs ist. Die Höhe vom niedrigsten bis zum höchsten Wasserstande von 1799 war . . . . 19 -

Die Höhe vom niedrigsten bis zum mittlern Wasserstande nach der Zeichnung . . . . 4 -

Also die Höhe vom niedrigsten bis zum mittlern Wasserstande . . 15 Fufs.

Da hiernach die Höhen zwischen dem niedrigsten, mittlern und höchsten Wasserstande und der Unterkante der Bogen der beiden Brücken zu Preufs. Minden und zu Hameln nahe genug gleich sind und auf einerlei Strome dieselben Fahrzeuge mit denselben Masten fahren, und da die Brückenbogen bei Preufs. Minden keine Klappe zum Durchlassen stehender Masten haben, die auch allenfalls auf den Weserböcken zum schnellen Niederlegen eben so einfach eingerichtet werden können, wie die Masten auf den Canal- und andern Binnenschiffen in Ostfriesland: so ist es wohl gewifs, dafs in der projectirten Brücke bei Rinteln *keine* Brückenklappe und kein besonderer Bogen und Pfeiler dazu nöthig ist und dafs das dazu erforderliche Geld, so wie die Abgabe für Durchlassung der Schiffe erspart werden können. Die Fahrbahn einer Kettenbrücke kann übrigens hinreichend hoch gelegt werden, und es ist also dieselbe kein Hindernifs der Schiffahrt.

Bei dem oben berechneten Preise einer Kettenbrücke bei Rinteln, von etwa 39 000 Thlr., ist nach dem Beispiele der Kettenbrücke bei Hameln angenommen worden, dafs auch die letztere einen Mittelpfeiler bekommen solle. Dieser Mittelpfeiler scheint zwar nicht unumgänglich nöthig zu sein, da in England und Frankreich etc. Kettenbrücken von noch viel gröfserer Spannweite als 372 F. vorhanden sind, z. B. die Kettenbrücke über die Meer-Enge zwischen der Insel Anglesey und der Westküste von England, welche eine lichte Spannweite der Ketten von 580 F. hat; die bei Roncorn über die Mündung des Mersey ins Meer projectirte Kettenbrücke, welche 1000 F. weit werden soll; die 1000 F. lange Brücke bei Brighton in England, mit mehren Spannweiten von 333 F.; die bei Northamford über die Tweed erbaute Brücke von 318 F. Engl. im Lichten weit; nach welchen Erfahrungen also eine lichte Spannweite bei Rinteln von 372 F. ohne Mittelpfeiler gleichfalls statt haben und der Mittelpfeiler mithin erspart werden könnte: allein es sind auch Gründe *für* diesen Mittelpfeiler vorhanden. Denn macht man ihn, so senken sich die hängenden Tragketten weniger und ihre Länge, Gewicht und Kosten sind verhältnifsmäfsig geringer. Das Schwanken der Ketten bei starken Winden, mithin die Gefahr der Beschädigung und des Zerreifsens derselben, wird ebenfalls vermindert; die Verankerung der Fahrbahn von unten auf an den Mittelpfeiler, welche auch an den Stirnpfeilern nöthig ist, wird verstärkt und die Brückenbahn wird dadurch bei Stürmen gegen das Aufheben und Niederfallen mehr gesichert, durch welches, der Erfahrung nach, die Fahrbahnen so heftige Stöfse und Erschütterungen bekommen können, dafs sie zerbrechen, wie es z. B., öffentlichen Blättern zufolge, mit der Kettenbrücke in England bei Montrose während der Stürme im October 1838 der Fall war. Auch kann, wenn man einen Mittelpfeiler macht, eine ganz andere Construction und Anordnung der Ketten stattfinden; nemlich so, dafs die Fahrbahn nicht mehr an Spannketten hängt, die über 18 bis 20 F. hohe Pyramiden oder Portale gehen, an welchen Tragketten befestigt sind, die die Fahrbahn tragen. Es können dann vielmehr die Spannketten unmittelbar, ohne dafs Portale vorhanden wären, auf dem Mittelpfeiler und den Stirnpfeilern ruhen und an diese hinreichend und eben so sicher befestigt werden, als an die Portale. Die Fahrbahn ruht dann unmittelbar auf den Tragketten. Die Senkung der Ketten unter die Sehne und in ihrer Mitte ist dann bei weitem nicht so grofs nöthig, als wenn sie auf hohen Portalen liegen; das Schaukeln oder Seitwärtsschwanken der Fahrbahn bei Stürmen ist geringer, und die Länge, das Gewicht und die Kosten der vielen Tragketten, an welchen bei der andern Einrichtung die Fahrbahn hängt, werden gröfstentheils erspart: das Gewicht der Brücke wird vermindert, und also ihre Tragkraft und Haltbarkeit vermehrt; die Reparaturen und die Erhaltung der unter der Fahrbahn befindlichen Spannketten sind bequemer und leichter und die Ketten sind nicht mehr so sehr der Einwirkung der Witterung ausgesetzt, denn sie werden dann durch die Decke der Fahrbahn mehr dagegen geschützt, als wenn sie über hohen Portalen frei in der Luft schweben und von jedem Regen, Schnee, Glatteis und abwechselndem Sonnenbrande angegriffen und dem Roste und andern Einwirkungen der Atmosphäre stets blofsgestellt sind. Die unterhalb der Fahrbahn liegenden Ketten lassen sich ferner durch eiserne, durch sämmtliche Ketten nach der Breite der Bahn durchgezogene eiserne Balken oder Querriegel zu einem Körper verbinden; was eine gleiche Spannung und Vertheilung der Last auf sie befördert und das Zerreissen einzelner Ketten durch örtliche Überladung oder ungleiche Spannung, mithin die Gefahr des Zerbrechens der Fahrbahn vermindert. Auf den eisernen Querbalken können die Erhöhungen von dem Pfeiler abwärts bis zur Mitte der Spannweite so angebracht werden, dafs die hölzerne Fahrbahn ganz horizontal liegt, wenn auch die Ketten in der Mitte der Spannweite um einige Fufse gesenkt werden; was hinreichend sein wird. Das Geländer endlich kann eben so gut und fest auf dieser Fahrbahn angebracht werden, als wenn sie an Tragketten hinge.

Da es hier nicht mein Zweck ist, die Construction und Abmessungen der einzelnen Theile einer solchen Kettenbrücke, sondern nur die Grundzüge davon anzugeben, so gehe ich nun zu der Voraussetzung zurück, dafs in der Mitte der Spannweite der Kettenbrücke bei Rinteln ein Mittelpfeiler von gehöriger Höhe und Stärke gebaut, dafs derselbe gut fundamentirt, gegen den Eisgang geschützt und aus festen Quadersteinen in Cementmörtel und mit sicherer innerer Verbindung so aufgeführt werde, dafs er gleichsam eine einzige Felsenmasse bilde; wofür der ausführende Baubeamte wohl sorgen kann und wird. Die lichte Spannweite zwischen den Stirnpfeilern am Ufer war 372 Fufs.
Für die horizontale Breite oder Oberfläche, auf welcher die Ketten in gufseisernen Rinnen oder Satteln ruhen und an den Pfeiler befestigt sind, kann man etwa annehmen . . . . 22 –

Es bleibt also an lichter oberer Spannweite im Ganzen . . 350 Fufs.

Für 24 F. lothrechte Höhe des Pfeilers kann man die untere Breite seines Sockels auf der Bebohlung des Pfahlrostes annehmen etwa zu . . . . 30 -

Also ist die untere Spannweite . . . . 342 Fufs.

Jede einzelne Spannweite oben ist . . . . 175 Fufs.

Jede untere . . . . 171 Fufs.

Die mittlere Dicke des Pfeilers ist . . . . 26 Fufs.

Die Breite der Brückenbahn zwischen den Geländern kann man für die Fahrbahn . . . . 16 Fufs.

Für 2 Fufspfade, zu 4 F., ... 8 -

zusammen auf 24 Fufs

annehmen. Werden nun 8 Ketten zum Tragen der Fahrbahn unter derselben hergezogen, die dann auf den Stirnen und dem Mittelpfeiler ruhen, so werden dieselben von Mitte zu Mitte 4 F. entfernt sein und 6 gleiche Zwischenräume haben. Den Querschnitt der Kettenglieder kann man so am besten verstärken, dafs man die *lothrechte Höhe* der Glieder gröfser nimmt. Statt dafs z. B. die Kettenglieder der Menaibrücke $3\frac{1}{4}$ Zoll hoch und 1 Zoll dick sind, kann man ihnen hier eine Höhe von etwa 6 Zoll und eine Dicke von $1\frac{1}{2}$ Zoll geben und dann um so weniger Kettenschnüre machen.

Nach diesen unmafsgeblichen Ansichten über die bei Rinteln über die Weser entworfene halbmassive Brücke, die ich der Beurtheilung Sachverständiger unterwerfe, kehre ich zur Mittheilung anderer Erfahrungen über Brücken von verschiedener Construction zurück, um mich nicht zu lange bei jenem einzelnen Gegenstande aufzuhalten.

§. 3.

Gufseiserne Brücken.

Die erste gufseiserne *stehende* Brücke in England, in den Jahren 1773 bis 1779 bei Coalbrookdale von Wilkinson und Darnley erbaut, hat einen halbkreisförmigen Bogen von 98 F. Spannweite. Das Eisen zu dieser Brücke wog 785 154 Pfd.; sie kostete 50 000 Thlr. Preufs. Cour. Man findet sie im 2ten Theile von ***Röders*** practischer Brückenbaukunde im 2ten Capitel §. 159. beschrieben und auf den Kupfertafeln abgebildet. Nimmt man die Länge der Fahrbahn zu 100 F. an, so kostete der laufende Fufs dieser Brücke 500 Thlr.

Die erste in Deutschland erbaute gufseiserne Brücke wurde im Jahre 1794 zu Laasen in Niederschlesien über die Striegau auf Kosten des Reichsgrafen von Burghaus ausgeführt. Die Bogen dazu wurden auf der Eisenhütte zu Malapane gegossen. Man findet die Beschreibung und Abbildung derselben, bei der der obgenannten Brücke von Coalbrookdale, im ***Röder***schen Werke über Brückenbaukunde. Die Abbildung ist hier auf Taf. V. Fig. 2. beigefügt. Diese Brücke hat einen Bogen von 40 F. Spannweite, 18 F. Breite, 5 gufseiserne Bogenrippen und 2 massive Widerlagen.

Das Gufs-Eisen wog	931 Ctr.	91 Pfd.	
Das Schmiede-Eisen	14 -	59 -	
Zusammen	946 Ctr.	40 Pfd.	

welche kosteten	3457 Thlr.	9 Ggr.	6 Pf.
Die eisernen Platten, mit vergoldeter Inschrift, kosteten	100 -	— -	— -
Thut	3557 Thlr.	9 Ggr.	6 Pf.
Das Mauerwerk nebst Material kostete . .	1405 Thlr.	3 Ggr.	11 Pf.
Das Arbeitslohn der Handwerker	730 -	8 -	— -
Der Handlanger	331 -	16 -	— -
Fuhrlohn	1150 -	16 -	— -
Erdarbeit	620 -	— -	— -
Summa	7694 Thlr.	14 Ggr.	8 Pf.

Dies beträgt auf die Spannweite von 40 F. für den laufenden Fufs $192\frac{1}{3}$ Thlr. Die Brücke bei Coalbrookdale ist also auf den laufenden Fufs an dreimal so theuer, als die zu Laasen in Schlesien.

In der neusten Zeit sind im Preufsischen Staate, namentlich zu Berlin und Potsdam, mehrere stehende eiserne Brücken erbaut, welche Herr ***Triest*** in seiner Sammlung von Entwürfen, Beschreibungen und Kostenberechnungen wichtiger Bauten, Lieferung I. Berlin 1828. näher beschreibt.

In No. 27. des 2ten Jahrgangs der allgemeinen Bauzeitung von 1837. Wien, von ***E. F. L. Förster***. S. 219 u. s. w. und Tafel 135. findet man die „Beschreibung der langen Brücke bei ***Potsdam*** über die Havel." Dieselbe ist von dem Herrn Ober-Baudirector ***Günther*** entworfen. Der Brücken-Aufzug zum Durchlassen der Schiffe und die dazu gehörige Maschinerie etc. ist nach den Angaben des Geheimen Ober-Bauraths Herrn ***Becker*** und die ganze Brücke unter dessen Leitung nach dem ***Günther***schen Entwurf in den

Jahren 1822 bis 1825 ausgeführt. Die Brücke ist 627 F. 7 Z. Preufs. lang und 30 F. breit, von welcher Breite jedes Trottoir 5 F. und die Fahrbahn 20 F. einnehmen. Sie hat 8 gufseiserne Bogen von 60 F. lichter Weite und 7 Mittelpfeiler von 7 Fufs Dicke, ohne den Pfeiler an der Zugbrücke, welcher, gleich den Stirnpfeilern am Ufer, 30½ F. dick ist. Die Öffnung im Brückenaufzuge für die Passage der Schiffe ist 30 F. 7½ Zoll weit. Die Pfeiler sind aus Sandsteinen erbaut, aufsen mit Sandsteinquadern verblendet, stehen des schlechten Baugrundes wegen auf einem Pfahlroste mit sehr langen Grundpfählen, und sind von gewöhnlicher Construction. Jeder der 8 Bogen besteht aus sieben 4 F. 11 Zoll im Lichten von einander entfernten gufseisernen Rippen aus 2½ Z. dickem Eisen. Jede Rippe besteht aus drei Theilen, nemlich einem Mittel- und zwei Seitenstücken. Die Rippen haben eine Querverbindung durch Anker, so wie eine Kreuzverbindung über denselben, welche, bündig mit der Oberkante, in die Rippen eingelassen sind. Die auf der 135sten Tafel der genannten Bauzeitung befindlichen Zeichnungen der einzelnen Theile, besonders der sinnreichen Maschinerie, zeigen Alles deutlich und allgemein verständlich. Ein Auszug der Beschreibung ohne Zeichnungen würde unverständlich und also zwecklos sein, weshalb ich mich der Kürze wegen auf jene Stücke selbst beziehe. Neben dem Brücken-Aufzuge befindet sich an der einen Seite ein Wachthaus und an der andern ein Thorwärter- oder Zoll-Einnehmerhaus. Sehr wünschenswerth wäre es gewesen, wenn der oben erwähnte Aufsatz vom Juli 1830 auch die Erbauungskosten dieser bemerkenswerthen Brücke angegeben hätte.

In demselben 2ten Jahrgange der Wiener Bauzeitung No. 8. S. 59 findet man die Beschreibung und Abbildung der über den Hammerstrom bei der Eisenhütte unweit der Stadt *Peiz* in der Niederlausitz ausgeführten Brücke *aus gufseisernen Röhren*, welcher die in den Jahren 1828 und 1829 nach dem Entwurfe des Königl. Preufs. Hütten-Bau-Inspectors *Nath* unter der Leitung des Hütten-Bau-Inspectors *Voigtmann* 1824 zu Zorge gegossene und in Braunschweig über einen Arm der Ocker unweit der Aegidienkirche erbaute Brücke zum Vorbilde gedient hat. Die Brücke zu *Peiz* hat nur einen einzigen Bogen zwischen 2 Stirnpfeilern, und 34 F. lichte Weite. Die Fahrbahn ist 14¼ F. breit. Der Bogen besteht aus 4 Rippen, jede aus 7 Röhren von 5 F. Länge zusammengesetzt. Die Rippen sind nach einem Halbmesser von 57 F. geformt, und haben etwas mehr als den eilften Theil der Sehnenlänge zur Pfeilhöhe. Der äufsere Durchmesser der Röhren beträgt 8 Zoll;

die Dicke ihrer eisernen Wände ist 1 Zoll, und der Durchmesser der eben so dicken Scheiben, vermittelst welcher die Röhren aneinander geschraubt sind, ist 14 Z. Die Belagplatten der Fahrbahn sind ebenfalls aus Gufs-Eisen, 16 Zoll im Gevierte und 1 Zoll dick, und ruhen auf Balken von geschmiedetem Eisen, die in der Mitte auf den Rippen liegen, an den Enden aber vermittelst Stützen auf denselben ruhen. Die Rippen sind mittels Kreuzbänder und Querriegel mit einander verbunden. Auf die Platten der Fahrbahn ist Lehm und Kies geschüttet. Da dieses Material Feuchtigkeit durchläfst, alsdann weit schwerer ist, und zum Verrosten des Eisens beiträgt, so scheint es, eine Mischung von Erdharzen, zerstofsenen Eisenschlacken und Ziegelmehl, die schnell erhärtet und dem Hufschlage der Pferde widersteht, wäre besser gewesen. Im Übrigen ist die Befestigung der Fahrbahn mit Platten von Gufs-Eisen und eisernen Balken den hölzernen Bohlen und Balken vorzuziehen, weil sie nicht so oft der Herstellung bedarf und für die Dauer wohlfeiler ist. Auch können im Kriege die hölzernen Bahnen leicht in Brand gesteckt werden; was mit einer ganz eisernen Fahrbahn nicht der Fall ist. Der eiserne Belag ist zwar etwas schwerer: man kann aber die Bogen leicht verstärken, falls es nöthig ist. Das Geländer zu beiden Seiten der Fahrbahn ist hohl gegossen. An Eisen sind zu dieser Brücke 479 Ctr. 33 Pfd. Gufs-Eisen und 65 Ctr. 102½ Pfd. Schmiede-Eisen nöthig gewesen. Die Totalsumme der Baukosten ist von dem Verfasser der Beschreibung leider nicht angegeben.

Wie wir vorhin sahen, sind zu der gufseisernen Brücke zu Laasen in Niederschlesien, von 40 F. Spannweite, an Gufs-Eisen etwa . .	932 Ctr.
verbraucht. Zu der Brücke bei Peiz dagegen nur etwa	479 –
also zu letzterer weniger	453 Ctr.

oder etwa die Hälfte.

Es sind zu der Brücke in Laasen an Schmiede-Eisen verbraucht	14 Ctr.
zu der Brücke bei Peiz	66 –
zu letzterer also mehr	52 Ctr.

Obgleich nun die Brücke zu Laasen 40 F. weit und 18 F. breit ist, also eine Oberfläche von 720 Q. F. hat, die Brücke zu Peiz dagegen, von nur 34 F. lang und 14½ F. breit, nur eine Oberfläche von 493 Q. F., also 227 Q. F. weniger Grundfläche hat, so ist doch, selbst mit Berücksichtigung dieses Verhältnisses, an Gufs-Eisen dazu bedeutend weniger verbraucht worden; was grofsentheils den hohlen eisernen Röhren beizumessen ist. Dagegen ist an Schmiede-Eisen etwa das 4fache zur Peizer Brücke nöthig gewesen. Erwägt man also, dafs durch hohl gegossene eiserne Rippen am Gewichte des Eisens, an der Belastung der Mittel- und Stirnpfeiler, und an Baukosten gespart, an Tragkraft aber durch Röhren gewonnen wird, die eine gröfsere Last tragen, als massive Cylinder von gleichem Querschnitte und gleicher Länge: so folgt, dafs die Construction der Brückenbogen aus hohlen Cylindern, oder gufseisernen Röhren vortheilhaft ist, vorausgesetzt, dafs die Verbindung der Röhren unter einander hinreichend stark und sicher gemacht werde.

Das Ausland liefert mehrere Beispiele von stehenden gufseisernen Brücken, von welchen wir hier nur einige wenige, besonders in Rücksicht auf die Baukosten, erwähnen wollen.

Die Brücke von Austerlitz über die Seine zu Paris, aus Gufs-Eisen, ist 418 F. lang und hat 833 333 Thlr. gekostet, mithin der laufende Fufs 1993½ Thlr.

Die Southwark-Brücke über die Themse in London, aus Eisengufs, ist 700 F. lang, und hat 2 009 000 Thlr. gekostet, also der laufende Fufs . . . . 2870 Thlr.

Die Vauxhall-Brücke über die Themse in London, mit Gewöwölbsteinen von Gufs-Eisen, ist 809 F. lang und hat 2 100 000 Thlr. gekostet, also der laufende Fufs . . . . . . 2596 Thlr.

Kettenbrücken.

In Deutschland sind zwar in den letzten 10 Jahren einige Kettenbrücken erbaut, aber nicht so viele, dafs sich mehrere Beispiele für die Erbauungskosten anführen liefsen. Der österreichsche Kaiserstaat dürfte verhältnifsmäfsig noch die meisten Beispiele von Kettenbrücken, in dem letztern Decennio erbaut, liefern. Wir wollen derjenigen hier mit kurzen Worten gedenken, welche in den beiden Jahrgängen der Wiener Bauzeitung von 1836 und 1837 beschrieben und abgebildet sind.

In der Hauptstadt *Wien* allein sind über den Wiener Donaucanal zwei, und eben so viele über den Wienflufs erbaut worden; nemlich die Sophienbrücke, von 225 F. Spannweite, und die Carlsbrücke, von 303 Fufs Spannweite. Die dritte Kettenbrücke über den Wienflufs, zwischen den Vorstädten Laimgrube und Neuwieden, ist 106 F. weit, und die vierte, eine Fufsbrücke zwischen denselben Vorstädten, ist eben so weit. Die Kosten dieser vier Kettenbrücken sind in der Bauzeitung nicht angegeben.

Viel merkwürdiger an Gröfse und Construction ist die Kettenbrücke, welche in den Jahren 1835 und 1836 über den Murrflufs bei Grätz in Steiermark erbaut, von dem Architekten ***Joh. Jäckl*** in Wien projectirt, von dem Amts-Ingenieur ***Joh. Neuwerth*** in Grätz ausgeführt, am 19ten April 1836, am Geburtsfeste des Kaisers von Östreich, eröffnet und mit dem Namen Ferdinandsbrücke belegt worden ist. Die Beschreibung und Abbildung dieser Brücke, von Herrn ***Mandel,*** findet man im 1sten Jahrgange, 1836, der Wiener Bauzeitung, in No. 30. S. 233 etc., und No. 31. S. 244 etc., und auf der 53sten und 54sten Figurentafel. Aus dieser für practische Baubeamte sehr instructiven Beschreibung dieses merkwürdigen Bauwerkes will ich hier einige Hauptdata ausheben, den Leser aber das Studium jener Abhandlung selbst empfehlen; was Jedem Vergnügen machen wird, der Beruf hat, sich mit guten Bauwerken bekannt zu machen.

Die Spannweite zwischen den Tragketten dieser Brücke beträgt 338 Wiener Fufs. An beiden Ufern der Brücke sind besondere steinerne Gebäude aufgeführt, in welchen man die Spannketten auf eine sehr zweckmäfsige und sichere Weise mit ihren Enden befestigt hat. Sie laufen über ein im Viertelkreise gewölbtes Mauerwerk bis zu den Tragketten, die daran befestigt sind. Aufser dafs die beiden Gebäude diesen Hauptzweck erfüllen, bilden sie die Portale an beiden Ufern, durch welche die Passage geht. Auch sind diese zweistöckigen Häuser zugleich bewohnbar, anständig und geschmackvoll eingerichtet, und gewähren am Ufer des Murrflusses, sowohl von Aufsen als Innen, eine schöne An- und Aussicht. Die Spann- und Tragketten sind aus dem besten geschmiedeten Eisen gemacht; sämmtliche Glieder derselben sind vor ihrer Verwendung vermittels einer Maschine geprüft, und nur die probehaltigen sind gebraucht worden. Jede der Ketten hat 4 Schienen von 9 F. Länge und $2\frac{1}{2}$ Zoll Querschnitt; was für alle Ketten zusammen, sowohl Spann- als Tragketten, einen Gesammtquerschnitt von 40 Q. Z. macht. Die Glieder sind durch Querbolzen von $2\frac{1}{2}$ Zoll im Durchmesser mit einander verbunden. Die Pfeilhöhe der Ketten beträgt 21 F. 6 Z. Die Bahn steigt nach der Mitte um 2 F., wird von 142 Hängestangen getragen, die 1 bis $1\frac{1}{6}$ Zoll Querschnitt und zusammen etwa 150 Q. Z. Querschnitt haben. Die Bahn ist aus Lerchenholz, und sowohl Querriegel, als längere Balken und Bohlen, sind nicht von Eisen. Sie ist 24 F. breit, wovon 14 F. auf die Fahrbahn und 10 F. auf die beiden Fufswege, jeder von 5 F. breit, kommen. Die sämmtlichen Bestandtheile der hängenden Bahn wiegen zusammen etwa 2500 Ctr. Der gesammte Bau hat etwa 1500 Ctr. Eisen

erfordert. Bei der Probe der Brücke durch Fuhrwerke war die Bahn mit mehr als 700 Ctr. belastet, unter welcher Last sie sich nicht veränderte, so dafs man also ganz sicher ist, sie werde für jede zufällige, ihre gesammte absolute Tragkraft nicht überschreitende Last, hinreichende Stärke haben. Dies läfst sich in der That wie folgt zeigen. Der gesammte Querschnitt aller Spann- und Tragketten beträgt nemlich 40 Q. Z. Nimmt man an, dafs das österreichsche Eisen in jener Gegend dieselbe absolute Kraft, bis es zerreifst, besitze, wie das Hannöversche Eisen, von welchem wir weiterhin authentischer Proben, in §. 8., gedenken werden, so hat jeder Quadratzoll Querschnitt des österreichschen Eisens eine mittlere absolute Stärke, bevor es zerreifst, oder eine Tragkraft von 64 140 Pfd. Cöllnisch oder Hannöverisch Gewicht, oder in Centnern zu 110 Pfd., von . . . 583 Ctr.
Mithin haben 40 Q. Z. Querschnitt eine absolute Tragkraft von 2 565 600 Pfund oder von . . . . 23 320 Ctr.
Die gröfste Belastung der hängenden Bahn bei der Probe der Brücke war, wie wir vorhin gesehen haben, an eignem Gewicht der Bahn . 2 500 Ctr.
an Belastung durch beladenes Fuhrwerk, Menschen und Pferde . 700 -
Zusammen 3200 Ctr.
Die Tragketten haben also an absoluter Stärke oder Tragkraft mehr ... 20120 Ctr.
also mehr als das 6fache der Last, welche sie bei der Probe trugen. Nur die dreifache Tragkraft der gröfsten wahrscheinlichen Belastung wird den Ketten in Frankreich und England nach der Berechnung gewöhnlich gegeben; mithin sind die Spann- und Tragketten der Ferdinandsbrücke bei Grätz doppelt so stark, als sie in andern Ländern zu sein pflegen. [Dieses ist wohl nicht ganz verständlich. Die Spannketten tragen nemlich nicht in *senkrechter* sondern in *schräger* Lage das Gewicht der Brücke und der Belastung, und also ist die Kraft, mit welcher diese Gewichte die Ketten zu zerreifsen trachten, eine *andere*, als ihr *einfacher Betrag*. Machten die Spannketten z. B. einen *sehr* flachen Bogen, so würde offenbar das Gewicht der Belastung und der Brücke selbst, mit einer *bei weiten* stärkeren Kraft, als sein einfacher Betrag, die Ketten zu zerreifsen streben. D. H.] Die Befestigung der Spannketten in besondern, an beiden Ufern der Murr erbauten Kettenhäusern, so wie die Leitung der Ketten über gemauerte Quadranten, dürfte dabei in Hinsicht der sichern Befestigung und des Schutzes gegen die Witterung zur längeren Dauer des Eisens, so wie zu der stets möglichen Besichtigung und Reparatur der Ketten höchst zweckmäfsig und nachahmungswerth sein. Die 142 lothrecht von

den Tragketten zum Tragen der Fahrbahn herabgehenden Tragstangenketten von 1 bis $1\frac{1}{6}$ Zoll Querschnitt jede, haben zusammen an Querschnitt 150 Q. Zoll.

Ihre absolute Tragkraft ist also	87450 Ctr.
Die gröfste Belastung bei der Probe betrug	3200 –
mithin war Überschufs	84250 Ctr.

oder etwa das 26fache der Last.

Es folgt also, dafs die dortige Kettenbrücke eine mehr als hinreichende Tragkraft auch für aufserordentliche Fälle besitzt, und dafs sie also auch die schwersten Geschütze mit Sicherheit tragen könne, so lange das Gebälk hinreichend widersteht; was nach den in der Beschreibung angegebenen Maafsen nicht zu bezweifeln ist.

Der längern Dauer wegen und um in Kriegszeiten auch die Fahrbahn einer Kettenbrücke nicht in Brand stecken zu können, wäre es zweckmäfsiger, wenn auch die Fahrbahn der Kettenbrücken, statt aus Holz, aus eisernen Längs- und Querbalken und eisernen Platten gemacht würde, auf welche man zum sichern Gange der Pferde eine Decke von Erdpech, Ziegelmehl und klein zerschlagenen natürlichen Steinen, von mehreren Zoll Dicke, legen könnte; wie es schon in Frankreich bei Kunststrafsen geschieht, deren aus klein geschlagenen Steinen bestehende Fahrbahn hier und da mit geschmolzenem Erdpeche verbunden wird. Das Gewicht der hängenden Fahrbahnen würde sich zwar dadurch vergröfsern, dagegen aber auch die Dauer der Brücke verhältnifsmäfsig weit länger sein, so dafs die etwaigen Mehrkosten mit der Zeit wiedergewonnen würden.

Die Erbauungskosten der Brücke über die Murr betrugen 55 000 Gulden Conventions-Münze, oder 36 666 Thlr. Da nun die Brücke 338 Wiener Fufs lang ist, so kostete der Längenfufs derselben durchschnittlich etwa $108\frac{1}{2}$ Thlr.

Dieser Preis kommt demjenigen der Kettenbrücke zu Northamford in England, die vor einigen Jahren erbaut wurde, ziemlich nahe. Letztere ist 381 F. lang und kostete 42 000 Thlr., also der laufende Fufs im Durchschnitt $110\frac{1}{4}$ Thlr. Da nun in England das Eisen in der Regel nicht theurer, sondern oft wohlfeiler als in Deutschland, der Arbeitslohn dagegen in England bei weitem höher ist (wogegen freilich auch die besser genährten und geübten Handwerker in England doppelt so viel und noch mehr leisten, als die Deutschen, weshalb in Deutschland ein Bau mehr Zeit und mehr Tagelohn kostet), so kann man Beides ungefähr gegeneinander aufheben und obige Preise als den Umständen angemessen und beide nicht als zu hoch betrachten.

Wir wollen weiter die Kosten noch einiger anderer Brücken hier verzeichnen.

Die Erbauungskosten der Kettenbrücke zu Roncorn in England über den Merseyfluſs, welche 1000 F. lang ist, betrugen 595 000 Thlr., mithin auf den laufenden Fuſs . . . . 595 Thlr.

Die oben erwähnte Kettenbrücke zu Northamford in England, von 381 Fuſs Länge, kostete 42 000 Thlr., also der laufende Fuſs . $110\frac{1}{4}$ Thlr.

Zu Hameln über die Weser soll die im Bau begriffene 635 F. lange Brücke nach der in öffentlichen Blättern befindlichen Angabe zu erbauen kosten 56 000 Thlr., mithin der laufende Fuſs . . . $88\frac{1}{5}$ Thlr.

Drathbrücken.

Es giebt deren schon sehr viele, gröſsere und kleinere, besonders in Frankreich, wo allein die Gebrüder *Seguin* 50 solche Brücken ausgeführt haben sollen. Wir können hier nur einiger gedenken und die Baukosten davon angeben, wo sie in den Beschreibungen derselben bemerkt sind.

Die gröſste Drathbrücke der neusten Zeit ist unstreitig die, welche der französische Obrist-Lieutenant der Artillerie, Herr *Chaley* aus Lyon, bekannt durch den Bau einer ähnlichen Brücke zu Beaucaire, zu Freiburg in der Schweiz über eine Schlucht bei dieser Stadt, zur Verbindung der beiden getrennten Ufer, in den Jahren 1832 bis 1834 erbaut hat. Man findet diese Brücke beschrieben und abgebildet im 1sten Jahrgange der Wiener Bauzeitung von 1836 No. 42. etc. Tafel 75. 76. [und im 4ten Heft 10ten Bandes des gegenwärtigen Journals. D. H.] Sie liegt 156 F. hoch über dem Bette des Sarinebachs, welcher in jener Schlucht flieſst. Ihre Spannweite zwischen beiden Portalen, welche die 4 Kettentaue von Drath tragen, ist 870 F. rheinl. Die Pfeilhöhe von der Sehne bis zum tiefsten Puncte der Drathseile ist 61 F. Auf jeder Seite der Portale liegen zwei Drathseile, die zusammen aus 4224 einzelnen Drathfäden bestehen, von welchen jeder Faden 610 Kilogrammen, ohne zu zerreiſsen tragen kann. Daher können die 4 Drathseile 2 576 640 Kilogrammen tragen. Das Gesammtgewicht der hängenden Bahn ist 30 000 Kilogrammen, das Gewicht der zufälligen Belastung 160 000 Klgr., also zusammen 190 000 Klgr.

Die absolute Stärke oder Tragkraft der 4 Drathseile beträgt 2 576 640 –

Die Tragkraft ist also gröſser als die Last um . . . . 2 386 640 Klgr.

oder etwa dreimal so grofs als die Last; so wie wir es bei der Menai-Kettenbrücke ebenfalls sehen werden. [Hier würde wieder eine ähnliche Bemerkung wie oben bei der Brücke über die Murr zu machen sein. D. H.] Herr *Chaley* hat für die Brücke 300 000 Francs in Französischer Münze, nebst dem Genufs des Brückengeldes auf 40 Jahre erhalten. Sie kostet zu erbauen 600 000 Francs oder 160 000 Thlr. Preufs. Cour. Also kostet der laufende Fufs durchschnittlich etwa . . . . 184 Thlr.
Die Brücke hängt an 326 Hängedräthen, die einen Durchmesser von 25 Millimeter haben und jeder aus 30 Drathfäden bestehen. Am 15ten Octbr. 1834 wurde die Brücke durch das Herübermarschiren von 15 Stück schweren Geschützes, 50 Pferden und 300 Mann zugleich, und dann durch 2000 Personen probirt, die nach dem Tacte der Militairmusik herüber maschirten, wobei die Brücke sich nicht veränderte und nur unbedeutend bewegte.

Die von den Gebrüdern *Seguin* von Annonay in Frankreich über die Seine zwischen Versailles und Pontoise im Jahre 1836 erbaute Drathbrücke hat eine Länge der Fahrbahn von 150 Metern und mit den beiden Landpfeilern, die 1,60 M. dick sind, eine Länge von 153,20 M. Sie hat 2 Pfeiler und 3 Spannweiten, von welchen die mittlere 77,55 M. und jede der Seiten-Öffnungen 37,85 M. hat. Die Breite der Fahrbahn ist 6,50 M. Die Erbauungskosten der Brücke sind nicht angegeben. Man findet ihre Beschreibung und Abbildung, von Couflans-Sainte-Honorien, in No. 40. der Wiener Bauzeitung vom Jahre 1837.

Die Drathbrücke zu Genf in der Schweiz über den Festungsgraben, von 250 F. lang, kostete 4000 Thlr., also der laufende Fufs . . 16 Thlr.

Ganz steinerne Brücken.

Die Brücke des Marsfeldes (Pont de Jena) über die Seine zu Paris, von 1542 F. lang, kostete $2\frac{1}{2}$ Mill. Thlr., also der laufende Fufs $1621\frac{1}{2}$ Thlr.

Die Brücke zu Orleans, über die Loire, von 1048 F. lang, kostete 521 000 Thlr., also der laufende Fufs . . . . 500 Thlr.

Die Brücke zu Mantes über die Seine ist 396 F. lang und kostete 153 000 Thlr., also der laufende Fufs . . . . 390 Thlr.

Die Brücke Concordia über die Seine zu Paris ist 466 F. lang und kostete 748 250 Thlr., also der laufende Fufs . . . $1605\frac{2}{3}$ Thlr.

Die Waterloo-Brücke ist 1250 F. lang und kostete 7 Mill. Thlr., also der laufende Fufs . . . . 5600 Thlr.

Die Blak-friars Brücke über die Themse zu London ist 981 F. lang und kostete 1 069 880 Thlr., mithin der laufende Fufs 1090$\frac{1}{2}$ Thlr.

Die Westminster-Brücke über die Themse zu London ist 1223 F. lang und kostete 2 726 500 Thlr., also der laufende Fufs 2211$\frac{1}{4}$ Thlr

Die Neu-London-Brücke (Newlondonbridge) ist 928 F. lang und kostete 3 542 000 Thlr., also der laufende Fufs . . 5118$\frac{1}{2}$ Thlr.

Die massive Brücke zu Rinteln über die Weser, von Herrn *Rudolph* projectirt, ist 372 F. lang und soll kosten 295 557 Thlr., also der laufende Fufs . . . . 794$\frac{1}{2}$ Thlr.

Halbmassive Brücken.

Die Buntebrücke über einen Neben-Arm der Weser bei Preufs. Minden, 306 F. lang, deren hölzerne Fahrbahn an Hängetrahmen von Bohlenbogen befestigt ist, mit steinernen Pfeilern, kostete 32 829 Thlr., mithin der laufende Fufs . . . . 107$\frac{1}{2}$ Thlr.

Die Brücke über die Weser bei Rinteln, mit Bohlenbogen unter der Fahrbahn und steinernen Pfeilern, von Herrn *Fick* projectirt, soll 372 F. lang werden und 61 807 Thlr. kosten, also der laufende Fufs . . . . , ... 166$\frac{1}{6}$ Thlr.

Stehende hölzerne Brücken mit steinernen Stirnpfeilern.

Die Joch-Brücke über die Edder bei Niedermöllrich unweit Cassel in Kurhessen, im Jahre 1810 von mir erbauet, ist 243 F. lang und kostete 5120 Thlr., also der laufende Fufs . . . . 21$\frac{1}{10}$ Thlr.

Die Brücke über die Werra bei Barchfeld in Kurhessen, im Jahre 1810 von mir projectirt, ist 120 F. lang und sollte kosten 4378 Thlr., also der laufende Fufs . . . . 36$\frac{1}{2}$ Thlr.

Die Brücke über die Diemel bei Carlshafen an der Weser in Kurhessen, von mir im Jahre 1811 projectirt, ist 75 F. lang und sollte, ohne die vorhandenen massiven Stirnpfeiler, kosten 2542 Thlr., also der laufende Fufs . . . . 34 Thlr.

Schiffbrücken.

Die Schiffbrücke zu Kampen in Holland über die Yssel, von dem General-Lieutnant Baron *Krayenhoff* 1812 projectirt, sollte 918 F. lang werden und 500 000 Thlr. kosten, also der laufende Fufs . . . . . . 54$\frac{1}{2}$ Thlr.

Mit diesen Beispielen von den Kosten grofser Strom- und Strafsenbrücken wollen wir uns in Ermanglung mehrer begnügen, und vergleichen, welche Art in einem und demselben Lande am meisten kostete.

I. Französische Brücken, namentlich in Paris.

Stehende eiserne Brücken.

Die Brücke von Austerlitz kostete der laufende Fufs . . $1993\frac{1}{2}$ Thlr.

Massive Brücken.

Der Pont de Jena kostete der Fufs	$1621\frac{1}{3}$	Thlr.
Die Brücke Concordia	$1605\frac{2}{3}$	-
Davon ist der Durchschnitt	$1613\frac{1}{2}$	Thlr.
Der laufende Fufs der stehenden eisernen Brücke von Austerlitz kostete	$1993\frac{1}{3}$	-
Also war letztere theurer um	380	Thlr.

oder etwa um $\frac{1}{5}$ des Durchschnittspreises der massiven Brücken.

II. Englische Brücken in London.

Stehende eiserne Brücken.

Die Southwarks-Brücke kostete der laufende Fufs . . .	2870	Thlr.
Die Vauxhallbrücke	2596	-
Mittler Durchschnitt	2733	Thlr.

Massive Brücken in London.

Die New-London-Brücke kostete der laufende Fufs . .	$5118\frac{1}{2}$	Thlr.
Die Waterloo-Brücke	5600	-
Mittler Durchschnitt	$5359\frac{1}{4}$	Thlr.

Die Black-Friars- und die Westminster-Brücke sind hier nicht mit in Rechnung gebracht, weil sie schon in den Jahren 1738 und 1776 gebaut wurden, wo die Preise der Materialien bei weitem geringer waren, als in den letzten 20 Jahren, die die London- und Waterloo-Brücke, nebst den Brücken in Paris, entstehen sahen.

Eiserne Kettenbrücken in England, aufserhalb London.

Zu Roncorn kostete der laufende Fufs	595	Thlr.
Zu Northamford	$110\frac{1}{4}$	-
Mittler Durchschnitt	$352\frac{5}{8}$	Thlr.

III. Deutsche Brücken.

Stehende eiserne Brücken, mit den Baupreisen.

Eiserne Kettenbrücken.

Bei Grätz über den Murrflufs	$108\frac{1}{2}$ Thlr.
Bei Hameln über die Weser kostete der laufende Fufs . .	$88\frac{1}{5}$ -
Durchschnitt	$98\frac{1}{3}$ Thlr.

Massive Brücken.

Bei Rinteln über die Weser	$794\frac{1}{2}$ Thlr.

Halbmassive Brücken.

Bei Preufs. Minden über die Weser	$107\frac{1}{2}$ Thlr.
Bei Rinteln über die Weser	$166\frac{1}{6}$ -
Durchschnitt	$136\frac{5}{6}$ Thlr.

Hölzerne Brücken.

Bei Niedermöllrich über die Edder	$21\frac{1}{10}$ Thlr.
Bei Barchfeld über die Werra	$36\frac{1}{2}$ -
Bei Carlshafen über die Diemel	34 -
Durchschnitt	$30\frac{2}{3}$ Thlr.

IV. Schiffbrücken in Holland.

Bei Kampen über die Yssel kostete der laufende Fufs . .	$54\frac{1}{2}$ Thlr.

Nach diesen Beispielen kostete also in **Paris**

der laufende Fufs massiver Brücken	$1613\frac{1}{2}$ Thlr.
stehender eiserner	$1993\frac{1}{3}$ -
Letztere also mehr	380 Thlr.

oder etwa $\frac{1}{5}$ des Baupreises der ersteren.

In **London**

kostete der laufende Fufs massiver Brücken im Durchschnitt . .	$5359\frac{1}{4}$ Thlr.
stehender eiserner Brücken	2733 -
Erstere also mehr	$2626\frac{1}{4}$ Thlr.

Also kosteten in London die massiven Brücken beinahe doppelt so viel, als die stehenden eisernen Brücken.

Der Durchschnittspreis der massiven Brücken in London ist auf den Fufs	$5359\frac{1}{4}$	Thlr.
Der eisernen Kettenbrücken aufserhalb London	$352\frac{5}{8}$	-
Also kosten erstere mehr	$5006\frac{5}{8}$	Thlr.

oder etwa das 16fache der Kettenbrücken.

Der mittlere Durchschnitts-Preis der stehenden eisernen Brücken in London ist	2733	Thlr.
Der Kettenbrücken aufserhalb London	$352\frac{5}{8}$	-
Also kosten erstere mehr	$2380\frac{3}{8}$	Thlr.

oder etwa das 8fache der eisernen Kettenbrücken.

Folglich sind:

In Paris die stehenden eisernen Brücken etwa um den fünften Theil theurer, als die massiven.

In London sind die steinernen Brücken die theuersten, etwa doppelt so theuer, als die stehenden eisernen und 16mal so theuer als die eisernen Kettenbrücken. Die stehenden eisernen Brücken sind etwa 8mal so theuer, als die eisernen Kettenbrücken.

Bei Genf in der Schweiz kostet der laufende Fufs Drathbrücke 16 Thlr.; was nur der zwanzigste Theil des Durchschnitts-Preises der eisernen Kettenbrücken in England ist.

Dagegen kostet der laufende Fufs Drathbrücke bei Freiburg 184 Thlr. Diese Brücke ist also etwa halb so theuer als die Kettenbrücken in England, und beinahe doppelt so theuer, als die in Deutschland

Hinsichtlich des Erbauungspreises haben also die Kettenbrücken in England bei weitem den Vorzug vor den steinernen und den stehenden eisernen Brücken, und hinsichtlich der Dauer und absoluten Stärke und Tragkraft stehen sie den letztern, bei gleich gutem Material und Verband, wohl nicht viel nach, oder können doch so stark gemacht werden, dafs sie den stehenden eisernen Brücken nichts nachgeben. Da nun auch die letztern 8mal theurer sind, als die Kettenbrücken, und steinerne Mittelpfeiler nöthig haben, die den Strom verengen, besonders bei hohen Fluthen und Eisfahrten, auch viele jährliche Reparaturen erfordern, statt dafs Kettenbrücken eine grofse Spannweite, bis zu 500 und 1000 F., ohne Mittelpfeiler bekommen können, so haben die Kettenbrücken hinsichtlich der Kosten der Erbauung und der Erhaltung und hinsichtlich der Nichtbeengung der Ströme und Flüsse den Vorzug vor den steinernen und eisernen stehenden Brücken; hinsichtlich der Dauer, Haltbarkeit und Sicherheit aber stehen sie mit den letzteren gleich, wenn man sie fest genug bauet: was auch geschehen kann.

Vergleicht man den Durchschnitts-Preis der Kettenbrücken mit dem der halbmassiven Brücken, so findet sich folgendes Resultat. Der Durchschnitts-Preis der Kettenbrücken zu Grätz, Hameln und Northamford beträgt . . . . $102\frac{1}{3}$ Thlr.
Der beiden halbmassiven Brücken zu Minden und Rinteln auf den Längenfufs . . . . 112 -

Letztere sind also theurer um $10\frac{1}{3}$ Thlr.

Da nun die Kettenbrücken ohne Zweifel dauerhafter sind, als halbmassive, so sind sie ihnen in jeder Hinsicht vorzuziehen.

Nach der obigen Ausmittlung betragen die Erbauungskosten einer Brücke in Deutschland auf den laufenden Fufs:

a) wenn die Brücke ganz von Stein ist . . . . . . $794\frac{1}{2}$ Thlr.
b) wenn sie halbmassiv ist . . . . 112 Thlr.
c) einer eisernen Kettenbrücke . . . . $102\frac{1}{2}$ Thlr.
d) einer hölzernen Brücke . . . . $30\frac{2}{3}$ Thlr.

Vergleicht man diese Kosten mit den enorm hohen Preisen der französischen und englischen steinernen und gufseisernen Brücken, so findet sich, dafs die deutschen Preise um das *Vielfache* geringer sind. Die Preise der Kettenbrücke zu Grätz von $108\frac{1}{2}$ Thlr., bei Hameln von $88\frac{1}{3}$ Thlr. und bei Northamford in England, zu $110\frac{1}{4}$ Thlr. der laufende Fufs, ergeben, dafs hier die Deutschen Preise von den Englischen nur etwa um den fünften Theil verschieden sind; was von Umständen abhängt und unbedeutend ist. Stellt man diese Preise auch gleich, so ist der Preis einer Kettenbrücke in Deutschland immer doch nur etwa der siebente Theil der Kosten steinerner Brücken; wie es das vergleichende Beispiel der Brücken zu Hameln und Rinteln zeigt; und eine Kettenbrücke ist noch immer etwa um den zehnten Theil wohlfeiler, als eine halbmassive Brücke, aber bei weitem von längerer Dauer.

Mit dem sehr geringen Preise ganz hölzerner Jochbrücken wollen wir den Preis einer Kettenbrücke nicht vergleichen, weil erstere, wenn sie auch etwa nur ein Drittheil oder die Hälfte der eisernen Kettenbrücken zu erbauen kosten, gewifs auch drei- oder mehreremal in der Zeitdauer der Kettenbrücken erneuert und oft mit vielen Kosten reparirt werden müssen, dabei aber, als Jochbrücken, denselben Fehler haben, wie die ganz- und halbmassiven und die stehenden eisernen Brücken, nemlich, durch ihre Mittelpfeiler den Strom zu verengen; was die hölzernen Brücken wegen ihrer geringen Spannweite sogar vorzugsweise thun.

[Der Herausgeber dieses Journals glaubt hier, um nicht durch Stillschweigen die Meinung zu erwecken, als theile er gänzlich die Ansicht des Herrn Verfassers von den Vorzügen der ***Hängebrücken,*** indem er diese Ansicht in seinem Journale veröffentlicht, bemerken zu müssen, dafs nach seiner Überzeugung Ketten- und Drathbrücken zwar in Fällen, wo andere Brücken wegen der nothwendigen sehr grofsen Spannweite nur noch sehr schwer ausführbar sind, die besten Dienste leisten können, und dafs sie sogar in den Fällen, wo andere Brücken gar nicht mehr practicabel sein würden, ganz unschätzbar sind: dafs sie aber auch ***nur*** in solchen Fällen andern Brücken vorzuziehen sein dürften. In allen Fällen, wo eine Brücke, deren Tragkraft ***nicht,*** wie die der Hängebrücken, auf der Festigkeit des Eisens gegen das ***Zerreifsen*** beruht, noch ***ausführbar*** ist, wird sie nach der Überzeugung des Herausgebers im Allgemeinen besser und rathsamer sein, als eine Ketten- oder Drathbrücke. Er glaubt diese seine Überzeugung durch Gründe beweisen zu können, und wird diese Gründe gelegentlich ausführlich mittheilen. D. H.]

§. 4.

Um aufser den vorigen hier noch ein Beispiel von einer in jeder Hinsicht gut gerathenen und seit 12 Jahren, besonders hinsichtlich ihrer Stärke und der Sicherheit der Passage, erprobt gefundenen eisernen Kettenbrücke zu geben, theile ich die kurze Beschreibung derjenigen Kettenbrücke mit, welche der Englische Ingenieur Herr etc. ***Telford*** über die sogenannte Menai-Meerenge (Menai-Strait) zwischen der Insel Anglesey und der Westküste von England erbaute und im Jahre 1826 vollendete. Man findet diese Brücke abgebildet und beschrieben in dem lehrreichen practischen Werke über Kunststrafsen-Bau des Englischen Ingenieurs etc. Herrn ***Parnell*** „Treatise on roads etc. London. 1833." aus welchem ich hier in der Übersetzung und im Auszuge Folgendes mittheile.

Diese Brücke (Taf. V. Fig. 1.), nebst ihren Spannketten, ist 1750 F. Engl. lang. Davon nimmt der zwischen zwei Pfeilern oder Portalen frei an Ketten hängende Brückenkörper eine Länge von 580 F. ein. Zwischen den Portalen und beiden Ufern sind zusammen 7 steinerne Bogen, jeder mit einer lichten Spannweite von $52\frac{1}{2}$ F., ohne die Pfeilerdicke, so dafs die lichte Weite der Bogen noch 367 F. beträgt. Den Rest von 803 F., welcher an beiden Ufern noch von den Spannketten bis zu ihrem Befestigungspuncte überspannt wird, nehmen die Brückenpfeiler, Stirnmauern u. s. w. ein. Die lothrechte Höhe der Brücke vom Fluthspiegel des Meeres bis zur Spitze der Pyramiden, über welche die Spannketten laufen, ist 181 F., und von der Brückenbahn bis zur Spitze der Pyramiden 60 F. Die Brückenbahn hängt an 16 Spannketten, welche je 4 übereinander herlaufen. Die Kettenglieder sind $3\frac{1}{4}$ Zoll hoch, 1 Zoll dick und 9 Fuſs lang, aus geschmiedetem Eisen. Der Querschnitt eines Gliedes beträgt also $3\frac{1}{4}$ Quadratzoll, und von den 16 Ketten beträgt der totale Querschnitt 52 Quadratzoll Engl. Maaſs. Nimmt man nach der weiter unten anzuführenden Erfahrung an, daſs der Quadratzoll des Engl. Schmiede-Eisens bis zum Zerreiſsen eine absolute Festigkeit von 55466 Pfd. habe, so ist die absolute Festigkeit der 16 Spannketten der Menaibrücke 52mal

55 466 Pfd. oder	2 884 232 Pfd.
Das Gewicht der Brücke, welches an den Spannketten hängt, beträgt 10 000 Ctr. Engl. zu 112 Pfd. oder	1 120 000 -
Diese Last ist also kleiner, als die absolute Festigkeit der Spannketten um	1 764 232 Pfd.

Wären die Kettenglieder 4 Z. hoch und $1\frac{1}{2}$ Z. dick, so würden die Ketten, von 16 auf 9 reducirt, 54 Q. Z. Querschnitt haben und die absolute Festigkeit dieser Ketten würde 54mal 55 466, also 2 995 164 Pfd. sein, mithin 110 932 Pfd. mehr betragen, als die nach der obigen Berechnung. Bei mehrer Höhe der Kettenglieder vermehrt sich aber die absolute Tragkraft und der Widerstand gegen das Durchbiegen derselben, weshalb eine mehrere Höhe anzuempfehlen sein dürfte. Die absolute Festigkeit der Ketten ist also bei der Brücke zusammen nahe genug dreimal so groſs, als die daran hängende Last. Da nun diese Regel aus der Erfahrung in England befolgt wird und die Menai-Kettenbrücke trotz aller Seestürme von 1826 bis jetzt (1838) 12 Jahre lang, ohne zu wanken, unwandelbar gehalten hat, so haben wir hier ein practisches Beispiel, daſs die dreifache absolute Festigkeit der Spannketten für eine sichere und haltbare Kettenbrücke hinreichend sei. Wir werden weiterhin hierauf zurückkommen. Ich fahre einstweilen mit der kurzen Beschreibung der Brücke fort. [Zu der obigen Rechnung ist wieder Ähnliches zu bemerken, wie bei der Brücke über den Murrfluſs. D. H.]

Von den Spannketten gehen von 5 zu 5 F. die verticalen Tragstangen, von einem Quadratzoll im Querschnitt, herab. Die zwischen den Pyramiden frei an Ketten hängende Brückenbahn, von 589 F. lang, hat also an beiden Seiten zusammen 234 Tragstangen von 234 Q. Z. Querschnitt und eine absolute Festigkeit bis zum Zerreifsen, nach obiger Annahme, von 55 466mal 234, thut 13 079 044 Pfund. An diesen Tragstangen hängt die Brückenbahn, welche in zwei Fahrbahnen und in einen dazwischen liegenden Fufsweg getheilt ist. Die Brückenbahn ist 28 bis 30 F. breit und liegt auf Querstangen von geschmiedetem Eisen, auf welchen 2 Lagen Bohlen ruhen, zwischen welchen, zur Erhaltung des Holzes, Filz liegt. Um die den Hängebrücken sehr gefährlichen Schwingungen bei heftigen Stürmen, die am Meere besonders stark sind, zu mindern, sind an 8 Puncten zwischen den Spannketten eiserne Rahmen angebracht. Sie machen, dafs kaum noch eine Bewegung zu bemerken ist, wenn Kutschen im Trabe über die Brücke fahren. Bei Seestürmen hebt sich die Brückenbahn in der Mitte etwa nur um 1 bis 2 F. An jeder Seite ist ein Geländer aus gewalzten Eisenstäben. Die Fahrbahn hängt 100 F. hoch über dem Meeresspiegel, so dafs die gröfsten Seeschiffe mit ihren Masten darunter herfahren. Die Brücke hat sich bis jetzt gut erhalten. Die Erbauungskosten werden von dem Verfasser nicht angegeben, werden aber bei diesem colossalen Werke wohl verhältnifsmäfsig höher sein, wie die der Kettenbrücke bei Roncorn, welche derselbe Ingenieur ***Telford*** im Jahre 1813 über die Mündung des Mersey ins Meer zu 595 500 Thlr. projectirte, und welche 1000 F. Länge bekommen sollte; desgleichen wie die bei Northamford über den Tweed im Jahre 1819 durch den Capitän ***Brown*** erbaute 381 F. lange Kettenbrücke, welche 42 000 Thlr. kostete.

Das Beispiel der Menai-Kettenbrücke wird jeden Zweifler überzeugen, dafs sich Kettenbrücken hinreichend stark, haltbar und mithin sicher für das Leben der Menschen und Thiere erbauen lassen, wenn die Construction und die Dimensionen der Materialien mit der Last in richtigem Verhältnisse stehen und alles tüchtig und aus guten, vorher geprüften Materialien ausgeführt wird.

Dafs Kettenbrücken hinsichtlich ihrer mindern Erbauungskosten, weiterer Spannung u. s. w. der Vorzug vor stehenden eisernen und massiven Brücken zukomme, habe ich schon vorhin dargethan. Sind auch in einzelnen Fällen Kettenbrücken gebrochen, so lassen sich dergleichen Fälle auch von andern Brücken in solcher Menge aufzählen, dafs sie wahrscheinlich wohl überwiegend sein werden. [Aber steinerne Brücken giebt es, die schon ***Jahrtausende*** stehen, und von Kettenbrücken weifs man noch nicht, ob sie ein ***Jahrhundert*** lang dauern. D. H.]

Über die oben genannten Brücken Londons füge ich noch einige kurze historische Notizen nach.

London hatte vor 100 Jahren noch keine seiner jetzigen Brücken über die Themse. Die älteste Brücke daselbst ist die Alt-London-Brücke (Old-London-bridge). Sie ist nach der Erbauung der New-London-Brücke abgebrochen worden. Sie war 915 F. lang, hatte 19 gothische Bogen, von ungleicher Weite und Höhe, von welchen im Jahre 1756 die beiden mittlern in einen halbkreisförmigen Bogen von 72 F. Spannweite vereinigt wurden. Zu beiden Seiten dieser Brücke waren die hydraulischen Maschinen aufgestellt, welche London mit Wasser versorgen. Die alte Londonbrücke wurde im Jahre 1167 erbaut und im Jahre 1832 abgebrochen. Sie hat also 665 Jahre gestanden und würde, ohne endlichen Abbruch und verwüstende Natur-Ereignisse, gewifs noch länger gedauert haben. Aus diesem Beispiele ersieht man die Wirklichkeit und Möglichkeit der langen Dauer einer aus dauerhaften Materialien gut gebauten steinernen Brücke; wogegen eine ganz aus Eichenholz gebaute Jochbrücke nur etwa 60 Jahre vorhält, also nur den 10ten Theil der Zeit.

Die älteste der *jetzt* in London über die Themse befindlichen 6 Brücken ist die im Jahre 1738, also vor 100 Jahren, erbaute steinerne Westminster-Brücke (Westminster-bridge), mit 15 halbkreisförmigen Bogen, von welchen der mittelste 76 F. die engsten 25 F. Spannweite haben. Die ganze Länge dieser Brücke ist 1223 F. Die Erbauungskosten betrugen 389 509 Pfd. St. also etwa 2 726 500 oder beinahe 3 Mill. Thlr. Preufs. Die Brücke wurde im Jahre 1747 vollendet, also in einem Zeitraum von 9 Jahren erbaut.

Die Blackfriars-Brücke (Black-Friars-bridge) oder Schwarzemönchsbrücke wurde im Jahre 1776 erbaut. Sie hat 9 Bogen, von 71 bis 94 F. Spannweite, ist 981 F. lang, ganz von Steinen, und hat etwa 1 069 880 Thlr. gekostet.

Die Southwarks-Brücke (Southwarks-bridge) hat Bogen von Gufs-Eisen und steinerne Pfeiler. Von ihren 3 Bogen haben der mittelste 240, die beiden andern 210 Fufs Spannweite. Die ganze Länge der Brücke beträgt 700 F. Engl. Sie enthält 10616 Ctr. Engl. Eisen und hat etwa 287 000 Pfd. St. oder 2 009 000 Thlr. Preufs. gekostet.

Die Vauxhall-Brücke (Vauxhall-bridge) hat ebenfalls Bogen aus Gufs-Eisen und steinerne Pfeiler. Ihre 9 Bogen haben 78 F. Spannweite und 29 F. Höhe. Die Brücke ist 809 F. Engl. lang und die lichte Weite der Fahrbahn beträgt 36 F. Die Bogen bestehen aus gufseisernen Quadern und die Pfeiler sind aus Steinen in Parkers Cement gemauert Die Erbauungskosten sollen etwa 300 000 Pfd. St. oder 2 100 000 Thlr. Preufs. betragen haben.

Die Waterloo- früherhin Strand-Brücke (Waterloo-bridge) ist aus Quadersteinen erbaut und hat 9 Bogen, jeden von 120 F. Spannweite. Die ganze Länge der Brücke beträgt 1250 F. Sie ist unter der Direction des Ingenieurs ***Rennie*** erbaut. Ihre Mittelpfeiler sind 20 F., also $\frac{1}{6}$ der Spannweite dick; sie sind mit toscanischen Säulen verziert. Die Breite der Brückenbahn zwischen den Brustmauern beträgt 42 F., wovon die Fufswege jeder 7 F. und die Fahrbahn 28 F. Breite einnehmen. Das Capital der Actiengesellschaft, welche den Bau dieser Brücke unternahm, betrug 1 Mill. Pfd. Sterling, oder etwa 7 Mill. Thlr. Preufs. Diese prachtvolle Brücke wurde am 1sten Jahrestage der Schlacht bei Waterloo, am 16ten Juny 1816, vom König Georg IV. zum ersten Male befahren, und hat zum Gedächtnisse dieser Schlacht den Namen Waterloo-bridge erhalten.

Das neuste und schönste Prachtwerk auf der Themse bei London ist aber unstreitig die Neu-London-Brücke (New-London-bridge). Sie liegt zwischen der City und Southwark und dient zur Verbindung dieser beiden Stadttheile, 180 F. oberhalb der nachher abgebrochenen Alt-London-Brücke, um die steile Abfahrt von der hoch liegenden Fischerstrafse (fish-street-hill) zu vermeiden. Die Alt-London-, die Westminster- und die Black-friars-Brücke findet man auf einem topographischen Plane von der Stadt London „London und Westminster 1801, bei J. Fairborn," angedeutet, die übrigen vorhin genannten Brücken aber nicht, so dafs diese erst seit 1801 erbaut worden sind. Auch findet man in einer Beschreibung „Gemälde von London" betitelt: „The picture of London, 1818, by Longmann, S. 187: The bridges over the Thames," die Brücken über die Themse im Kleinen abgebildet und kurz beschrieben, unter welchen aber die Neu-London-Brücke fehlt, welche damals noch nicht erbaut war. Von derselben haben Robins und Söhne in London eine besondere Abbildung am 1sten August 1831 herausgegeben.

Der erste Stein zu diesem grofsen englichen Nationalwerke wurde am 15ten Juny 1825 durch den damaligen Lord-Major *Garrat* gelegt, welchen der verstorbene Herzog von York und hohe Staatsbeamten begleiteten. Die Eröffnung der Brücke geschah am 1sten August 1831 durch König Wilhelm IV. und die Königin Adelaide. Die Brücke ist aus Granit erbaut und hat 5 schön geformte elliptische Bogen. Der mittelste Bogen hat eine Spannweite von 152 F. Es ist der weiteste Bogen massiver Brücken, welcher in

England existirt. Seine Höhe, von der Sehne aufwärts, beträgt $29\frac{1}{2}$ F., also etwa $\frac{1}{5}$ der Spannweite. Die vier Mittelpfeiler sind 24 F., also etwa $\frac{1}{6}$ der Spannweite dick. Die beiden nächsten Bogen zu beiden Seiten des mittelsten haben jeder 140 F. Spannweite und eine Höhe über der Sehne von $27\frac{1}{2}$ F. oder etwa $\frac{1}{5}$ der Spannweite. Die beiden Bogen zunächst am Ufer haben jeder 130 F. Spannweite und eine Höhe über der Sehne von $24\frac{1}{2}$ F. oder etwa $\frac{1}{5}$ der Spannweite. Die beiden Widerlagen in den Ufern sind in der Basis jedes 73 F. stark. Die lichte Spannweite der 5 Bogen beträgt zusammen 692 F. und die ganze Länge der Brücke 928 F. Engl. Die Breite zwischen den Aufsenseiten der Geländermauern ist 56 F., die der Fahrbahn 36 und jeder der beiden Fufswege 9 F. Die Gesammthöhe der Brücke vom niedrigsten Wasser herauf ist 55 F. Die schönen Piedestals, welche die Endpuncte dieses Prachtbauwerks zieren, sind von soliden Granitblöcken, jeder 500 Ctr. an Gewicht. An beiden Seiten der Auf- und Abfahrten der Brücke sind 2 Treppenflügel von 22 F. breit, die zum Wasser der Themse führen. Die Brücke hat eine Gas-Erleuchtung, deren Pfeiler aus Metall von den Canonen gegossen worden sind, die in den verschiedenen Kriegen auf dem Continente von den Franzosen erobert wurden. Die Kosten der Brücke nach dem Contract waren 506 000 Pfd. St. oder etwa 3 542 000 Thlr. Preufs.

Diese Neu-London-Brücke, so wie die Menai-Kettenbrücke, sind unstreitig die grofsartigsten Bauwerke dieser Art aus der neusten Zeit. Sie sind kühn, schön und dauerhaft, und in jeder Hinsicht ein Ehrendenkmal der Baukunst und des Englischen Volks. Deshalb auch habe ich ihrer hier erwähnen zu müssen geglaubt.

§. 5.

Es sind aber auch nicht blofs in England und andern überseeischen Ländern, sondern auch auf dem Festlande von Europa seit 30 Jahren mehre grofse steinerne Brücken erbaut worden, von welchen ich, aufser den schon erwähnten, noch einiger aus den Österreichischen Staaten gedenken will, wo der Strafsen- Brücken- und Wasserbau, so wie die Baukunst überhaupt, nicht minder wie in andern Staaten des Continents, sich aufserordentlich gehoben hat, und wo man jetzt ebenfalls musterhafte Bauwerke sieht.

Im ersten Jahrgange (1836) der Wiener Bauzeitung, S. 41. u. s. w. und Tafel XI. und XII. findet man die Beschreibung der über den Tessino (Ticino), bei Buffalora, 20 italienische Meilen von Mailand, erbauten grofsen steinernen Strombrücke. Diese Brücke wurde 1809 angefangen. und nach mehreren Unterbrechungen, politischer Ereignisse wegen, 1827 vollendet. Sie hat zwischen beiden Landpfeilern oder Stirnmauern, einschliefslich der 10 Mittelpfeiler, eine Spannweite von 955½ F. Rheinl. Die 10 auf Pilotirung gegründeten Mittelpfeiler sind jeder 12⅔ F. Rheinl. dick. Jeder der 11 Bogen hat 76 F. 5 Z. Spannweite. Das Gewölbe bildet einen Kreisbogen von 12⅔ F. Pfeilhöhe. Die Stärke des Gewölbes beträgt am Fufse der Wölbung 6⅓ F. Rheinl. und im Schlufssteine 3⅙ Fufs. Die Brücke ist, mit Einschlufs der Parapetmauern, 32 F. breit, wovon die Fahrbahn 20⅓ F. Rheinl. und den übrigen Raum die Trottoirs, Abzugsrinnen und Brustmauern einnehmen. Die Widerlagen oder Stirnmauern an den Ufern sind, mit den damit verbundenen Flügelmauern oder Contreforts, jede 35 F. Rheinl. dick. Die Erbauungskosten dieser Brücke und der dabei befindlichen Zollhäuser etc. betrugen 4 Mill. Österreichscher Lire oder, 4½ Lire auf 1 Thlr. Sächsisch gerechnet, 888 888 Thlr. Conventions-Münze. Da nun die Brücke eine Totallänge oder Spannweite von 955½ F. hat, so betrugen die Kosten durchschnittlich auf den Längenfufs etwa 930 Thlr. C. M.

Die Brücke über die Dora in Turin, ebenfalls von Stein, ist im Jahre 1823 erbaut. Sie hat nur einen Bogen von 143 F. Rheinl. Spannweite und 17 F. 5½ Zoll Pfeilhöhe. Die Gewölbstärke ist im Schlufssteine 3 F. 3⅔ Z. Die Breite der Parapetmauern beträgt 40 F. 5½ Zoll, wovon die Fahrbahn 24 F. und die beiden Trottoirs und Wasserrinnen die übrige Breite einnehmen. Die Stirnmauern oder Widerlagen sind 38 F. 2⅔ Z., die dahinter befindlichen Strebepfeiler 19 F. 1⅓ Z. und 9 F. 6⅔ Zoll breit oder dick. Die Erbauungskosten dieser Brücke betrugen 640 000 Lire oder 142 222 Thlr. C. M. Der Fufs Spannweite kostete also 994½ Thlr.

Die Kaiser Franzens-Brücke bei Carlsbad über den Teplflufs, im Jahre 1826 erbaut, ist im 2ten Jahrgange von 1837. No. 11. Tafel 116. der Wiener Bauzeitung beschrieben und abgebildet. Sie besteht aus einem steinernen Bogen von 96 Fufs Spannweite und 12¾ F. Pfeilhöhe. Der Bogen fafst 60 Grad, und die Pfeilhöhe verhält sich zur Spannweite wie 1 zu 7½. Diese Brücke ist auf Pilotirung erbaut. Die Stärke der Widerlagsmauern beträgt 40 F., die des Gewölbes im Scheitel oder Schlufssteine 3 F. 3 Z. und an den Widerlagen oder dem Fufse des Gewölbes 4 F. 9 Z. Die Breite der Brücke, einschliefslich der Parapetmauern, ist 30 F. Die Erbauungskosten betrugen 20 000 Gulden Österr. C. M., oder 13 333⅓ Thlr. C. M. Da nun die Brücke eine Spannweite von 96 F. hat, so kostete im Durchschnitt der laufende Fufs 139 Thlr. Die

Brücke ist unter der obern Leitung des K. K. Ober-Baudirectors ***Strobach*** durch den Strafsenbau-Commissair ***Aloys Mayer*** zu Carlsbad ausgeführt. Am 4ten Oct. 1826, am Namenstage des verstorbenen Kaisers Franz, wurde der letzte Schlufsstein gelegt und dabei dies schöne Werk der Baukunst nach dem Namen des Kaisers benannt.

In den beiden genannten Jahrgängen der Wiener Bauzeitung befinden sich die Beschreibungen und Abbildungen noch mehrer in den Österreichischen Staaten in der neueren Zeit erbauten steinernen Brücken, welche die Aufmerksamkeit practischer Baumeister verdienen. Dahin gehören die massive Brücke von Crespano in der Venetianischen Provinz Treviso, die, über einen Wildbach im Astico-Thale auf Felsen erbaut, 40,40 Meter in der Spannung weit, 7,40 M. breit und deren Pfeilhöhe 16,1 Meter hoch ist. Ferner einige Brücken in und um Mailand, und die schiefe Brücke bei Buffalora, auf der Strafse nach Novara. Wir überlassen es den Lesern, diese Beschreibungen selbst nachzusehen, die gewifs ihre Aufmerksamkeit verdienen und in Anspruch nehmen werden.

§. 6.

Wir haben oben gesehen, dafs die von Herrn ***Fick*** projectirte Brücke bei Rinteln über die Weser, mit steinernen Pfeilern und hölzernem Brückenkörper, 372 F. lang, 61 807 Thlr., also der laufende Fufs $166\frac{1}{6}$ Thlr. kosten sollte Zur Vergleichung dieses Preises mit dem anderer Brücken mit steinernen Pfeilern und hölzernen Brückenkörpern, so wie ganz hölzerner Brücken mit Pfahljochen, wollen wir noch einige Beispiele anführen.

In der Schrift: „Abhandlung über die vorzüglichste Anwendbarkeit „der Bohlenbogen zu hölzernen Brücken, welche grofse Öffnungen überspannen, „von ***F. E. Th. Funk,*** Strombaumeister der Weser-Division im Königreiche „Westphalen, Rinteln bei E. A. Steuber, 1812." theilt der Verfasser S. 1 §. 1. u. s. w. die Beschreibung und Abbildung einer Brücke aus Bohlenbogen mit, die er in den Jahren 1799 und 1800 unter dem Namen „Buntebrücke" unweit Preufs. Minden, auf der Poststrafse nach Bückeburg, erbaut hat. Diese Brücke ist 306 F. Rheinl. lang, 24 F. breit, hat 2 Stirn- und 5 Mittelpfeiler, also 6 Öffnungen, jede von 45 F. Sie führt nur beim Hochwasser der Weser bedeutende Wasser- und Eismassen ab und ist beim niedrigsten Wasserstande ganz trocken, indem ihr Grundbett $3\frac{1}{2}$ F. über dem niedrigsten Wasserspiegel liegt. Jede Öffnung hat 2 Bohlenbogen aus Eichenholz, 18 Z. hoch und 15 Z. dick. Vermittelst der an jedem Bohlenbogen befindlichen 5 Hängeeisen werden 5 Quer-Unterzüge getragen, auf welchen die Längsbalken ruhen, die mit einer doppelten, 24 F. breiten Bebohlung bedielt sind, deren unterste 6 Z. die oberste 3 Z. dick und 15 F. breit ist; worauf denn die Wagenfahrt geht. Wir übergehen der Kürze wegen die specielle Beschreibung dieser Brücke und verweisen auf die lehrreiche Schrift des Herrn Verfassers. Wir bemerken nur, dafs die Brücke in einer äufserst frequenten Post- Militair- und Handelsstrafse in der Nähe der Festung Minden, von 1800 an bis jetzt von schweren Frachtwagen aller Art, Geschützen und grofsen Armeecorps vielfältig passirt ist, ohne zu brechen. Herr *Funk* berechnet, dafs sie, aufser ihrem eignen Gewichte, oft Lasten von 33 000 bis 40 000 Pfd. getragen habe, ohne dafs in den ersten 12 Jahren nach ihrer Erbauung eine Veränderung daran sichtbar gewesen wäre. Es brauchten in dieser Zeit die Hängeeisen nur zweimal nachgeschraubt zu werden, weil sie sich etwas gelöset hatten.

Nach des Herrn etc. *Funk* Berechnung ist die Last, welche je zwei Bohlenbogen in jeder Öffnung von 45 F. tragen, folgende.

Das Gewicht des ganzen Brückenkörpers, von Holz und Eisen, beträgt zwischen je zwei Pfeilern . . . . 75 688 Pfd. Berliner Gewicht.

Die Wagenlast auf dem Brückenkörper, welche als fortwirkend angenommen wird, wird statt zu 40 000 Pfd. nur angeschlagen zu . . . . 24 000 -

Je zwei Bohlenbogen tragen also . . . . 99 688 Pfd.

oder 100 000 Pfd. in runder Summe. Hieraus folgert der Herr Verfasser, dafs zwei Bohlenbogen von 45 F. Öffnung, $53\frac{1}{8}$ F. Krümmungs-Halbmesser, 5 F. von der Sehne im Bogen hoch und 18 Z. hoch, 15 Z. breit, 100 000 Pfd. Berliner Gewicht tragen können. S 9. bemerkt er, dafs man mit einer einfachen Bohlenconstruction keine gröfsere Brücken-Öffnung als 120 bis 130 Rheinl. Fufs weit mit Vortheil und Sicherheit überspannen könne; was auch in spätern Jahren durch die bei Weifsenfels, Halle und Freiburg über die Saale erbauten Brücken, deren Bohlenbogen über 100 F. Spannweite haben, durch Erfahrung bestätigt worden ist.

Zufolge des Seite 12 etc. der *Funk*schen Schrift befindlichen Kosten-Anschlages kostete diese Brücke damals 32 829 Thlr. Da sie nun 306 F. lang ist, so kostete der laufende Fufs . . . . $107\frac{1}{2}$ Thlr.

Über Brücken mit Bohlenbogen findet man ferner eine lehrreiche Abhandlung im 3ten Bande, 4ten Hefte des gegenwärtigen Journals, wo der Bau-

Inspector ***Zimmermann*** zu Lippstadt seine „Bemerkungen über das Tragver-„mögen der Bogen aus eichenen Bohlen und ihre Anwendung zu Brücken, nach Versuchen" mitgetheilt hat, welche sehr interessant sind, da er seine eignen Versuche beschreibt, die er vor Erbauung einer Brücke über die Lippe zwischen Olfen und Recklinghausen in der Nähe des Hauses Ruschenburg anstellte; welche Brücke etwa 100 F. Spannweite zwischen den beiden Widerlagen bekommen sollte. Die doppelten Bohlenbogen sollten zu beiden Seiten im Holze 24 Zoll dick, 25 Zoll hoch und mit einem mittlern, der Sehne gleichen Halbmesser von 106 F. beschrieben werden, so dafs der Bogen ein Sextant war und der Mittelpunctswinkel 60 Grad betrug. Das Tragvermögen beider Bogen zusammen soll nach der Berechnung 162 052 Pfd., nach der Überzeugung des Verfassers aber wohl 183 000 Pfd. betragen. Da nun die Brückenfahrbahn 119 000 Pfd. und ein Bohlenbogen, weil nur das halbe Gewicht für jeden in Rechnung zu bringen ist, 24 000 Pfd. gewogen haben würden, so blieben noch 40 000 Pfd. Tragvermögen für die überfahrenden Lasten übrig; welches mehr ist, als jemals nöthig sein würde. Der jetzt verstorbene Herr Verfasser empfiehlt eben so sehr, wie Herr ***Funk*** in seiner oben erwähnten Schrift, die Anwendung der Bohlenbogen zu Brücken von grofsen Spannweiten, und zeigt deren Vortheile am Schlusse seiner Abhandlung, die sehr lesenswerth ist.

Wir beschränken uns der Kürze wegen auf diese wenigen Notizen über Brücken mit Bohlenbögen und bemerken nur noch, dafs deren mehre im Preufsischen Staate erbaut worden sind; wie z. B. bei Minden, bei Rehme über die Werra, bei Weifsenfels, Halle und Freiburg an der Saale, die zum Theil eine Spannweite der Bohlenbogen von mehr als 100 F. haben und sich seit vielen Jahren gut erhalten.

Nach diesen Erfahrungen wären denn ***Kettenbrücken*** und die ***halbmassiven*** Brücken, deren Fahrbahnen nach des Herrn ***Funk*** Erfindung an Bohlenbogen befestigt sind, welche über der Fahrbahn stehen, für Brücken von grofser Spannweite, wie über Ströme und Flüsse etc., wegen der geringen Bau- und Erhaltungskosten und wegen der hinreichenden Dauer und Erfüllung ihres Zweckes, den ganz steinernen und stehenden eisernen Brücken vorzuziehen. Die in den Kunststrafsen über Bäche und kleinere Flüsse vorkommenden Brücken, bis zu etwa 100 F. Spannweite, welche nur einen Bogen erfordern, können dagegen, zwischen zwei Stirnmauern oder Widerlagen, aus Gufs- oder Schmiede-Eisen nach Art der Holz-Construction mit Vortheil besonders da ausgeführt werden, wo es an Steinen, besonders an Quadersteinen, zu den Gewölben fehlt.

§. 7.

Indem ich nun auf die hier mitgetheilten Erfahrungen mich beziehe, die ich der Beurtheilung der Leser unterwerfe, erlaube ich mir den Wunsch zu äufsern, dafs recht viele von ihnen durch öffentliche Mittheilung ihrer eigenen Erfahrungen den Mangel ersetzen möchten, den die meinigen noch im grofsen Maafse haben. Im Übrigen beziehe ich mich auf die Schriften aus neurer Zeit, welche insbesondere die Kettenbrücken zum Gegenstande haben und von welchen einige der vorzüglichsten folgende sind:

Navier, „Rapport à Mr. ***Becquey*** sur les ponts suspendus." In Quarto, mit einem Atlas in Folio. Paris, 1824. Dieses Werk ist im Auszuge ins Deutsche übersetzt durch den Königl. Preufs. Ober-Bau-Inspector Herrn Dr. ***Dietlein*** etc. Berlin, bei G. Reimer. 1825.

Ferner des Letzteren Grundzüge der Vorlesungen in der Königl. Bau-Akademie zu Berlin über Strafsen- Brücken- Schleusen- Canal- Strom- Deich- und Hafenbau etc. im 3ten Bande etc. des gegenwärtigen Journals.

Sodann „Memoir of Suspension-bridges, comprising their history, with descriptions etc., by ***C. H. Drewry,*** Civil-engeneer. London, 1833."

„***Parnell*** etc., Treatise on roads. London, 1833."

„Practical treatise on railroads, by ***N. Wood.*** 2. edition. London, 1831."

„***E. F. W. Berg,*** über den Bau der Hängebrücken. Mit 7 Kupfern. Leipzig, im Industrie-Comptoir. 1824."

„Notices sur les ponts suspendus en fil de fer, par le Colonel ***Dufour.*** A Genève, 1834."

Die gediegenen Werke über den Bau stehender Brücken von ***Dietlein*** und ***Röder*** sind als die besten in diesem Fache hinreichend bekannt und gewifs in jedes Wasserbau-Beamten Händen.

Zur besseren Übersicht der oben gedachten Brücken gebe ich ein

Übersichtliches Verzeichnifs der Maafse der Haupttheile der hier oben beschriebenen, theils ganz aus Stein, theils aus Stein, Eisen und Holz erbauten Brücken von grofser Spannweite, so wie ihrer Erbauungskosten, Bau-Art und der Namen der Baumeister,

woraus die Hauptgegenstände und Ergebnisse deutlich hervorgehen werden und wonach man die Vergleichung derselben sehr leicht wird machen können. Eine noch weitere Erklärung der Resultate ist um so überflüssiger, da dieselbe zum Theil schon gegeben, oder doch in den Erläuterungen enthalten ist. Eine ausführliche Beschreibung aller einzelnen Theile einer oder aller der Brücken, und noch weniger Abbildungen derselben, waren nicht der Zweck der vorliegenden Abhandlung und konnte es auch nicht sein, da man blofs Erfahrungen und Ansichten über die Baukosten und die Anordnung grofser Strombrücken, und namentlich eiserner Brücken, mittheilen wollte; was hier geschehen ist.

Laufende No.	Namen und Bauart der Brücken.	Erbauungs-Jahr und Namen der Baumeister.	Der Bogen Form.	Anzahl.
	I. Ganz aus Steinen.			
	a. Englische Brücken.			
1.	Die Neu-Londonbrücke über die Themse in London.	1825 bis 1831. *Rennie.*	Ellipsen.	5
2.	Die Waterloo-Brücke daselbst. . . .	Desgl.	. . . .	.
3.	Die Blackfriars-Brücke daselbst. . . .	1760 bis 1768. *John Mylne.*	Kreisstücke.	9
4.	Die Westminster Brücke.	1750. *Charles Labelye.*	. . . . . .	15
	b. Französische Brücken.			
5.	Marsfeldsbrücke zu Paris über die Seine, oder Pont de Jena.	1813. *Lamandie.*	Kreisstücke.	5
6.	Brücke zu Orleans über die Loire. . .	1751 bis 1761. *Hupeaux* u. *Soyer.*	Korbbiegel-linie.	9
7.	Brücke zu Mantes über die Seine. . .	1757 bis 1767. *Perronet.*	Desgl.	3
8.	Brücke Concordia zu Paris über die Seine.	1787 bis 1791. *Perronet.*	Kreisstücke.	5
	c. Deutsche Brücken.			
9.	Brücke zu Rinteln über die Weser (Project).	1832. *Rudolph.*	. . . .	.
10.	Kaiser Franzensbrücke zu Carlsbad. .	1826. *Strobach* u. *Meyer.*	Kreisstück.	1
	d. Italienische Brücken.			
11.	Brücke bei Buffalora über den Tessino.	1809 bis 1827.	Kreisbogen.	11
12.	Die Brücke über die Dora in Turin. .	1823.	Kreisstück.	1
	II. Brücken, deren Pfeiler von Stein, die Bogen von Gufseisen sind.			
	a. Englische Brücken.			
13.	Southwarksbrücke in London üb. d. Themse.	*Rennie.*	Kreisstücke.	3 vo Gufseis
14.	Vauxhallbrücke daselbst.	. . . .	. . . . . .	.
	b. Französische Brücken.			
15.	Die Brücke von Austerlitz über die Seine in Paris.	1802 bis 1807. *Beaupré* und *Lamande.*	Kreisstücke.	5 von Gufsei
	c. Deutsche Brücken.			
16.	Lange Brücke über die Havel bei Potsdam.	1822 bis 1825. *Becker* u. *Günther.*	Kreisstücke.	8

Spannweite. Fufs.	Dicke oder Stärke des Gewölbes. Fufs.	Dicke der Widerlagen. Fufs.	Dicke der Mittelpfeiler. Fufs.	Höhe der Mittelpfeiler. Fufs.	Pfeilhöhe oder Abstand der Sehne vom Schlufssteine. Fufs.	Breite der Brücke zwischen den Aufsenseiten. Fufs.	Ganze Spannweite oder Länge der Brücke. Fufs.	Summe der Erbauungskosten in Reichsthalern Conv. Münze.	Erbauungskosten im Durchschnitt auf den Längenfufs der Brücke. Rthlr. C. M.
152 / 140 / 130	. . .	73	24	. . .	29½ / 27½ / 24½	56	928	3 542 00½	5118½
. . .	. . .	. . .	. . .	. . .	. . .	. . .	1250	7 000 000	5600
71.... / 94....	6½	38⅓	22⅓	8	29.... / 39....	. . .	981	1 069 880	1090½
. . .	. . .	. . .	. . .	. . .	. . .	. . .	1223	2 726 500	2211¼
89½	5⅘	31	9½	. . .	10½	. . .	1542	2 500 000	1621⅓
95¼ / 103½	6⅔	22½	16¼ / 18....	. . .	. . .	. . .	1048	521 000	500
112 / 124	6⅓	27⅞	24¾	6¼	36 .... / 37½....	. . .	396	153 000	390
74½ / 83.... / 92....	2⅙	49	9	16	3	. . .	466	748 250	1605⅔
. . .	. . .	. . .	. . .	. . .	. . .	. . .	372	295 557	794½
96½	3′3″ / 4′9″	40	. . .	. . .	12¾	30	96	13 333⅓	139
6′5″	6⅓ / 3⅙	. . .	12⅔	. . .	12⅔	32	955½	888 888	930
143	3¼	38⅙	. . .	. . .	17½	40½	143	142 222	994½
240 / 210	. . .	. . .	. . .	. . .	. . .		700	2 009 000	2870
. . .	. . .	. . .	. . .	. . .	. . .	. . .	809	2 100 000	2596
94....	. . .	. . .	9½	. . .	. . .	37....	418	833 333	1993½
60	. . .	30½	7	. . .	. . .	30	627½	Unbekannt.	

Laufende No.	Namen und Bauart der Brücken.	Erbauungs-Jahr und Namen der Baumeister.	Der Bogen: Form.	Der Bogen: Anzahl.
17.	Röhrenbrücke über den Hammerstrom bei Peiz in der Niederlausitz.	1828 und 1829. *Nath.*	Kreisstück.	1
	III. Halbmassive Brücken von Steinen, mit hölzernem Brückenkörper.			
18.	Bohlenbrücke bei Minden über die Weser.	1799 und 1800. *Funk.*	. . . . .	6
19.	Brücke über die Weser bei Rinteln (Project).	1832. *Fick.*	Kreisstücke von Holz.	3
	IV. Kettenbrücken.			
	a. Deutsche.			
20.	Kettenbrücke zu Grätz über die Murr. .	1835 und 1836. *Jäck* u. *Neuwerth.*	. . . . .	. . .
21.	Brücke zu Hameln über die Weser. . .	1838. *Wendelstadt.*	. . . . .	2
	b. Englische.			
22.	Kettenbrücke zu Northamford in England.	*Brown.*	. . . . .	1
23.	Kettenbrücke zu Roncorn über den Mersey in England.	. . . . . .	. . . . .	1
24.	Drathbrücke zu Freiburg in der Schweiz.	*Challey.*	. . . . .	1
25.	Drathbrücke zu Genf über den Stadtgraben.	*Dufour.*	. . . . .	. . .
	V. Hölzerne Brücken mit massiven Stirnpfeilern.			
	Deutsche Brücken.			
26.	Jochbrücke über die Edder bei Nieder-Möllrich unweit Cassel in Kur-Hessen.	1811. *Reinhold.*	Jochbrücke.	6 Jochweiten.
27.	Brücke über die Werra bei Barchfeld in Kurhessen, mit verzahnten Balken, 1 steinernem Mittel- und 2 steinernen Stirnpfeilern (Project).	1810. Derselbe.	. . . . .	2
28.	Brücke über die Diemel bei Carlshaven in Kurhessen (Project).	1811. Derselbe.	Jochbrücke mit verzahnten Balken.	2
	Die Erbauungskosten beziehen sich blofs auf den hölzernen Brückenkörper, indem die massiven Stirnmauern vorhanden und früherhin zu Widerlagern eines Gewölbes bestimmt waren.			

…ann- …eite. …ufs.	Dicke oder Stärke des Gewölbes. Fuſs.	Dicke der Widerlagen. Fuſs.	 der Mittelpfeiler. Fuſs.	Höhe der Mittelpfeiler. Fuſs.	Pfeilhöhe oder Abstand der Sehne vom Schluſssteine. Fuſs.	Breite der Brücke zwischen den Auſsenseiten. Fuſs.	Ganze Spannweite oder Länge der Brücke. Fuſs.	Summe der Erbauungskosten in Reichsthalern Conv. Münze.	Erbauungskosten im Durchschnitt auf den Längenfuſs der Brücke. Rthlr. C. M.
34	. . .	. . .	. . .	. . .	3	14½	34	Unbekannt.	
45	. . .	. . .	Mittel 8	. . .	. . .	24	306	32 829	107½
80 50	. . .	. . .	8	. . .	. . .	. . .	372	61 807	166⅙
. . .	. . .	. . .	. . .	. . .	. . .	. . .	338	36 666	108½
. . .	. . .	. . .	. . .	. . .	. . .	. . .	635	56 000	88⅕
81	. . .	. . .	. . .	. . .	. . .	. . .	381	42 000	110¼
00	. . .	. . .	. . .	. . .	. . .	. . .	1000	595 000	595
70	. . .	. . .	. . .	. . .	. . .	. . .	870	160 000	184
50	. . .	. . .	. . .	. . .	. . .	. . .	250	4 000	16
40½	. . .	. . .	. . .	. . .	. . .	19	243	5 125	$21\frac{1}{10}$
60	. . .	5½	7 im Mittel.	11	. . .	20	120	4 378	36½
37½	. . .	. . .	. . .	. . .	. . .	17½	75	2 542	34

§. 8.

Practische Erfahrungen über die Stärke des Hannöverschen, Englischen, Schwedischen und Preufsischen geschmiedeten Eisens, in Beziehung auf dessen Anwendung zu eisernen Hängebrücken.

In der 3ten und 4ten Lieferung der „Mittheilungen des Gewerbe-Ver„eins für das Königreich Hannover 1835" finden sich von S. 152 der 3ten Lieferung an „Mittheilungen über die in Bezug auf die Festigkeit des Stab„Eisens von einer Königl. Hannöverschen Commission im Jahre 1834 ange„stellten Versuche, als Resultate der commissarischen Verhandlungen", aus welchen ich hier Einiges entnehmen will, im Übrigen aber auf obige Abhandlung selbst verweise.

In der 11ten Lieferung der Mittheilungen vom Jahre 1836, S. 258 bis 265 findet sich unter No. 7. ein Aufsatz: „Über das Gewicht und die abso„lute Festigkeit der vorzüglichsten Bau- und Maschinen-Materialien," der sehr belehrend, besonders für Practiker ist, und mehrere Erfahrungen enthält.

Die Königl. Hannöversche Commission bestand aus dem Hofrath ***Hausmann,*** Professor in Göttingen, dem Wegebaumeister Hauptmann ***Wendelstadt,*** dem Oberbau-Inspector ***Bartels***, dem Hüttenschreiber ***Werlisch*** und dem Maschinen-Inspector ***Jordan*** zu Clausthal, welcher letztere der Direction des Gewerbe-Vereins die Materialien zu dem Anfsatze geliefert hat. Die Versuche wurden zu Cassel in der Maschinenfabrik des Herrn ***Henschel*** am 4ten bis 9ten April 1834 mittels einer vortrefflich eingerichteten sogenannten Brahmaschen hydrodynamischen Presse angestellt. Die Veranlassung zu den Versuchen lag in dem Wunsche, die Beschaffenheit des auf der Sollinger Eisenhütte bei Uslar bereiteten Stab-Eisens, wegen Benutzung desselben zu der bei Hameln über die Weser projectirten Kettenbrücke, zu erforschen. Das Königliche Cabinets-Ministerium ernannte eine Commission aus den oben genannten wissenschaftlichen und aus practischen Männern aus einigen verwandten Fächern. Die Resultate der Untersuchung haben also für den nächsten und für andere Zwecke wesentlichen Werth. Die in der 3ten Lieferung S. 162 befindliche „Tabel„larische Übersicht über die Elasticität und absolute Festigkeit des Stab-Eisens" enthält die Resultate aller damals gemachten Versuche mit Stab-Eisen von verschiedener Zusammensetzung des Erzes und von verschiedener Form und Bearbeitung; wie es jene Abhandlung näher angiebt. Es wurden aber auch nicht allein Versuche mit Hannöverschem Eisen von der Sollinger Hütte und von Gittelde, sondern auch mit Englischem und Schwedischem Eisen gemacht. Da es nun bei den Hängebrücken hauptsächlich nur auf die absolute Festigkeit der Haupthängeketten, so wie der verticalen kleinern Tragketten ankommt, so will ich hier nur Einiges über die absolute Festigkeit des dort untersuchten Stab-Eisens ausheben, die Resultate der Elasticität aber, als für den Brückenbau minder wichtig, übergehen.

1. Das Maximum der absoluten Festigkeit auf einen Quadratzoll Rheinl. betrug nach dem Versuche No. 21. mit einer raffinirten, gedrehten und ausgeschmiedeten Stange Stab-Eisen aus reinem Gitteldeschen Roh-Eisen, die quadratisch geschmiedet und 0,74 Z. Rheinl. hoch, 0,73 Z. breit war: und zwar die äufserste Grenze des Cohäsions-Widerstandes, welchen der Stab dem Zerreifsen entgegensetzte, ... 73 861 Pfund.

2. Das Minimum gab der Versuch No. 17. Eine Stange Stab-Eisen von 0,74 Z. im Quadrat, geschweifst, hierauf gedreht und aus zwei Theilen Sollinger und einem Theil Gitteldeschem Roh-Eisen geschmiedet, hatte eine absolute Festigkeit auf den Quadratzoll von . . . . 54 419 -

also betrug die mittlere absolute Festigkeit zwischen dem Maximo und Minimo . . . . 64 140 Pfund auf den Quadratzoll Rheinl.

3. Der Versuch No. 46. mit Englischem Stab-Eisen, auf die gewöhnliche Weise raffinirt und gewalzt, und zwar mit einer Stange von 0,75 Z. im Quadrat, ergab eine absolute Festigkeit auf den Quadratzoll von 55 466 Pfd.

In England haben die Herren ***Telford*** und ***Brown*** aus 17 Versuchen mit geschmiedeten Stangen von Eisen und Stahl verschiedener Qualität, und von etwa 2 Quadratzoll Querschnitt, ermittelt, dafs eine Stange von einem Quadratzoll Querschnitt von 540 Ctr. oder 60 480 Pfd. Engl. zerreifst. Von dieser Tragkraft nimmt man bei Kettenbrücken nur den dritten Theil oder 180 Ctr. in Anspruch. Nach diesem Satze hat man auch bei den in Wien und Grätz erbauten Kettenbrücken die Berechnung für die Stärke der Hängeketten etc. gemacht. Nach obiger Angabe Englischer Ingenieurs ist also das Englische Eisen stärker, als sich bei der Hannöverschen Probe fand.

4. Schwedisches Eisen, gewöhnlich geschmiedet, von 0,79 Z. im Quadrat, hatte eine absolute Festigkeit auf den Quadratzoll Rheinl. von 41 333 Pfd.

Die Vergleichung des Hannöverschen, Englischen und Schwedischen Eisens ergiebt also Folgendes:

Die absolute Festigkeit des Englischen Eisens ist gegen das Maximum des Hannöverschen geringer um . . . . 18 395 Pfd.,
aber gröfser als das Minimum um . . . . 1 047 Pfd.
und kleiner als die Mittelzahl um . . . . 8 674 Pfd.

Die absolute Festigkeit des Schwedischen Eisens war kleiner als das Maximum des Hannöverschen um . . . . 32 528 Pfd.,
kleiner als das Minimum um . . . . 13 086 Pfd.
und kleiner als die Mittelzahl des Hannöverschen um . . . 22 807 Pfd.

Mithin hatte das zu den Versuchen gebrauchte Hannöversche Eisen eine gröfsere absolute Festigkeit als das Englische, und besonders als das Schwedische; was auch noch die Mehrzahl der Versuche bestätigte.

Das Englische geschmiedete Stab-Eisen, mit gröfserer oder geringer absoluter Festigkeit, als das bei den Versuchen, würde daher zu Ketten von Hängebrücken dem Hannöverschem Eisen nachstehen.

Nach den Versuchen von ***Telford*** und ***Brown*** in England ist dieser Unterschied jedoch nur geringe. Und da es sehr auf die natürliche Beschaffenheit und Bearbeitung des Englischen wie des Hannöverschen Eisens ankommt, so sind die Versuche nicht für alle Fälle entscheidend, sondern es folgt nur soviel, dafs der Unterschied der absoluten Stärke zwischen beiden Sorten Eisen in der Regel nicht grofs sei, und dafs das Hannöversche dem Englischen Eisen wenigstens nicht nachstehe.

Das Englische Stab-Eisen ist seit 24 Jahren in der hiesigen Provinz beim Wasserbau zu Biegeln, Zugbändern und andern dem Zerreifsen ausgesetzten Gegenständen als sehr spröde und wenig brauchbar bekannt geworden; weshalb ich es auch dazu wissentlich nie genommen habe, obgleich es in der Regel wohlfeiler ist, als das Schwedische und Deutsche Eisen.

In der 7ten Lieferung der Mittheilungen des Gewerbe-Vereins für das Königreich Hannover vom Jahre 1835 hat die Direction des Vereins eine Übersicht der Metall-Arbeiten, und namentlich der Productionen der Königl. Hüttenwerke an Stab-Eisen, Stahl und Eisengufswaaren, Eisendrath und Blech, aus mehreren der letzten Jahre gegeben, welche nachweiset, dafs diese Producte denen in anderen Deutschen Staaten nicht nachstehen, S. 411 heifst es ausdrücklich, dafs das wohlfeilere Englische Stab-Eisen anerkannt schlechter sei, als das Hannöversche. Dies Anerkenntnifs einer sachverständigen Behörde ist wesentlich.

In der 8ten Lieferung vom Jahre 1836 S. 43 etc. findet man einen

Aufsatz von Herrn ***Carl Siemens*** unter der Überschrift: „Über die Verfer-„tigung und den Gebrauch der Drathseile auf dem Harze," aus welchem hervorgeht, dafs Drathseile aus dortigem Eisendrath bei weitem stärker als Hanfseile sind, und dafs diese etwa 3mal so theuer sind und nicht so lange dauern als jene, was die Erfahrung erwiesen habe. Hieraus folgt, dafs auch Seile aus unserm inländischen Drath zu Hängebrücken, zu Zugseilen und Schlepptauen auf Eisenbahnen u. s. w. mit Ersparung und gutem Erfolge angewendet werden könnten. Der Aufsatz des Herrn etc. ***Siemens*** über diesen Gegenstand ist sehr belehrend und verdient Berücksichtigung.

Die über die Menai-Meerenge in England befindliche Brücke, von 580 Fufs freier Spannung, wird mit ihrer eignen und der darüber fahrenden Last von 16 Stangenketten, jede von $3\frac{1}{4}$, also zusammen von 52 Quadratzoll Querschnitt getragen und ist durch Stürme und andere Natur-Ereignisse bis jetzt weder gebrochen noch bedeutend beschädigt worden; wie es Herr ***Parnell*** bezeugt, der sie beschrieben hat. Nimmt man an, dafs der Quadratzoll jener Ketten eine absolute Festigkeit habe, wie das in Cassel versuchte Englische Eisen, von . . . . 55 466 Pfd.,

so ist die absolute Festigkeit der 16 Ketten der Menai-Brücke 52mal 55 466 Pfd. oder . . . . 2 844 232 -

Das Gewicht der Kettenbrücke betrug 10 000 Ctr. von 112 Pfd., oder . . . . 1 120 000 -

Die Last war also kleiner, als die absolute Festigkeit sämmtlicher Ketten um . . . . 1 764 232 Pfd.

oder die absolute Festigkeit der Ketten war beinahe das Dreifache der Last. Wenn nur die nemlichen Ketten die absolute *mittlere* Festigkeit des Hannöverschen Eisens hätten, was wir hier, um kein übertrieben günstiges Resultat für das letztere aufzustellen, annehmen wollen, so wäre die absolute Festigkeit der 16 Ketten 52mal 64 140 Pfd., thut . . . . 3 333 280 -

also noch gröfser um . . . . 449 048 Pfd.

Da nun ein einzelner Kettenstrang von $3\frac{1}{4}$ Quadratzoll Querschnitt eine Festigkeit von $3\frac{1}{4}$mal 64 140 Pfd. oder von . . . . 192 420 Pfd.

hat, so würden durch Hannöversches Eisen etwa $2\frac{1}{3}$ solcher Ketten erspart, oder, bei der gleichen Anzahl von 16 Ketten, der Querschnitt derselben vermindert und an Eisen und Geld bedeutend gespart worden sein.

Die Brücke zu Rinteln sowohl, die nur 372 F. Spannung hat, als die Brücke zu Hameln, könnte mit Ketten, welche die mittlere absolute Festigkeit des Hannöverschen Eisens haben, eben so sicher und, wegen des mindern Gewicht der Brücken und der gröfsern absoluten Festigkeit des Eisens, verhältnifsmäfsig noch sicherer als die Menai-Brücke und andere Brücken in England es sind, gebaut werden.

Das obige Beispiel von der absoluten Festigkeit des Hannöverschen Eisens wird für den gröfsten Theil Deutschlands anwendbar sein, indem die Eisenproduction und Fabrication in neuerer Zeit in Deutschland fast überall, eben wie im Hannöverschen, sehr vervollkommnet worden ist; namentlich im Preufsischen Staate rücksichtlich der Menge und Güte des Eisens.

Zur Vergleichung des Preufsischen mit dem Hannöverschen, Englischen und Schwedischen Eisen wollen wir ebenfalls einige Erfahrungen über die Festigkeit des Preufsischen Eisens mittheilen.

In dem Werke des Herrn Professors *Schubarth* findet man im 1sten Bande, 2te Abtheilung, 16ten Capitel „Vom Eisen" S. 30 bis 154 eine gründliche Belehrung über diesen Gegenstand. Von S. 67 an werden die Walzwerke und das Verfahren des Walzens des Schmiede-Eisens, mit Bezug auf die beigefügten Abbildungen der Maschinen, beschrieben. Der Verfasser sagt S. 76 über die Stärke und Festigkeit des Stab-Eisens: „dieselbe sei nicht „von seiner innern Beschaffenheit allein, sondern auch von der Behandlung „des Eisens im Feuer abhängig, und auch die zum Zusammenpressen ange-„wendete Kraft, oder das Walzen, mithin die Dimensionen, in welche es ge-„bracht werde, hätten bedeutenden Einflufs darauf. Gutes Stab-Eisen müsse „in quadratischen Stäben von 1 Preufsischem Quadratzoll im Gevierte, nach „Preufsischem Gewicht . . . . 58 000 Pfd.
„In Stäben von $\frac{1}{2}$ Zoll im Gevierte . . . . 75 000 Pfd.
„In Stäben von $\frac{1}{4}$ Zoll im Gevierte . . . . . . 90 bis 100 000 Pfd.,
„auf eine Fläche von einem Preufsischen Zoll berechnet, tragen können, ehe „es reifse. Die absolute Festigkeit des Eisendraths sei aber, je feiner der „Drath, noch bedeutend gröfser. Der feinste Drath würde nach obiger Berech-„nungsart 130 000 Pfd. der Quadratzoll Fläche tragen können.

Hieraus folgt, dafs nach den im Preufsischen gemachten Erfahrungen auch das dortige Stab-Eisen an absoluter Festigkeit das Englische übertrifft, indem sich die Festigkeit des Englischen Eisens zu der des Preufsischen, wenn man bei letzterm das Mittel aus 58, 75 und 100 000 Pfd. nimmt, wie es der

vergleichenden Dimensionen wegen nöthig ist, wie 55 466, zu 78 000 Pfd. verhalten würde, so dafs die absolute Festigkeit des Englischen Eisens um etwa 23 534 Pfd. auf den Quadratzoll Rheinl. geringer sein würde. Die mittlere absolute Festigkeit des Hannöverschen Eisens war etwa . . 64 000 Pfd.
Die mittlere Festigkeit des Preufsischen Eisens . . . . . . 78 000 –
also ist die des Preufs. Eisens auf den Quadratzoll gröfser um 14 000 Pfd.
Die absolute Festigkeit des Schwedischen Eisens war . . . 41 333 –
es steht also dasselbe dem Preufsischen nach um . . . . . 36 667 Pfd.
oder beinahe um die Hälfte der Stärke des Preufsischen Eisens.

Überhaupt ergiebt sich, dafs, da die Durchschnittssumme aus der mittlern absoluten Festigkeit des Hannöverschen und des Preufs. Eisens 71 000 Pfd. auf den Quadratzoll Rheinl. beträgt, das Eisen in der Hälfte Deutschlands an absoluter Stärke das Englische und Schwedische Eisen übertrifft, wenigstens keinem derselben nachsteht, und dafs folglich die Deutschen mit derselben Sicherheit aus dem vaterländischen Eisen hängende und stehende eiserne Brücken von gewalztem Schmiede-Eisen bauen können, wie die Engländer und andere auswärtige Völker aus dem ihrigen.

Endlich geht aus diesen Erfahrungen hervor, dafs man, nach Ermittlung der gröfsten Last, welche die Ketten einer Hängebrücke zu tragen haben werden, auf einen Quadratzoll Querschnitt einer Stange von fehlerfreiem Schmiede-Eisen eine absolute Stärke oder Tragkraft bis zum Zerreifsen von etwa 60 000 Pfd. oder 540 Ctr. rechnen könne und sicher gehe, wenn man davon den dritten Theil oder 180 Ctr. für das Tragen der Last und aufserordentliche Zufälle in Anspruch nimmt.

Das Deutsche Eisen, was nicht minder im Kriege wie im Frieden bei andern Völkern im Andenken sein wird, behauptet also auch hier seine Güte. Dies dürfte für Deutschland wohl erfreulich und hoffentlich Grund genug sein, das ausländiche Eisen von unsern Grenzen zurückzuweisen, damit unsere inländischen Berg- und Hüttenwerke und Fabriken, mit ihren weit bessern Producten, den ausländischen, etwas wohlfeilern, nicht nachzustehen und das Brod mit ihnen unnöthig zu theilen brauchen.

Das Walzen des Eisens ist nach Herrn *Schubarth* ein wesentliches Mittel zur Verstärkung der absoluten Festigkeit und Elasticität des Stab-Eisens. Der nemlichen, auf Erfahrung gegründeteten Meinung sind mehrere Metallurgen und Physiker. Viele haben gefunden, dafs das Walzen dem Schmiede-

Eisen eine gröfsere Dichtigkeit, Cohäsion und Spannkraft giebt, als das Hämmern. Die weit gröfsere Stärke des gezogenen oder gewalzten Eisendraths giebt davon den Beweis. In England und Frankreich hat man in neuern Zeiten ähnliche Erfahrungen aus älterer Zeit erneuert. Die Schienen des Herrn *Birkinshaw* zu der Eisenbahn zwischen Darlington und Stockton, so wie zwischen Liverpool und Manchester, aus gewalztem Schmiede-Eisen, sind den blofs gehämmerten, so wie den weit sprödern aus Gufs-Eisen vorgezogen worden.

Herr Dr. ***Dingler*** sagt zwar im 5ten Hefte des 24sten Bandes seines polytechnischen Journals: „das Walzen der Schienen in England sei ein neuer „Aufschwung in der Kunst das Eisen zu bearbeiten": aber diese Kunst ist in England nicht neuerdings erfunden, sondern z. B. schon im 4ten Buche 4ten Capitel von ***Belidors*** Ingenieur-Wissenschaft heifst es von den Eigenschaften des Eisens: „das gewalzte Eisen sei viel besser, als das geschmiedete; man habe Mühe es kalt zu zerbrechen u. s. w." Also ist das Walzen des geschmiedeten Eisens wohl keine neue Erfindung der Engländer, sondern schon lange in Frankreich, mithin gewifs auch in Deutschland bekannt gewesen.

Je gröfser die absolute Festigkeit des Eisens ist: desto mehr lassen sich seine Dimensionen, mithin sein Gewicht und die Kosten unter gleichen Umständen vermindern. Man erspart also, wenn man bei gleichen Bedürfnissen das beste und festeste gewalzte Schmiede-Eisen zum Bau der Brücken u. s. w. verwendet. Auch entsteht eine Ersparung bei der Verwendung festen Eisens daraus, dafs bei vermehrter Stärke oder Tragkraft der Eisenstangen deren Gewicht geringer ist.

In dem Werke von ***Röder*** über Brückenbau, in des zweiten Theils zweitem Abschnitt, vom Baue der eisernen Brücken, S. 270 etc. findet man mehrere Versuche Französischer Ingenieure über die Festigkeit des geschmiedeten und gegossenen Eisens.

Wir bemerken ferner, dafs nach ***Eytelwein*** die respective Festigkeit eines vollen Cylinders zu der eines hohlen von gleichem Querschnitte wie 0,824786 : 1 oder in runden Zahlen, wie 8 zu 10 oder wie 4 zu 5 sich verhält. Hohle eiserne Cylinder sind also etwa um den fünften Theil stärker, als volle. Sie erfordern also, bei gleicher Festigkeit, nur vier Fünftheile so viel Eisen, als volle. Die mit gegossenen und geschmiedeten Eisenstangen angestellten Versuche, welche ***Röder*** mittheilt, ergeben, dafs nach des Salinenraths ***v. Reichenbach*** Versuchen die absolute Festigkeit des geschmiedeten Eisens dreimal so grofs ist, als die des gegossenen; und die respective sowohl, als die absolute Festigkeit des geschmiedeten Eisens, ist etwa dreimal so grofs, als die des Eichenholzes. Also sind offenbar hohle Cylinder von geschmiedetem Eisen denen von Gufs-Eisen vorzuziehen.

Hohle Cylinder oder Röhren aus Gufs-Eisen wurden schon von ***Gauthey*** in Frankreich im Jahre 1805 zu einer eisernen Brücke über die Loire bei Lyon vorgeschlagen. ***Reichenbach*** schlug sie ebenfalls in seiner „Theorie der Brückenbogen, München, 1811" und ***Wiebeking*** im 4ten Bande seiner Wasserbaukunst im Jahre 1805 vor. Im Register of the arts and sciences No. 40., Saturday, March 1826, S. 240 findet man die Abbildung und Beschreibung hohler gegossener eiserner Schienen zu Eisenbahnen von ***William James,*** Esquire, welcher darauf auch ein Patent nahm. ***W. James*** bemerkt, dafs sich die Stärke einer solchen Schiene zu der einer vollen verhalte, wie 7 zu 4, so dafs die hohlen Schienen beinahe noch einmal so viel Tragkraft haben, als die vollen. Auch hat man schon vorlängst in Frankreich durch Versuche gefunden, dafs Röhren und hohle Parallelogramme von Eisenblech, mit einem Kitte von Mastix ausgefüllt, eben so stark sind, als massive eiserne Körper der Art von gleicher Durchschnittsfläche. Bei der Französischen Marine hat man Versuche über diese Erfahrung an Ankern gemacht und sie bewährt gefunden.

Es ist aus der Erfahrung bekannt, dafs geschmiedete und gewalzte Röhren, deren Wände etwa $\frac{1}{6}$ Zoll oder 2 Linien dick sind, in den Dampfkesseln einen Druck von 4 bis 8 Atmosphären, oder von 50 bis 100 Pfd. auf den Quadratzoll aushalten, und dafs ein etwa 1 Linie starker Gewehrlauf durch die Entwicklung des elastischen Gases, welches durch das Verbrennen des Pulvers entsteht, eben so viel und noch mehr Druck auf den Quadratzoll aushalten mufs, wie die eisernen Röhren in den Dampfkesseln. Ein, horizontal, auf zwei Unterlagen an seinen Enden ruhender Gewehrlauf trägt eben so vile und mehr, als ein voller Stab Eisen von gleicher Länge und gleichem Querschnitt. Der Herr Landbaumeister ***Butzke*** zu Berlin schlägt im 1ten Hefte 6ten Bandes des gegenwärtigen Journals Gewehrläufe zu Geländersäulen für Treppen und Brücken mit Recht vor, und Herr ***Parnell*** theilt in seiner Schrift: „Treatise on roads" auf Tafel V. die Abbildung einer sehr geschmackvollen Barriere, oder eines Thores, bei dem Wegegeld- oder Zollhause auf der Kunststrafse nach Conventry mit, an welchem die Thorflügel aus geschmiedetem und die hohlen sechseckigen Thorpfeiler aus Gufs-Eisen sind. In den neuern Zeiten ist daher auch in Deutschland, wie im Auslande, das Hohl-Eisen häufig angewendet worden.

Diese Erfahrungen werden die Vortheile der Anwendung unseres weit stärkeren Deutschen Eisens zum Brückenbau, besonders des geschmiedeten und gewalzten statt des gegossenen Eisens, und wo sie benutzbar und zweckmäfsig sind, der hohlen Stangen, beweisen, die man dann inwendig mit einer Mischung von geschmolzenem Pech, Theer und fein gesiebtem Ziegelmehl ausgiefsen kann, durch welche das Eisen noch gegen den Rost geschützt wird.

So würden sich denn noch bedeutende Ersparungen durch Anwendung des Eisens beim Strafsen- und Brückenbau machen lassen. Das Deutsche Eisen läfst, wegen seiner gröfsern Festigkeit, geringere Dimensionen als das ausländische bei gleicher Tragkraft zu; mithin spart man dadurch. Es lassen sich aus Deutschem Eisen Eisenschienen, Brücken, Thore oder Barrieren, Meilenzeiger, Dampf- und Frachtwagen, Dampfboote u. s. w. eben so gut, und haltbar und wohlfeiler verfertigen, als im Auslande.

Leer in Ostfriesland, 1838.

13.

Nachricht von der Austrocknung des Harlemer Sees *) bei Amsterdam.

(Aus den *Annales des ponts et chaussées*, Jahrgang 1842.)

---

1. Brief des Baron v. Bois-le-Comte, französischen Gesandten im Haag, an den Minister der öffentlichen Baue in Paris.

Die Austrocknung des Harlemer Sees, von den Generalstaaten im Jahre 1839 beschlossen und gegenwärtig in der Ausführung begriffen, ist die gröfste Unternehmung dieser Art, welche bis jetzt in Europa ausgeführt wurde. Die Beharrlichkeit der Holländer hatte schon durch allmälige und fortgesetzte Arbeit eine Fläche Land von 313 000 Morgen [etwa $14\frac{1}{10}$ Quadrat-Meilen Preufs., 80 000 Hectaren; die fremden Maafse, Gewichte und Geld sind auch hier, wie immer in diesem Journal, auf Preufsische reducirt worden. D. H.], also etwa den siebenten Theil der Oberfläche der Provinz Holland dem Meere abgewonnen: aber so lange Holland in kleine, von einander unabhängige Republiken getheilt war, hatte man nicht die hinreichenden Mittel zu vereinigen vermocht, zu einem Unternehmen, welches, wenn es gelingen sollte, als ein Ganzes und mit Beschleunigung ausgeführt werden mufste. In der Meinung, dafs für Ew. Excellenz einige Details über diese Unternehmung von Interesse sein dürften, habe ich mich, um dergleichen zu erlangen, an den Herrn Ingenieur-Major *Merkés*, Adjudanten des Königs Wilhelm, gewandt, der sich viel mit dem Unternehmen der Austrocknung des Harlemer Sees beschäftigt hat. Herr *Merkés* hat auch die Güte gehabt, mir zu gestatten, von dem Aufsatz

---

*) Man findet dieses Gewässer im Deutschen auch Harlemer *Meer* genannt. Dasselbe ist aber kein Theil des *Meeres*, sondern ein wirklicher *See*. Im Holländischen heifst dasselbe freilich Harlemer *Meer*, aber die Bedeutung des Deutschen Wortes *See* wird in der Regel im Holländischen durch *Meer*, so wie umgekehrt das Deutsche Wort *Meer* durch *Zee* ausgedrückt, z. B. in Zuyderzee, Nordzee etc. Es scheint daher richtiger, das binnenländische Wasserbecken bei Harlem im Deutschen Harlemer *See* zu nennen. Harlemer Meer scheint eben so wenig angemessen, als wenn man z. B. statt Genfer-See in Deutscher Rede sagen wollte Genfer-*Lac*.
D. H.

und der Carte, die er verfertigt hat, eine Copie zu nehmen und sie Ew. Excellenz zu übersenden; was ich hier thue. Ohne auf nähere Erläuterungen des Gegenstandes einzugehen, die nicht meines Fachs sind, glaube ich doch den dem Unternehmen zum Grunde liegenden Hauptgedanken bezeichnen zu müssen.

Der Harlemer See, welcher im 16ten Jahrhundert nur erst 14 500 Morgen oder etwa $\frac{2}{3}$ Quadratmeilen grofs war, hatte sich allmälig von selbst über das sehr niedrige, ihn umgebende Land, in Folge des Überschusses des Niederschlages über die Verdunstung, ausgebreitet. Man hat berechnet, dafs er seit einem Jahrhundert jährlich etwa 235 Morgen Land verschlang; und so hatte er allmälig, bis zum Jahr 1839, wo man die gänzliche Austreibung seines Wassers in das Meer beschlofs, bis auf 70 000 Morgen oder etwa $3\frac{1}{6}$ Quadratmeilen Fläche zugenommen.

Die Tiefe des Sees ist im Durchschnitt $12\frac{3}{4}$ F. Er enthält also etwa $13\frac{1}{2}$ Mill. Cub. Ruthen Wasser. Auf folgende Weise beabsichtigt man diese ungeheure Wassermasse in das Meer zu schaffen.

Rund um den See will man zwei parallele Deiche schütten, welche zwischen sich einen Leitungscanal für das Wasser haben (Taf. VI. Fig. 1.). Dieser Canal wird $143\frac{1}{2}$ F. breit, $6\frac{3}{8}$ F. tief und 13 275 Ruthen lang sein. Sobald der Canal vollendet sein wird, wird man das Wasser des Sees in ihn vermittelst 6 Dampfmaschinen, jede von 200 Pferde-Kraft, ausschöpfen. In dem Canal soll das Wasser durch die drei grofsen, schon vorhandenen, aber zu diesem Zwecke noch zu erweiternden Ausmündungen, in das Meer fliefsen: nemlich durch die schon vorhandenen Schleusen bei Katwyck in das Nord-Meer, und durch die Schleusen von Spandam und Mulfwegen in das Südmeer (Zuyderzee).

Der umdeichte Canal ist am 6ten Mai 1840 angefangen worden und wird im Laufe des nächsten Jahres [also 1843] vollendet werden. Alsdann werden die 6 Dampfmaschinen alle zugleich in Bewegung gesetzt werden, und man rechnet darauf, den See in 14 Monaten auszuschöpfen. [Dieses würde für jede der 6 Dampfmaschinen täglich etwa $9\frac{1}{2}$ Millionen, und wenn Tag und Nacht geschöpft wird, auf jede Pferdekraft in der Secunde etwa 0,536 C. F. Wasser betragen. Eine Pferdekraft vermag in der Secunde 110 Pfd. $3\frac{1}{3}$ F. hoch, also etwa $5\frac{1}{2}$ C. F. Wasser 1 F. hoch zu heben, mithin die 0,536 C. F. Wasser $\frac{5,5}{0,536}$ oder etwa $10\frac{1}{2}$ F. hoch. Auf diese durchschnittliche *Höhe* würde man also gerechnet haben. D. H.]

Man ist lange unschlüssig gewesen, ob man sich der Dampfmaschinen oder der Windmühlen bedienen solle. Zuletzt hat man sich für die Dampfmaschinen entschieden. Die Windmühlen arbeiten in Holland gewöhnlich nur etwa 60 volle Tage im Jahr, und man würde mit 140 Mühlen 4 Jahre Zeit nöthig haben, um das zu leisten, was 6 Dampfmaschinen in 14 Monaten thun.

Aber es nicht hinreichend, den See blofs auszuschöpfen: man mufs auch verhindern, dafs er nicht von Neuem entstehe. Denn sein Boden, welcher dem Ackerbau gewonnen werden soll, liegt niedriger, als das ihn umgebende Land, und dieses selbst liegt unter der Oberfläche des Meeres. Von dem umliegenden Lande würde also das Wasser in den See dringen, während der Überschufs des Niederschlages über die Ausdünstung seinerseits ebenfalls beitragen würde, ihn wieder zu füllen. Der den See umgebende Canal ist bestimmt, dieses von innen und aufsen zuströmende Wasser aufzunehmen. Die beiden starken Deiche, welche den Canal bilden und ihn einschliefsen, werden das Wasser abhalten; und dasjenige, welches sich in Holland jährlich durch den Niederschlag auf dem Lande anhäuft, werden 120 auf die Fläche des Seebodens vertheilte Mühlen in den Canal schaffen, der es dann in das Meer leiten wird. Das letztere ist nur die nemliche Operation, die regelmäfsig alljährlich in diesem Lande ausgeführt werden mufs, welches jeder Winter wieder zu einem Meere machen würde, wenn man nicht das Wasser im Frühling wieder ausschöpfte. 9000 auf die ganze Oberfläche des Landes vertheilte Mühlen sind zu dieser Ausschöpfung bestimmt, und sie kosten, zu 400 Thlr. jährlich für die Mühle und den Müller, 3 600 000 Thlr. jährlich. Die Deiche zu erhalten kostet aufserdem jährlich 2 133 333 Thlr.

Die Austrocknung des Harlemer Sees wird vom Staate besorgt werden, der die Kosten durch den Verkauf des gewonnenen Landes wiederzugewinnen rechnet. Die Kammern haben zu diesen Kosten eine Anleihe von 4 533 333 Thlr. votirt. Diese Summe wird nicht hinreichen; aber gleichwohl werden die Zinsen dem Staate reichlich wieder einkommen. Denn bis jetzt haben dergleichen Austrocknungen, z. B. die im Jahr 1840 vollendete Austrocknung eines andern Sees, des Zuidplas bei Rotterdam, von etwa 15 700 Morgen Oberfläche, bedeutenden Gewinn gegeben. Das Wasser hat auf dem davon befreiten Boden so viel Nahrungstheile für die Pflanzen abgesetzt, dafs er ohne weitere Düngung einen reichlichen Ertrag liefert. Man findet, wenn man den Boden in Holland untersucht, unter der obern Humusrinde, die etwa 15 Z.

dick ist, zunächst $9\frac{1}{2}$ bis $12\frac{1}{2}$ F. dick schlammigen Torf, mit Sand gemengt. Darunter aber liegt ungemein fruchtbarer Thon. Dieser Thon findet sich also grade in der Tiefe, welche der See hat, und folglich bedeckt sein Wasser einen solchen fruchtbaren Boden.

Die Schnelligkeit und Gleichzeitigkeit der Ausführung des Werks einerseits, und andrerseits die merkwürdige Bestimmtheit der Vegetation in Holland, so wie die fast stete Bedecktheit des Himmels und die Feuchtigkeit der Luft, welche die Sonnenstralen abhalten, geben eine Gewähr gegen die Besorgnifs schädlicher Ausdünstungen, welche in andern Ländern für eine grofse Landfläche stattfinden würde, die, bis dahin mit Wasser bedeckt, auf einmal an die äufsere Luft gebracht würde.

Genehmigen Ew. Excellenz die Bezeigung meiner Ehrfurcht.

Im Haag, am 24sten Juli 1842.

Baron *de Bois-le-Comte.*

II. Geschichtliche, topographische und technische Notiz über die Austrocknung des Harlemer Sees; von M. Merkés, Adjudanten des Königs Wilhelm.

§. 1.

Nachricht von dem frühern und dem gegenwärtigen Zustande dieses Sees, und von den Entwürfen, ihn auszutrocknen.

Der Harlemer See existirt gleichsam erst seit dem Anfange des 16ten Jahrhunderts. Im Jahre 1506 hatte er höchstens 14 500 Morgen Oberfläche. Nach *Simon van Leeuwen* ging man damals trocknen Fufses von Rhynzater-woode nach Dillegon. (S. Fig. 1.)

Im Jahre 1531 hatte der See schon 21 960 Morgen Oberfläche.

Im Jahre 1537 nivellirten die Geometer *Maarten Corneliszen, Symm Meeuszen* und *Jacob Symonszen* den Wasserstand des grofsen Rhynlands-Beckens, namentlich des Harlemer Sees, gegen das Nordmeer hin, und fanden ein beträchtliches Gefälle, besonders gegen die Ebbe. Der erstgenannte von den drei Geometern schlug im Jahre 1538 vor, das Wasser des Sees unter der Erde durch die Dünen hindurch mittelst Tonnen abzuleiten, allein der grofsen Kosten wegen fand man den Entwurf nicht ausführbar.

In den Jahren 1571 und 1572 versuchte man, aber in zu kleinem

Maafsstabe, einen Durchstich durch die Dünen bei Katwyck. Derselbe ward am 1. April 1572 eröffnet, war aber sehr bald wieder versandet.

Im Jahre 1591 hatte sich die Oberfläche des Sees schon bis auf etwa 39 000 Morgen vergröfsert, und gegen das Ende des 16ten Jahrhunderts waren die Dörfer Vyfhuizen, Nieuwerkerk und Ryk, nebst mehreren Weilern, mit Wasser bedeckt.

Im Jahre 1641 legte ***Jan Adriaanszen Leeghwater,*** auch blofs ***Jan Adrianszen*** genannt, ein Ingenieur und Mühlenbaumeister, ein vollständiges Project zur Austrocknung des Harlemer Sees, unter dem Titel „Het Haarlemmer-Meer-Boek" vor. Er wollte zu der Austrocknung 160 Mühlen bauen. Der See hatte damals etwa 55 000 Morgen Oberfläche, und der Entwurf sollte 2 Millionen Thaler auszuführen kosten. Es existirt jetzt eine 13te Auflage von ***Leeghwaters*** Schrift, die 1838 gedruckt und von ***W. J. C. van Hasselt*** commentirt und mit Nachrichten und Anmerkungen bereichert ist.

Im Jahre 1727, als die 10te Auflage des ***Leeghwater***schen Buches erschien, schrieb der berühmte Ingenieur ***Cornelis Velsen*** seine „Bemerkungen über den damaligen Zustand des Harlemer Sees." Er rechtfertigt darin den Entwurf des ***Leeghwater*** und widerlegt dessen Gegner ***Caleveldt.*** Der See hatte nun schon an 66 000 Morgen Oberfläche.

In dem nemlichen Jahre legten die Geometer ***Bolstra, Crukins*** und ***Nappen*** ein neues Project zur Ableitung des Wassers durch Schleusen nach Katwyck hin, so wie zur Austrocknung eines ansehnlichen Theils des Sees, vor.

Im Jahre 1742 bewiesen diese Ingenieurs in einer Abhandlung, dafs der See jährlich 235 Morgen Land verschlinge und dafs er in 200 Jahren gegen 40 000 Morgen Land bedeckt habe. Sie legten abermals ein Project zu der Austrocknung des Sees vor; mit einer Berechnung der Kosten, die sich auf 3 760 000 Thlr. [6 600 000 Gulden, nach ***Nelkenbrecher*** 187 Gulden zu 400 Francs gerechnet. D. H.] belaufen sollten. Sie zeigten in ihrem Aufsatz, dafs die Einengung des Rhynlands-Beckens, durch Verbesserung der Ableitungs-Canäle in das Nordmeer, nur vortheilhaft, nicht, wie man glaube, nachtheilig sein würde.

Im Jahre 1742 legte ***Conradus Zumbag van Koesfelt,*** ein berühmter Arzt zu Leyden, ein anderes Project zur Austrocknung vor, welches von den bisherigen rücksichtlich der Eindeichungen abwich und wobei er viel zu sparen beabsichtigte. Er verlangte 120 Windmühlen und 2 200 000 bis 2 800 000 Thlr. Kosten, einschliefslich derer der Schleusen bei Katwyck.

Im Jahre 1745 hatte der See eine Ausdehnung von 66 600 Morgen erreicht; wie es die kleine Carte zu der 13ten Auflage der Schrift von *Leeghwater* S. 6 zeigt. Auf dieser Carte sind die allmäligen Zunahmen des Sees und seine Grenzen von 1531, 1591, 1610, 1647, 1687 und 1740 angedeutet. Seit dieser Zeit hat sich der See noch weiter bedeutend vergröfsert.

Das Austrocknungs-Project, welches *Goudriaan* und *Klinkenberg* in einer Abhandlung vom Jahre 1769 vorlegten, verlangte 5 100 000 Thlr. Ausführungskosten.

In einer Abhandlung vom Jahre 1771 zeigte *Dyonisius van de Wynpersee,* welchem aufgetragen worden war, über die verschiedenen Vorschläge seit dem Jahre 1767 zu berichten, die grofsen Vortheile einer alsbaldigen Ableitung des Sees vermittelst eines weiten Abzugs-Canals in das Nordmeer bei Katwyck, und dafs diese Maafsregel nothwendig und unvermeidlich sei.

Von 1772 bis 1797 hat man an dem See nichts weiter gethan, als grofse Summen an die Erhaltung seiner Ufer zu verwenden; aber ohne verhältnifsmäfsigen Gewinn gegen die Schäden, die das Gewässer des Sees anzurichten nicht aufhörte.

Im Jahre 1802 erschien eine Schrift von noch gröfserem Interesse, von *A. P. Fwent* unter dem Titel „Bedenkingen en Aanmerkingen over den Waterstaat van Rhynland en over eene Witvatering te Katwyck." Diese Schrift brachte die Entwässerung nach dem Nordmeer hin wieder in Anregung. Auf den Antrag des General-Directors der Brücken und Strafsen, *C. Brunings,* wurde einer Commission, bestehend aus den Herren *F. W. Conrad, A. Blanken* und *J. A. Kros,* aufgetragen, den Zustand der Angelegenheit zu untersuchen. Diese Commission entledigte sich ihres Auftrages mit Erfolg, und bewies in ihren am 16ten März und 2ten April 1802 erschienenen gedruckten Berichten, dafs die Schleuse zu Katwyck ohne Gefahr ausführbar sei. Die Regierung befahl hierauf am 4ten Mai 1804 die Ausführung der Ableitung des Wassers nach Katwyck hin. Die Kosten waren auf 413 647 Thlr. berechnet. und das Werk wurde ausgeführt. Der erste Stein war am 21. August 1805 gelegt worden, und am 21. October 1807 wurde der Canal eröffnet und hatte eine ziemlich gute Wirkung. Sein Nutzen war augenfällig. Indessen hatte man zu bedauern, dafs man ihn, um der Ersparung willen, nicht so grofs und so gerade gezogen hatte, wie die Commission es verlangt hatte. Das Versäumte mufste in den Jahren 1838 bis 1840 nachgeholt werden.

Nach Vollendung dieses schönen Werkes wurde dem berühmten Ingenieur ***A. Blanken*** von der Regierung aufgetragen, die frühern Austrocknungs-Entwürfe zu berichtigen und eine, neue Kostenberechnung zu machen. Sie belief sich auf 4 560 000 Thlr. Die Gesellschaft zu Harlem, der Baron ***Dufour***, der Baron ***van Lynden***, die Herren ***Roël, Regelaer, van Driel*** und ***Engelmann*** trugen mit ihren Einsichten zu der jetzt unvermeidlich gewordenen Ausführung des Austrocknungs-Entwurfs bei.

Der Baron ***F. G. van Lynden von Hemmen*** schrieb im Jahre 1821 eine Schrift unter dem Titel „Verhandeling over de droogmaking van de Haarlemmer-Meer" begleitet von einer Carte und einer Figurentafel. Dieses Werk ist sehr sorgfältig und mit wahrem Patriotismus und eifrigem Bestreben für das gemeine Beste ausgearbeitet. Er beweiset darin, dafs die Austrocknung, ungefähr so wie Leeghwater sie entworfen hatte, das einzige Mittel gegen so viele bisherige Übel sei. Seiner Behauptung nach würde die Austrocknung in 21 Monaten ausführbar sein und etwa 4 Millionen Thaler kosten. Lieset man diese schöne Schrift, nebst der von ***Leeghwater***, so kann man die vielen Aufsätze und Abhandlungen übergehen, die aufserdem über diesen Gegenstand erschienen sind.

Endlich sah die Regierung ein, dafs die Austrocknung des Harlemer Sees eine jener grofsen und schönen Unternehmungen sei, mit deren Ausführung die Fürsten ihre Namen zu zieren begierig sein sollten. Sie beschlofs endlich, dem immer lästiger werdenden und gefahrdrohenden Zustande der Dinge hier ein Ende machen zu lassen und ernannte durch eine Verfügung vom 7ten August 1837 eine Commission, die ihr bis zum 1sten Nov. desselben Jahres einen Bericht über den Gegenstand und eine Kostenberechnung vorzulegen habe. Die Commission erfüllte diesen Auftrag durch ihren Bericht vom 24sten October 1837. Sie war damals zusammengesetzt aus dem Herrn ***H. Ewyk,*** als Präsident, den Herren ***Jonkheer Mynheer W. P. Barnaert van Bergen, M. G. Beyerink, C. J. de Bruyn, Kaps, Mynheer Jonkheer L. A. Gevaerts, P. F. Grinwis, Mynheer Jonkheer D. Hooft*** jun., ***D. Mentz*** und ***P. A. Dupui.*** Nach der Berechnung sollten sich die Kosten auf 4 560 000 Thlr. belaufen, wobei der Spiering-See mit in die Eindeichungen zu ziehen sei und etwa 1566 Morgen zu expropriiren wären. Die Ausschöpfung des Wassers sollte durch 79 Windmühlen und 3 Dampfmaschinen, jede von 40 Pferdekraft, geschehen. Wie wir weiter unten sehen werden, wurde das Project, was die Schöpfmaschinen betrifft, noch verbessert.

In der Sitzung der zweiten Kammer der Generalstaaten am 12ten December 1837 legte man einen Gesetz-Entwurf in 5 Artikeln zur Austrocknung des Harlemer Sees vor. Nach reiflicher Prüfung und einigen Gegenreden ging dieses Gesetz am 2ten April 1838 mit sehr grofser Mehrheit der Stimmen durch. Am 6ten Mai 1840 wurde in Gegenwart der obersten Provinzial-Behörden Hand an die vorbereitenden Arbeiten gelegt und die Gradeziehung und Erweiterung des Ableitungs-Canals nach Katwyck wurde im nemlichen Jahre vollendet.

Das Gesetz wegen Austrocknung des Harlemer Sees bestimmte, dafs nach weiterer Untersuchung zu entscheiden sei, ob man das Wasser durch Windmühlen neben Dampfmaschinen, oder durch Dampfmaschinen allein auszuschöpfen haben werde. Der Beschlufs vom 21sten Nov. 1840 bestimmte, dafs Dampfmaschinen *allein* genommen werden sollten.

In diesem Jahre war die Commission zusammengesetzt aus den Herren ***Mynheer Jonkheer A. F. Gevers van Endegeers,*** als Präsidenten, ***Mynheer Jonkheer W. P. Barnaert van Bergen, M. G. Beyerink, C. J. de Bruyn, Kops, H. Ewyk, W. K. van Gennep, Mynheer Jonkheer L. A. Gewaerts, P. F. Grinwis, Mynheer Jonkheer D. Hooft*** jun., ***G. P. van Outeren, A. Lipkens, G. Simons, P. J. Ackermanns, J. G. W. Merkés*** und ***J. Ewyk (Ammanuensis)***.

§. 2.

Nähere Erläuterungen des in der Ausführung begriffenen Projects.

Um diesen Entwurf richtig zu beurtheilen, mufs man nothwendig die Beziehungen, in welchen der Harlemer See zu den an ihn angrenzenden Poldern von Rhynland und Woerden steht, in Betracht ziehen. Wir werden weiter unten sehen, dafs wegen der Eindeichung des Rhynland der Abflufs des Wassers ins Meer gegen Nord und Nordost vermöge der Höhe des Wasserspiegels des Meeres und der Binnenwasser ganze Tage lang gehemmt sein kann.

Rhynland und Woerden, mit ihren umdeichten Wiesen oder Poldern, Seen, Morästen und Brüchen, haben eine Oberfläche von 483 700 Morgen (etwa 22 Quadratmeilen). Davon kommen 59 767 Morgen auf ausgetrocknete Moräste und 39 166 Morgen auf Gräben und Canäle. Die mittlere Höhe des Landes ist 23 bis 27 Zoll — ***AP.*** ***AP*** bedeutet Amsterdammer Pegel und bezeichnet den Nullpunct dieses Pegels, durch welchen eine horizontale Ebene durch den *mittleren* Stand des Meerwasserspiegels geht. [Diese Erklärung des Zeichens ***AP*** giebt der Text, aber was — ***AP*** bedeute, sagt er nicht ausdrücklich. Aus dem Zusammenhange folgt aber, dafs das Zeichen — ***unter*** heifsen, also — ***AP unter*** dem Nullpunct bedeuten solle. D. H.] Gewöhnlich fängt das Veen oder der Torf $38\frac{1}{4}$ Zoll — ***AP*** an, so dafs die Humusschicht etwa $15\frac{1}{4}$ Zoll dick ist. [Hieraus würde nun folgen, dafs — ***unter*** bedeutet; denn bezeichnete — nicht ***unter,*** sondern ***über,*** so müfste der Torf ***unter*** der $15\frac{1}{4}$ Zoll dicken Humusschicht nicht $38\frac{1}{4}$ Zoll — ***AP,*** sondern $(23 - 15\frac{1}{4} =)$ $7\frac{3}{4}$ — ***AP*** anfangen. D. H.] Hierauf erreicht man in $12\frac{3}{4}$ F. — ***AP,*** welches die mittlere Tiefe des Harlemer Sees ist, den fetten Thon, der zum Ackerbau vortrefflich ist. Die Resultate der Nivellements, Sondirungen und Aufgrabungen im Jahre 1751 weichen wenig hiervon ab. Man fand damals, dafs das Maifeld der an den See grenzenden Ländereien im Allgemeinen 25 Z. — ***AP*** hoch liege, der fette Boden 12 F. — ***AP*** hoch, und dafs der Boden über diesem Thon erst aus einer torfigen, mit Sand gemengten Masse von 21 bis 36 Zoll dick und darunter aus 6 bis 9 F. dickem schlammigem Torf bestehe.

Hieraus ergiebt sich, dafs dieser Boden wenig günstig zu ***Eindeichungen*** ist, und dafs hier viel Vorsicht, sehr flache Böschungen und viel Zeit nöthig sind, damit die Erde sich allmälig setzen könne.

Die Meinungen darüber, was aus der Erde geworden sei, die der See seit Jahrhunderten von seinen Ufern abgespült hat, sind verschieden. Meistens nimmt man an, dafs die Schleusen zu Halfwegen, Katwyck und Spaarndam, welche die drei grofsen Verbindungen des Sees mit dem Y und dem Meere sind, sie ins Meer gespült haben; eben wie bei dem Y und dem Spaarn, welche einige Spuren dieser Abspülungen zu zeigen scheinen. Aber gewifs ist ein grofser Theil davon in dem See selbst geblieben, der nun darin die so ungemein fruchtbare Thonschicht bildet.

Eine andere, sehr natürliche Frage ist oft aufgeworfen worden, nemlich, ob die Wasserfläche des Harlemer Sees nicht etwa mit dem Nordmeer unterirdische Verbindungen durch die Dünen hindurch habe, welche dort zwischen dem Meere und dem Y nur schmal sind, und ob man also nicht gegen starke ***Quellen*** zu kämpfen haben werde. Ein allgemeines und bewährtes Zeichen solcher Quellen ist, dafs da, wo sie sich finden, das Eis grofse Öffnungen (wakken) behält, die nie zufrieren. Solche Stellen giebt es aber im Harlemer See nicht, sondern sein Wasserspiegel gefriert in nur wenig strengen Wintern gänzlich und gleichförmig. Es sind also starke Quellen nicht zu sorgen. Übrigens ist der Boden früher, ehe er mit Wasser bedeckt wurde, seit lange bewohnt gewesen, und man wufste damals nichts von solchen Quellen. Späterhin haben sie sich auch nicht finden mögen; denn das Wasser ist nicht salzig. Finden sich aber auch nach der Abtrocknung des Sees Quellen, so würden sie doch immer nicht so bedeutend sein, dafs ihr Wasser nicht vermittelst der Ableitungs-Canäle, die den Boden durckkreuzen werden, abgeführt und durch stets arbeitende Dampfmaschinen weggeschafft werden könnte. [So mufs man es *hoffen;* desgleichen dafs der starke, 12 F. hohe Wasserdruck, der bis jetzt *nicht* stattfand, nicht Quellen *öffnen* werde. D. H.]

Dafs während und nach der möglichst schnellen Abtrocknung des Sees der Gesundheit schädliche Gase sich entwickeln möchten, ist wenig zu fürchten: einestheils, weil der Wasserspiegel doch nur so allmälig sich senken wird, dafs der entblöfste Boden Zeit bekommt, zu trocknen: anderntheils, weil die Vegetation auf demselben sehr schnell sein wird. Es würde nur dann anders sein, wenn etwa der See auf einmal von selbst sich leerte und der Boden auf einmal entblöfst würde. Die niedrigsten Stellen werden übrigens zu den Canälen (verkavelingen), die zu dem Verkehr in dem Lande dienen werden, vorbehalten werden.

Die gewöhnliche ***Ebbe*** fällt zu Katwyck bis auf $30\frac{1}{2}$ Z. ***unter AP;*** bei Ostwinden aber auch bis auf $38\frac{1}{4}$ Z. Die gewöhnliche ***Fluth*** dagegen steigt bis auf $26\frac{3}{4}$ Z. über ***AP***, und in aufserordentlichen Fällen, bei Nord- und Nordostwinden, auch bis auf $76\frac{1}{2}$ Z., und noch höher. Die gewöhnliche ***Ebbe*** im Y, neben dem Harlemer See, fällt bis auf 13 Z. ***unter AP,*** bei Ostwinden bis auf 9 Z. Die gewöhnliche ***Fluth*** steigt 4 bis 6 Zoll ***über AP*** und bei Nord- und Nordostwinden bis auf $76\frac{1}{2}$ Z. ***über AP.*** Nicht selten bringen die Stürme sehr grofse Verschiedenheiten der Ebbe und Fluth hervor. Im Winter z. B. fällt die Ebbe auf dem Y oft bis auf $17\frac{1}{4}$ Zoll unter ***AP.*** Die Orcane vom 6ten Decbr. 1815 und 20sten Nov. und 25sten Decbr. 1836, welche aus Süd und Südost kamen, trieben das Wasser aus dem Y dermafsen in das Nordmeer hinaus, dafs es bis zu $38\frac{1}{4}$ Z. unter die gewöhnliche Ebbe fiel. Es begab sich, dafs die drei Schleusen zu Katwyck, Halfingen und Spaarndam, welche zur Ableitung des in dem grofsen Rhynland-Becken überflüssigen Wassers bestimmt sind, dasselbe länger als 24 Stunden ununterbrochen ausfliefsen liefsen. Überhaupt ist es ganz besonders der Wind, welcher, je nach seiner Richtung und Stärke, den Abflufs des Wassers hemmt, oder begünstigt. Die *gewöhnliche* Höhe des Wasserspiegels im See und im Rhynland ist im

Winter 11 Z. und im Sommer $30\frac{1}{2}$ Z., im Durchschnitt also $20\frac{3}{4}$ Z. unter ***AP***. Diese Wasserhöhe ist indessen sehr veränderlich. In vielen Wintern war sie $17\frac{1}{4}$ Z., und vom 20sten und 25sten Juni 1838 $22\frac{1}{2}$ Z. unter ***AP***. Im Decbr. ist sie oft $15\frac{1}{4}$ Z., und im Sept. 1826, nach einer langen Dürre, war die mittlere Höhe dieses Monats 35 Z. unter ***AP***.

In Rhynland giebt es 260 Windmühlen, die das überflüssige Wasser ausmahlen. Die Erhaltung einer Mühle kostet jährlich, mit der Besoldung des Aufsehers oder Müllers, 375 bis 427 Thlr.

Der Boden des Harlemer Sees liegt $12\frac{3}{8}$ F. unter ***AP***. Nach der Austrocknung wird das Wasser auf diesem Boden $15\frac{2}{3}$ bis 16 F. unter ***AP*** stehen. Übrigens ist $12\frac{3}{4}$ F. die *gröfste* Tiefe des Sees. Ein Theil des Landes ist abhängig und liegt im Durchschnitt nur $9\frac{1}{2}$ F. tief unter dem Wasserspiegel.

Die Deiche um den Harlemer See werden an 13 275 Ruthen lang sein (etwa $6\frac{3}{4}$ Meilen). Der Ableitungscanal (Fig. 2.) wird, in der Höhe von ***AP***, $143\frac{1}{2}$ und im Boden $92\frac{1}{2}$ F. breit sein. Die Tiefe des Wassers in demselben wird im Durchschnitt $9\frac{1}{2}$ F. betragen, so dafs der Boden des Canals etwa $11\frac{3}{4}$ F. unter ***AP*** liegen wird. Die Krone des Deichs zwischen dem Canal und dem See wird im Durchschnitt 7 F. über ***AP*** liegen und $12\frac{3}{4}$ F. breit sein. Nach dem See hin bekommt der Deich eine fünffüfsige, nach dem Canal hin eine zweifüfsige Böschung. Die Schiffe werden auf dem Canal entweder segeln, oder an Seilen fortgezogen werden können. Diese Schiffahrt auf dem Canal wird wenigstens eben so rasch sein, als auf dem See; aber weniger gefährlich, weil die Wellen auf dem See oft sehr hoch gehen und die Fahrt für kleinere Schiffe wenig sicher ist. [Der Canal scheint insbesondere zur *Wasserstrafse* dienen zu sollen; denn sonst würde ein Canal mit zwei Deichen, rund um den See, streng genommen nicht nöthig sein, sondern nur *ein Deich*. D. H.]

Der neue Ableitungscanal nach Katwyck hin wird im Ganzen etwa 2400 Ruthen lang und auf die Hälfte dieser Länge oben $127\frac{1}{2}$, im Boden 99 F., auf die andere Hälfte aber $165\frac{2}{3}$ F. und im Boden 137 F. breit und durchweg 7 F. tief sein. Dieser Canal wird zugleich sehr zur Vervollkommnung der Wirkung der Katwycker Schleusen dienen. Früher geschah die Entwässerung durch das Rhynburgschevliet, welches aber zu eng war. Die im Jahre 1840 vollendete Gradestechung des Canals ist für das neue verengte Rhynlands-Becken ungemein vortheilhaft gewesen.

Der Harlemer See hat in seinem gegenwärtigen Zustande (Fig. 1.), mit Einschlufs des Spiering Sees, 12 760 000 Quadrat-Ruthen Oberfläche. Nimmt man für die mittlere Tiefe $12\frac{3}{4}$ F. an, was aber viel mehr als die mittlere Tiefe ist, die dem Obigen zufolge nur auf $9\frac{1}{2}$ F. anzuschlagen sein dürfte, so giebt dieses $13\frac{1}{2}$ Mill. Cub. Ruthen Wasser.

Das Maximum des Überschusses des Niederschlages *in einem Monat* über die Ausdünstung hat, zufolge 98 Jahre lang fortgesetzter Beobachtungen, 6,335 Z. betragen. Rechnet man hierzu für Quellen 1,312 Z. [Wahrscheinlich doch auch ein *Erfahrungssatz.* D. H.], so würde dieses für die obigen 12 760 000 Q. R. Oberfläche, dieselbe mit 7,647 Z. multiplicirt, 677 540 C. R. Wasser geben; welches also die gröfste Wassermasse wäre, die *in einem Monat* wegzuschaffen sein kann. Und da es darauf ankommt, den Boden Monat um Monat, und selbst Tag um Tag, vom Wasser zu befreien, so müssen die Ausschöpfungsmittel nach diesem Maximo eingerichtet werden.

Durch eine Menge von Beobachtungen hat man gefunden, dafs eine Windmühle in der Secunde im Durchschnitt 103,06 C. F. Wasser 1 F. hoch hebt (1 Cub. Meter 1 Meter hoch). Ferner kann man, Erfahrungen zufolge, nur auf 60 Arbeitstage der Mühlen jährlich rechnen. Eine Mühle hebt also jährlich $\frac{60.24.60.60.103,06}{1728}$ oder 309 180 C. R. Wasser 1 F. hoch. Gewöhnlich rechnet man, der Erfahrung zufolge, dafs die Windmühlen, um die Polder zu entwässern, jährlich 30 Tage zu 24 Stunden arbeiten müssen. Da dieses die Hälfte der obigen 60 Tage ist, welche sie arbeiten können, so kann man annehmen, dafs eine Mühle jährlich 179 000 C. R. Wasser 1 F. hoch hebt (3 Mill. Cub. Meter 1 Meter hoch).

§. 3.

Gegenwärtiger Stand der Aufgabe wegen der Wassermaschinen zur Austrocknung des Harlemer Sees.

Die Schwierigkeit dieser Aufgabe besteht nicht blofs darin, das Wasser auszuschöpfen, sondern es ist auch noch anderen Hindernissen zu begegnen.

Es ist nicht richtig, wie einige Schriftsteller es behauptet haben, z. B. *Blanchet* in seiner Abhandlung über die Austrocknung des Harlemer Sees, Amsterdam bei *A. J. van Fetroode,* 1827. S. 5, dafs die Ausführung dieses Projects immer deshalb aufgegeben worden sei, weil man die bekannten Wasser-Hebewerkzeuge nicht für wirksam genug gehalten habe, um das Verlangte ohne unverhältnifsmäfsige Kosten zu leisten. In einem Lande, wo man schon

313 000 Morgen Landes zu verschiedenen Zeiten wirklich vom Wasser befreit hat, konnte man nicht wohl aus *jenem* Grunde vor der Unternehmung, so grofs sie auch sein mochte, zurückschrecken. Es fehlt keinesweges an Wasser-Hebemaschinen, die kräftig genug sind, um das Wasser des Harlemer Sees ohne unverhältnifsmäfsige Kosten wegzuschaffen. Vielfache Erfahrungen hier in diesem Lande haben die Maschinen kennen gelehrt, welche die besten, wohlfeilsten und dauerhaftesten sind. Aber es kommt darauf an, auch hernach noch, wenn das Wasser ausgeschöpft sein wird, desselben Herr zu bleiben. Der ausgetrocknete Seeboden wird immer eine beckenförmige Fläche sein, die vom Wasser mit $12\frac{3}{4}$ F. Druckhöhe umgeben ist. Es kommt also, aufser auf die Ausschöpfung, auch noch auf eine feste und undurchdringliche Umdeichung an; desgleichen auf Ableitungscanäle, die, während sie grofs genug sind, um als Behälter das Wasser aus dem See aufzunehmen, zugleich zur Schiffahrt dienen; so wie auch auf verhältnifsmäfsige Schleusen und andere Entwässerungsmittel. Die wahren Ursachen, welche die Ausführung des Projects so viele Jahre verzögert haben, liegen theils in der Schwierigkeit, so verschiedenartige Interessen zu vereinigen; theils in den grofsen Kosten; theils in den unaufhörlichen Kriegen, die den Niederländischen Boden verwüsteten und jeden Versuch der Ausführung hinderten.

Der zur Austrocknung des Harlemer Sees ernannten Commission wurden eine Menge von Wasser-Hebemaschinen vorgeschlagen. Unter denselben befanden sich gewifs viele sehr vorzügliche, und man würde sich ihrer bedient haben, wenn nicht seit der Austrocknung des Zuid-Plas im Jahre 1838 und seit andern ähnlichen Unternehmungen die Erfahrung schon den Weg angegeben hätte, von welchen es nicht wohlgethan gewesen wäre, sich wieder zu entfernen; und dafs um so mehr, da die Verfügung von 21sten Nov. 1840 schon ***vorschreibt,*** dafs die Entwässerung des Harlemer Sees durch ***Dampfkraft*** geschehen soll.

Unter den Maschinen, welche die Dampfkraft in Bewegung zu setzen hat, wird man den ***Pumpen*** den Vorzug geben, weil sich dieselben in diesem Fall hier, wo das Wasser auf eine ziemlich ansehnliche Höhe zu heben ist, besser für den Zweck zu eignen scheinen, als die Archimedischen Schnecken (Vyzels), und auch besser, als die Wurfräder (Shepradern), und weil bei denselben noch eine bedeutende Ersparung an Brennstoff möglich sein wird, da man Dampfmaschinen mit einfacher Wirkung wird machen können, die, wie allgemein anerkannt, weniger Brennstoff für die gleiche Wirkung erfordern, als Maschinen mit doppelter Wirkung.

Es würde unnütz sein, mehrere von den der Commission vorgeschlagenen Maschinen näher zu beschreiben. Denn, wie sinnreich sie auch sein und welche Vortheile sie auch versprechen mochten, so ist es doch offenbar, dafs sie alle in der Wirkung, Kosten-Ersparung und Dauer sehr den grofsen Dampfmaschinen, auf Pumpen wirkend, nachstehen; vorausgesetzt, dafs diese Maschinen nach den neuen Fortschritten der Kunst gebaut werden und die Heizkraft mit dem möglich-geringsten Verlust benutzt wird; wie z. B. bei den Schöpfmaschinen in Cornwallis. Will man die Dampfmaschinen auf Archimedische Schnecken oder Wurfräder wirken lassen, so wird es gut sein, ihnen eine grofse Kraft und doppelte Wirkung zu geben. Da es wahrscheinlich ist, dafs die 6 Dampfmaschinen nach der Entwässerung nicht fortwährend zu arbeiten haben werden, um das Regen- oder Quellwasser zu entfernen, so wird man versuchen, sie, wenn sie zu feiern haben, noch Säge- oder andere Fabrikwerke treiben zu lassen. Die Dampfmaschinen werden im Lande selbst gebaut werden. Erwiesenermafsen nimmt der Verbrauch von Brennstoff verhältnifsmäfsig mit der Gröfse des Durchmessers der Cylinder ab, wenigstens bis zu 78 Z. (80 Z. Engl.). Eine solche Maschine hebt mit 1 Pfd. Kohlen 10 000 C. F. Wasser 1 F. hoch (270 C. Meter 1 Meter hoch mit 1,3 Kilogr. Kohlen). Übrigens kann erst die Erfahrung im Grofsen über die Vorzüge einer Wasser-Hebemaschine entscheiden und es würde wenig vorsichtig sein, wenn man Vorschläge, von welchen erst Modelle vorgelegt sind, sogleich im Grofsen ausführen wollte. [Dafs die Dampfkraft hier die vortheilhafteste bewegende Kraft sei, hat also dort schon die Erfahrung bewiesen. Aber dafs grade ***Pumpen*** die besten Hebemaschinen sein dürften, bedarf doch wohl noch erst des ***Beweises.*** So viel sich erachten läfst, dürften ***Schwungpumpen*** hier recht an ihrem Ort sein. Es ist zwar allerdings sehr ***vorsichtig,*** nur das zu bauen, von dessen Wirksamkeit man schon durch Erfahrung überzeugt ist: aber dafs Etwas ***wirksam*** ist, beweiset noch nicht, dafs es zugleich das ***Beste*** sei. Besseres kann ebenfalls wirksam sein. Fängt man nun nie mit Anderm, wenn nicht ganz, so doch einigermafsen im Grofsen, an, so wird man ewig beim Alten bleiben. Hätten auch die Engländer immer nur ***vorsichtig*** verfahren, so würden vielleicht niemals die Dampfmaschinen durch sie denjenigen Grad der Vervollkommnung erlangt haben, den sie jetzt wirklich erreichten. D. H.]

Kehren wir zu dem zurück, was die Commission vorläufig angenommen hat. Es ist Folgendes:

Erstlich. Dampfmaschinen von grofser Kraft, auf Pumpen wirkend, verheifsen die gröfste Ersparung der Kosten der Ausschöpfung des Wassers.

Zweitens. An jeder der drei verschiedenen Stellen, wo das Wasser auszuschöpfen ist, nemlich im Zuyder-Spaarn, im Lutke-Meer, und gegenüber Katwyck oder Kager-Meer sollen 2 Dampfmaschinen, jede von 200 Pferdekraft, erbaut werden.

Drittens. Macht man Wurfräder oder Archimedische Schnecken, so wird es gut sein, Dampfmaschinen von doppelter Wirkung zu bauen, weil man bemerkt hat, dafs die Maschinen von einfacher Wirkung eine nicht so regelmäfsige drehende Bewegung hervorbringen, wie sie für jene Art von Schöpfmaschinen nöthig ist.

Viertens. Macht man Schaufelräder (roues à palettes), so mufs man sie an die Achsen der Maschinen setzen, damit sie ohne Zwischengeschirr in Bewegung gebracht werden; mit 10 Umläufen in der Minute u. s. w.

Wir beschliefsen diese Notizen mit einigen Angaben und Rechnungs-Resultaten wegen der Zeit, die ungefähr zu der Entwässerung durch Windmühlen oder durch Dampfmaschinen nöthig sein wird.

Nach Beispielen der Entwässerung anderer Landflächen, deren Lage der des Harlemer Sees ähnlich ist, würden 114 Windmühlen nöthig sein, um nach geschehener Ausschöpfung des Sees das Regen- und Quellwasser bis auf 16 F. tief unter ***AP*** wegzuschaffen.

Rechnet man, dafs eine Dampfmaschine 29 Tage im Monat arbeitet, so werden im ungünstigsten Falle 1084 Pferdekräfte an Pumpen und 1238 Pferdekräfte an Archimedischen Schnecken oder an Schaufelrädern nöthig sein.

Es würden 114 Mühlen den See etwa in vier Jahren ausschöpfen: die 6 Dampfmaschinen, mit guten Pumpen, etwa in 14 Monaten. Läfst man die Dampfmaschinen Archimedische Schnecken oder Holländische Wasserräder treiben, so würden zur Ausschöpfung zwei Jahre Zeit nöthig sein. Denn da alsdann das Wasser in zwei Absätzen gehoben werden mufs, so kann man die drei tiefer stehenden Maschinen erst in Arbeit setzen, wenn die Hälfte des Sees entwässert ist.

Die Erbauungskosten einer Windmühle sind auf 14 820 Thlr. berechnet; die jährlichen Erhaltungskosten auf 427 Thlr. Die Entwässerung durch diese Maschinen würde 1 800 000 Thlr. kosten.

Rechnet man den Centner Kohlen zu $12\frac{1}{2}$ Sgr., und für Öl, Schmier etc. zu jeder Dampfmaschine wöchentlich, was reichlich ist, $28\frac{1}{2}$ Thlr., so würde die Ausschöpfung durch Dampfmaschinen und Pumpen 694 618 Thaler, und durch Dampfmaschinen und Archimedische Schnecken oder Holländische Räder 955 564 Thaler kosten.

Haag, den 30sten October 1841.

14.

Notizen über die Entwässerungen in Holland, und besonders über die Austrocknung des Zuyd-Plas.

(Aus den *Annales des ponts et chaussées.* Jahrgang 1843.)

Diese Notiz, bemerken die Annalen, ist auf Befehl des General-Lieutenants Baron *de Kock,* Minister des Innern der Niederlande, verfafst und von dem Baron *de Bois-le-Comte,* Französischem Gesandten im Haag, mitgetheilt worden. Sie ist eine Fortsetzung und Zubehör zu der Nachricht von Austrocknung des Harlemer Sees, die das gegenwärtige Journal in der vorigen Nummer mitgetheilt hat. D. H.

Um sich eine richtige Vorstellung von den Entwässerungen in Holland zu machen, mufs man sich erinnern, dafs es hier nicht eigentliche Sümpfe oder sumpfige Seen auszutrocknen giebt. Es existiren in Holland wenige eigentliche Sümpfe oder stehende Gewässer, die keinen Abflufs hätten. Die Holländischen Seen sind Wasserbecken, welche mit Flüssen oder mit Canälen in Verbindung stehen. Sie sind 12 bis 16 F. tief; einige noch tiefer. Sie sind zweierlei Ursprungs. Einige waren schon von der Natur gebildet da, als das Land noch nicht bedeicht war, sondern dem Meere offen stand. Diese Art von Seen nahmen allmälig an Umfang zu, durch Abspülung ihrer Ufer. Zu ihnen gehören der Harlemer See, nebst den meisten im 16ten und 17ten Jahrhundert entwässerten Seen von Nord-Holland. Die Seen zweiter Art sind durch das Ausgraben des Torfs entstanden. In verschiedenen Gegenden, besonders in den Provinzen Holland, Utrecht und Friesland, findet sich nemlich einige Fufs unter der Oberfläche eine torfige Masse, die durch unvollständige Verkohlung der, viele Jahrhunderte hindurch aufgehäuften Wasserpflanzen gebildet ist und welche, getrocknet und zubereitet, in Holland, wo es an Holz fehlt und wo man sich noch nicht allgemein der Steinkohlen bedient, einen werthvollen Brennstoff giebt, der auch noch immer in häuslichem Gebrauch ist.

Der grofse Gewinn, welchen die Eigenthümer der Ländereien aus dem Torf zogen, war Ursach, dafs man mit der Zeit die Torfgräbereien sehr erweiterte. Aus denselben entstanden dann allmälig Seen; besonders ehe die Regierung eine gewisse Ordnung für die Gräbereien einführte. Dieses ist die Ursach der Entstehung der Seen in Süd-Holland und in Utrecht, so wie des jetzt entwässerten Zuyd-Plas in Schieland.

Während die Seen die anstofsenden Ländereien allmälig zu verschlingen droheten, so dafs man dagegen viel Geld kostende Vorkehrungen machen mufste, bestrebte sich gegentheils die zunehmende Industrie und Bevölkerung, den Seen Land zum Anbau von Früchten abzugewinnen. Im 17ten Jahrhundert wurden, blofs in der Provinz Holland, an 275 000 Morgen Land (über 12 Quadratmeilen), welche hoch mit Wasser bedeckt waren, von neuem ausgetrocknet; und zwar vieles davon durch die Eigenthümer selbst.

Vor Kurzem ist der Zuyd-Plas, zwischen Rotterdam und Gouda, an 18000 Morgen grofs, auf Kosten der Regierung entwässert worden; und Gleiches wird mit dem 70 000 Morgen grofsen Harlemer See geschehen.

Ehe man zur Abtrocknung so grofser und tiefer Seen schreitet, mufs man vorher die Lage und die Art des zu gewinnenden Bodens genau untersuchen; denn wäre der Boden etwa nicht zur Cultur geeignet, so würden die aufgewendeten Kosten verloren sein. Gewöhnlich liegt in Holland unter dem Torf ein ziemlich guter Lehmboden, der recht fruchtbar ist und zuweilen noch zur Verbesserung anderer Ländereien dienen kann. Sodann ist es nöthig, den zu entwässernden See genau auszumessen, nebst den angrenzenden Ländereien und den darin befindlichen Wegen, Brücken etc. Diese Messungen müssen auch die angrenzenden Polder umfassen, um zu sehen, ob die neue Entwässerung auch nicht etwa diesen nachtheilig sein werde; denn durch den Gewinn des neuen Landes darf das alte in seiner Entwässerung nicht leiden. Alles dieses macht die Aufgabe zuweilen sehr schwierig und erfordert sehr genaue Untersuchungen. Nachdem die Carte von dem Terrain gemacht ist, mufs die Tiefe des auf dem Seeboden stehenden Wassers unter einer festen horizontalen Ebene gemessen und auf der Carte vermerkt werden. Dann untersucht man den Boden des Wasserbeckens weiter durch Sonden, um seine Culturfähigkeit zu ermitteln. Geben diese Untersuchungen und Messungen günstige Resultate, und ist der Boden des Wasserbeckens ziemlich eben, wie in diesem Lande gewöhnlich, so kann man auf einen guten Erfolg rechnen.

Ist das Land, welches an das Wasserbecken stöfst, locker und torfig, und liegt der feste Boden tief, so werden die Deiche sich stark setzen und kostbar sein. Das Gegentheil wird der Fall sein, wenn das anstofsende Land fest ist.

„Alle Wasserbecken, die man austrocknen will, werden mit einem Canal umgeben. Dieser Canal ist zunächst bestimmt, das Wasser aus dem See aufzunehmen; weshalb er hinreichend grofs dazu sein mufs. Er mufs mit andern schon vorhandenen Canälen in Verbindung stehen, die das Wasser nach den Entwässerungsschleusen leiten, welche sich in der Gegend des auszutrocknenden Sees in den Strom- oder Meerdeichen befinden. Die Binnenflüsse und Binnenseen sind als die Becken zu betrachten, durch welche das Wasser abfliefst. Sodann dient der den Polder umgebende Canal auch zur Schiffahrt, welche gewöhnlich auf dem ausgetrockneten Wasserbecken unterbrochen wird, oder aufhört. Endlich dient der Canal zum Transport der Erzeugnisse des neuen Polders und ist so den Bewohnern des Landes von wesentlichem Nutzen. Unmittelbar an den Canal entlang wird der Deich geschüttet, welcher den Polder einschliefst. Dieser Deich ist das wesentlichste und nothwendigste Bauwerk zu der Entwässerung, und auf ihm beruht insbesondere der Erfolg. Denn ist dieser Deich nicht stark und dicht genug, so ist der Polder beständig einem neuen Einbruche des Wassers ausgesetzt; oder wenigstens die tiefern Stellen, welche das durchquellende Wasser bedeckt, können dann nicht bebaut werden. Fig. 2. Taf. VII. stellt den Durchschnitt des den Zuyd-Plas umgebenden Canals vor. [Die Erde zu der *jedenfalls* nöthigen Umdeichung wird der den Polder umgebende Canal ebenfalls liefern. Dafs aber sonst der Canal allgemein zur *Aufnahme des Wassers aus den Seen nothwendig sei*, ist nicht wohl einzusehen; im Gegentheil wird wohl eine so grofse Wassermasse, nahe am Polder, die Entwässerung, nemlich die Ausschöpfung des Wassers, nur erschweren. Den Dienst, welchen der Canal als *Strafse* leistet, könnte auch wohl eine Landstrafse thun; und die Erde zum Deich braucht nicht grade so ausgegraben zu werden, dafs ein Canal entsteht. Dafs man das Wasser nicht in einem Canal nahe beim Polder aufhalten dürfe, sondern es, an einer oder an mehreren Stellen, so schnell als möglich *seitwärts* ableite, würde die Entwässerung nur erleichtern. Doch ändern wahrscheinlich *örtliche* Rücksichten mancherlei Art eine solche Anordnung, und es ist wohl nicht zu zweifeln, dafs die geübten und vielerfahrenen Wasserbaumeister des dortigen Landes zureichende Gründe zu ihren Anordnungen haben. Es wäre für andere Gegenden von wesentlichem Interesse, diese Gründe näher zu kennen. D. H.]

Da die Seen oder Wasserbecken in Holland mit den Binnencanälen und Binnenflüssen, die das Regenwasser ableiten, in Verbindung stehen, so mufs diese Verbindung, sobald man einen Polder ausschöpfen will, nothwendig abgeschnitten werden. Man beginnt indessen zuerst mit den Deichen und läfst die Verbindungen noch offen, bis die Schöpfmaschinen in Thätigkeit gesetzt werden können. Sobald dies geschehen kann, verschliefst man die Verbindungen des Sees mit den angrenzenden Gewässern. Die dazu im Wasser zu schüttenden Deiche müssen mit Faschinenwerken eingefafst werden, damit sich ihr Fufs nicht zu weit ausdehnen sondern fest sein möge. Nachdem die Austrocknung ganz oder zum Theil vollendet ist, giebt man den Deichen an der Binnenseite eine sehr flache Böschung, damit sie dem Drucke des Wassers auch bei seiner gröfsten Höhe widerstehen können. Ist die Umdeichung des Polders ganz geschlossen, so schreitet man zu den Ausschöpfungs-Arbeiten.

Zu der Ausschöpfung des Wassers dienen entweder Windmühlen, oder Dampfmaschinen; welche Maschinen dann auch weiterhin den Polder trocken *erhalten* müssen. Man rechnet in diesem letzten Betracht, wenn man sich der Mühlen bedienen will, auf deren so viele, als zur *Trocken-Erhaltung* nöthig sind. Dazu ist gewöhnlich auf 1600 bis 2000 Morgen Fläche eine starke, gut gebaute Mühle nöthig. Ist also z. B. eine Fläche von 12 000 Morgen zu entwässern, so baut man, je nach den mehr oder weniger schwierigen Umständen, 6, 7 oder 8 Mühlen: wohlverstanden, dafs, je nachdem das Wasser auf eine gröfsere Höhe zu heben ist, die Mühlen *absatzweise* zu stehen kommen müssen. So also, wenn das Wasser 9, 12 bis 16 F. hoch zu heben ist, setzt man die Mühlen in 2, 3 oder 4 Absätze. In solchem Fall sind statt sechs, 12, 18 oder 24 Mühlen nöthig. Bedient man sich der Dampfmaschinen, so ist nur zu berechnen, wieviel Cubikruthen Wasser in einer bestimmten Zeit von einer Pferdekraft auf einen Fufs Höhe sich heben lassen. Daraus findet sich die Zahl der Pferdekräfte, die zur Ausschöpfung des Beckens, dessen Gröfse bekannt ist, nothwendig sind.

Es ist gewifs, dafs ein See durch Dampfmaschinen schneller sich ausschöpfen läfst, als durch Windmühlen, weil diese letztern nicht wirken, sobald es an Wind fehlt. Da indessen die Maschinen auch nach der Ausschöpfung bleiben müssen, um den Polder trocken zu *erhalten,* so bleibt in jedem besondern Fall noch die Frage, ob die Dampfmaschinen auf die Dauer den Eigenthümern des Bodens nicht theuerer zu stehen kommen werden, als die Windmühlen, die wenig kosten.

Die in Holland zu den Entwässerungen üblichen Mühlen sind verschiedener Art. Die meistens vorkommenden haben entweder ***Räder mit verticalen Schaufeln,*** oder ***Räder mit schrägen Schaufeln,*** oder ***Archimedische Schnecken.***

Die Mühlen mit ***vertical*** geschaufelten Rädern heben das Wasser auf am wenigsten beträchtliche Höhen; aber sie haben den Vortheil, dafs, wenn so das Wasser nicht sehr hoch zu heben ist, die Kraft zu der Last in gradem Verhältnifs steht. Denn da die verticalen Schaufeln das Wasser nicht nach einem bestimmten Punct werfen, so kann der Wasserspiegel aufserhalb sich verändern, und man kann den niedrigsten Stand benutzen, um eine gröfsere Wirkung zu erzielen. Auch kann man, ohne den Mechanismus zu ändern, mehrere Räder neben einander anbringen, die man nach Belieben aneinander kuppelt. Ist der Wind stark, so kuppelt man mehrere Räder zusammen, so viel als seine Kraft zu bewegen vermag; was bei den andern Mühlen weniger gut sich thun läfst.

Die Mühlen mit ***schräg*** geschaufelten Rädern haben den Vortheil, dafs sie auch noch von schwächern Winden in einige Bewegung gesetzt werden, und dafs sich durch sie das Wasser höher heben läfst. Wegen des gröfsern Raums, den das Rad einnimmt, läfst sich aber ***nur ein*** Rad in Bewegung bringen.

Die Mühlen mit ***Archimedischen Schnecken*** haben den Vortheil, dafs sie das Wasser noch höher heben; wiewohl langsamer. Auch haben sie nicht die Stofsförmigkeit der Bewegung der Räder.

Im Allgemeinen scheint die Erfahrung zu ergeben, dafs die drei Arten von Mühlen ungefähr gleich gut sind: jede für die ihr zusagenden besonderen Umstände und örtlichen Verhältnisse. Ist das Wasser in einen veränderlich hohen Behälter und nicht über 38 bis 40 Zoll hoch zu heben, so sind gewöhnlich die Mühlen mit vertical geschaufelten Rädern die besten. Mufs das Wasser bis $6\frac{1}{2}$ F. hoch gehoben werden, so passen die Mühlen mit schräg geschaufelten Rädern besser; und steigt die Hubhöhe bis auf 8 oder 11 F., so nimmt man Archimedische Schnecken. [Man findet Näheres über diese Holländischen Schöpfmühlen in dem Aufsatz des Herrn Wasserbau-Inspector ***Reinhold*** zu Leer in Ostfriesland im 1sten und 2ten Hefte 16ten Bandes des gegenwärtigen Journals. D. H.]

Gewöhnlich liegt in Holland das zu entwässernde Land $12\frac{3}{4}$ bis 16 F. tief unter dem Wasserspiegel des den Polder umgebenden Canals. Bedient man sich also zur Ausschöpfung des Wassers der Archimedischen Schnecken, so mufs man ihrer zwei Reihen über einander legen, Rädermühlen dagegen drei oder vier Reihen.

Gewöhnlich legt man die Schöpfmaschinen an die tiefsten Stellen des Polders, damit das Wasser über den Boden hin, von selbst ihnen zufliefse. Ist aber die abzutrocknende Fläche sehr grofs, so ist es gut, die Schöpfmaschinen auf verschiedene Puncte zu vertheilen, damit das Wasser in den Abtrocknungs-Canälen nicht eine zu grofse Länge zurückzulegen habe.

Zuweilen ist auch ein nicht gleich hoch liegender Boden zu entwässern. In diesem Fall theilt man den Polder in mehrere Theile, deren jeder seine Schöpfmaschinen erhält, um so die Höhe der Ausschöpfung reguliren zu können; wobei man für jeden Theil seinen niedrigsten Wasserstand für den Sommer bestimmt, der stetig erhalten werden mufs. So ist denn die Entwässerung in mehrere Theile getheilt, in welchen nach der Ausschöpfung verschieden hohe Wasserstände stattfinden können.

Sind die Deiche angemessen und fest gebaut und die Maschinen gehörig angeordnet, so läfst sich die Ausschöpfung, wenn man sich dazu der Windmühlen bedient, gewöhnlich in 3 bis 4 Jahren vollenden. Durch Dampfmaschinen ist die Ausschöpfung viel schneller möglich, weil sie ununterbrochen in Gang erhalten werden können. Finden sich Quellen durch die Deiche, oder in dem zu entwässernden Boden, so dauert die Entwässerung länger. Ist sie endlich vollendet, so mufs man sogleich *Gräben* ziehen, welche dienen, theils das Wasser den Mühlen zuzuführen, theils, es zu sammeln, und auch, um die Ländereien zu theilen.

Diese Gräben erfordern viel Umsicht und viel Kosten. Gewöhnlich müssen sie etwa zusammen den zehnten Theil der entwässerten Fläche einnehmen, um das Wasser aus dem Polder zureichend zu fassen. [So wird es sich verhalten, wenn das Wasser durch *Windmühlen* ausgeschöpft wird, weil es sich dann in den Gräben mufs sammeln können, bis Wind entsteht. Schöpft man mit *Dampfmaschinen*, so werden die Gräben kleiner sein können. D. H.]

Da es nöthig und für den Ackerbau vortheilhaft ist, dafs die Abwässerungs-Gräben nicht gekrümmt sind, und dafs die Acker- und Weidefelder rechteckig oder quadratisch sind, so zieht man alle Abwässerungsgräben in geraden und parallelen Linien, die perpendiculair von andern Gräben geschnitten werden, so dafs schmale Felder entstehen, die aber *lang* sind, damit man beim Ackern weniger oft mit dem Pfluge zu wenden haben möge.

Auch mufs man bei der Parcellirung die Verbindungswege mit den nächsten Städten und Dörfern nicht aufser Acht lassen. Man legt diese Wege gewöhnlich längs den Hauptgräben. Der Plan zur Vertheilung des Polders ist also ein schwieriger Gegenstand, bei welchem die Interessen der Anwohner des Polders mit dem des Wasser-Abzuges in Übereinstimmung zu bringen sind.

Taf. VII. zeigt die jetzt vollendete Entwässerungs-Arbeit im Zuyd-Plas zwischen Rotterdam und Gouda. Man sieht darauf auch die Vertheilung des Polders. Der Flächen-Inhalt dieses Polders beträgt 18000 Morgen. Aufser Windmühlen hat man auch zwei Dampfmaschinen gebaut. Die Windmühlen mufsten in 4 Reihen über einander gestellt werden, da das Wasser über 19 F. hoch zu heben war. Die Kosten dieser Entwässerung, einer der theuersten, die vorkommen konnten, haben 1710000 Thlr. betragen. [Also hat jeder Morgen Land beinahe 100 Thlr. gekostet, blofs um ihn zu gewinnen. Dazu kommen noch die fortlaufenden Kosten der Trocken-*Erhaltung*. D. H.]

Nachdem das Land entwässert ist, besäet man es sogleich, um es zum weitern Ackerbau vorzubereiten, mit Rübsaat (colza). Darauf wird das Land verkauft, und die Käufer bilden unter sich und unter Genehmigung der Regierung eine Polder-Direction, welcher alle Bauwerke und Maschinen übergeben werden.

Die Stellung der *Wohnungen* erfordert viel Vorsicht. Ist der Polder sehr grofs, so baut man die Wohnhäuser längs den Wegen und der Umdeichung. Ist er aber nur klein, so ist es besser, die Häuser *blofs* längs der Umdeichung zu setzen, weil sie da höher liegen und folglich gesunder sind, während die Früchte vom Acker doch leicht auf dem Umfangs-Canal verfahren werden können; nicht zu gedenken der übrigen Vortheile dieser Stellung der Gebäude.

Wird ein Polder in Folge von Deichbrüchen vom Wasser der Flüsse oder des Meeres überschwemmt, und hat er seinen Ausflufs entweder in einen Strom, oder in das Meer zur Zeit der Ebbe, so bleibt nichts übrig, als den Deich wieder zu verschliefsen und dann das Wasser wieder fortzuschaffen. Dieses ist gewöhnlich sehr schwierig und kostbar; besonders wenn der Deich gegen das *Meer* aufgeführt ist; wie in der Provinz Zeeland, wo der Höhen-Unterschied zwischen der Ebbe und Fluth sehr grofs ist. Der neue Deich mufs dann auf Faschinenwerke gegründet werden, die man zu beiden Seiten versenkt, indem man sie mit Steinen und Thon belastet; was ein sehr schwieriger und theurer Bau ist.

Haag, im November 1839.

15.

Nachricht von der Sprengung einer Felsenklippe bei Dover in England mit Schiefspulver, eines Eisenbahnbaues wegen.

Man hat vor Kurzem in den Zeitungen gelesen, dafs Anfangs 1843 in England, unweit Dover, eines Eisenbahnbaues wegen, eine Felsenklippe am Meeresstrande von nahe an 400 F. hoch durch eine grofse Menge Schiefspulver *auf einmal* abgesprengt worden ist. Da das Sprengen von Felsen mit Schiefspulver auch auf dem Continent und in Deutschland bei dem Bau von Eisenbahnen und Chausséen häufig vorkommen kann, so wird es den Lesern des gegenwärtigen Journals nicht unangenehm sein, in demselben über die sehr gelungene Sprengung der Klippe bei Dover eine nähere, mehr *technische* Nachricht zu finden, als die politischen Zeitungen sie geben konnten oder mochten. Eine solche, ziemlich das Wesentliche enthaltende, schon mehr für Technicker bestimmte Nachricht findet sich in dem Februarheft 1843 des „Civil-Engineer- and Architects-Journal." Wir theilen sie wörtlich mit, und zwar die Worte ins *Deutsche*, die Englischen Maafse und Gewichte, wie es in dem gegenwärtigen Journal gewöhnlich ist, in *Preufsische* übersetzt. D. H.

Sprengung der Round-down-Klippe bei Dover.

Zum Theil verdanken wir der Times die hier folgende Nachricht über das Unternehmen. Durch die Gefälligkeit zweier uns befreundeter Techniker aber sind wir in den Stand gesetzt worden, noch Wesentliches und Näheres hinzuzufügen, auch die hier beigefügte kleine Zeichnung (Taf. VIII. Fig. 1. 2. 3.) zu geben, welche kurz vor und während der Explosion zur Stelle aufgenommen worden ist.

Dover, den 26sten Januar 1843.

Sie werden sich nicht wundern, zu hören, dafs die Ankündigung, es werde heute Nachmittag die Round-down-Klippe vermittelst 17 423 Pfund. (18 000 Pfd. Engl.) Schiefspulver auf einmal abgesprengt werden, eine Menge von Fremden hierher geführt hatte. Indessen war diese Menge nicht so grofs, als man erwartet hatte. Es schien, dafs die Neugier ein wenig durch eine dunkle Furcht vor Gefahr gedämpft worden war, und dafs eine solche Furcht noch Tausende zurückgehalten habe, welche sonst die Explosion, hinterher, als sie hörten, sie sei ohne die geringste Erschütterung, die sie für ihre Nerven befürchtet hatten, vorübergegangen, wohl hätten mit ansehen mögen. Das Unternehmen gelang znr Bewunderung gut, gab eine schöne Probe dessen, was die Ingenieurkunst vermag, und gereichte so zum grofsen Ruhme, sowohl dem Herrn *Cubitt,* der den Plan dazu entworfen, als seinen Collegen, welche ihn bei der Ausführung desselben unterstützt hatten.

Jedermann hat wohl von der *Shakspeare-Klippe* gehört, und wohl die Mehrzahl Ihrer [des *englischen* Journals] Leser wird sie gesehen haben. Es würde nicht nöthig sein, ihrer bedeutenden Höhe zu gedenken, wäre nicht die nächste Klippe westlich noch um etwas höher. Diese nächste Klippe ist die *Round-down-Klippe,* der Gegenstand der geschehenen Sprengung. Diese Klippe erhebt sich 364 F. hoch über die Marke der höchsten Fluth, und stand bis diesen Nachmittag seltsam kühn und malerisch da. Um zu sehen, weshalb man beschlossen hatte, einen nicht unbeträchtlichen Theil dieser Klippe von ihrem rauhen Fufs, auf welchem sie den Stürmen und Wogen Jahrhunderte lang getrotzt hatte, hinwegzuheben, mufs ich Ihre Leser mit der beabsichtigten Linie der Eisenbahn von Folkestone nach Dover etwas näher bekannt machen. [Folkestone liegt südwestlich von Dover, schon mehr Boulogne gegenüber. D. H.]

Bei Folkestone wird ein sehr hoher und langer Viaduct sein. Darauf wird ein 142 Ruthen langer Tunnel folgen, von einem Martello-Thurme in der Nähe, Thurm-Tunnel genannt. Sodann kommt ein Durchschnitt durch den Kreidefelsen, 855 Ruthen lang, Warrens-Durchschnitt genannt. Hierauf der Tunnel an der Abbots-Klippe, 509 Ruthen lang, welcher, obgleich erst am 26sten August v. J. angefangen, schon jetzt zur Hälfte vollendet ist. Von dem Abbots-Tunnel bis zu dem Tunnel der *Shakspeare*-Klippe wird die Eisenbahn zwischen dem Fufs der Klippen und dem Meere hinlaufen und gegen das Meer ununterbrochen durch eine 854 Ruthen lange, starke Mauer geschützt werden, mit einer Brüstung, die nicht so hoch sein wird, dafs sie die Vorüberfahrenden an der schönen Aussicht auf das Meer zu ihren Füfsen hinderte. Hier fand sich nun, dafs, als man von der östlichen Mündung des Abbots-Tunnels nach der westlichen Mündung des Shakespeare Tunnels eine gerade Linie ziehen wollte, dieselbe die Round-down-Klippe schnitt, und dafs also dieser geraden Linie wegen die Klippe auf eine oder die andere Art weggeschafft werden mufste. Im Grundrifs bildet die Klippe einen nach dem Meere zu vorspringenden Kreisbogen (Fig. 3.) von beträchtlichem Durchmesser. Dieser Vorsprung ist weggeschafft worden, und um sich einen Begriff von dem Unternehmen zu machen, dient die Angabe, dafs, da ein Cubik-Fufs Kreidefelsen 176 Pfd. wiegt [Im Text steht: that a ***square*** yard of chalk weighs two tons. ***Square*** ist wahrscheinlich ein Druckfehler und soll wohl ***cubic*** heifsen. D. H.], gegen ***20 Millionen Centner*** an Gewicht fortzubewegen waren. Der Shakspeare-Tunnel ist 320 Ruthen lang; und etwa eben so weit ist es noch von da bis Dover.

Nachdem ich so die Örtlichkeit der Round-down-Klippe etwas näher bezeichnet habe, schreite ich zu der Beschreibung der Mittel, welche man angewendet hat, um von der Klippe eine so ungeheure Masse festen Gesteins abzulösen. Es wurden parallel mit der beabsichtigten Linie der Eisenbahn ein etwa 291 F. langer horizontaler Stollen ***T*** (Fig. 3.) in den Fels getrieben, und von demselben Querstollen in der Mitte und nach aufsen. An den Enden dieser Querstollen wurden Schachte hinuntergesenkt (Fig. 1.) und auf dem Boden jedes Schachts eine Kammer von 10 F. 8 Z. lang, 4 F. 10 Z. breit und 4 F. 4 Z. hoch ausgehöhlt. In die östliche Kammer wurden 4840, in die westliche 5808 und in die mittlere Kammer 6775 Pfd. Schiefspulver gebracht; welches zusammen die oben benannten 17 423 Pfd. ausmacht. Das Schiefspulver befand sich in Beuteln (bags), welche in Kasten (boxes) steckten. Auf die Mündungen der Beutel, welche offen waren, war loses Pulver gestreut, und das Zündpulver war im Mittelpunct der Hauptladungen. Die Entfernung der Ladungen von der vorderen Seite der Klippe betrug in der Mitte 68, an der Seite 53½ F. Man hatte berechnet, dafs das Pulver, ehe es einen Ausgang finden konnte, 2½ Millionen Cubik-Fufs, also an 4 Millionen Centner Gestein ablösen müsse. Man hoffte so, dafs sicher mehr als 20 Millionen Centner würden entfernt werden.

Um die ungeheure Masse von Pulver auf einmal anzuzünden, waren folgende Veranstaltungen gemacht worden. Auf dem Rücken der Klippe war ein hölzerner Schuppen ***H*** (Fig. 1.) erbaut, in welchem sich drei electrische Batterieen befanden. Jede Batterie bestand aus 18 Daniels-Cylindern und aus zwei zusammen gehörigen Batterieen, jede von 20 Platten, an welche Dräthe befestigt waren, welche an den Enden vermittelst sehr feiner Platina-Dräthe die Leitung nach dem Zündpulver hin bildeten, so dafs, wenn das electrische

Fluidum über die Dräthe hinstrich, der Platinadrath glühend wurde und das Pulver entzündete. Die Dräthe waren mit Garn bedeckt und auf den Rasen hingestreckt, bis zu dem Gipfel der Klippe, über welchen sie fortliefen und weiter, fallend, nach der östlichen, mittlern und westlichen Pulverkammer hingingen. Der Lieutenant ***Hutchinson,*** von den Königlichen Ingenieurs, commandirte die drei Batterieen, und es war angeordnet, dafs, so wie die mittlern Baterieen feuerten, die Herren ***Hodges*** und ***Wright*** gleichzeitig die östliche und westliche Batterie wirken lassen sollten; welches mehrere Tage vorher eingeübt worden war. Die Dräthe waren jeder 970 F. lang, und durch Versuche hatte man sich vergewissert, dafs die Electricität auf 2234 F. lang Schiefspulver durch einen Drath anzündet. Hierauf wurden die Kammern mit Pulver gefüllt und die Schächte und Stollen mit trocknem Sande verstopft; wie es gewöhnlich bei Sprengungen mit Pulver geschieht.

Um 9 Uhr des Morgens wurde geradeüber der zu der Sprengung ausersehenen Stelle eine rothe Flagge ***F*** (Fig. 1.) aufgezogen. Darauf wurden die Dräthe mit dem Galvanometer geprüft, die Batterieen wurden geladen und Alles wurde zum Abfeuern in Bereitschaft gesetzt.

Es war bestimmt worden, dafs das Sprengen um 2 Uhr geschehen sollte, und es fanden sich um diese Zeit eine grofse Menge von Zuschauern versammelt. In einem nahe bei dem Schauplatz zur Bequemlichkeit der Directoren und der Zuschauer von Rang errichteten Zelte, bemerkten wir in der versammelten Menge die Herren Sir ***John Herschel,*** General ***Paisley,*** Oberst ***Rice-Jones,*** die Professoren ***Sedgwick*** und ***Airy,*** Dr. ***Cope,*** nebst einer Menge von Ingenieurs, und unter diesen die Herren ***Tierney-Clark, John Braithwaite, A. May, Lewis Cubitt*** und ***Fr. Braithwaite,*** so wie die Ingenieurs und Directoren der Eisenbahnen von Greenwich, Croydon, Brighton und der südöstlichen Eisenbahn; nebst vielen ausgezeichneten Fremden.

Um 10 Minuten nach 2 Uhr liefs Herr ***Cubitt,*** der Ober-Ingenieur der Eisenbahngesellschaft, die Signalflagge auf dem westlichen Zelte aufziehen; worauf auch alle übrigen Signalflaggen gehifst wurden. Die nächste Viertelstunde verging in tiefer Beklemmung. Mehrere maroons (?), unter welchen ein Fäfschen (keg) zu sein schien, wurde über die Klippe gerollt, und auf die Explosion desselben, welche mit lautem Knall erfolgte, wurden alle Flaggen heruntergelassen. Vier Minuten vergingen, und alle Flaggen, mit Ausnahme der über der zu sprengenden Stelle, wurden wieder aufgezogen. [Dieses ist nicht ganz deutlich. Das Wort maroons kann seine bekannte gewöhnliche

Bedeutung hier nicht haben. Man sieht aber nicht, welche andere Bedeutung es haben solle. D. H.] Die nächste Minute war ein Moment der laut- und athemlosesten, ungeduldigsten Erwartung. Nicht ein einziges Wort ward gehört, aufser von einer Dame, welche, ohwohl zu spät, weiter entfernt zu sein wünschte. *Galeatur sero duelli poenitet.* Genau um 26 Minuten nach 2 Uhr fühlte man einen schwachen Ruck oder Stofs im Boden und hörte darauf ein schwaches, mattes, unbestimmtes, unbeschreibliches, wie ächzendes unterirdisches Getöse. Unmittelbar darauf begann der Boden der Klippe wie aufzuschwellen und fast zugleich der Gipfel derselben auf 486 F. breit, nach der Länge der Eisenbahn gemessen, allmälig zu sinken.

Es fand keine krachende Explosion, kein Ausbruch des Feuers, kein heftiges und schmetterndes Zerschellen des Felsens Statt; man sahe sogar, was in der That sonderbar ist, keinen Rauch. Die ungeheure und unwiderstehliche Gewalt des Pulvers war wenig oder gar nicht durch dergleichen bemerkbar geworden. Der Felsen schien nur aus seinem festen Zustande in einen flüssigen übergegangen zu sein, denn er glitt gleich einem Strome in das Meer, welches von seinem Fufse gegen 300 F. und vielleicht noch weiter entfernt war, den Strand in seinem Laufe fortreifsend und den schlammigen Boden nebst den Trümmern von einem frühern Sturz heftig in das Wasser schleudernd; und als die Masse endlich ihren neuen Ruheort erreicht hatte, wurde an verschiedenen Stellen derselben eine dunkle braune Färbung gesehen, die nicht von der Erde herrührte. Die zerschmetterten Theile der Klippe bedeckten, wie man sagt, eine Fläche von 4275 Quadratruthen; doch wir schätzten sie auf viel geringer. Ich vergafs, die Zeitdauer des Sturzes zu beobachten, aber ich rechne, dafs sie 4 bis 5 Minuten betragen habe. Der erste Ausruf, welcher von jeder Lippe erscholl, war: Prächtig! Herrlich! Dann folgten einzelne, und dann, dreimal wiederholt, allgemeine Freudenrufe der Zuschauer, und dann noch einzelne Rufe. Diese letzteren kamen von den Gruppen auf den umgebenden Dünen und, wie ich hörte, von den Passagieren auf den Dampfbooten. Alles war erregt und entzückt von dem Erfolge des Versuchs, und Glückwünsche über Glückwünsche wurden Herrn *Cubitt* zu Theil, für die vortreffliche Art, wie er sein Vorhaben ins Werk gerichtet habe.

Als eines Zeichens, auf welche leichte, anmuthige und schwebende Weise die Round-down-Klippe unter der Wirkung der ernsten Kraft des Plutus und der unwiderstehlichen Gewalt des Pluto sich in die widerstrebenden Umarmungen des erstaunten Neptun hinabsenkte, gedenke ich blofs, dafs der Flaggenstock, welcher vor der Sprengung auf dem Gipfel der Klippe gestanden hatte, unverändert mit den sinkenden Trümmern sich hinabbewegt hatte (Fig. 1. und 2.).

Kein Fossil von irgend einer Merkwürdigkeit ward ans Licht gebracht; was Vielen wenig behagte. Nur Weniges von der gewöhnlichsten Art ward in der Masse gefunden, was, wie man denken kann, bald nach der Sprengung von der Menge oben auf der Klippe gesammelt wurde, um Reliquien von dieser Begebenheit zu haben.

Als wir die Lage der Trümmer der umgestürzten Klippe untersuchten, waren wir sehr erfreut, sie noch günstiger zu finden, als es zu erwarten gewesen war. Anstatt die der Eisenbahn am Fufs der Klippe bestimmte Stelle einzunehmen, waren die Trümmer durch die ihnen mitgetheilte Bewegung mit Leichtigkeit noch darüber hinausgeglitten, so dafs vergleichsweise nur noch wenig wegzuräumen übrig bleibt. In einer ziemlich beträchtlichen Entfernung von der Klippe schienen die Trümmer sich in einen Felsrücken zusammengeschoben zu haben, höher als die Umgebung, so dafs ein schmales Thal zwischen ihm und der Klippe und ein anderes Thal seewärts gebildet wurde, jenseits welches ein zweiter Rücken sich zeigte, als die Abflächung nach dem Meere hin sich vollendet hatte. Der Kreidefels war durchaus nicht hart, und schien durch und durch mit Wasser gesättigt. Die meisten Trümmer waren Stücke von 2 bis 8 oder 10 Cubik-Fufs grofs, obgleich wir auch viele Blöcke von 50 bis 80 Cubik-Fufs und noch gröfsere bemerkten, von welchen einer eine Strecke in den Shakspeare-Tunnel hineingetrieben worden war, ohne jedoch das Ziegel-Mauerwerk desselben zu beschädigen. Weniges von der Masse war Schutt zu nennen.

Vor der Sprengung hatte man, wie wir hörten, angenommen, dafs gegen 25 Millionen Cubik-Fufs Stein abgelöset werden würden. So gab es auch am 21. v. M. die Railway-Times an; wahrscheinlich officiell; und nachdem die Sprengung erfolgt war, versicherte einer der Beamten öffentlich, dafs Dreiviertheile jener Masse wirklich abgesprengt worden wären. Berechnet man den Cubik-Inhalt des abgesprengten Gesteins, so ergeben sich, da die Höhe etwa 291 F., die Länge 48 F. mehr als die des Stollens, also etwa 340 F., und die durchschnittliche Dicke etwa 58 F. beträgt, ungefähr 5 700 000 C. F. Da aber die gegenwärtige Böschung der Klippe weniger stark als zuvor ist, so mag die durchschnittliche Dicke auch wohl 73 F. betragen haben, welches dann etwa 7 200 000 C. F. geben würde. Davon sind 1 200 000 C. F. abzuziehen, welche zu der zu bauenden Strafse wegzuräumen sein werden: bleiben 6 Millionen C. F., so dafs also durch jedes Pfund Pulver etwa 340 C. F. Gestein abgesprengt worden sind. Wir vernahmen, dafs der Ingenieur Herr ***Cubitt*** späterhin erklärt hat, 6 Monate Arbeit und 46 666⅔ Thlr. Kosten durch die Sprengung erspart zu haben. Rechnen wir nun die wegen der Strafse noch wegzuräumenden 1 200 000 C. F. oder 8333⅓ Sch. R., die Schachtruthe zu 1 Thlr., so ergiebt dies 8333⅓ Thlr.; wozu noch für das Schiefspulver, für die Verfertigung der Stollen und Schächte, und für die Verstopfung derselben beim Sprengen 3333⅓ Thlr. kommen; thut 11 666⅔ Thlr. Also hat von den 7 200 000 C. F. oder 50 000 Sch. R. abgesprengte Masse jede Schachtruthe etwa 7 Sgr. gekostet. Nach Herrn ***Cubitts*** Rechnung sind 46 666⅔ Thlr. an Kosten erspart worden. Hierzu die 11 666⅔ Thlr. jetzige Kosten, thut 58 333⅓ Thaler. Also hat Herr ***Cubitt*** für jede der 50 000 Sch. R., durch ***Hand-Arbeit*** wegzuschaffen, etwa 1 Thlr. 5 Sgr. berechnet gehabt. [Eigentlich, scheint es, müssen wohl die 58 333⅓ Thlr. nur für die 41 666⅔ Sch. R. Stein angeschlagen werden. Dieses würde für die Schachtruthe 1 Thlr. 12 Sgr. geben. D. H.]

Es interessirte uns, die Lager und Spalten des Kreidefelsens in der Nähe der Sprengung zu untersuchen. Man sahe aus denselben deutlich, dafs der Entwurf des Herrn ***Cubitt***, den Fels zu sprengen, nicht blofs die wohlfeilsten, sondern auch die angemessensten Mittel getroffen hatte, das Gestein aus dem Wege zu schaffen. Die hinuntergehenden Spalten des Kreidefelsens laufen hier beinahe mit einander parallel, mit einer Böschung von 1 auf 5 oder 1 auf 10. In einer dieser Spalten hatte sich die ganze Masse abgelöset, um hinunter zu gleiten. Sie hatte sich wahrscheinlich schon vorher gesetzt. Das eindringende Wasser hatte mehr gethan, als das Meer von unten durch Unterspülen des Fufses des Gesteins. Dieser Kreidefels ist in der That so gefährlich unfest, dafs, wenn wir gut unterrichtet sind, noch eine, fast der am Donnerstage abgesprengten gleiche Masse einige Zeit nachher unvermuthet in der Nacht hinabgestürzt ist, einen Wächter oder Aufseher der Strafse in ihren Trümmern begrabend. In den Fufspfaden, die in die Böschung des Felsens im Zickzack eingehauen sind, um die Klippe ersteigen zu können, zeigt sich das Abgleiten des Gesteins, da wo der Pfad die Spalten schneidet, sehr häufig und flöfst dem Vorübergehenden ein ängstliches Gefühl der Unsicherheit ein. Es ist eine wesentliche Frage, wie das Wasser abzufangen, oder auf andere Weise abzuhalten sein dürfte, in die Felsenspalten zu dringen. Wir glauben nicht, dafs dies schwierig sein dürfte. Auch ist es noch eine interessante Frage, welche Wirkung wohl eine *geringere* Menge auf gleiche Weise abgefeuerten Schiefspulvers gehabt haben würde. Würde sie etwa die Masse blofs mehr gelockert, sie zum Theil zum Abgleiten gebracht und es dann vielleicht noch schwieriger gemacht haben, sie durch Hand-Arbeit wegzuschaffen? So viel wir wissen, berechnet Herr *Cubitt* die Masse Pulver zu seinen Sprengungen nach dem Satz, dafs der Cubus der Linie des kleinsten Widerstandes in Fufsen die Pulvermenge in *Lothen* (halben Unzen) giebt. [Was hier unter Linie des kleinsten Widerstandes (line of least resistance) gemeint sei, ist nicht deutlich. D. H.] Ist dem so, so ist hier bei weitem weniger Pulver angewendet worden; obgleich viel mehr, als man sonst zu Felsensprengungen für nothwendig erachtete. Der auffallendste Umstand bei dieser Sprengung hier war vielleicht der, dafs man beim Abfeuern der Ladung an einigen Orten in der unmittelbaren Nähe gar keinen Stofs, hingegen an entfernten Stellen einen solchen recht deutlich fühlte. So glaubten Diejenigen, welche die Batterieen bedienten, das Feuer habe versagt, weil sie gar keinen Stofs wahrnahmen, während man ihn in fünfmal gröfseren Entfernungen längs der Klippe deutlich empfand. Und wiederum längs der Klippe fühlten Einige den Stofs, Andere, nur wenige Fufs davon entfernt, fühlten ihn nicht.

Erklärung der Figuren.

Fig. 1. ist ein Durchschnitt der Klippe vor der Sprengung. ***H*** ist das Haus, in welchem sich die Batterieen befanden, ***F*** ist die die Stelle der Sprengung bezeichnende Flagge, ***T*** der Tunnel, ***C*** eine von den Pulverkammern, ***LR*** die Höhe der zu bauenden Eisenbahn, ***LW*** die Meeresfläche.

Fig. 2. ist ein Durchschnitt, welcher die Fortbewegung der Masse zeigt.

Fig. 3. ist ein Grundrifs der Klippe. ***T*** ist der Stollen. In die Kammer ***A*** waren 4840, in die Kammer ***B*** 6775 und in die Kammer ***C*** 5808 Pfd. Schiefspulver gebracht worden.

Diese so wohl gelungene Sprengung beweiset aufs neue, dafs das Sprengen von Felsen mit Schiefspulver, vielleicht auch sogar der Erde, bei dem Bau von Strafsen unter angemessenen Umständen *sehr* vortheilhaft sein kann: und zwar *insbesondere* für *Eisenbahnen*, weil, wenn die Kosten der Wegräumung der Fels- und Erdmassen durch Schiefspulver viel geringer sind, als die Kosten der Hand-Arbeit, so mancher ***Tunnel*** noch wird vermieden und statt seiner ein offener Durchschnitt gemacht werden können; was ungemein erwünscht wäre, da jeder Tunnel so viele und so grofse Übelstände hat, dafs er gleichsam nur als ein *letztes* Aushülfsmittel betrachtet werden darf; denn die Passage durch einen Tunnel ist immer höchst widerwärtig, mehr oder weniger gefährlich, und für die Gesundheit der Passanten in der Sonnenhitze nachtheilig. Läfst sich die Schachtruthe Gestein, wie in dem obigen Falle, für 7 Sgr. fortbewegen, so wird öfters ein *sehr* tiefer Einschnitt, vielleicht bis zu 100 F. und noch tiefer, vorzüglich in Felsen, kaum viel mehr kosten, als der Tunnel; und selbst wenn der Einschnitt etwas mehr kostet, wird er dem Tunnel doch noch vorgezogen werden müssen. Freilich mufs man dafür sorgen, dafs die Seitenwände der Einschnitte nicht nachstürzen können, weil sonst wieder eine neue, *sehr* grofse Gefahr für die Strafse entstehen würde. Allein dies wird auch meistens ganz gut möglich sein. Ein Haupt-Erfordernifs um die Seitenwände zu schützen, ist, dafs man, wie es auch oben der Herr Referent bemerkt, das Wasser oben ableite und abhalte in den Einschnitt zu dringen, so wie auch in die Erde, oder in das Gestein der Seitenwände selbst. Man mufs es vor allem mit starkem Gefälle oben seitwärts nach aufsen ableiten und den Boden an den Rändern auf irgend eine Weise befestigen, damit es, bis weit von dem Rande ab, nicht in den Boden eindringen könne. D. H.

16.

Auszug aus den Nachrichten des Herrn F. A. Ritters v. Gerstner über Eisenbahnen, Dampfschiffahrt und andere öffentliche Unternehmungen in Nord-Amerika.

(Fortsetzung des Aufsatzes No. 13. im dritten, No. 17. im vierten Hefte funfzehnten, No. 4. im ersten, No. 14. im vierten Hefte siebzehnten und No. 11. im dritten Hefte achtzehnten Bandes.)

Neunter Bericht. Aus Cincinnati. Vom 25. Juni 1839.

Vergleichung der Belgischen mit den Amerikanischen Eisenbahnen.

1. Geschichte, Länge und Kosten der Belgischen Bahnen.

Die Eisenbahnen in Europa sind meistentheils nur bestimmt, Haupt-Orte mit einander zu verbinden, nicht die Stelle von Heer- und Landstrafsen für das ganze Land zu vertreten. Belgien hatte schon immer die schönsten Strafsen, so wie Canäle, die wegen der Ebenheit des Bodens nur wenige Schleusen hatten, und die auch von Reisenden vielfältig benutzt wurden. Hier war also die Möglichkeit der Concurrenz von Eisenbahnen am wenigsten wahrscheinlich.

Als Belgien 1830 von Holland sich getrennt hatte und nun fast abgeschnitten von Allem war, bedurfte das Volk Arbeit; die Regierung wünschte ein grofses, nützliches Nationalwerk aufzustellen, und so wurde am 1sten Mai 1834 ein Netz von Eisenbahnen auf Kosten des Staats auszuführen beschlossen, welches in Ostende und Antwerpen an das Meer, in zwei Puncten an Frankreich und in einem Puncte an Preufsen sich anschliefsen sollte. Der Hauptzweck diesen, für einen jungen Staat von nur 4 Mill. Einwohner so riesenmäfsigen Werks war, die Selbständigkeit und innere Vereinigung des Volks zu befördern; nur ein Nebenzweck war die Beförderung des Handels und der Industrie. Die Ausführung gedieh durch den Eifer der Minister *de Theux* und *Nothomb,* die den König kräftig unterstützten, so wie durch den Wetteifer der Ingenieurs, schneller noch, als man erwartet hatte. Über den Fortgang des Unternehmens wurden vom Minister ***Nothomb*** ausführliche Berichte veröffentlicht, welche eine reiche Sammlung von Erfahrungen enthalten. Bis zum Schlusse von 1838 waren folgende Strecken Eisenbahnen eröffnet.

	Von	bis	Tag der Eröffnung.	Länge.
1.	Brüssel	Mecheln.	5. Mai 1835.	5390 Ruthen.
2.	Mecheln	Antwerpen.	3. Mai 1836.	6239 -
3.	Mecheln	Termonde.	2. Januar 1837.	7089 -
4.	Mecheln	Löwen.	10. Septbr. 1837.	6306 -
5.	Löwen	Tirlemont	22. Septbr. 1837.	4711 -
6.	Termonde	Gent.	28. Septbr. 1837.	8098 -
7.	Tirlemont	Waremme.	2. April 1838.	7222 -
8.	Waremme	Ans.	2. April 1838.	5018 -
9.	Gent	Brügge.	12. Aug. 1838.	11815 -
10.	Brügge	Ostende.	28. Aug. 1838.	6239 -
			Zusammen	68 127 Ruthen
			oder etwas über	34 Meilen.

Diese 34 Meilen Eisenbahnen in den 10 Stationen kosteten, dem Bericht des Ministers ***Nothomb*** vom 26sten November 1838 zufolge, mit den Gebäuden, Dampf- und Bahnwagen, bis jetzt etwa 9 066 666 Thlr., also die Meile im Durchschnitt etwa 266 000 Thlr. Die Bahn von Brüssel bis Antwerpen, 11629 R. lang, hat doppelte, alle anderen Strecken haben einfache Geleise. Die Schienen wiegen 15 Pfd. der laufende Fufs. Es fehlen indessen noch Gebäude, Wagen und mehreres Andere. Wenn Alles beendigt sein wird, wird die Meile nahe an 300 Tausend Thaler gekostet haben.

2. Fahrpreise und Geschwindigkeit auf den Belgischen Bahnen.

Es giebt hier vier verschiedene Arten von Wagen, die mit gleicher Geschwindigkeit fortbewegt werden. Der Reisende, mit $42\frac{2}{3}$ Pfd. Gepäck, zahlt, auf die Meile berechnet, in den ***Berlinen*** $4\frac{2}{3}$ Sgr., in den ***Diligencen*** 4 Sgr., in den ***chars à banc*** $2\frac{2}{3}$ Sgr. und in den Waggons $1\frac{2}{3}$ Sgr. Die Wagenzüge legen, mit allem Aufenthalt, etwa 7260 Ruthen oder $3\frac{2}{3}$ Meilen und ohne Aufenthalt, $4\frac{1}{4}$ bis $5\frac{1}{3}$ Meilen in der Stunde zurück.

3. Verkehr und Brutto-Einnahme auf den Belgischen Bahnen.

Die Frequenz von Passagieren war gröfser, als auf vielen anderen Bahnen. Der Güter-Transport fing erst 1838 zwischen Brüssel und Antwerpen an. Folgendes ist eine Übersicht des Personen-Verkehrs.

Zeitraum.	Gesammtzahl der Reisenden.	Im Durchschnitt fuhr ein Reisender.	Zahl der Reisenden auf 1 Meile Bahn reducirt.	Brutto-Einnahme: Von sämmtlichen Reisenden.	Brutto-Einnahme: Thut von einem Reisenden auf die Meile.
		Meilen.			
1. 3. Mai 1835 bis 2. Mai 1836.	563 201	2,36	1 396 577	95 839 Thlr.	2 Sgr. ¼ Pf.
2. 3. Mai 1836 bis 31. Dcbr. 1836.	729 545	4,28	3 144 652	195 929 -	1 - 10½ -
3. 1. Januar bis 31. Dcbr. 1837.	1 384 577	3,64	5 093 081	377 862 -	2 - 2½ -
4. 1. Januar bis 31. Oct. 1838.	1 921 619	4,72	9 376 642	690 502 -	2 - 2½ -
In 3½ Jahren	4 598 942	4,13	19 010 952	1 360 132 Thlr.	2 Sgr. 1½ Pf.

Hiezu kamen im Jahre 1838, 11 773 Thlr. Brutto-Einnahme vom Güter-Transport.

1837 waren unter den Reisenden 30 857 Soldaten, für welche nur die Hälfte bezahlt ward. 1838 waren unter 2 238 303 Reisende 56 618 Soldaten und die Brutto-Einnahme war 826 888 Thlr. 27 Sgr. Die Strecke, welche ein Reisender im Durchschnitt zurücklegte, wurde, wie oben, zu 4,72 Meilen angenommen. Von diesen Reisenden im Jahre 1838 fuhren.

17 503	in Wagen erster Classe und bezahlten	18 486 Thlr.	1 Sgr.
215 893	- - zweiter - - -	187 334 -	2 -
604 935	- - dritter - - -	275 720 -	24 -
1 343 354	- - vierter - - -	290 077 -	14 -
56 618	Soldaten	12 066 -	11 -
	Für Gepäck-Übergewicht und Güter .	43 204 -	5 -
2 238 303	Reisende zusammen brachten wie oben	826 888 Thlr.	27 Sgr.
		Brutto-Ertrag.	

Daraus zeigt sich, dafs die Belgischen Eisenbahnen vorzüglich von den unteren Volksklassen benutzt wurden.

4. Betriebskosten der Belgischen Eisenbahnen.

Es waren nöthig:

	Zur Erhaltung der Bahn und Bahn-Polizei.		Zu den Transport-Kosten.		An allgemeinen Regie-Kosten.		Zusammen.	
	Thlr.	Sgr.	Thlr.	Sgr.	Thlr.	Sgr.	Thlr.	Sgr.
Vom 5. Mai bis 31. Dcbr. 1835.	13 489	3	28 258	3	3 258	28	45 006	4
Im Jahr 1836.	35 369	29	69 807	16	9 791	29	114 969	14
Im Jahr 1837.	92 219	26	177 317	14	38 588	15	308 125	25
Vom 1. Jan. bis 31. Oct. 1838.	100 752	20	282 448	6	48 583	2	431 783	28
Zus. in $3\frac{1}{2}$ Jahren	241 831	18	557 831	9	100 222	14	899 885	11

Die Transportkosten sind die des Brennstoffes, der Dampfwagenführer und Heizer, der Ausbesserung der Dampf- und Bahnwagen, der Schmiere, der Conducteurs, Träger und Packer. Die Regiekosten sind die des Cassen- und Controll-Personals, der Bureau-Drucksachen etc.

Die Erhaltungskosten betrugen hier im Durchschnitt 27 p. C., die Transportkosten 62 p. C. und die Regiekosten 11 p. C. der *gesammten* Ausgaben, und da das Verzeichnifs eine $3\frac{1}{2}$jährige Fortsetzung des Betriebes umfafst, so ist es als das Resultat einer sehr grofsen Erfahrung anzusehen.

5. Kosten der Reparaturen der Dampf- und der Reisewagen.

Die 282 448 Thlr. 6 Sgr. Transportkosten im Jahre 1838 zerfallen in folgende Theile.

Werkmeister in den Reparatur-Werkstätten	8 581 Thlr. 20 Sgr.				
Arbeiter	49 990 - 9 -				
Kosten der Haupt-Werkstätten in Mecheln	14 631 - 20 -				
Materialien zu Reparaturen . .	23 457 - 15 -				
Zusammen an Reparaturkosten der Bahn- und Dampfwagen			96 661	Thlr.	4 Sgr.
Übrige eigentliche Transportkosten			157 847	-	25 -
Kosten der Conducteurs			15 177	-	26 -
Kosten der Träger und Packer			11 618	-	13 -
Kosten der Uniformen			1 142	-	28 -
Zusammen			282 448	Thlr.	6 Sgr.

wie oben.

Die Kosten der Wagen-Reparaturen betragen also 34⅓ p. C. von den gesammten Transportkosten. Der Herr Verfasser ist der Meinung, dafs sie bedeutend geringer gewesen sein würden, wenn man Amerikanische Dampfwagen und 8räderige Amerikanische Personen- und Güterwagen gehabt hätte.

6. Kosten der Beförderung eines Reisenden auf 1 Meile weit.

Da die genauen Rechnungs-Abschlüsse nur bis Ende 1837 vorhanden sind, so können diese Kosten nur aus den Ausgaben bis dahin berechnet werden. Dieselben waren gemäfs der Übersicht in (4.) vom 5ten Mai 1835 bis 31ten Februar 1837:

Für Erhaltung der Bahn und für die Bahn-Polizei	141 078 Thlr.	28 Sgr.
An eigentlichen Transportkosten	275 383 -	3 -
An allgemeinen Regiekosten	51 639 -	12 -
Zusammen	468 101 Thlr.	13 Sgr.

Die Gesammtzahl der Reisenden war nach der Übersicht in (3.) in demselben Zeitraume, auf eine Meile reducirt, 9 634 310. Also betrugen für einen Reisenden auf die Meile die Kosten

der Erhaltung der Bahn und der Polizei	5,275 Spf.
des Transports selbst	10,295 -
der Regie	1,930 -
Zusammen	1 Sgr. 5½ Spf.;

welche Kosten sehr gering sind.

7. Kosten der Beförderung eines ganzen Wagenzuges auf 1 Meile weit.

Die gesammte Weglänge, welche die Wagenzüge vom 5ten Mai 1835 an bis Ende 1837 zurücklegten, war 67 194 Meilen. Die Ausgaben waren die in (6.) verzeichneten. Also kamen für einen Wagenzug auf die Meile an Kosten

der Erhaltung der Bahn und der Polizei	2 Thlr.	2,9 Sgr.
des Transports selbst	4 -	2,9 -
an allgemeinen Regiekosten	— -	23,1 -
Zusammen	6 Thlr.	28,9 Sgr.;

was mit den Kosten auf den Amerikanischen Bahnen sehr nahe übereinstimmt.

8. Anzahl der Reisenden in einem Wagenzuge.

Die Anzahl der Reisenden vom 5ten Mai 1835 bis Ende 1837, auf 1 Meile reducirt, war nach der Übersicht in (3.) 9 634 310 und die Dampfwagen legten in dieser Zeit 67 194 Meilen zurück. Also kommen im Durchschnitt 143 Reisende auf einen Train. Für dieselben nach (6.) 1 Sgr. $5\frac{1}{2}$ Pf. an Transportkosten gerechnet, giebt 6 Thlr. 28,9 Sgr. für die Transportkosten eines Wagenzuges auf die Meile; wie in (7.).

9. Vergleichung der Brutto- und der Netto-Einnahme.

Sie ist folgende:

Zeitraum.	Brutto-Einahme. Thlr.	Sgr.	Ausgabe. Thlr.	Sgr.	Überschufs. Thlr.	Sgr.	Der Überschufs ist von der Brutto-Einnahme.
Vom 5. Mai bis 31. Dcbr. 1835.	71 732	20	45 006	4	26 726	16	37,26 p. C.
Jahr 1836.	220 035	13	114 069	14	105 065	29	47,75 -
Jahr 1837.	377 862	3	308 125	25	69 736	8	18,46 -
Vom 1. Jan. bis 31. Oct. 1838.	702 275	8	431 783	28	270 491	10	38,52 -
Zus. in $3\frac{1}{2}$ Jahren	1 371 905	14	899 885	11	472 020	3	34,41 p. C.

Da aber noch keine Ausgabe für allgemeine Abnutzung angesetzt ist, so dürfte der Überschufs nur etwa auf 30 p. C. der Brutto-Einnahme anzuschlagen sein, womit das Anlage-Capital verzinset und getilgt werden mufs.

10. Brutto-Einnahme auf die Meile Bahn.

Die Meinung in Europa, dafs nur kleine Bahnstrecken in der Nähe von volkreichen Städten rentiren, nicht längere Bahnen, durch minder bevölkerte Landstriche, theilen die Amerikaner nicht, sondern betrachten die Eisenbahnen als zu Heerstrafsen eines Landes geeignet. Die Belgischen Bahnen geben folgendes Resultat.

Zeitraum.	Zahl der eröffneten Stationen.	Länge der eröffneten Bahnen im Durchschnitt.	Brutto-Einnahme überhaupt. Thlr.	Sgr.	Brutto-Einnahme für ein Jahr auf eine Meile. Thlr.
Vom 5. Mai 1835 bis Ende 1836.	1	2,69	71 732	20	40 356
Jahr 1836.	2	4,76	220 035	13	47 694
Jahr 1837.	6	11,98	377 862	3	31 525
Vom 1. Jan. bis 31. Oct. 1838.	10	25,36	702 275	8	33 248
Also in $3\frac{1}{2}$ Jahren	—	11,34	1 371 905	14	34 617

Für 1835 ist blofs die Länge der Bahn zwischen Brüssel und Mecheln angesetzt. 1836 wurden diese 2,69 Meilen 366 Tage befahren, die zweite

Section von Mecheln nach Antwerpen, 3,12 Meilen lang, 243 Tage. Multiplicirt man jede dieser beiden Längen mit der Zahl der Tage und dividirt die Summe durch 365, so erhält man 4,76 Meilen für die Durchschnittslänge. So wurde die Durchschnittslänge auch für die andern Jahre berechnet.

Der durchschnittliche Ertrag auf die Meile nahm, wie man sieht, mit dem Reize der Neuheit ab, betrug aber doch immer noch, als die Bahn nur blofs von Geschäftsleuten befahren wurde, über 30 000 Thlr. jährlich, und wird gewifs 1838, wo wieder 4 neue Sectionen eröffnet worden waren und ein grösserer Verkehr sich entwickelt hatte, noch zugenommen haben. Auch kommt nun der Waarentransport hinzu, der für 1839 auf 226 667 Thlr. für 34 Meilen Bahn, also auf 6667 Thlr. für die Meile angeschlagen ist. Der Brutto-Ertrag der Belgischen Bahnen wird daher auch wohl, wie im ersten Jahre, auf 40 000 Thlr. für die Meile sich belaufen und später mit der Bevölkerung und dem Verkehr noch mehr zunehmen. Das Beispiel von Belgien beweiset, dafs Eisenbahnen auch in gröfserer Ausdehnung, eben wie kleinere, besondere Umstände ausgenommen, rentiren können.

Es wäre übrigens unrichtig, wenn man bei einem gröfseren Eisenbahn-, Canal- und Strafsen-Netze die Erträge der Haupt- und Nebenlinien einzeln berechnen wollte. Denn eine Zweiglinie vermehrt auch den Ertrag der Hauptlinie. Man mufs immer die ***Gesammtzahl*** der Meilen der Haupt- und Zweiglinien mit dem ***Gesammt***-Ertrage vergleichen und die ***Gesammt***-Ausgaben abziehen: dann zeigt der Überschufs, wie sich das ganze Anlage-Capital verzinset hat.

11. Budget der Belgischen Bahnen für 1839.

Wie sich schon oben zeigte, wird die Brutto-Einnahme auf den Belgischen Bahnen auf etwa 40 000 Thlr. für die Meile anzuschlagen sein, also für die vorhandenen 34 Meilen Bahn auf 1 360 000 Thlr. Hievon blieben nach (9.) 34,41 p. C. reiner Überschufs: also würde die Netto-Einnahme 467 976 Thlr. betragen, statt dafs der Minister in seinem Budget, nach einer Ableitung auf anderem Wege, 453 333 Thlr. ansetzt. Dieser Überschufs ***beträgt gerade 5 p. C. von dem Anlage-Capital*** der 9 066 666 Thlr. für die 34 Meilen Bahn. Und da diese 5 p. C. zu Zinsen und zur Amortisation des Capitals nöthig sind, so erfüllen die Belgischen Bahnen ihre Aufgabe, sich selbst zu erhalten, ohne der Staatscasse zur Last zu fallen.

12. Vermehrung des Einkommens der Briefpost und der Strafsenzölle.

Man hat gefürchtet, dafs durch die Eisenbahnen die Briefpost verlieren und die Strafsenzölle (Chausséegefälle) abnehmen würden, weil die Reisenden Briefe für sich und Andere mit sich führen und die Chausséen weniger befahren werden würden. Der Erfahrung nach ist aber in Belgien 1837 für die Briefpost 69 966 Thlr. und an Chausséezöllen 29 333 Thlr. *mehr* eingekommen, als 1836. Das Einkommen an Chausséezöllen hatte zwar auf den den Eisenbahnen parallel laufenden Strafsen ab–, dagegen auf den nach den Eisenbahnen hin führenden Strafsen zugenommen: der Ertrag des Briefportos aber war in Folge der durch die Eisenbahnen hervorgebrachten Geschäftsvermehrung gestiegen.

13. Vergleich der Belgischen mit den Amerikanischen Eisenbahnen.

Nach (3.) war die Zahl der Reisenden auf den Belgischen Bahnen, während $3\frac{1}{2}$ Jahren, auf eine Meile Bahnlänge reducirt, 19 010 952, folglich im Durchschnitt auf ein Jahr 5 431 707. Da nun die Länge der nach und nach eröffneten Bahn-Sectionen nach (10.) im Durchschnitt 11,34 Meilen beträgt, so giebt dies 478 783 Reisende, also durchschnittlich auf den Belgischen Bahnen beinahe 500 000 Reisende jährlich.

Alles dieses giebt nun folgende Resultate für die Vergleichung der Belgischen und Amerikanischen Eisenbahnen.

a. Die ***Kosten*** des Baues der Bahnen und der Gebäude, der Dampf- und Bahnwagen betrugen in Amerika 133 135 Thlr.: in Belgien 274 924 Thlr. für die Meile, also in Belgien mehr denn doppelt so viel als in Amerika.

b. Die ***Fahrpreise*** sind durchschnittlich auf den Amerikanischen Bahnen etwa 10 Sgr. für eine Person auf die Meile: in Belgien nur etwa 2 Sgr., also nur der fünfte Theil. Für 1 Ctr. Waare wird in Amerika 10,21 Spf. auf die Meile bezahlt.

c. Die ***Geschwindigkeit*** der Fahrten ist in Amerika 2,56 bis 3,2 Meilen in der Stunde: in Belgien, mit Aufenthalt 3,63, ohne den Aufenthalt 4,27 Meilen.

d. Der ***Verkehr*** besteht auf den Amerikanischen Bahnen durchschnittlich in 35 000 Reisenden und etwa 264 000 Ctr. Waaren jährlich: in Belgien in 478 783 Reisenden jährlich. Der Güter-Transport fing erst kürzlich an.

e. Die ***Brutto-Einnahme*** beträgt auf den Amerikanischen Bahnen nach der Berechnung oben im vierten Berichte durchschnittlich

Von 35 000 Reisenden, zu 10 Sgr., ...	11 666 Thlr.
Von 264 000 Ctr. Waaren, zu 10,21 Spf., ...	7 408 -
Für den Transport der Mail und an anderen Einnahmen	1 331 -
Zusammen	20 405 Thlr.

auf die Meile: auf den Belgischen Eisenbahnen von 478 783 Reisenden nahe an 40 000 Thlr.

f. ***Die Kosten der Beförderung eines Wagenzuges auf die Meile*** betragen in Amerika durchschnittlich 6 Thlr. 20 Sgr.: in Belgien etwa 7 Thlr.

g. ***Die Personenzahl in einem Wagenzuge*** ist durchschnittlich in Belgien 143: in Amerika nur 40.

h. ***Die Anzahl der Wagenzüge,*** welche jährlich über die Bahn gehen, ist also in Amerika $\frac{35000}{40} = 875$: in Belgien $\frac{478783}{143} = 3348$; also in Belgien viel gröfser. Deshalb, und da hier auch viel schneller gefahren wird, hat man Schienen nehmen müssen, die etwa 15 Pfd. der Fufs wiegen, während sie in Amerika viel leichter sind.

i. ***Die Kosten der Beförderung eines Reisenden eine Meile*** weit sind in Belgien durchschnittlich nach (6.) nur 1 Sgr. $5\frac{1}{2}$ Pf.: in Amerika 5 Sgr., also $3\frac{1}{2}$mal so grofs. Dies kommt natürlich daher, dafs die Belgischen Wagenzüge $\frac{543}{40}$, also etwa $3\frac{1}{2}$mal so viel Personen auf einmal fortschaffen, als die Amerikanischen, die Kosten eines Wagenzuges in beiden Ländern fast gleich sind und es für einen Dampfwagen beinahe einerlei ist, ob er 143 oder 40 Personen fortzieht.

k. ***Die jährlichen Betriebskosten*** betragen bei den Amerikanischen Eisenbahnen nach der Berechnung im vierten Berichte

Für 35 000 Reisende, zu 5 Sgr., ...	5 833 Thlr.
Für 294 000 Ctr. Waaren, zu 8,85 Spf., . .	6 420 -
Für die Beförderung der Mail etc.	666 -
Zusammen	12 919 Thlr.,

also 63,41 p. C. der Brutto-Einnahme (*e.*). Bei den Belgischen Bahnen betragen sie nach (9.) 65,59 p. C.

l. ***Die Verzinsung der Baukosten*** beträgt bei den Amerikanischen Eisenbahnen, welche nach (*e.* und *k.*), die Betriebskosten von dem Brutto-Ertrage abgezogen, 7486 Thlr. reinen Ertrag auf die Meile liefern, von den Baukosten der 133 153 Thlr. die Meile (*a.*) $5\frac{1}{2}$ p. C. Bei den Belgischen Bahnen beträgt die Brutto-Einnahme 40 000 Thlr. Die Betriebskosten sind 26 236 Thlr.: bleibt 13 764 Thlr. Netto-Ertrag; welches von den Anlagekosten 5 p. C. ausmacht.

Folgendes ist eine Übersicht dieser Resultate: alles für ***Durchschnitte.***

		In Belgien.	In Nord-Amerika.
a.	Die Anlagekosten einer Meile Eisenbahn sind, nebst den Kosten der Gebäude, Dampf- und Bahnwagen etc.	274 924 Thlr.	133 135 Thlr.
b.	Eine Person zahlt für die Meile etwa . .	2 Sgr.	10 Sgr.
	Der Centner Waare kostet auf die Meile an Transport	(Noch nicht bekannt.)	10,21 Spf.
c.	Die Wagen durchlaufen in 1 Stunde:		
	mit Aufenthalt gerechnet	3,63 Meilen.	2,56 Meilen.
	ohne Aufenthalt gerechnet	4,27 -	3,2 -
d.	Die Zahl der Reisenden ist jährlich . .	478 783.	35 000.
	An Waaren werden jährlich transportirt .	(Noch nicht bekannt.)	264 000 Ctr.
e.	Die Brutto-Einnahme ist jährlich auf die Meile	40 000 Thlr.	20 405 Thlr.
f.	Ein Wagenzug kostet 1 Meile weit zu befördern	7 Thlr.	6 Thlr. 20 Sgr.
g.	Im Durchschnitt kommen auf einen Wagenzug	142 Personen.	40 Personen.
h.	Die Anzahl der Wagenzüge ist jährlich .	3348	875
i.	Ein Reisender 1 Meile weit zu befördern kostet	1 Sgr. 5½ Pf.	5 Sgr.
k.	Die Betriebskosten sind von der Brutto-Einnahme	65,59 p. C.	63,41 p. C.
l.	Das Anlage-Capital verzinset sich mit .	5 p. C.	5½ p. C.

14. Allgemeine Bemerkungen.

Diese Resultate ergeben offenbar einen Vorzug der Belgischen Eisenbahnen vor den Amerikanischen, was die Wirkungen anlangt. Die sehr niedrigen Fahrpreise auf den Belgischen Bahnen haben den Verkehr ungemein vermehrt. Die hohen Preise für die bessern Wagen liefern einen bedeutenden Gewinn, während die niedrigen Preise auf den für die untern Volksclassen bestimmten Wagen kaum die Kosten decken. So sind die Belgischen Bahnen eine grofsartige populaire Anstalt, welche allgemeinen Beifall finden mufste. Die Belgischen Bahnen haben den Militairtransport erleichtert; was in den letzten Jahren sehr wichtig war. Sie tragen zwar nur die Zinsen und den Amortisationsbedarf, aber der Staat gewinnt durch sie indirect an Consumtionssteuern, Strafsenzöllen und Briefpost-Ertrag; vorzüglich aber befördern sie den Zweck, die Nation in innigere Berührung zu bringen und sie gleichsam in eine grofse Familie zu vereinigen. (Der Schlufs folgt.)

Inhaltsverzeichnifs des vierten Hefts achtzehnten Bandes.

Berlin, gedruckt bei G. Reimer.

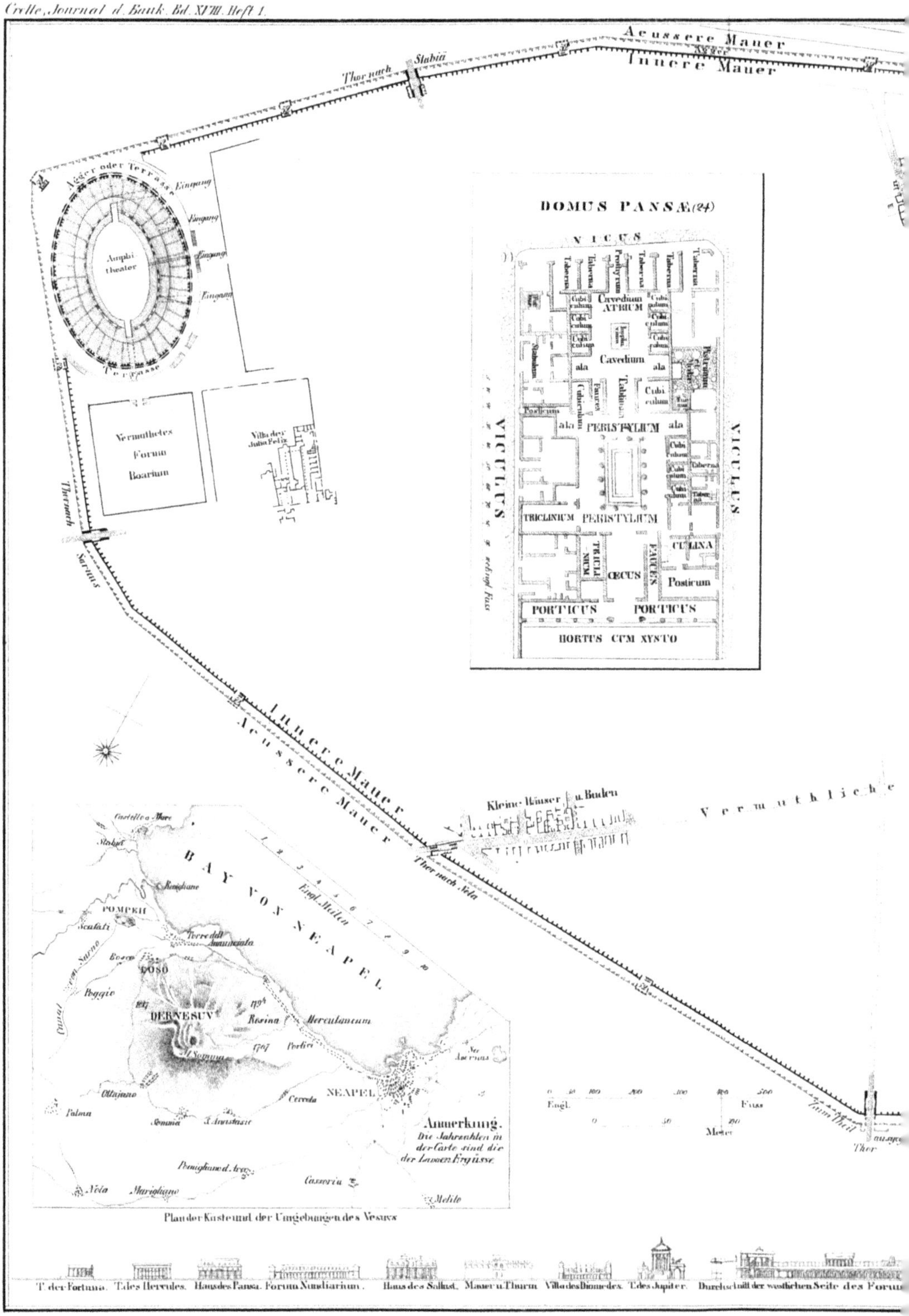

Plan der Küste und der Umgebungen des Vesuvs

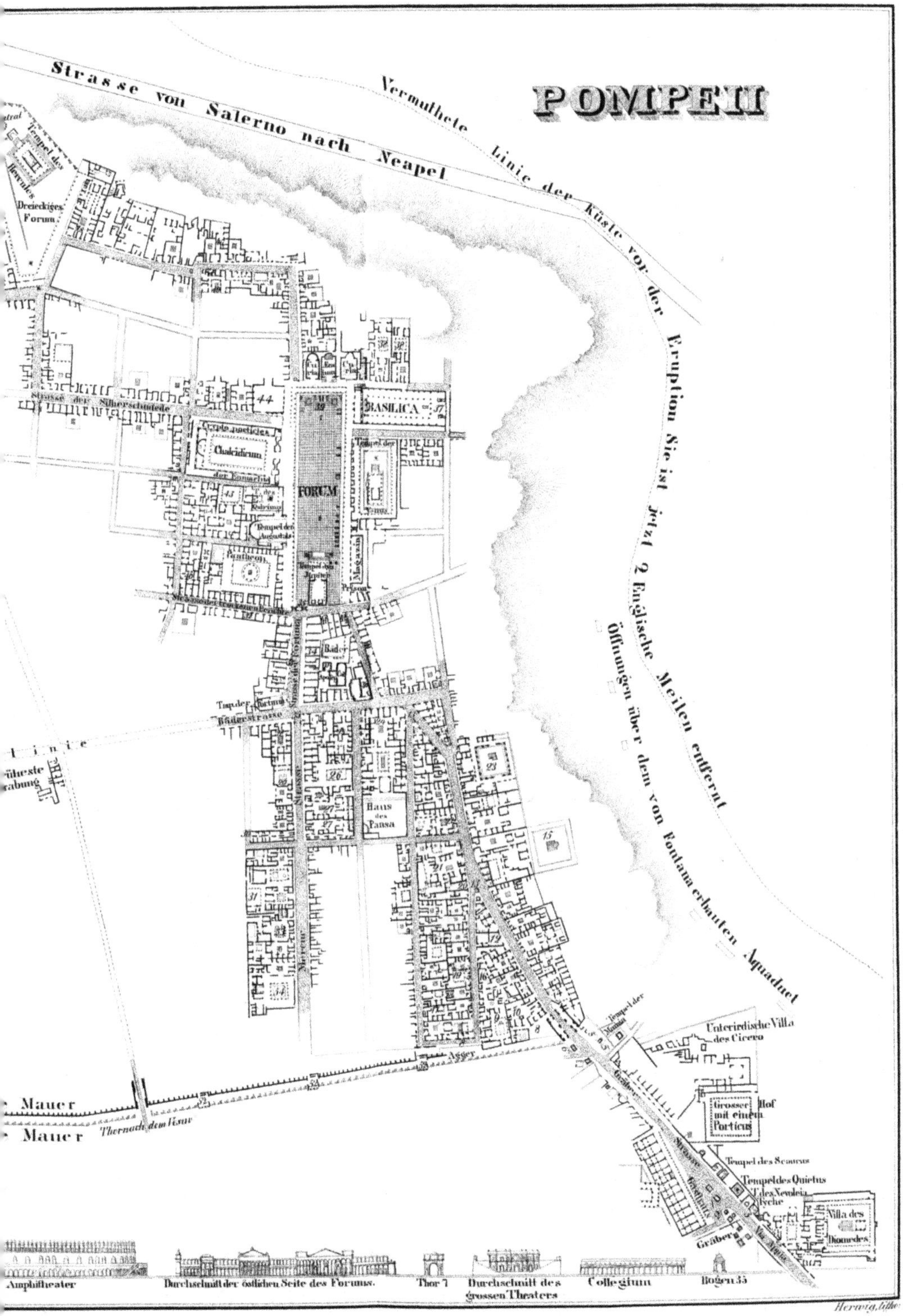

POMPEII
Strasse von Salerno nach Neapel
Vermuthete Linie der Küste vor der Eruption Sie ist jetzt 2 Englische Meilen entfernt
Öffnungen über dem von Fontana erbauten Aquaduct
Dreieckiges Forum
BASILICA
Chalcidicum
FORUM
Pantheon
Bäder
Haus des Pansa
Unterirdische Villa des Cicero
Grosser Hof mit einem Porticus
Tempel des Scaurus
Tempel des Quietus
Villa des Diomedes
Gräber
Mauer
Thor nach dem Vesuv
Agger
Amphitheater
Durchschnitt der östlichen Seite des Forums.
Thor 7
Durchschnitt des grossen Theaters
Collegium
Bogen 35
Herwig, lith.

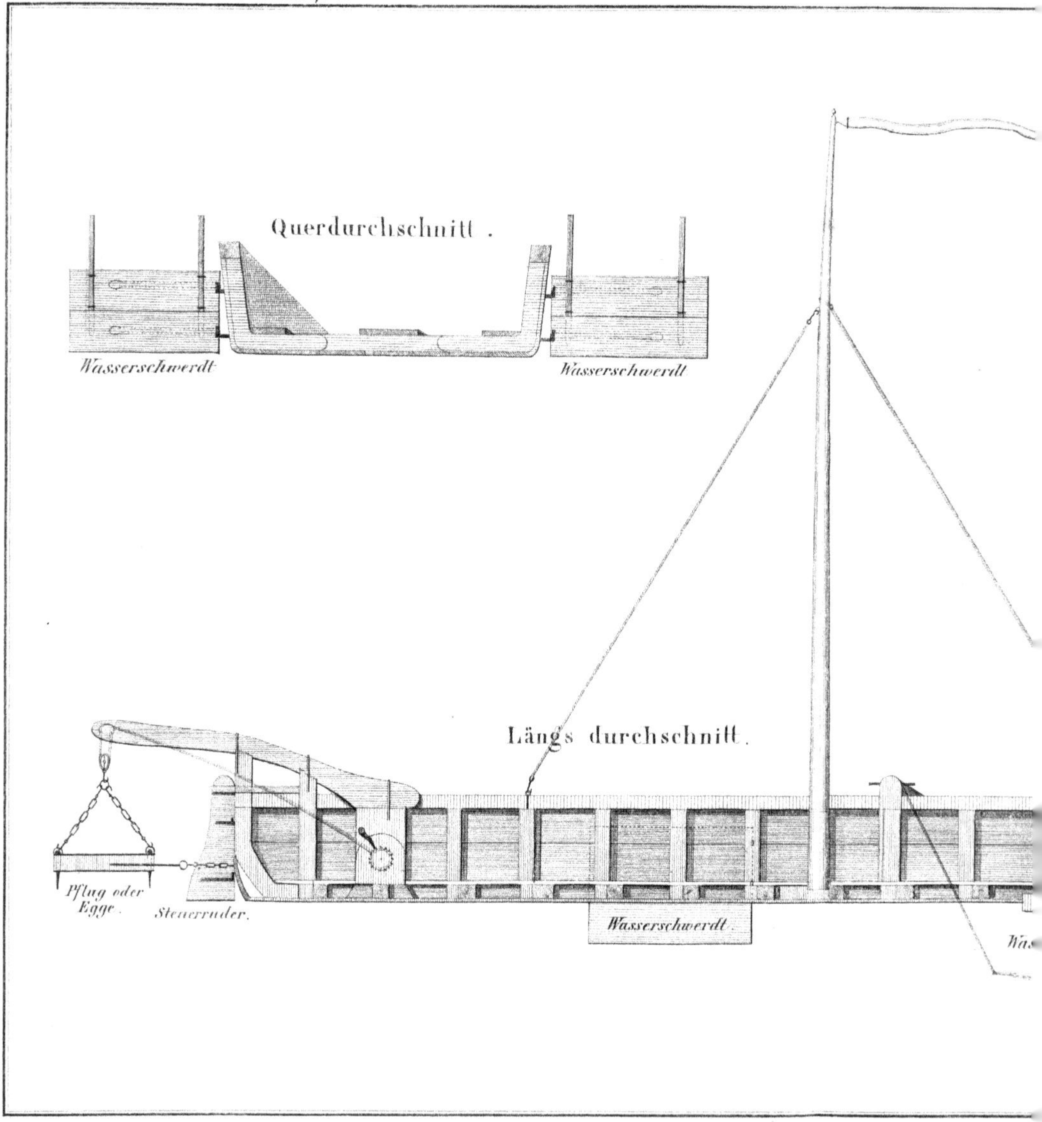
Querdurchschnitt.
Wasserschwerdt
Wasserschwerdt
Längs durchschnitt.
Pflug oder Egge.
Steuerruder.
Wasserschwerdt.

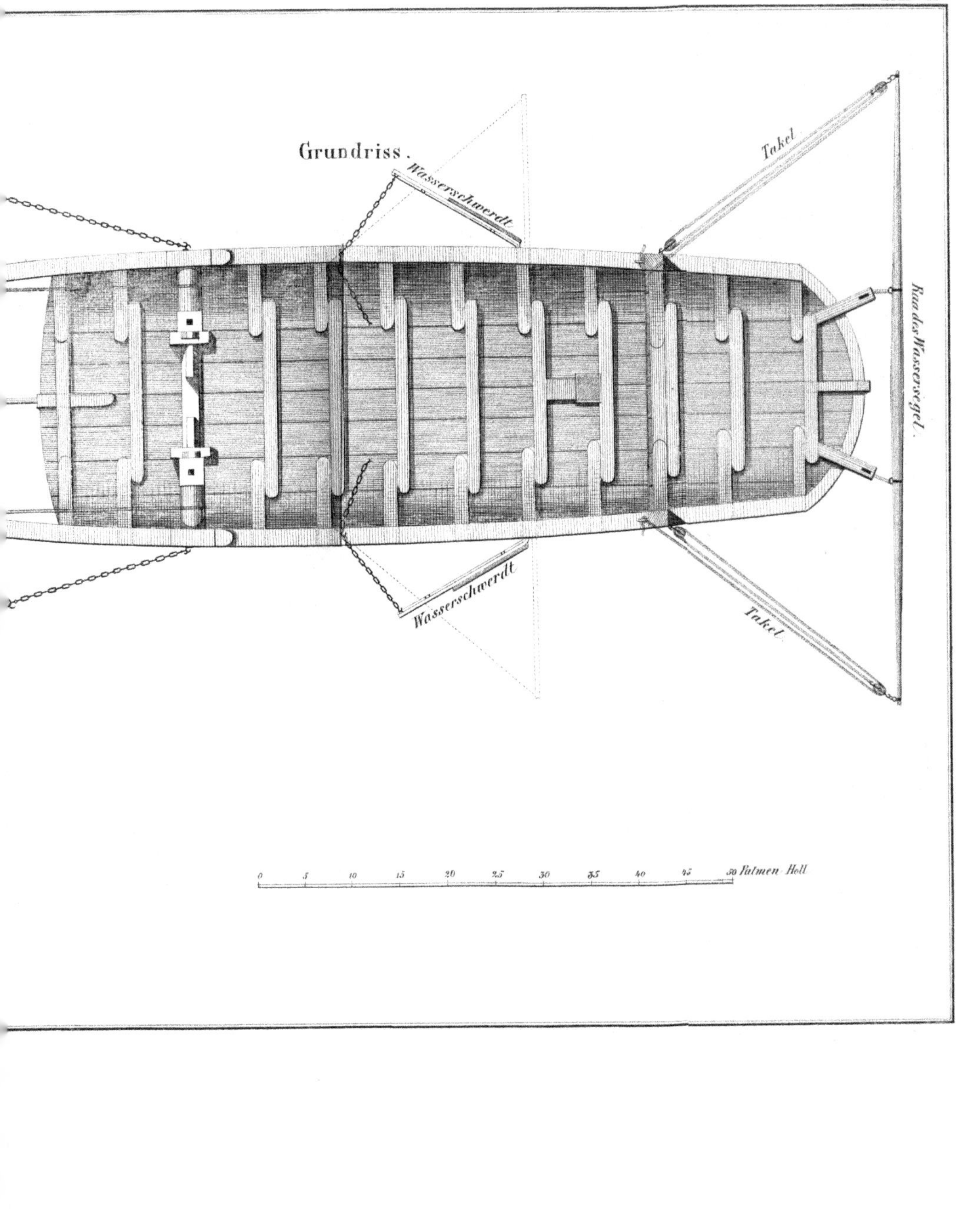
Grundriss.
Wasserschwerdt
Wasserschwerdt
Takel.
Takel.
Rand des Wassersegel.
0 5 10 15 20 25 30 35 40 45 50 Palmen Holl

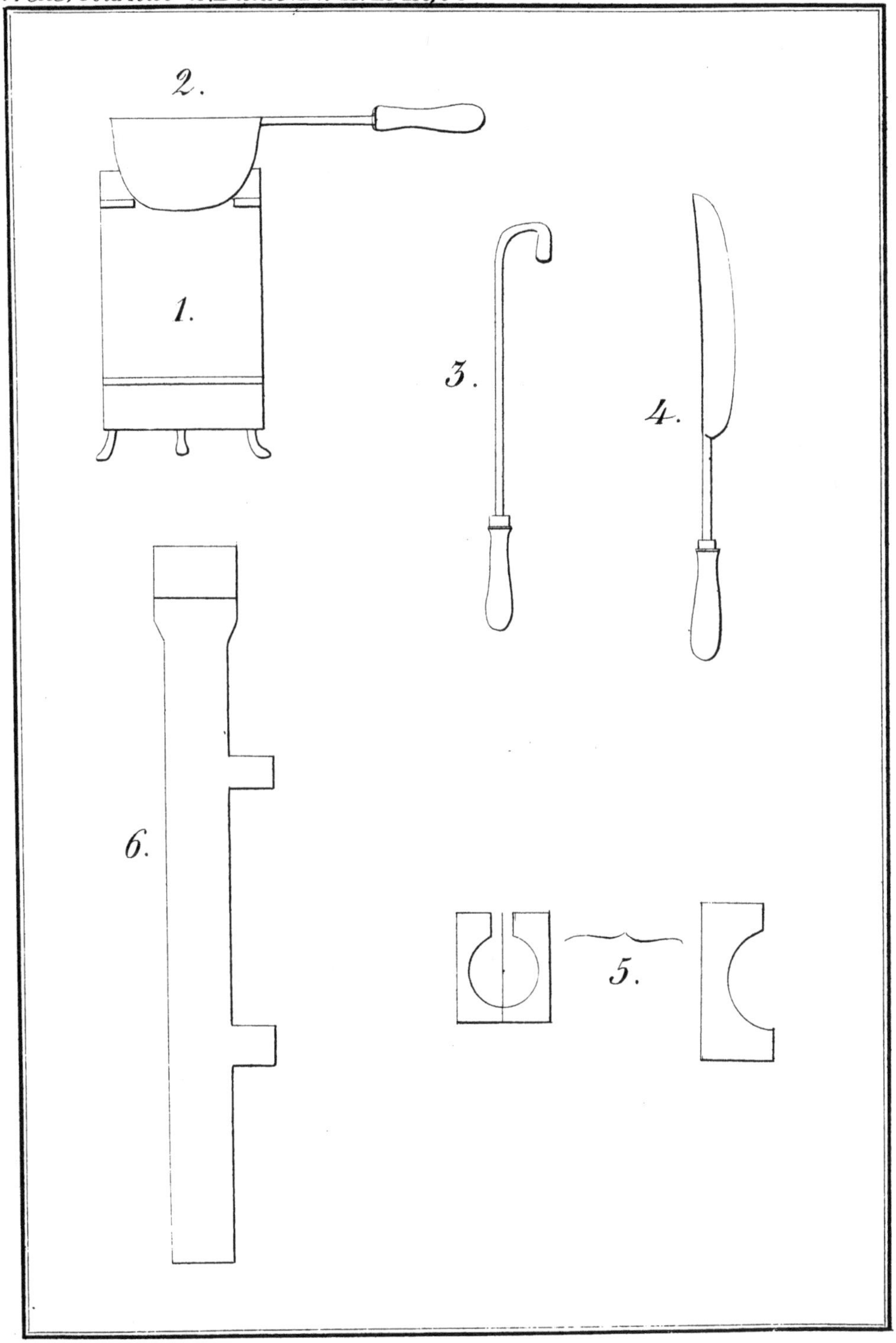
2.
1.
3.
4.
6.
5.

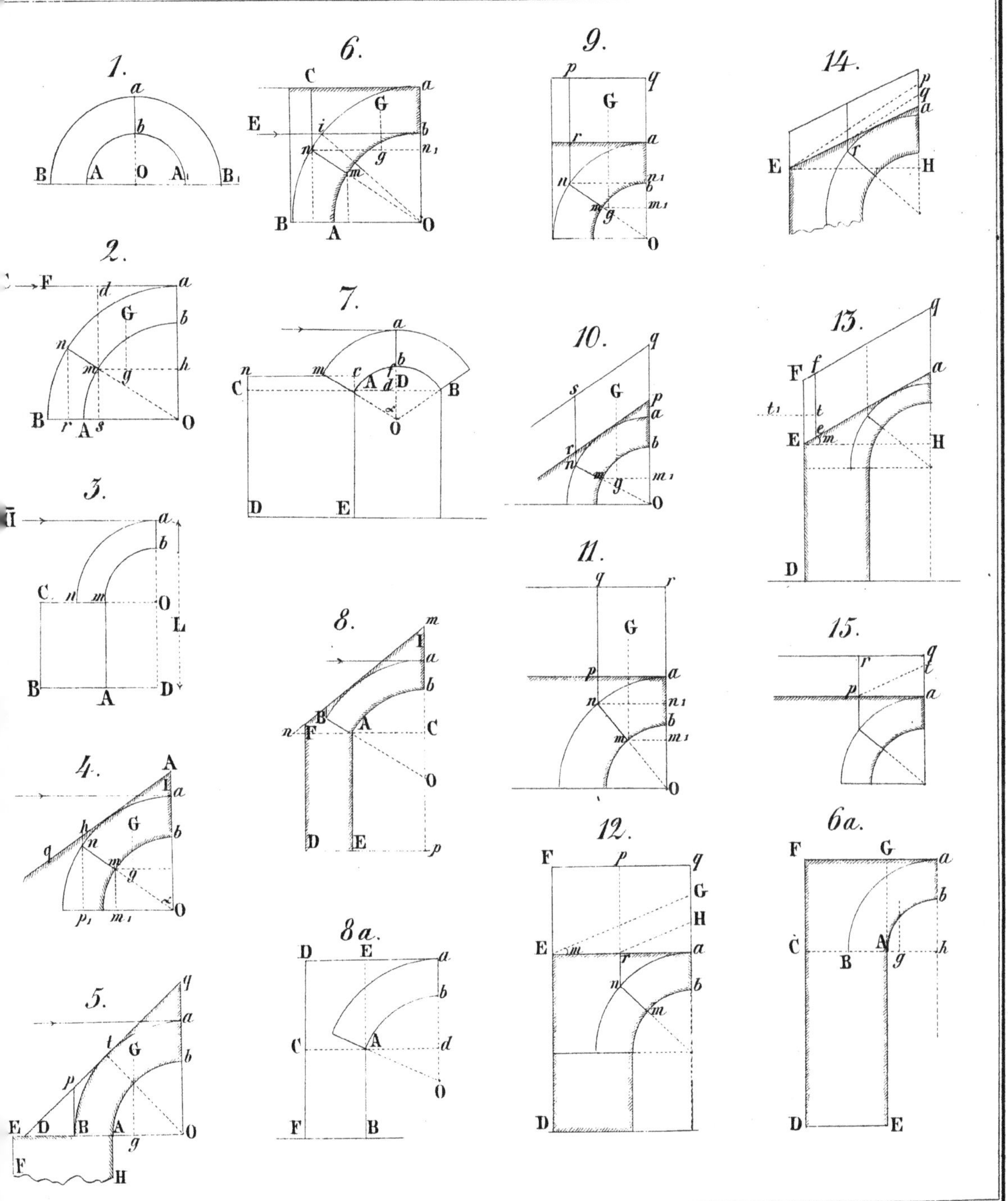
1.
2.
3.
4.
5.
6.
7.
8.
8 a.
9.
10.
11.
12.
13.
14.
15.
6 a.

1.

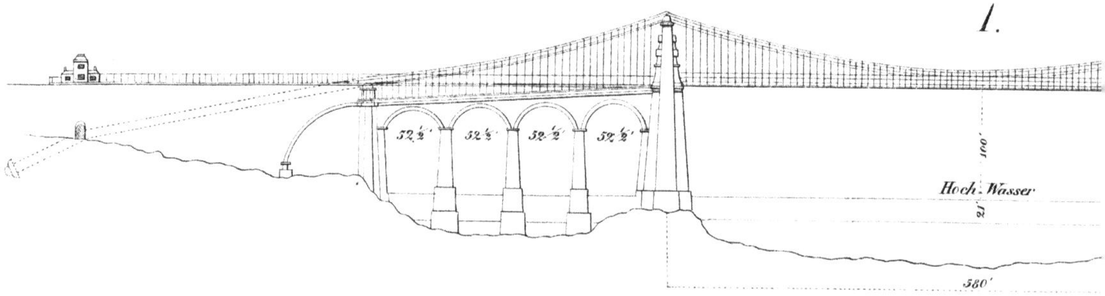

2.

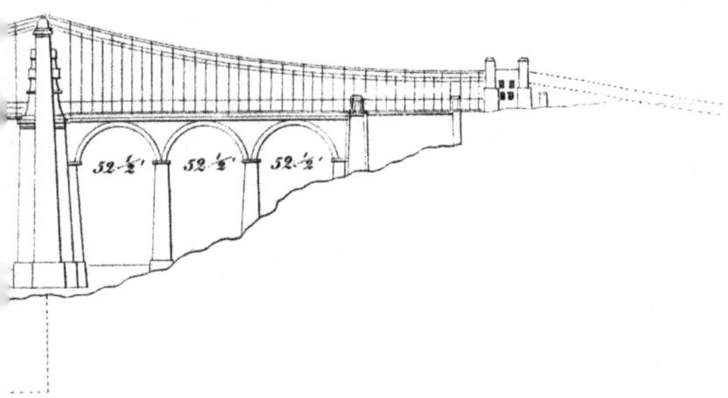

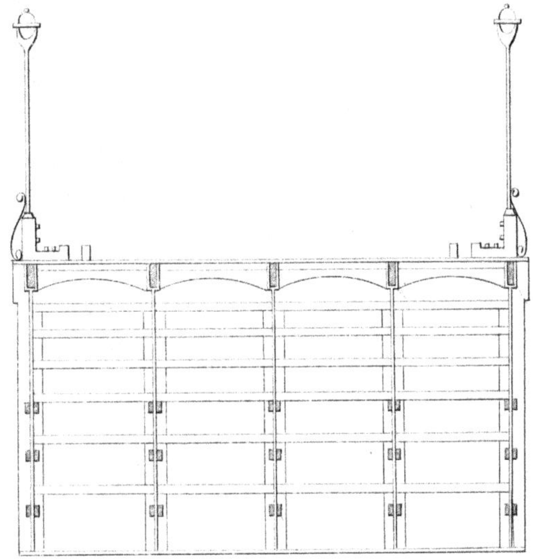

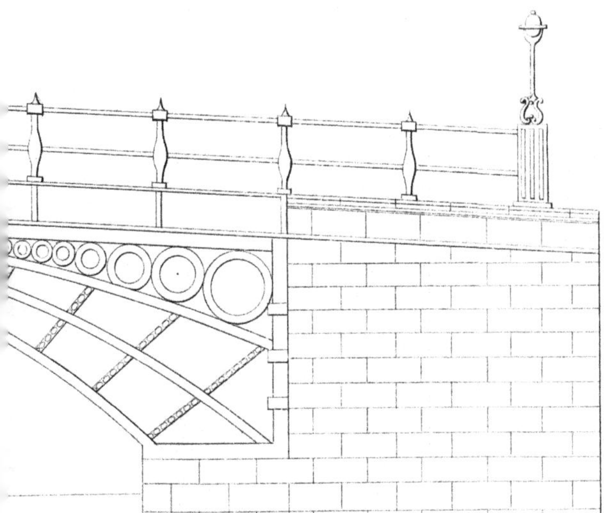

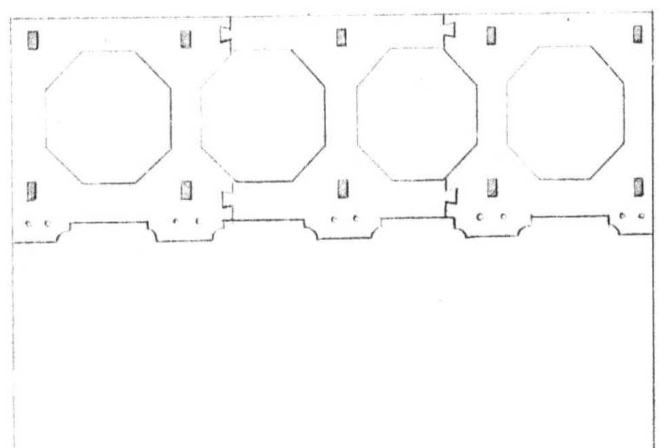

Herwig, lith.

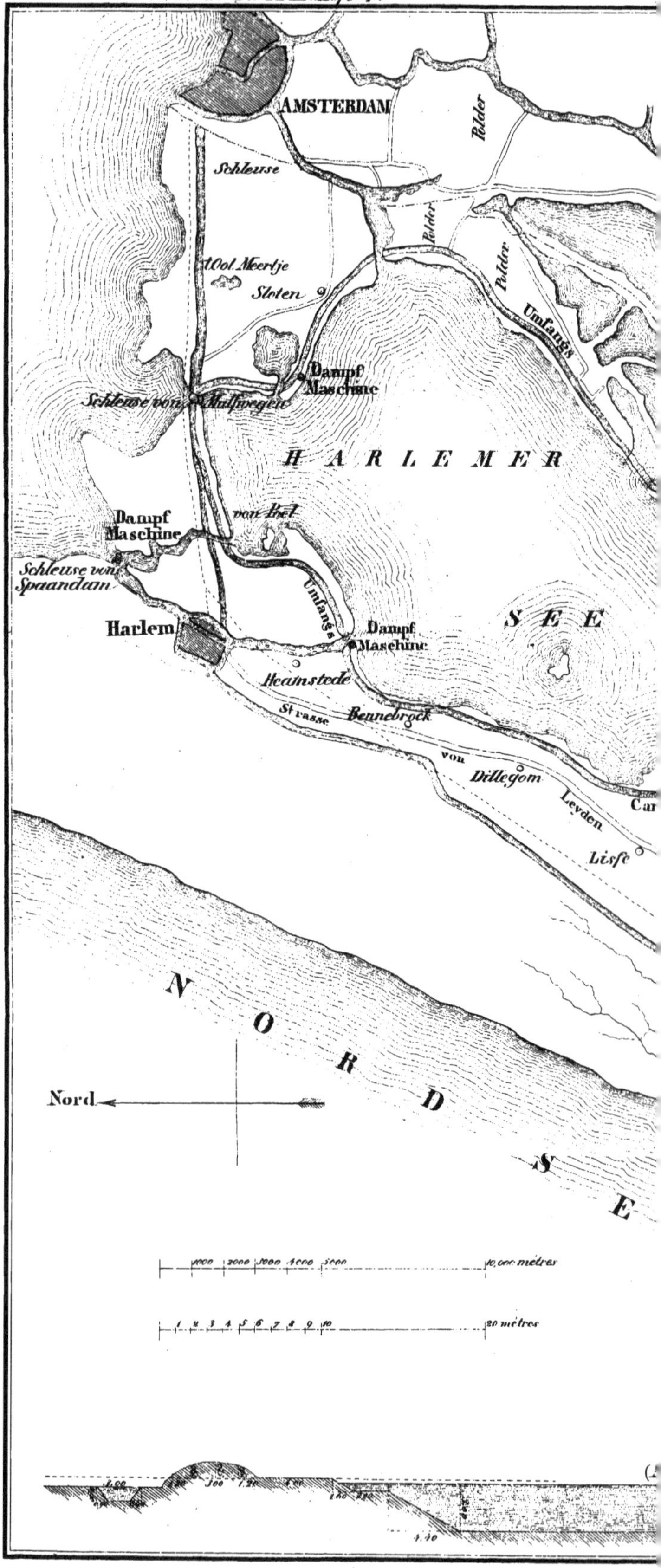
AMSTERDAM
Polder
Schleuse
Polder
Polder
1 Ool Meertje
Sloten
Umfangs
Dampf Maschine
Schleuse von Halfwegen
H A R L E M E R
Dampf Maschine
von Bel
Schleuse von Spaandam
Umfangs
Harlem
Dampf Maschine
S E E
Heemstede
Strasse
Bennebrock
von
Dillegom
Leyden
Lisse
N O R D S E E
Nord
10,000 mètres
20 mètres

TAF. VI.

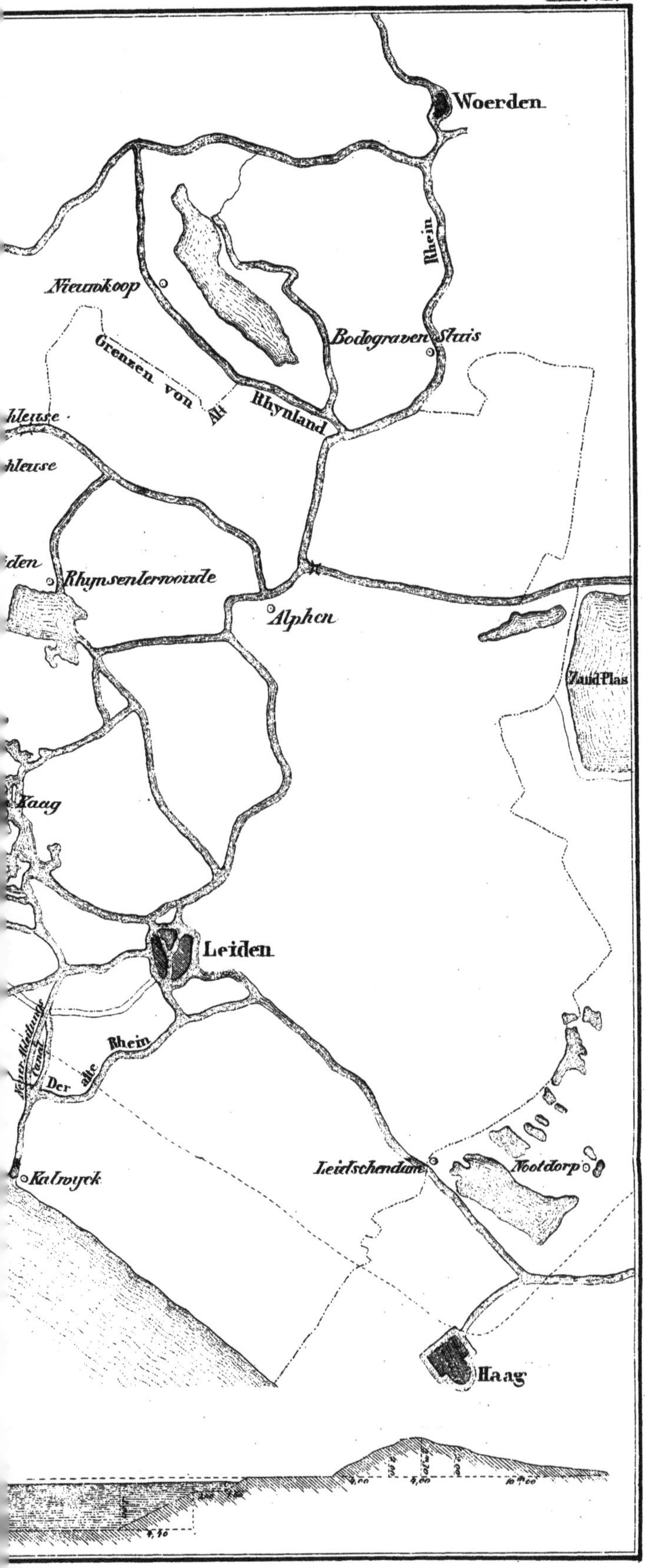
Woerden
Rhein
Nieuwkoop
Bodegraven Sluis
Grenzen von Alt Rhynland
Alphen
Zand Plas
Kaag
Leiden
Der alte Rhein
Kalwyck
Leidschendam
Nootdorp
Haag

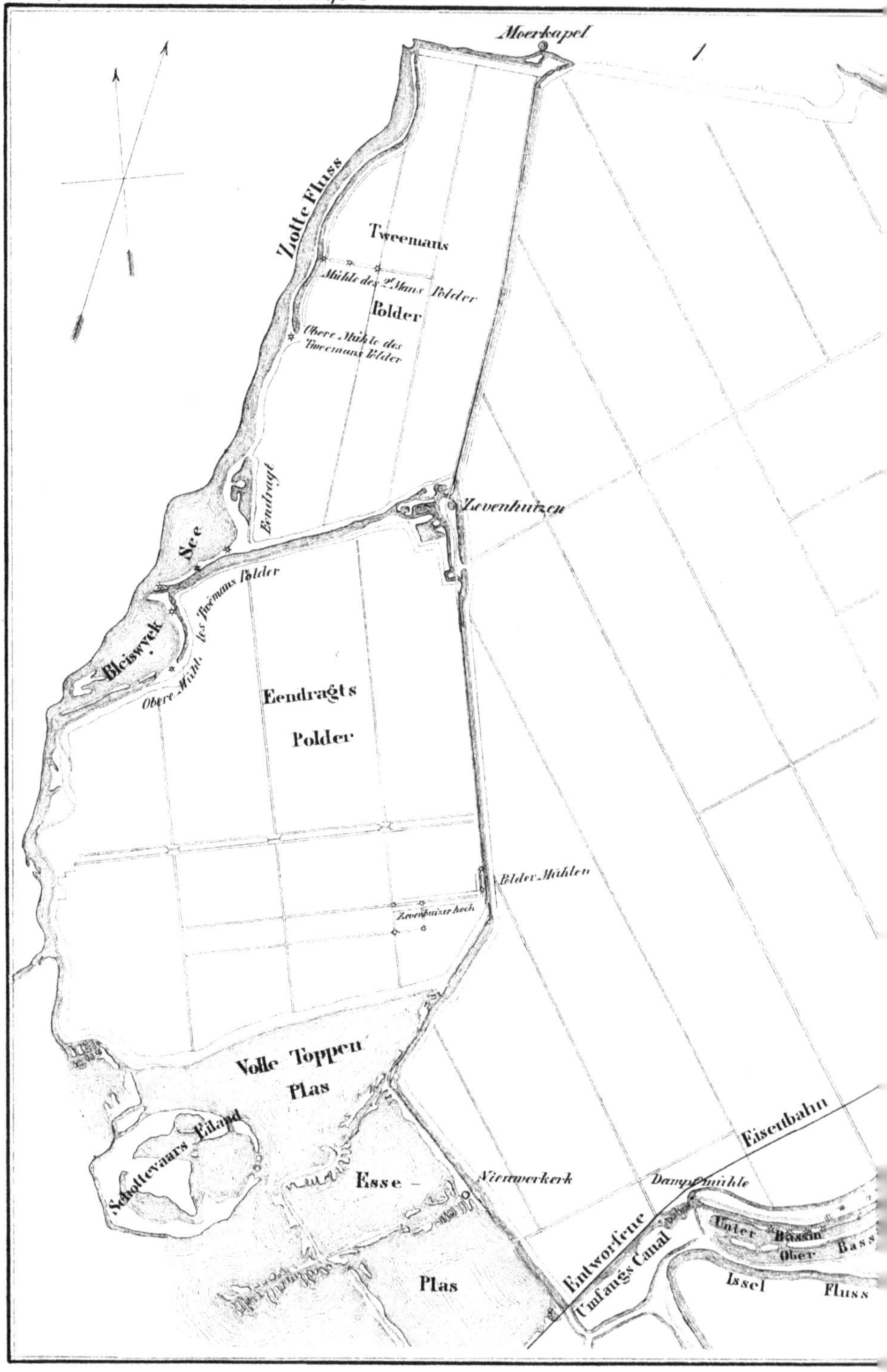
Moerkapel
Zotte Fluss
Tweemans
Mühle des 2t. Mans Polder
Polder
Obere Mühle des Tweemans Polder
Eendragt
Zevenhuizen
See
des Tweemans Polder
Bleiswyck
Obere Mühle
Eendragts
Polder
Polder Mühlen
Zevenhuizer hoch
Volle Toppen
Plas
Schottevaars Eiland
Esse
Plas
Nieuwerkerk
Eisenbahn
Dampfmühle
Entworfene
Umfangs Canal
Unter
Bassin
Ober
Bass
Issel
Fluss

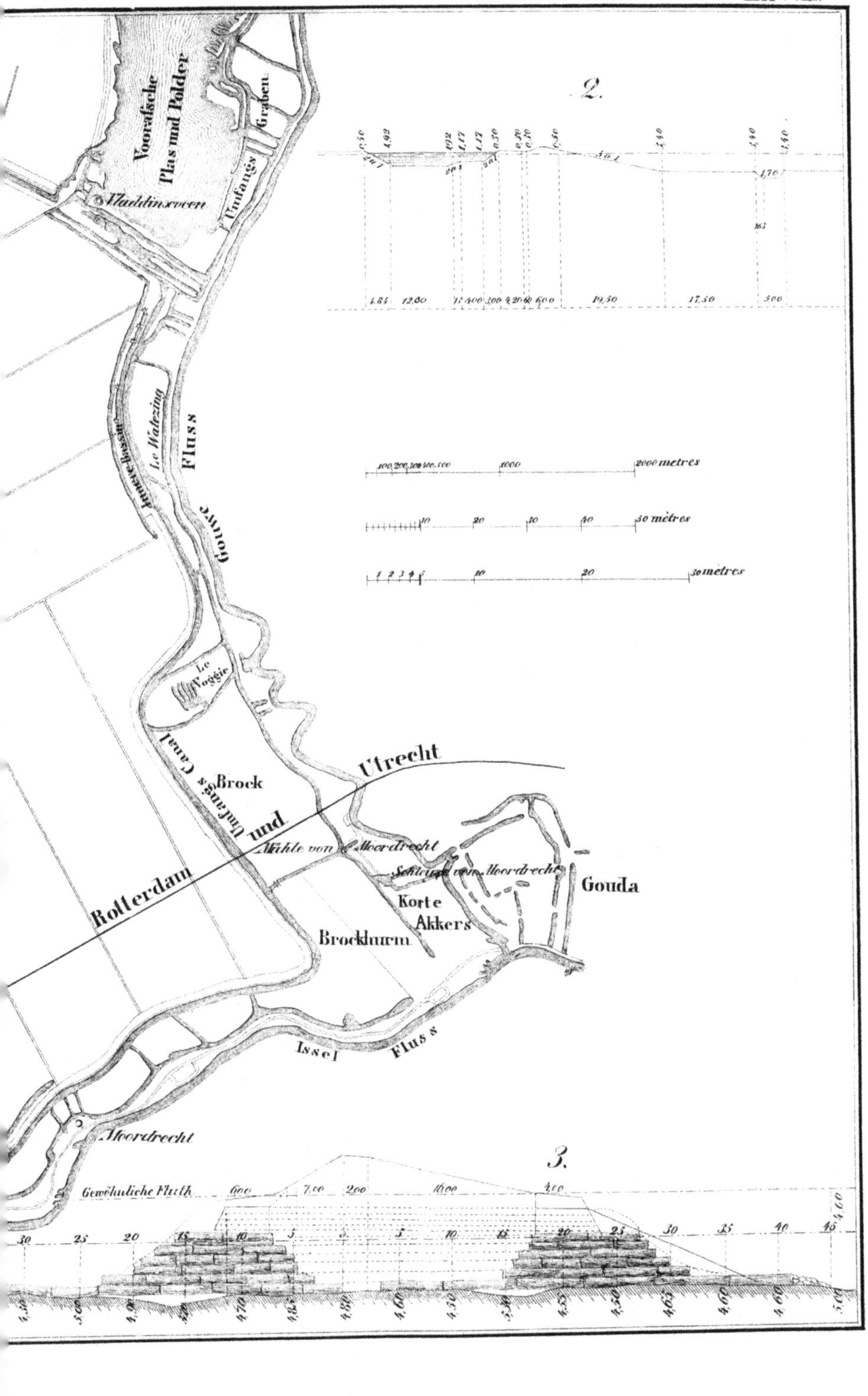
Voorafsche Plas und Polder
Umfangs Graben
Vladdinxveen
Le Watering
Innere Bassin
Gouwe Fluss
Le Voggie
Umfangs Canal
Brock
Utrecht
Rotterdam und
Mühle von Moordrecht
Schleuse von Moordrecht
Gouda
Korte Akkers
Brockhurm
Issel Fluss
Moordrecht
2.
100 200 300 400 500 1000 2000 metres
10 20 30 40 50 mètres
1 2 3 4 5 10 20 30 mètres
3.
Gewöhnliche Fluth

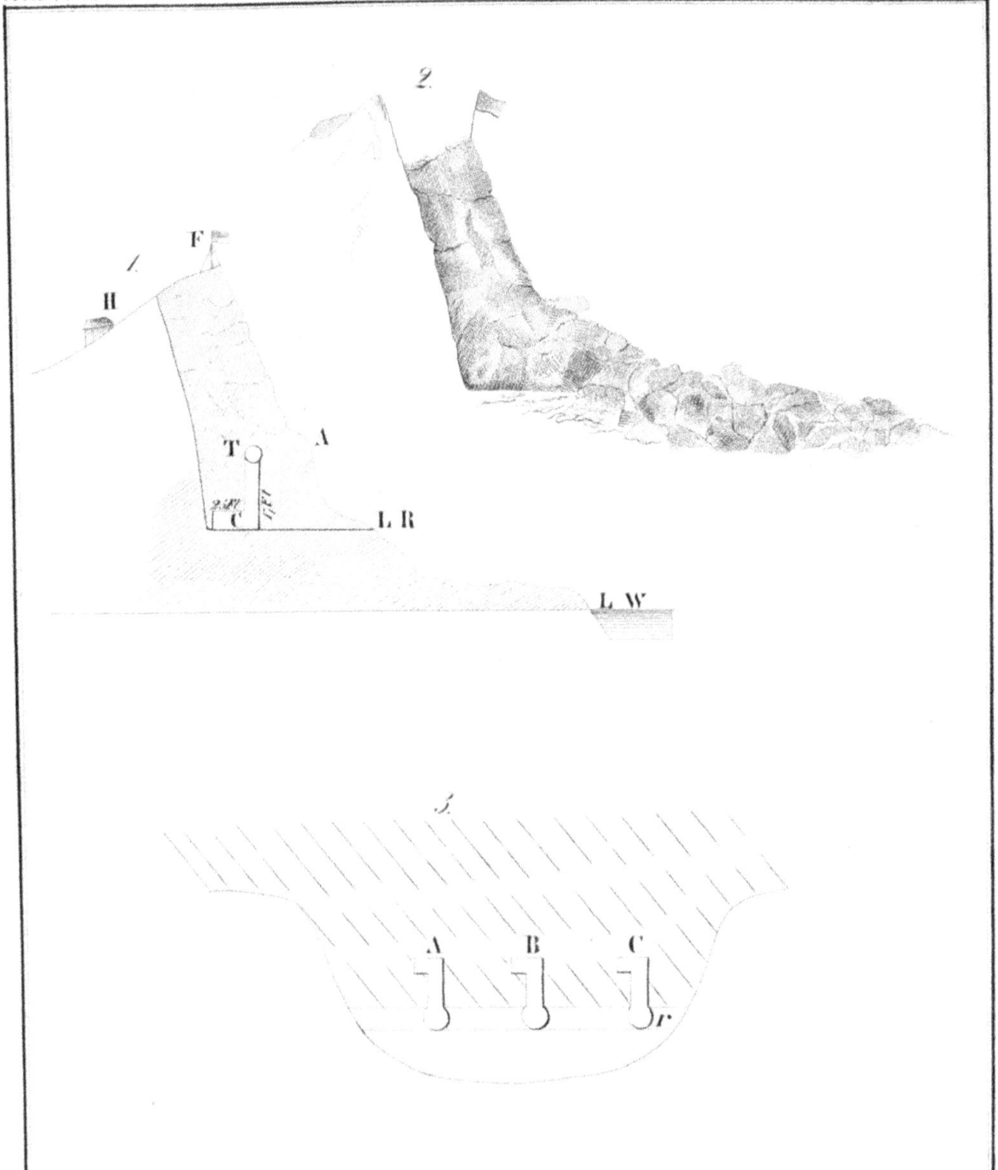
2.
1.
F
H
T
A
C
L R
L W
3.
A
B
C
r